電子応用機器
開発のすべて

千葉幸正 著

電波新聞社

はじめに

　近年，電子機器開発に携わる若い技術者は，どちらかといえばソフトウェア重視の傾向が著しく，"ものづくり"の力が不足しているようである。これは本人の苦手意識ばかりがその原因ではなく，学習の課程を終え実務につくと，否応なしに直面する仕事上の書籍や資料，情報の中で，何がハードウェアの基礎知識として必要であるのか，また開発，設計，製造のルーチンもよくわからず戸惑うのが実情であろうと思われる。では電子機器関連分野の現状はどのようになっているのであろうか。

　最近の技術動向には，民生，産業機器にかかわらずいくつかの顕著な流れと，それに伴う構成部品の大幅な変化，操作性や性能の向上が見られる。

　TV受像器を例に取ってみよう。従来，チューナーのチャンネル切換え，音量調整その他の操作は，ほとんど直接手動で行われていた。今ではTV受像器に限らず，AV機器，クーラーから照明器具にいたるまで，無線遠隔制御が当然となっている。測定器や産業機器も同じ傾向にある。リモコン化によって，チューナー，レンジ，機能等のパネル切換えスイッチが不要になり，音量調整器や各種の微調整に可変抵抗器を使用する度合いが減少したわけである。これらの機構部品は，ほとんどが半導体回路に置き換えられている。

　内部回路も，各種のIC，LSIの採用によって部品点数が大幅に減少し，小形化，小電力化が進んでいる。

　また回路に電力を供給する電源部分も，電源トランスによって変圧，整流，安定化する直列安定化式よりスイッチングレギュレータ方式が採用されることが多くなった。そのため従来故障の主原因であったスイッチ，リレー，コネクタ，可変抵抗器などの機構部品の半導体化と消費電力の軽減によって，機器の信頼性，寿命が大幅に向上した。それにつれて，機器を構成する受動部品も大きく変化している。

　設計に必要な電子部品のハンドブック類は依然その役目を失ってはいないが，関連分野の膨大なデータや資料を網羅することは，もはや不可能に近い。しかし情報源のメディアは今や様変わりし，これらの情報はメーカーの

提供するCD-ROMやインターネット上の検索により，容易に入手できる．

このように，半導体関連の分野を中心とする電子部品，素子は，速いサイクルで改廃されている．その一方，基本的な素子の規格，定格，性能の表示法などに大きな変化はない．また性能が飛躍的に向上したとはいえ，構成される論理素子，演算増幅器，A/D－D/A変換器，電源等の構成デバイスの本質的な機能，動作が変わるわけではない．

さらに各分野の電子応用機器において，装置の開発（または受注）から終了（または納入，検収，稼働，保守）に至るまでのプロセスや，MTBF，寿命，耐雑音性など信頼性にかかわる基本的な考え方や手法は，依然としてその重要性を失ってはいない．

したがってマイクロプロセッサやパーソナルコンピュータを中心に据えた電子機器，システムの開発に当たって部品や素子の紹介にとどまらず，それらを応用した回路の動作や測定，さらに製造実務にまで一歩踏み込んだ内容をもつハードウェア主体の解説書が，従来にないガイドブックの役割を果たすのではないかと思われる．もちろん紙面に記載できなかった項目や，より高度な専門分野，民生機器等に対する知識を得るには，それぞれの参考書の助けを借りることが不可欠ではあるが．

本書はこれらの背景と観点から，㈱電波新聞社ユーザーパブリケーション鈴木紀氏より，前身ともいえる同社出版の「電子応用機器の開発」シリーズ三部作のフォーマット編，データ編，基礎技術編を全面的に見直し，初心者から学生，開発技術者，フィールドエンジニアに至るまで，教科書としても役立つガイドブックの刊行を強く要望され，それに応じたものである．

2007年1月

千葉幸正

目次

はじめに　iii

第1章　受動部品の特性と規格　　1

- 1.1 総説 ─────────────────────── 2
  - 1.1.1 抵抗R，理想コンデンサC，コイルL ……… 3
  - 1.1.2 R，C，L部品の等価回路 ……………… 4
  - 1.1.3 部品使用時の共通注意事項 ……………… 5
  - 1.1.4 受動部品のJIS規格 ……………………… 6
- 1.2 抵抗器 ───────────────────── 10
  - 1.2.1 一般事項 ………………………………… 10
  - 1.2.2 固定抵抗器 ……………………………… 11
  - 1.2.3 可変抵抗器 ……………………………… 20
- 1.3 コンデンサ ───────────────── 28
  - 1.3.1 一般事項 ………………………………… 28
  - 1.3.2 JISによるコンデンサ諸元の規定 ……… 33
  - 1.3.3 可変(容量)コンデンサ ………………… 43
- 1.4 コイル，変成器，変圧器 ─────── 45
  - 1.4.1 一般事項 ………………………………… 45
  - 1.4.2 圧粉，フェライト系コアを用いた変成器 … 46
  - 1.4.3 低周波変成器，電源変圧器 ……………… 47
  - 参考事項 …………………………………………… 49
- 1.5 機構部品（スイッチ，リレー，コネクタ） ─── 51
  - 1.5.1 スイッチ，リレーの共通事項 …………… 51
  - 1.5.2 スイッチ ………………………………… 52
  - 1.5.3 リレー …………………………………… 55
  - 1.5.4 コネクタ ………………………………… 60
  - 参考事項 …………………………………………… 68

第2章 基礎回路技術その1 半導体素子とアナログ回路　*71*

2.1 序説 — *72*
- 2.1.1 電力と信号エネルギー …… *72*
- 2.1.2 アナログ量とデジタル量 …… *73*

2.2 半導体素子の基本動作，形名 — *75*
- 2.2.1 バイポーラトランジスタ …… *75*
- 2.2.2 MOSFET …… *94*
- 2.2.3 注意事項 …… *96*
- 2.2.4 半導体デバイスのJISによる形名 …… *100*

2.3 アナログ回路と演算増幅器 — *106*
- 2.3.1 アナログ信号 …… *106*
- 2.3.2 演算増幅器 …… *115*

第3章 基礎回路技術その2 論理とデジタルIC　*135*

3.1 デジタル信号 — *136*
- 3.1.1 信号レベル …… *136*
- 3.1.2 信号波形 …… *137*
- 3.1.3 クロック信号 …… *138*
- 3.1.4 波形の改善 …… *138*
- 3.1.5 2進，10進，16進数 …… *140*
- 3.1.6 2進→10進変換 …… *142*
- 3.1.7 10進→2進変換 …… *143*
- 3.1.8 コードとデコード …… *145*

3.2 論理と論理記号 — *146*
- 3.2.1 基本論理 …… *146*
- 3.2.2 論理記号 …… *149*
- 3.2.3 ブール代数 …… *155*

3.3 デジタルIC — *161*
- 3.3.1 デジタルICの種類と特徴 …… *161*
- 3.3.2 集積度によるICの分類 …… *162*
- 3.3.3 TTL …… *162*
- 3.3.4 MOSIC …… *170*

3.3.5　デジタルICの使い方·····172

第4章　基礎回路技術その3　機器の基本構成　197

4.1　A/D, D/A変換器 —198
4.1.1　前置処理·····198
4.1.2　A/D変換器の基本概念·····201
4.1.3　A/D変換に関連する用語·····208
4.1.4　A/D変換器の種類と特長·····211
4.1.5　A/D変換器の選択·····218

4.2　電源回路 —221
4.2.1 安定化電源の種類·····223
4.2.2　シリーズレギュレータ形直流電源·····224
4.2.3　スイッチング・レギュレータ形直流電源·····235
4.2.4　電源についての一般事項·····236

4.3　ケーブルによる信号伝送 —238
4.3.1　機器内の信号伝送·····239
4.3.2　インタフェース・バス·····241

4.4　雑音と対策 —249
4.4.1　信号レベルと雑音·····250
4.4.2　帯域巾と雑音·····251
4.4.3　デジタル回路の雑音·····251
4.4.4　電源，電力回路の雑音·····253

4.5　光ファイバによる信号伝送 —255
4.5.1　光技術の信号伝送への応用·····255
4.5.2　関連する光の物性·····256
4.5.3　信号伝送用光ファイバ・ケーブル（光ケーブル）····258
4.5.4　光ケーブルの分類·····259
4.5.5　伝送帯域·····261
4.5.6　減衰，損失·····262
4.5.7　その他の特性·····267
4.5.8　光ケーブルの端面処理·····267
4.5.9　光コネクタ·····268
4.5.10　発光素子　その1　レーザーダイオード(LD；Laser Diode)····269

- 4.5.11 発光素子 その2 発光ダイオード (LED; Light Emitting Diode) ····· 273
- 4.5.12 受光素子 その1　フォト・トランジスタ ············· 278
- 4.5.13 受光素子 その2　フォト・ダイオード ················ 283
- 4.5.14 光リンクの基本構成 ··································· 287
- 4.5.15 光ノイズ ··· 288
- 4.5.16 各種の光リンク ·· 288
- 4.5.17 アナログ信号の光伝送 ································ 289
- 4.5.18 デジタル信号の光伝送 ································ 290
- 4.5.19 センサへの応用 ·· 290
- 付表　光コネクタ性能一覧表 ································· 292

第5章 測定と測定器　293

5.1 単位と定義　294
- 5.1.1 SI（国際単位, System International d'Unites）····· 294
- 5.1.2 対数とデシベル ··· 301

5.2 測定対象　309
- 5.2.1 対象と分類 ·· 309
- 5.2.2 測定原理, センサ ······································· 309
- 5.2.3 概略特性 ··· 312

5.3 測定　316
- 5.3.1 概論 ·· 316
- 5.3.2 基本測定器 ·· 316
- 5.3.3 受動部品の測定 ·· 322
- 5.3.4 定常, 準定常現象 ······································· 325
- 5.3.5 オシロスコープによる波形測定 ···················· 326
- 5.3.6 仕事量 ·· 328

5.4 測定システムの構築　330
- 5.4.1 概説 ·· 330
- 5.4.2 GPIBバス（General Purpose Interface Bus）···· 331

第6章 開発, 設計, 製造実務　339

- 6.1 概説 — 340
  - 6.1.1 作業の流れ — 340
  - 6.1.2 着手の前に — 342
  - 6.1.3 ドキュメント — 344
- 6.2 見積と契約 — 347
  - 6.2.1 受注活動 — 347
  - 6.2.2 見　積 — 350
  - 6.2.3 契　約 — 353
- 6.3 仕様書 — 360
  - 6.3.1 概　要 — 360
  - 6.3.2 構　成 — 360
  - 6.3.3 定　格 — 360
  - 6.3.4 電気的性能 — 364
  - 6.3.5 機械的性能 — 365
  - 6.3.6 付属品, 予備品 — 366
  - 6.3.7 メンテナンスと保証 — 366
  - 6.3.8 支給品, 貸与品 — 366
- 6.4 製造実務 — 367
  - 6.4.1 実行計画 — 367
  - 6.4.2 一般注意事項 — 371
  - 6.4.3 設　計 — 371
  - 6.4.4 品質管理 — 378
  - 6.4.5 試　験 — 381
  - 6.4.6 出荷, 据付調整, メンテナンス — 384

- ■ 参考文献　387
- ■ 英字略語一覧　388
- ■ 索引　390

受動部品の特性と規格

　この章はまず電子応用装置の実際の開発，設計に必要な主要受動部品のうち，抵抗器，コンデンサ，コイルの電流，電圧に対する理論的な振舞い，等価回路と非線形領域や周波数特性，温度特性などや外部諸条件に対する使用上の注意事項等を取り上げて説明した。

　次に具体的な電子機器を実現する場合に不可欠な，スイッチ，リレー，コネクタなどの電気関連機構部品とあわせて，個別部品毎に種類，形状等を主としてJISの諸規格を用いて記述している。

第1章
受動部品の特性と規格

1.1 総説

　電子応用装置はいうまでもなく，物理，科学，工業，通信，医療，民生等のあらゆる分野に使用されている．そのため機器開発に際しては，新しい回路を開発する能力は別にしても，装置本体に限らず関連するセンサから出力機器，アクチュエータに至るまで，部品に関する広範な知識が必要である．

　これらの電子回路の最小構成単位は素子単体であるが，現在では微細加工技術を駆使し多数の半導体，R，C等を内蔵した複合回路（主としてIC）が電子回路の主な部品として使用される．そのため，回路が複雑になったにもかかわらず，ほとんどの回路を個別部品に依存していた以前に比べ個別素子の部品数は大幅に減少した．

　とはいえ，こうした複合回路やモジュールを使って装置を設計，製作する場合でも，外付けディスクリート素子部品の重要性は変わらず，その特性や使用法を充分知っていなければならない．

　これらの素子は，加えられた電流，電圧などで受動的に動作する受動部品（コンデンサ，抵抗器，水晶振動子，変成器，ダイオード等の半導体など）

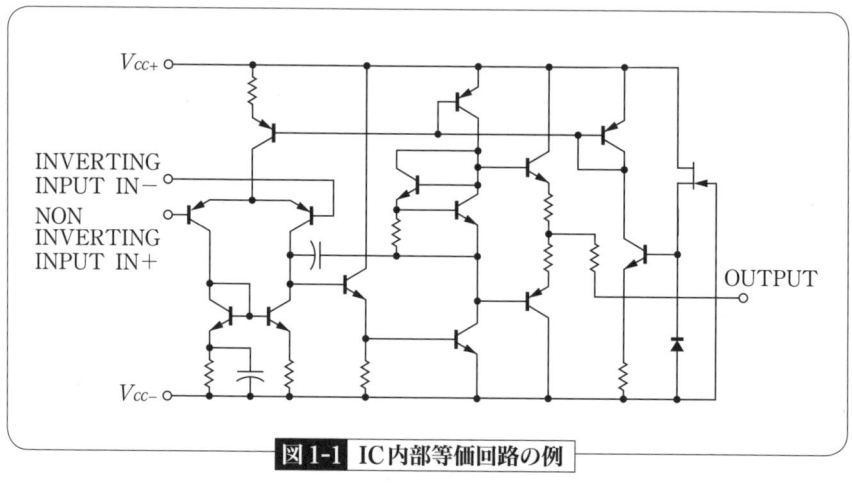

図1-1　IC内部等価回路の例

と，外部から電気エネルギーの供給を受け，信号の増幅あるいは発振等の能動動作を行う能動部品（トランジスタ，サイリスタ，IC等）に分類することができる。

これらの部品の特性や規格の解説に先立ち，最も基本的な受動部品であるコンデンサ（キャパシタ）C，抵抗器（レジスタ）Rおよびコイル（インダクタ）Lを代表例として取り上げ，その動作を解析してみよう。

1.1.1 抵抗R，理想コンデンサC，コイルL

まず，回路を構成するR，C，Lを，それぞれ他の要素を全く含まない理想素子と考えてみる。

素子単体に，時間と共に変化する電流$I(t)$を流したとき，両端に現れる電圧$V(t)$は次の一般式で表される。

$$V_R = R \cdot I(t) \tag{1.1}$$

$$V_C = \frac{1}{C} \int I(t)dt \tag{1.2}$$

$$V_L = -L \frac{dI(t)}{dt} \tag{1.3}$$

図1-2 理想R，C，L素子の両端電圧

これらの式でわかる通り与えられた電流波形に対し，抵抗Rでは単純な比例波形，コンデンサの両端電圧は比例定数をCとする積分波形，コイルでは比例定数がLの微分波形が現れる。したがって受動回路の設計とは，具体的な入力電気信号と回路定数をもとに立てた微積分方程式の解を求めることに帰着する。

たとえば，R，C，Lそれぞれに$I(t)$として正弦波電流$I_0 \sin \omega t$を与え，素子の両端に発生する電圧を計算してみよう（角速度$\omega = 2\pi f$）。

式（1.1）から，抵抗Rの両端電圧V_Rは

$$V_R = R \cdot I(t) = R \cdot (I_0 \sin \omega t) \tag{1.4}$$

電流と電圧の位相は変わらず，周波数fの変化による振幅の変動もない。

式（1.2）から，コンデンサCの両端電圧V_Cは

$$V_C = \frac{1}{C}\int I_o \sin \omega t\, dt = \frac{1}{\omega C} I_o \cos \omega t \tag{1.5}$$

すなわち，電流と電圧の位相が90°ずれ（$\sin \omega t \rightarrow \cos \omega t$），周波数に反比例して振幅が減少する（コンデンサのリアクタンス特性）。

式（1.3）から，コイルLの両端電圧V_Lは

$$V_L = -L\cdot\frac{d(I_o \sin \omega t)}{dt} = L\omega\cdot I_o \cos \omega t \tag{1.6}$$

この場合，電流と電圧の位相が90°ずれ（$\sin \omega t \rightarrow \cos \omega t$），周波数に比例して振幅が増大する（コイルのリアクタンス特性）。

1.1.2　R，C，L部品の等価回路

実際のR，C，L部品は理想素子と異なり，現実の使用時には多くのパラメータが絡む複雑な回路の振舞いをする。そのため単純な計算は当てはまらないから，必要に応じて等価回路を書いて解析すればよく理解できる。ただしR，C，L部品でも，構造，使用材料等によって等価回路の形が異なるから注意が必要である。

1　抵抗Rの等価回路

よく使用される皮膜形固定抵抗器は，円柱形絶縁基材の上に炭素皮膜や金属皮膜を蒸着し，スパイラルにカットされ，巻線形と類似の構造となっている。

図1-3の等価回路は集中定数となっているが，皮膜形の抵抗器でもコイル状の抵抗体がインダクタンス分をもち，隣接抵抗の線間キャパシタンスと共に分布定数回路を形成しているから，高い周波数での使用時には注意が必要である。

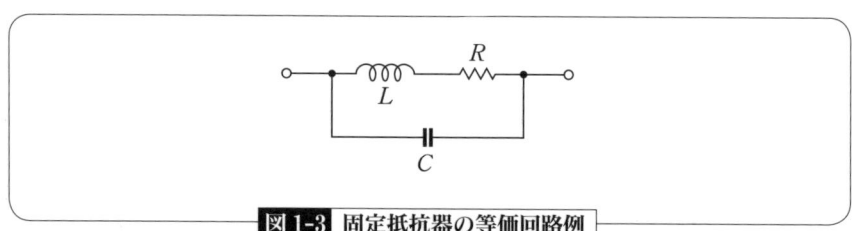

図1-3　固定抵抗器の等価回路例

2 コンデンサCの等価回路

図1-4に示す実際のコンデンサの等価回路例は，単純化してあるがそれでも理想コンデンサに比べかなり複雑である。

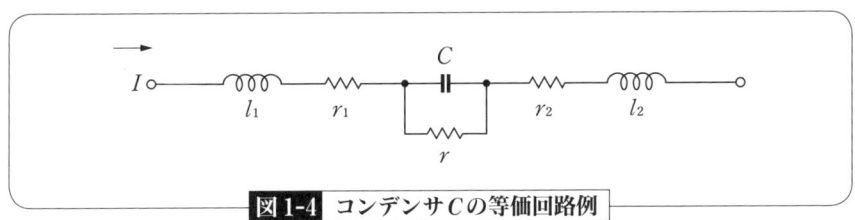

図1-4　コンデンサCの等価回路例

この図で，本来のキャパシタンスC以外に等価的に存在する抵抗やインダクタンスには，次のようなものが考えられる。

　l_1, l_2：両端引き出しリードのインダクタンス
　r_1, r_2：両端引き出しリードの抵抗
　r：電極間の漏洩抵抗および抵抗値に換算される誘電体損失等

通常容量Cに比べこれらの値は小さいので，回路動作にあまり影響を与えないが，高い周波数を扱う回路では，l_1, l_2のリアクタンスの影響や不要な共振を起こすことがある。

また大電流の充放電に大容量のコンデンサを使用するときなど，r_1, r_2による電圧降下やrの損失で生じる発熱が無視できなくなることもある。

3 コイルLの等価回路

高周波用の巻数が比較的少ないコイルは，巻線抵抗器とよく似た構造を持っている。等価回路は，Rが小さい以外は固定抵抗器とほぼ同じと考えてよく，巻線のインダクタンスと線間の分布容量によって，厳密には分布定数回路となる。

1.1.3　部品使用時の共通注意事項

必要に応じ部品の項で解説するので，ここでは一般的に重要な共通注意事項のみをあげておく。

1 振幅と非線形動作

図1-2の諸式は，いわゆる線形方程式と呼ばれるもので，$-\infty \sim +\infty$まで

の入力電流振幅に対し，比例定数R，C，Lの数値は変化しないとして扱っている。ところが現実には，両端電圧が正，負の無限大まで破損せず，定数値が一定のまま変化しない部品など存在するはずがない。ダイオードなどの非線形特性を示す素子は別として，通常の線形回路では部品を許容設計誤差内の線形動作範囲の振幅で使用する。そうでないと，変数（入力振幅）によって比例定数が変化する偏微分方程式の扱いが必要になり，解析が一筋縄では行かなくなる。

動作を線形範囲に止めるばかりでなく，最大定格を超えて使用してはならないことはいうまでもない。振幅の変化による直接的な非線形動作以外にも，素子の定数変化の原因になる条件がいろいろ存在する。

2 動作周波数

式（1.4～1.6）は，単一周波数に対するR，C，L回路の応答を示すが，フーリエ級数に展開すると，時間的に変化する波形はすべて正弦波の周波数成分の集合として計算できる。部品は必要な周波数範囲で本来の機能を持つものを選択すべきで，これを誤ると回路が期待するようには動かない。たとえば通常の電解コンデンサを，単独で数MHz以上の信号回路に使用すると，コンデンサとしての役割を果たさなくなる。

3 温度の影響

程度の差こそあれ，ほとんどの素子の定数は温度によって変化する。その主な原因は，コンデンサでは誘電体の誘電率，抵抗器は抵抗体の体積抵抗率，空芯でないコイルは磁性材料の温度係数に依存する。損失による自己発熱も温度上昇の要因として大きな要素である。

4 外部条件

温度以外の湿度，気圧，電界，磁界などの外部条件変化も，場合によって部品の定数に影響を及ぼすことがあるから注意が必要である（結露により，抵抗の端子間の絶縁が劣化し見かけの抵抗値が低下するなど）。

1.1.4 受動部品のJIS規格

わが国では工業標準化法に基づく国家規格として日本工業規格JISが制定

され，日本規格協会から出版されている。国際規格IECとの対応は，JIS C 5070の対比表に記載されている。JISは原則として5年以内に見直し・制定が行われる。

本書は一般的な電子関係の部品の試験法，規格について，2005年版JISハンドブック(21)電子Ⅰ試験，(22)電子Ⅱオプトエレクトロニクス，(23)電子Ⅲ部品から引用した。これらJIS規格のC部門は従来4桁の数字であったが，対応するIEC規格番号体系に整合させて，一部が5桁の番号に切り替えられている。

1 JISの電子部品試験法

JISハンドブック(21)電子Ⅰ試験には，電気，電子部品に関する次のような諸種の試験方法が詳述されている。

一般的な環境試験に対しては，高低温試験，高温高湿試験，正弦波振動試験，加速度試験，塩水噴霧試験，減圧試験，気密性試験，耐水性試験，はんだ付け試験，端子強度試験，衝撃試験，バンプ試験，温湿度サイクル試験，各種の組合せ試験が決められている。

特定部品については，電源変圧器，高周波コイルおよび中間周波変成器，低周波変成器，可変コンデンサの試験方法等がある。

接続部品では，スイッチ，小形電磁リレーの試験方法，その他プリント配線板などがある。

これらの試験方法は項目の紹介に止める。詳細についてはJISハンドブックの該当部門を参照されたい。

2 抵抗器の抵抗値およびコンデンサ容量の標準数列 (JIS C 5063)

抵抗器およびコンデンサの公称抵抗値，静電容量値の推奨系列として，表1-1のE24，E12，E6，E3のE系列標準数がある。

この表でわかる通り，各数値はほぼ等比数列になっていて，しかも隣の数値と重複しないよう配慮されている。

固定抵抗器に例をとれば，系列の名称E○○は一桁中の抵抗値の種類の数を表わしている。たとえばE24系列とは，一桁内が24個の細分化された中心値をもとに，数値を規定した系列を指すわけである。この系列では，隣り合う数値は増加方向に対し1：1.1の等比関係にあり，±5％の誤差を見込んだ

第1章
受動部品の特性と規格

表1-1 抵抗値, 容量の標準数列E3, E6, E12, E24

E24 許容差 ±5%	E12 許容差 ±10%	E6 許容差 ±20%	E3 許容差 >±20%	E24 許容差 ±5%	E12 許容差 ±10%	E6 許容差 ±20%	E3 許容差 >±20%
1.0	1.0	1.0	1.0	3.3	3.3	3.3	
1.1				3.6			
1.2	1.2			3.9	3.9		
1.3				4.3			
1.5	1.5	1.5		4.7	4.7	4.7	4.7
1.6				5.1			
1.8	1.8			5.6	5.6		
2.0				6.2			
2.2	2.2	2.2	2.2	6.8	6.8	6.8	
2.4				7.5			
2.7	2.7			8.2	8.2		
3.0				9.1			

とき連続する合理的な数値配列となっている。

市販の抵抗値の系列はE12あるいはE24が一般的である。より細かい抵抗値が要求される場合は, E48, E96およびE192の標準数列表（JIS C 5063, 表2）中から選択する。

３ 抵抗器およびコンデンサの許容差の記号（JIS C 5062）

抵抗値あるいは静電容量値の後に付け, 許容差を示す文字記号がJISで決められている。許容差の種類によって次の区分がある（表1-2）。

(a) 公称値に対する抵抗値の許容差が正負対称のとき, その値を％で表す記号
(b) 許容差が正負非対称のとき, その値を％で表す記号
(c) 静電容量が10pF未満の場合, 許容差はすべて正負対称とし, この記号を使用する。

文字記号がこれらの表に規定されていない許容差の表示は, 記号としてAを使用し, 別途に既定値を決める。

表1-2 抵抗器およびコンデンサの許容差の記号

(a) 許容差が正負対称

許容差 %	文字記号
±0.005	E
±0.01	L
±0.02	P
±0.05	W
±0.1	B
±0.25	C
±0.5	D
±1	F
±2	G
±5	J
±10	K
±20	M
±30	N

(b) 許容差が正負非対称

許容差 %	文字記号
−10+30	Q
−10+50	T
−20+50	S
−20+80	Z

(c) 静電容量が10pF未満

許容差 pF	文字記号
±0.1	B
±0.25	C
±0.5	D
±1	F
±2	G

第1章
受動部品の特性と規格

1.2 抵抗器（Resistor）

1.2.1 一般事項

1 抵抗器とは

　電気抵抗を属性として持つ物質や回路に電流を流したとき，両端の電圧と電流が式（1.7）の関係を持ち，電圧の分圧，電流の制限や整合などに用いる部品を抵抗器と呼ぶ。

　簡単に言えば抵抗値がRで，電流I，電圧Vとオームの法則の関係

$$V = I \cdot R \tag{1.7}$$

がある素子で，1Aの電流が流れたときの抵抗値が1オーム（Ω，ohm）と定義されている。抵抗値が小さい場合はその逆数の導電率（コンダクタンス）Sで表すこともある。

　抵抗値は抵抗器の材料，形状，温度などによって決まる。一般に温度が一定であれば，抵抗値Rはその材料の断面積$S(\mathrm{m}^2)$に逆比例し長さ$L(\mathrm{m})$に比例する。すなわち

$$R = \rho \cdot \frac{L}{S} (\Omega) \tag{1.8}$$

　ρ（ロー）は比抵抗と呼ばれ，その材料の断面積$1\mathrm{m}^2$，長さ$1\mathrm{m}$における抵抗値で，（Ω，m）の単位をもつ。

　物質の抵抗値は，温度によっても変化する。1℃の温度変化に対応する抵抗値の変化の割合を，その物質の温度係数と呼ぶ。

　一般に銀，銅などの金属は温度係数が正，すなわち温度が上昇すれば抵抗値が増加し，非金属の炭素や絶縁体では負の温度係数を示す。ゲルマニウム，シリコンなどの半導体の温度係数は特に大きい。

　物質に電圧を加えたとき，それぞれに流れる電流の量には大きな差がある。超伝導体，金属や炭素などで代表される電気伝導体，半導体から磁器，ガラス等の絶縁物まで，導体と絶縁体の間に明確な区分はない。抵抗器は原

則として固体物質で構成されるが，稀に封入された気体，電解液等の液体を抵抗体として用いる場合がある．

2 抵抗器の属性

部品としての抵抗器は，管理された抵抗値が導体，絶縁物の中間の値で，次の性質を持っている．

(a) 電気的エネルギーを熱エネルギーに転換する．
(b) 公称抵抗値に対し，L，C などのインピーダンス分が少ない．すなわち使用範囲内で，周波数特性が平坦である．
(c) 外部温度，消費電力に対し，抵抗値変化が充分小さい．
(d) 電圧に対し極性がなく，電圧－電流特性に再現性がある．

3 抵抗器の分類（JIS C 5602）

抵抗器は固定抵抗器と可変抵抗器に大別され，更に抵抗体を構成する材料と構造によって（表1-3）の種類に分けられる．ただしサーミスタ，バリスタは上記の特性と異なる点があるが，JISでは抵抗器の分類に入れてある．

1.2.2 固定抵抗器

1 固定抵抗器の選択

機器の開発，設計時に重要な作業が部品の選択である．固定抵抗器について概略の比較特性を 表1-4 に上げておく．表中「記号」とあるのは，JISの抵抗器の種類を表す記号である．

(1) 定格電力と余裕度

抵抗器は電気エネルギーを熱エネルギーに変換する素子で，式（1.9）で表される電力 P（ワット）を消費し，それに伴う温度上昇がある．
抵抗器の両端電圧を V（ボルト），抵抗器に流れる電流を I（アンペア），抵抗器の抵抗値を R（オーム）とすれば

$$P = I^2 \cdot R = V \cdot I = V^2/R \tag{1.9}$$

極性が一方向の直流の電圧，電流については上式がそのまま当てはまるが，振幅が正，負に振れる周期 T の繰返し波形では，一周期内の正および負

第1章
受動部品の特性と規格

表1-3 固定抵抗器の種類

用 語	意 味	参考・対応英語
巻線抵抗器	絶縁基体に巻いた金属線を抵抗素子とした抵抗器。	wirewound resistor
非巻線抵抗器	巻線抵抗器以外の抵抗器。	non-wirewound resistor
皮膜抵抗器	絶縁基体の表面上に形成した抵抗皮膜を抵抗素子とした抵抗器。	film resistor
体抵抗器	カーボン,フィラー,熱硬化性樹脂などの混合成形物を抵抗素子とした抵抗器。	composition (solid) resistor
炭素皮膜抵抗器	磁器などの絶縁基体の表面に形成した熱分解で析出させた炭素皮膜で覆ったものを抵抗素子とした抵抗器。	carbon film resistor (deposited cracked)
金属皮膜抵抗器	磁器,ガラスなどの絶縁基体の表面に形成した金属の薄膜を抵抗素子とした抵抗器。	metal film resistor
酸化金属皮膜抵抗器	磁器,ガラスなどの絶縁基体の表面に形成した金属酸化物の皮膜を抵抗素子とした抵抗器。	metal oxide film resistor
サーメット抵抗器	磁器,ガラスなどの絶縁基体の表面に形成した磁器ガラスなどの無機物と,金属の混合物を抵抗素子とした抵抗器。 備考 1. メタルグレーズ抵抗器(metal glaze resistor)はサーメット抵抗器に属する。 2. サーメット(cermet)は,ceramics＋metalの造語である。	cermet resistor
印刷抵抗器	磁器,ガラス,プリント配線板などの表面に形成したサーメット,炭素系などの抵抗インクを用いてスクリーン法などによって印刷した抵抗器。	printed resistor
ネットワーク抵抗器	磁器,ガラスなどの絶縁基体の表面に複数の抵抗素子を形成し,その個々の抵抗素子と各々独立し,または必要に応じて相互に接続し,集積された抵抗器。	network resistor
ヒューズ抵抗器	通常は,抵抗器として動き,規定以上の過電流が流れたとき,規定時間内に抵抗素子が溶断して,電流の流れを阻止し,抵抗値が元に復帰しない機能をもった抵抗器。	fusing resistor
チップ抵抗器	磁器,ガラスなどの絶縁基体の表面に抵抗素子を形成し,両端に電極を設け,主として面実装に適する角板形または円筒形の小型固定抵抗器。 備考 一般にリード線端子をもたない。	chip resistor

1.2 抵抗器 (Resistor)

表1-4 固定抵抗器の特性比較

	名称	記号	定格電力	抵抗値範囲	温度係数 ppm/°C	精度	高周波特性	価格
汎用	巻線（小電力）	RW	2〜20W	0.1Ω〜3kΩ	±250	2〜5%	劣	高
	炭素皮膜（簡易絶縁）	RD	1/8〜1W	2.2Ω〜5.1MΩ	±350〜-1300	2〜5%		安
	ソリッド	RC	1/8〜1/2W	2.2Ω〜22MΩ	(±5〜15%)	5〜10%	やや劣る	やや安い
	金属皮膜（簡易絶縁）	RN	1/4〜2W	10Ω〜2.2MΩ	±50〜200	1〜2%	良	安
	酸化金属皮膜	RS	1/2〜7W	0.2Ω〜240kΩ	±200	5%	良	中
	メタルグレーズ（サーメット）	RK	1/4〜1W	100kΩ〜100MΩ	±200〜350	1〜5%	良	中
高精度	金属皮膜（モールド）	RN	1/8〜2W	24Ω〜3MΩ	±10〜100	0.1〜1%	良	高
	巻線（高精度）	RB	1/10〜2W	0.1Ω〜30kΩ	±30	0.1〜1%	劣	高

の電力を加算する．その他の波形に対しては電圧，電流の波形率により実効電力を算定しなければならない．

ほとんどの固定抵抗器は，70°C以下の周囲温度に対し定格電力の100%まで使用できるが，特殊な抵抗器は念のため周囲温度－負荷軽減曲線を確認しておくべきであろう．また故障率や寿命の点を考慮に入れると，定格電力が計算値の2倍以上程度の余裕度を見込むのが一つの目安といえる．

(2) 動作周波数

どの種類の抵抗器でも，抵抗値，抵抗体の長さや形状によって使用上限周波数が大きく異なる．

巻線形抵抗器は電力定格が大きく，抵抗線の長さを調整することで精密な抵抗値が得られる．その反面コイル状の巻線がもつインダクタンスによって，リアクタンスの大きな変化や共振を生じ，動作上限周波数は1MHz程度である．

炭素皮膜形抵抗器は広い抵抗値範囲で10MHz程度，低い抵抗値ではそれ以上の高周波帯域でも使える特性をもっている．さらに高い周波数では，高

第1章
受動部品の特性と規格

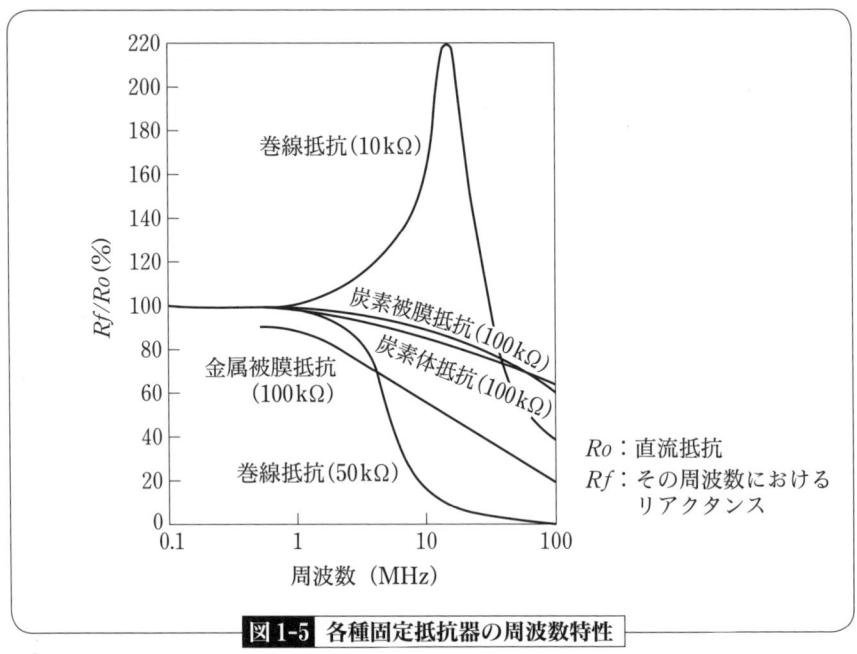

図1-5 各種固定抵抗器の周波数特性

周波用被膜抵抗器や超高周波用板状抵抗器が使用される。

(3) 温度係数

増幅器，分圧器，比較器，発信器など，主として精密なアナログ回路では，抵抗器の抵抗値をもとにして精度や確度を決めることが多いので，要求精度に見合った温度係数の抵抗器を選択しなければならない。温度係数は抵抗体や基材の膨張係数で左右され，単位には％（10^{-2}），PPM（10^{-6}）/℃などが用いられる（**表1-4**参照）。

(4) 雑音

電圧印加の有無にかかわらず，抵抗器は電荷の熱的擾乱によって次式の理論熱雑音（ジョンソンノイズ）電圧 V_N を生ずる。

$$V_N = \sqrt{4kTR\varDelta f} \tag{1.10}$$

ただし

k：ボルツマン定数（1.3807×10^{-23} J/K）

表 1-5 実用抵抗器の電流雑音（μV/V）

抵抗器	抵抗値 10k	100k	1MΩ		定格電力
金属被膜抵抗器	0.00-	0.00-	0.00-	最小	1/2W形
	—	—	—	平均	
	0.49	0.53	0.53	最大	
金属酸化物抵抗器	0.009	0.01	0.08	最小	2W形
	0.03	0.08	0.16	平均	
	0.09	0.15	0.36	最大	
炭素被膜抵抗器	0.06	0.15	0.14	最小	1/2W形
	0.10	0.24	0.41	平均	
	0.16	0.38	1.13	最大	
炭素ソリッド抵抗器	0.46	0.34	0.65	最小	1/2W形
	1.73	0.81	2.34	平均	
	4.15	1.34	6.49	最大	

T：絶対温度（°K）
R：抵抗値（Ω）
Δf：周波数帯域（Hz）

　この式は，熱雑音は抵抗値と帯域幅の積に大きく左右されることを示している。たとえば温度Tがほぼ常温，抵抗値100kΩ，周波数帯域100kHzであれば，理論雑音電圧値は約13μVとなる。

　実用抵抗器では，抵抗体対の種類，構造，抵抗値によって電流雑音を生ずる（表1-5）。この表でわかるように，発生雑音レベルの偏差は非常に大きい。したがって，必要に応じてカタログ等で確かめるべきであろう。

　また回路の有害雑音は，発生源が抵抗に因るもの以外にも半導体雑音，誘導雑音など多岐にわたり，熱雑音や電流雑音に比べ高レベルの場合が多いから注意を要する。

2 固定抵抗器の形名と表示（JIS C 5201-1）

　JISによる固定抵抗器の形名は，種類，形状，特性（個別規格で規定），定格電力，定格抵抗値，定格抵抗値の許容差，評価水準，安定性クラス，その他の事項を表す横書き9組の英大文字と数字で規定されている。ここでは

第1章
受動部品の特性と規格

部品の判定や，設計時，部品表作成時に必要となる項目を説明する。

(1) 種類を表す記号

主な抵抗体による抵抗器の区分を表す記号が **表 1-6** である。

表 1-6　抵抗体による抵抗器の区分

記号	主な抵抗体	記号	主な抵抗体
RB	抵抗線（精密級）	RN	金属皮膜（薄膜）
RC	炭素混合体	RS	酸化金属皮膜
RD	炭素皮膜	RW	抵抗線（電力形）
RK	金属混合皮膜（厚膜）		

(2) 形状を表す記号

抵抗器は，17頁の **表 1-8** の形状によって分類される。

(3) 定格電力の表示

数字と英大文字で定格電力を表示するJISの記号について，次の通称と系列がよく用いられ，入手もしやすい。

表 1-7　定格電力の表示

通称	JISの記号	電力
1/16 W形	1J	0.063 W
1/8 W形	2B	0.125 W
1/4 W形	2E	0.25 W
1/2 W形	2H	0.5 W
1 W形	3A	1 W
2 W形	3D	2 W
3 W形	3F	3.15(3) W
5 W形	3H	5 W
10 W形	4A	10 W
20 W形	4D	20 W

この表では省略してあるが，これらの電力の中間値もあり，最大電力は記号6A（1kW）まで規定されている。

(4) 定格抵抗値および許容差

抵抗器の抵抗値は有効数字が2桁の場合，**表 1-1** のE3，E6，E12あるい

1.2 抵抗器（Resistor）

表1-8 抵抗器の形状

記号	形　　状	参考略図（例）
01	円筒形　金属ケース 　　　リード線端子　反対方向(アキシャルリード線端子)	01, 05　　14　　08
05	円筒形　非金属ケース	
08	円筒形　外装なし	
14	円筒形　非金属外装	
06	円筒形　非金属ケース 　　　リード線端子　同一方向（ラジアルリード線端子）（円筒軸方向）	06
09	円筒形　外装なし	
15	円筒形　非金属外装	
11	円筒形　非金属外装 　　　リード線端子　同一方向（ラジアルリード線端子） 　　　フォーミング加工のもの	
12	円筒形　非金属外装 　　　リード線端子　同一方向（ラジアルリード線端子） 　　　自立形フォーミング加工のもの	
07	円筒形　非金属ケース 　　　リード線端子　同一方向（ラジアルリード線端子）（円筒直径方向）	07
13	円筒形　外装なし	
16	円筒形　非金属外装	
23	円筒形　非金属ケース　ラグ端子　同一方向	26　　　23
24	円筒形　外装なし	
26	円筒形　非金属外装	
27	円筒形（チップ）非金属外装 　　　表面実装端子又は電極　反対方向	
28	円筒形（チップ）非金属ケース	
78	角形　非金属ケース　ラグ端子　同一方向	
83	角形　非金属外装	
79	角形　非金属ケース　ラグ端子　同一方向　取付構造付	86
86	角形　非金属外装	
92	角形　非金属外装 　　　リード線端子　同一方向（ラジアルリード線端子）	
97	角形　外装なし	
99	角形　非金属ケース	
85	角形　金属ケース　ラグ端子　反対方向　取付構造付	
91	角形　非金属外装 　　　リード線端子　反対方向（アキシャルリード線端子）	
96	角形　外装なし	
98	角形　非金属ケース	
72	角形（チップ）外装なし 　　　表面実装端子又は電極　反対方向	
73	角形（チップ）非金属外装	
77	角形（チップ）非金属ケース	

はE24から選択する．より細かい抵抗値が要求される場合は，E48，E96，及びE192の標準数列表（JIS C 5063）中から選ぶ．

　これらの抵抗器の公称抵抗値からの許容差は，**表1-2(a)** 許容差が正負対称の場合の定義と記号が使用され，一般的な回路では J（±5％），F（±1％）を用いるのが普通である．抵抗器の簡便な形式指定は，次のようにする．

　　　RD　14　1/4W　10kΩ　J

　意味：炭素皮膜，円筒形，非金属外装，両側リード，電力1/4W，抵抗10kΩ，許容差±5％，温度特性等が特に厳しくない電子機器用固定抵抗器．

　より厳密な評価水準，安定性，その他の事項があれば，必要に応じて個別仕様書を作成して対応する．

(5) **カラーコード（JIS C 5062）**

　炭素皮膜，金属皮膜，酸化金属皮膜，ソリッド等の小形固定抵抗器の定格抵抗値，許容値，温度係数は，いわゆるカラーコードによって色帯で表示されている（**表1-9**）．

　小型抵抗器のカラーコードは，それぞれ左から順に抵抗値の有効数字（2桁，または3桁），有効数字のべき数，抵抗値の許容差を示す色帯からなっ

表1-9　カラーコードの色に対応する数値

色	有効数字	10のべき数	許容差	温度係数 10^{-6}/℃
銀色	—	10^{-2}	±10％	—
金色	—	10^{-1}	±5％	—
黒	0	1	—	±250
茶色	1	10	±1％	±100
赤	2	10^2	±2％	±50
黄赤	3	10^3	±0.05％	±15
黄	4	10^4	—	±25
緑	5	10^5	±0.5％	±20
青	6	10^6	±0.25％	±10
紫	7	10^7	±0.1％	±5
灰色	8	10^8	—	±1
白	9	10^9	—	—
色を付けない	—	—	±20％	—

ている。

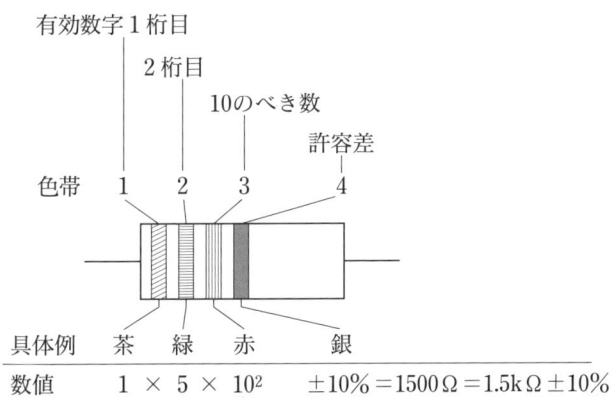

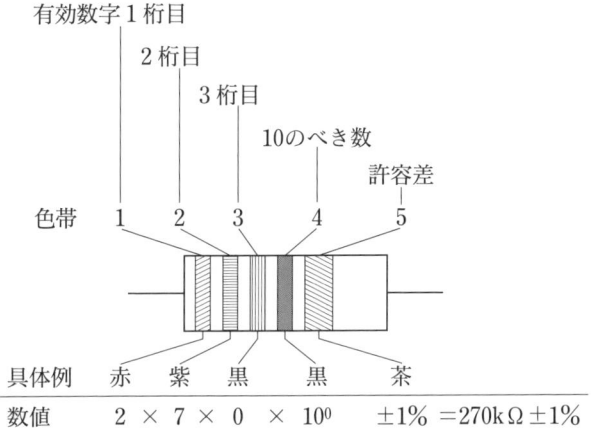

図1-6 抵抗値と許容差の色帯表示

　順序の誤りを避けるため，最後の色帯はその他の色帯より1.5倍から2倍広い幅になっている。

第1章
受動部品の特性と規格

(c) 定格抵抗値の有効数字が3桁で，さらに温度係数を表示する場合

下図のように5色帯の後に第6帯を追加し，**表1-9**に示す温度係数を示す。

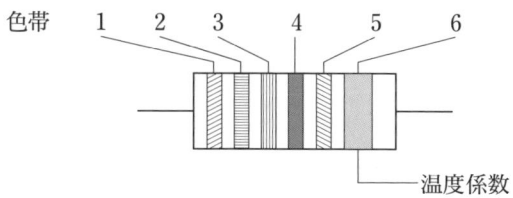

注：表示色が金，銀以外では色が共用され，色帯の数によっては許容差と温度係数の表示が紛らわしいことがある。

図1-7 温度係数の色帯表示

(d) 温度係数の表示には(c)の方法のほか，中断した第6帯または小円，あるいは抵抗値および許容差を表す色帯の上に重ねた周囲270度以上のらせん状の色帯で表す（下図の温度係数の表示による）。

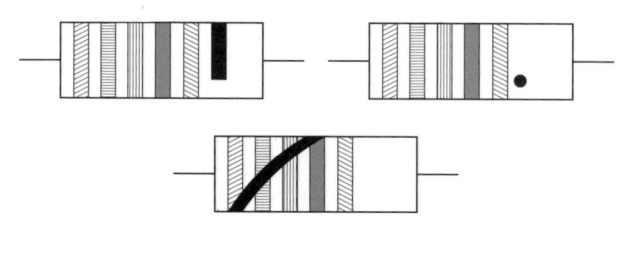

図1-8 その他の温度係数表示

1.2.3 可変抵抗器

1 一般事項

JISの定義によれば可変抵抗器は，「機械的な手段によって抵抗値を変えることができる抵抗器」で，ポテンシオメータと総称される。

可変抵抗器は一般的に**図1-9**の記号で表され，抵抗素子の両端端子とし

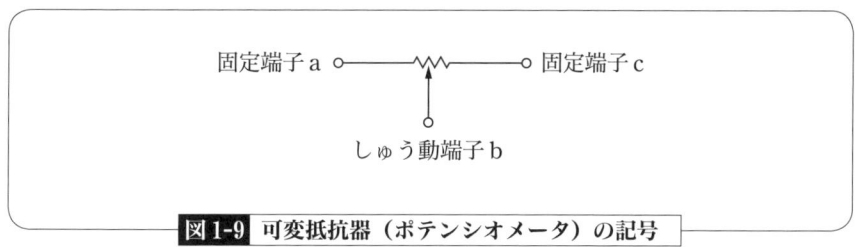

図1-9 可変抵抗器（ポテンシオメータ）の記号

ゅう動接点（しゅう動子）をもっている。

抵抗値のみを変化させるには，抵抗素子につながる端子の一端を解放して用いる。

ポテンシオメータ形の可変抵抗器は，電圧量を可変しコントロールする目的に使用される。従来は，主としてラジオ，テレビ等の音量（ボリューム）調整用に多用されたため，可変抵抗器が音量調整器と同義語と取られることもあった。

可変抵抗器は，しゅう動子が抵抗体と機械的に接触し移動するため，接触抵抗が変化しやすい。またしゅう動子が静止していても，振動等などによって接触状態が変わり雑音を発生する可能性が大きい。そのためパネル上高頻度で操作する調整器としては，耐久性の点からもどちらかといえば不向きである。

回路内で補助的に使用する半固定抵抗器では，設計時にこの抵抗器が受け持つ抵抗可変範囲をできるだけ小さくし，抵抗値変動や雑音の影響を最小限にする考慮を払うべきであろう。

次に使用上の注意点をいくつかあげておく。

(1) しゅう動端子 b の分圧

しゅう動端子 b には外部回路が常時つながっていて，端子 $a-b$，$b-c$ のインピーダンスと並列接続の形になっている。外部回路のインピーダンスが，全可変範囲でこの可変抵抗器回路のそれに比べ充分大きくないと，望む分圧比は得られない。

(2) 定格電力と端子間電流

可変抵抗器の電力に関する条件は，$a-c$ 端子間では抵抗器と同じに考え

てよい。しかし，しゅう動子が関係すると様子が多少異なる。たとえば**図 1-9** で，固定端子 a が接地，c が電源と接続されている場合，$a-c$ 端子間抵抗の電力はでは定格内であっても，b のしゅう動端子に低抵抗の外部回路が接続されていれば，しゅう動子と固定端子 c の抵抗値が小さくなるにつれ，端子 $c-b$ 間の電流がに急激に増加しこの部分を焼損させてしまうことがある。したがって，しゅう動子許容電流についても充分な注意が必要である。

(3) 抵抗変化特性

しゅう動接点の機械的位置（回転形においては時計回り回転角度 θ）に対する $a-b$ 間の抵抗値 R_{ab} あるいは端子 $a-c$ 間の電圧に対して現れる $a-b$ 間の出力電圧比 V_{ab}/V_{ac} の関係には，**図 1-10** の三種類がある。

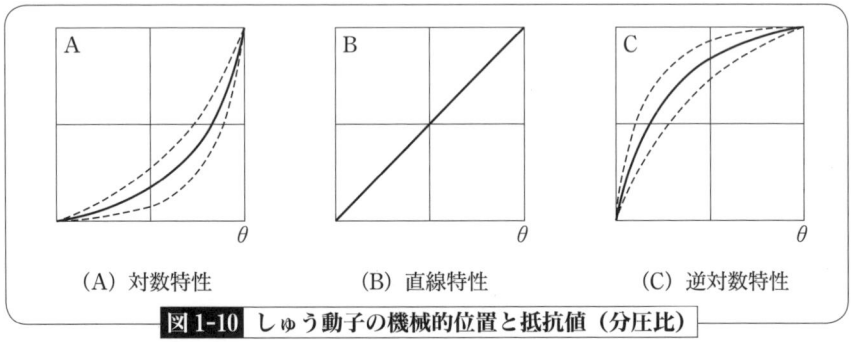

図 1-10 しゅう動子の機械的位置と抵抗値（分圧比）

直線特性 B を持つ可変抵抗器は一般計測用に，対数特性 A は人間の感覚の対数特性に合致する AV 機器の音量コントロールなどに使用される。

可変抵抗器しゅう動接点の機械的位置はパネル上の目盛り等で現され，それ自身では精度，確度とも設定や読み取りの限界がある。しかし，厳密さよりも連続性や直観性が重視されるアナログ制御機器などには，簡便で扱いやすいデバイスといえる。

2 可変抵抗器の形名と表示

可変抵抗器は，**図 1-11** に示すように用途に応じて非常に多くの種類があるが，機能的には，パネルにシャフトを出し常時調整用として使用するもの（2連，3連などの多軸形，スイッチと組み合わせた複合形を含む）と，プリント基板，モジュールあるいは筐体内部で調整時に使用する半固定形に大

1.2 抵抗器（Resistor）

図1-11 可変抵抗器

別される。

精密な抵抗値設定を必要とする用途には，全抵抗変化値に対しギアなどの機構と組み合わせた巻線形多回転軸可変抵抗器がある。

可変抵抗器の形名及び表示は，JIS C 5260-1で固定抵抗器と同様，横一列の英大文字と数字記号で次のような内容が規定されている。

(1) 種類を表す記号（JIS 2.1）

可変抵抗器の種類を表す記号を **表1-10** に示す。

表1-10　種類を表す記号

記号	主な抵抗素子	記号	主な抵抗素子	記号	主な抵抗素子
RA	抵抗線（低電力形）	RM	金属被膜（薄膜）	RR	抵抗線（精密形）
RG	金属系混合体（厚膜）	RP	抵抗線（電力形）	RT	抵抗線（半固定形）
RJ	非巻線（半固定形）	RQ	非巻線（精密形）	RV	炭素系混合体

(2) 外形の大きさを表す記号（JIS 2.2）

可変抵抗器の外形の大きさを表す記号を **表1-11** に示す。

表1-11　外形の大きさを表す記号

記号	大きさ	記号	大きさ	記号	大きさ	記号	大きさ
2	2.5	12	12.5	28	28	100	100
3	3.2	14	14.5	30	31.5	125	125
4	4.0	16	16	35	35	160	160
5	5.0	20	20	40	40	200	200
6	6.3	22	22	50	50	250	250
8	8.0	24	24	60	60		
10	10	25	25	80	80		

第1章
受動部品の特性と規格

　この記号で，回転形および半固定形ではその外径，スライド形では全スライド距離をmm単位で表している。よく使われる回転型の $RV 20～35$ では，シャフト直径は6，取り付けネジ直径は9（いずれもmm）である。

(3) 特性を表す記号（JIS 2.3）

　一般的な用途には，使用温度範囲が $-10～+80℃$ で記号Yの皮膜可変抵抗器が使用される。抵抗値変化特性など，必要があればJISの該当項目を参照されたい。

(4) 形状を表す記号（JIS 2.4）

　可変抵抗器の形状を表す記号を **表 1-12** に示す。

表 1-12　形状を表す記号

回転形可変抵抗器の場合	
記号	構造区分・取付方法
D	同心二軸，中心ねじ取付け，ラグ端子
G	一軸二連，中心ねじ取付け，ラグ端子
L	単動，中心ねじ取付け，ラグ端子，操作軸固定装置付
N	単動，中心ねじ取付け，ラグ端子
P	単動，端子取付け，プリント端子
S	単動，中心ねじ取付け，ラグ端子，防水

半固定形可変抵抗器の場合	
記号	構造区分・取付方法
A	表面実装用　半固定，上面調整，金属内曲げ端子
B	表面実装用　半固定，上面調整，金属内曲げ端子
C	表面実装用　半固定，側面調整，金属内曲げ端子
D	表面実装用　半固定，側面調整，金属外曲げ端子
E	表面実装用　半固定，下面調整，金属外曲げ端子
F	表面実装用　半固定，上面調整，電極端子
G	表面実装用　半固定，側面調整，電極端子
P	回転形，上面調整，プリント端子
	ねじ駆動形，側面調整，プリント端子
X	回転形，側面調整，プリント端子
	ねじ駆動形，側面調整，プリント端子

(5) 操作軸の形状を表す記号（JIS 2.5）

　可変抵抗器の操作軸の形状を表す記号を **表 1-13** に示す。

1.2 抵抗器（Resistor）

表 1-13 操作軸の形状を表す記号

記号	形　状		操作手段（参考）
R	○ ▭	丸　形	単回転操作軸，および多回転操作軸並びに押し引き操作軸
S	⊖ ▭	溝　形	
F	○ ▭	平　形	
K	⊖ ▭	18山 セレーション形	
H	⊖ ▭	割り形	
T	⊙ ▭	内ねじ形	
U	◎ ▭	外ねじ形	

　回転形の可変抵抗器の操作軸の規定は，軸の長さを表す数字（mm）に続き，**表 1-13** の記号が使用される（スライド形は割愛）。

(6) 抵抗値の変化特性を表す記号（JIS 2.6）

　炭素系混合体可変抵抗器の操作軸位置と抵抗値の変化特性は JIS で詳細に定められているが，基本的には **図 1-10** の直線特性 B，対数特性 A，逆対数特性 C の三種類に大別される。

(7) 定格抵抗値（JIS 2.7）

　固定端子 $a-c$ 間の全抵抗値は 3 数字で表され，最初の第 1，2 数字はオーム（Ω）を，続いて 10 のべき数すなわち 0 の数を示している。通常は平易に XXkΩ と書くことも多い。

(8) 全抵抗値許容差（JIS 2.8）

　前項全抵抗値の許容差は，**表 1-2** の D〜N（±0.5%〜±30%）の英文字記号が使われる。

第1章
受動部品の特性と規格

2.9 評価水準，2.10 安定性クラス，2.11 その他の項目は，表記上省略されることが多い．

次に可変抵抗器の表記の一例を示しておこう．

| RV 　30 　YS 　20R 　B 　100kΩ 　K |

意味：炭素系混合体可変抵抗器，外形30mm，使用温度範囲が－10〜＋80℃の一般的特性，単動，中心ねじ取り付け形，ラグ端子，防水，シャフト長20mm，先端加工はなく，回転角に対し抵抗値が直線的に変化（B），定格抵抗値100kΩ，定格抵抗値の許容差±10%

参考事項

可変抵抗器に関する参考事項をいくつかあげておこう．
□どの端子もシャフトと電気的に絶縁されている．
□スイッチ連動形のスイッチは，シャフトの時計方向回転の初めの部分で動作し，単投形ではこの場合閉になる．また他のいずれの部分とも電気的に絶縁されている．
□低温－10℃において，シャフトは回転可能である．
□温度特性，湿度特性等は固定抵抗器に比べ数等悪いから，精度を要する回路には使用してはならない．たとえば高温放置後の全抵抗値の変化は数%以上になる．
□RV16以上の外形の可変抵抗器では，抵抗器自体の回転を防止する回転止があるから，パネルに取り付けて使用するときは，回転止め穴を忘れないように．また穴位置に注意すること．

---

3 デジタル・ポテンシオメータ

　本章では，機械的な手段でアナログ的に抵抗値を変化させる可変抵抗器について説明した．しかし先に述べたように，機械式の可変抵抗器を等価な電子回路に置換すれば，リモートでコントロール機器への応用以外にも，デジタル機器との整合性，応答速度，精度，信頼性，寿命等に大きな利点があることは明らかである．
　半導体技術の章で後述するが，MOS-FETのソース・ドレイン抵抗はゲ

ート電圧によって効果的に変化させることができる。また半導体（アナログ）スイッチも，現在では非常に優れた製品が発売されている。

　これらの技術により，デジタルコードで半導体スイッチを開閉，抵抗器と組み合わせてIC化したデジタル・ポテンシオメータの有用性が広く認められるようになった。

　JISに規格化されるにはまだ至っていないが，その製品の一端を図1-12に紹介しておく。

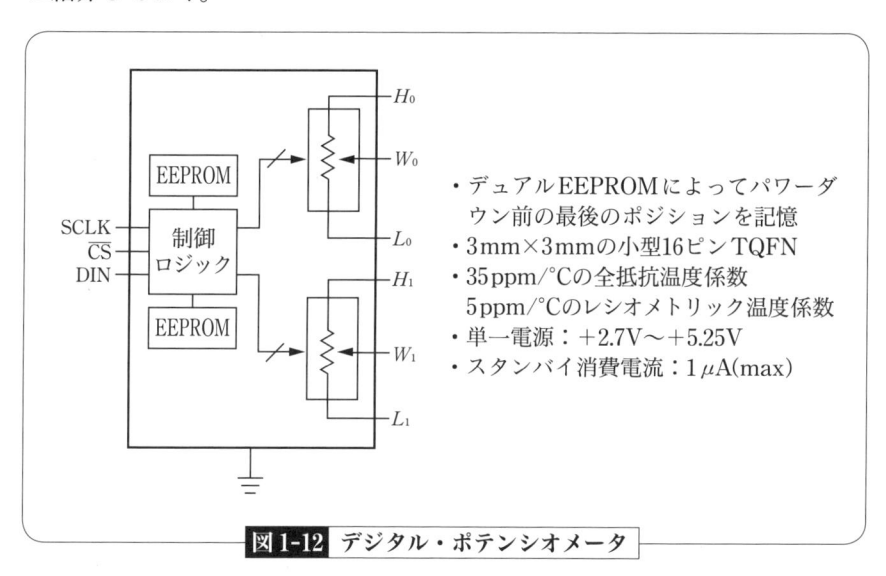

- デュアルEEPROMによってパワーダウン前の最後のポジションを記憶
- 3mm×3mmの小型16ピンTQFN
- 35ppm/°Cの全抵抗温度係数
  5ppm/°Cのレシオメトリック温度係数
- 単一電源：+2.7V〜+5.25V
- スタンバイ消費電流：1μA(max)

図1-12 デジタル・ポテンシオメータ

1.3 コンデンサ

1.3.1 一般事項

1 コンデンサとは

コンデンサ（Condenser, Capacitor）は，抵抗器と共に最も基本的な部品の一つである。コンデンサは図1-13のように，絶縁物を挟んだ2枚の導体極板に電圧Vを加えると，誘電体の物理的ひずみとして電荷Qが蓄えられる物理的構造をもっている。

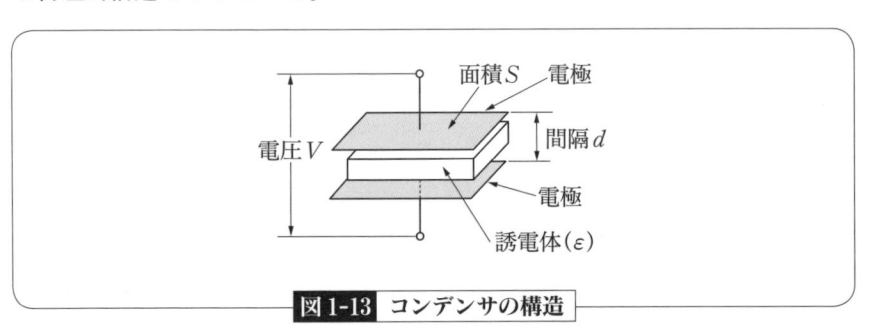

図1-13　コンデンサの構造

この図で，コンデンサの容量Cは次式で表される。

$$C = \frac{\varepsilon}{d} S \tag{1.11}$$

ただし　　ε：絶縁物の誘電率（ファラド/m）
　　　　　d：極板の距離（m）
　　　　　S：極板の実効面積（m²）

コンデンサの両極に電圧を印加したとき，蓄積される電荷は次式で表される。

$$Q = C \cdot V \tag{1.12}$$

ただし　　Q：電荷（クーロン）
　　　　　V：電圧（ボルト）

1.3 コンデンサ

コンデンサ	─┤├─ ─┤⁺├─ 有極性	電解コンデンサ	⁺▨ NP ▨ 無極性	
可変コンデンサ	⧸⤴	貫通形コンデンサ	─┤├─	

図1-14 コンデンサの記号

C：静電容量（ファラド）

回路図上のコンデンサ記号は**図1-14**を用いる。

2 コンデンサの概略特性

コンデンサは構成する誘電体や電極の材料によって非常に多くの種類があり，それぞれ用途に適する静電容量や使用周波数範囲がある（**表1-14, 1-15**）。

表1-14 固定コンデンサの静電容量範囲

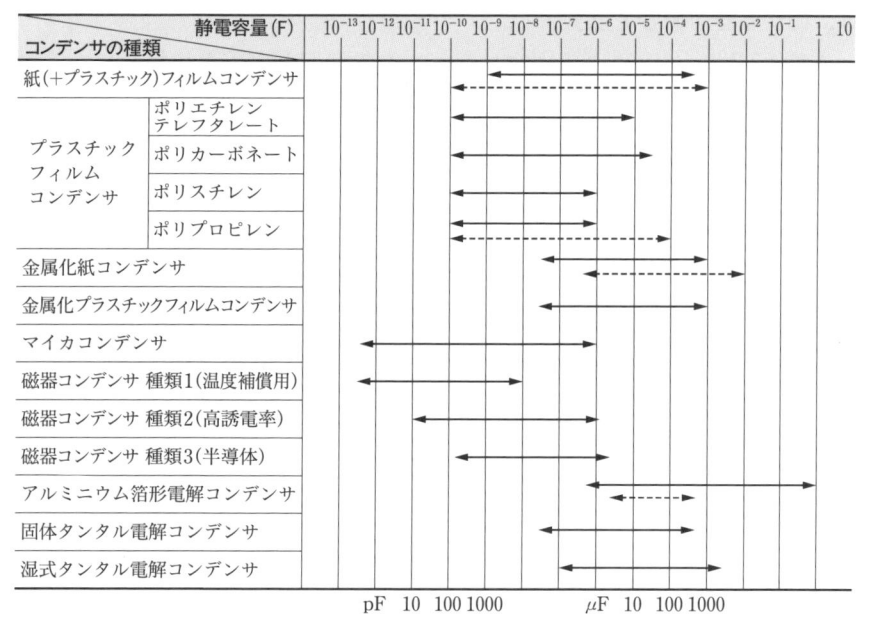

コンデンサの種類	静電容量(F) 10^{-13} 10^{-12} 10^{-11} 10^{-10} 10^{-9} 10^{-8} 10^{-7} 10^{-6} 10^{-5} 10^{-4} 10^{-3} 10^{-2} 10^{-1} 1 10
紙(+プラスチック)フィルムコンデンサ	
プラスチックフィルムコンデンサ：ポリエチレンテレフタレート	
プラスチックフィルムコンデンサ：ポリカーボネート	
プラスチックフィルムコンデンサ：ポリスチレン	
プラスチックフィルムコンデンサ：ポリプロピレン	
金属化紙コンデンサ	
金属化プラスチックフィルムコンデンサ	
マイカコンデンサ	
磁器コンデンサ 種類1（温度補償用）	
磁器コンデンサ 種類2（高誘電率）	
磁器コンデンサ 種類3（半導体）	
アルミニウム箔形電解コンデンサ	
固体タンタル電解コンデンサ	
湿式タンタル電解コンデンサ	
	pF 10 100 1000 μF 10 100 1000

第1章
受動部品の特性と規格

表1-15 固定コンデンサの使用周波数範囲

コンデンサの種類	使用周波数	0.1 kHz	1	10	100	1 MHz	10	100	1000
紙(+プラスチック)フィルムコンデンサ		←————————————→							
プラスチックフィルムコンデンサ	ポリエチレンテレフタレート	←——————————————→							
	ポリカーボネート	←——————————————→							
	ポリスチレン	←————————————————→							
	ポリプロピレン	←——————————————→							
金属化紙コンデンサ		←————————→							
金属化プラスチックフィルムコンデンサ		←————————————→							
マイカコンデンサ						←—————-----→ (釦マイカ)			
磁器コンデンサ 種類1						←——→-----→			
磁器コンデンサ 種類2						←——→-----→			
磁器コンデンサ 種類3						←——→-----→ (チップ)			
アルミニウム箔形電解コンデンサ		←—→							
固体タンタル電解コンデンサ		←—→							
湿式タンタル電解コンデンサ		←—→							

回路に使用するコンデンサは静電容量とその偏差,周波数特性,温度特性,価格等を考慮して選択する.

次項1.3.2に,JISによる固定コンデンサの諸元と定義を抜粋してある.重複する部分もあるが,前もって主要なコンデンサについて補足的な説明をしておく.

(1) **交流電源用コンデンサ**

インダクタンス負荷に対する進相用など,交流電源回路等に使用されるコンデンサのことをいう.多くが蒸着金属電極であって,自己回復性(誘電体の一部が絶縁破壊したとき,破壊点及び隣接する電極の微少面積が蒸発消滅することによって瞬時的にコンデンサの機能を回復する性能)を持ち,密閉構造その他安全対策を充分に考慮した構造になっている.

(2) **電解コンデンサ**

電解コンデンサは一般にケミコンと呼ばれる.小形でかつ数μFから数千μF以上の大容量が得られ価格も安く,正確な容量を必要としない電源,信

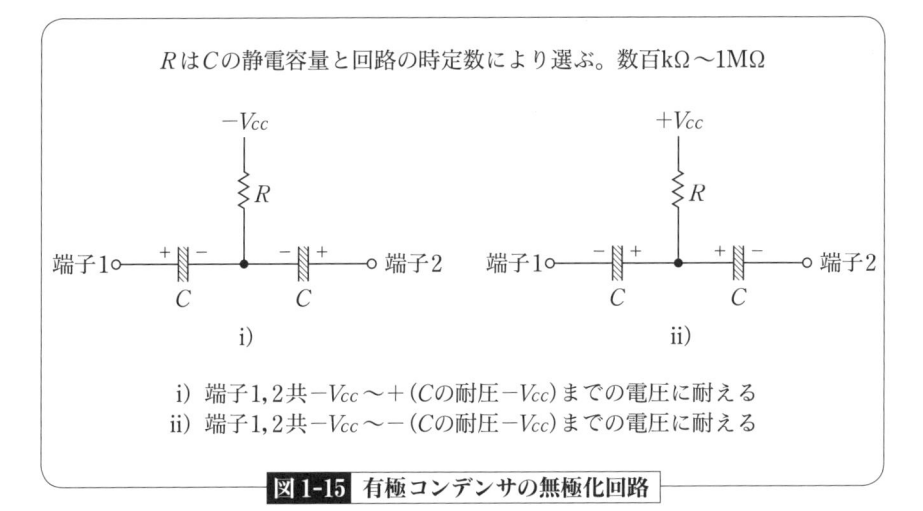

```
         RはCの静電容量と回路の時定数により選ぶ．数百kΩ～1MΩ

              −V_cc                              +V_cc
                │                                   │
               ┌┴┐                                 ┌┴┐
               │R│                                 │R│
               └┬┘                                 └┬┘
   端子1 ○─+┤├−─┴─−┤├+─○ 端子2    端子1 ○─−┤├+─┴─+┤├−─○ 端子2
          C       C                       C        C
                i)                                ii)

   i) 端子1, 2共 −V_cc 〜 +(Cの耐圧 −V_cc) までの電圧に耐える
   ii) 端子1, 2共 +V_cc 〜 −(Cの耐圧 −V_cc) までの電圧に耐える
```

図 1-15 有極コンデンサの無極化回路

号の結合，バイパス等の回路に大量に使用される．

電解コンデンサは金属箔（アルミ，タンタル）を陽極とし，表面積を拡大するためエッチングを行い，陽極金属の表面を酸化させて形成した絶縁の良い酸化皮膜を誘電体とする．この誘電体に固体または非固体の電解質を密着させて陰極とする．

電解コンデンサは，他種のコンデンサに比べ静電容量が桁違いに大きい．電気伝導が分子量の大きい電解質に依存するため高周波に対して損失が大きく，高温で寿命が短縮し，低温で静電容量が著しく減少する性質がある．

電解コンデンサは原理的には有極性で，1V程度以上の逆電圧が定常的に印加されると，陽極酸化金属誘電体被膜の絶縁が破壊される．陽極を2枚組み合わせた無極性の電解コンデンサも市販されているが，2個の有極性コンデンサを使って図1-15のように簡単に無極性の回路を作ることができる．

最も一般的なものはアルミニウム非固体（液体電解質，湿式）電解コンデンサで，アルミニウムはく形乾式電解コンデンサと共に主に直流回路に使用する．アルミ電解コンデンサは破損時に通常オープンとなる．電源回路などに使用するときは特に耐圧の余裕を充分に見込み，実装時には極性を間違えないように充分注意が必要である．

タンタル電解コンデンサは小形で，アルミ電解コンデンサと異なり電解質は通常固体である．定格電圧は数十Vと比較的低い．高価であるが，誘電

体損失，絶縁抵抗，温度特性，安定性などの諸特性に優れ，信頼性を重視する回路に使用される。ただしこのコンデンサは，直流定格電圧に重畳させうる交流分のマージンがきわめて小さいから，印加される直流電圧＋交流電圧尖頭値が直流定格電圧を超えないよう注意が必要である。破損時に通常ショートとなる。周辺回路の保護のため，ヒューズを直列と組み合わせたタンタルコンデンサもある。

(3) MPコンデンサ（Metalized Paper Condenser）

MPコンデンサは，絶縁紙の表面に金属膜を蒸着して電極としたものである。このように金属化した誘電体を用いたコンデンサは，誘電体が局部的に絶縁破壊を起こしても，破壊の熱エネルギーでその部分の金属薄膜が溶融，解離し諸特性が元に復帰する自己回復作用がある。

(4) ポリスチレンコンデンサ

通称スチコンと呼ばれ，数pFから数千pFの容量で，最高使用温度が低く溶剤耐性も劣る欠点はあるが，高周波特性が良好で温度係数も小さく，LC共振回路等精度を要する回路に欠くことのできない素子である。

(5) マイラコンデンサ

ポリエチレン系の誘電体を用いたコンデンサで，1,000pF〜1μF前後の容量範囲で最も広く使用されている。

(6) 磁器コンデンサ

磁器を誘電体としたコンデンサで，JISでは種類1，2，3に分類している（表1-18参照）。

種類1は，主に酸化チタン系磁器を誘電体とし，共振回路その他一般にQが高く，静電容量の安定性が良いことが要求される回路に使用される。また温度特性が選択できるので，温度補償用にも使用されるコンデンサである。

種類2は，主にチタン酸バリウム系磁器を誘電体とした1,000pF程度以下の磁器コンデンサである。価格もきわめて安く，バイパスや高周波回路の結合など，Qの値や静電容量の正確性，安定性があまり問題にならない数十MHz以上の高周波帯域や高速デジタル回路に数多く用いられる。

種類3は，半導体化した磁器の絶縁層を誘電体としたコンデンサで，種類2と類似の用途に使用される。

1.3.2 JISによるコンデンサ諸元の規定

固定コンデンサの諸元は，JIS C 5602に詳細に規定されている。ここでは，それらのうちの重要な項目を抜粋しておくことにする。

1 固定コンデンサの用途別分類（JIS C 5602 3.2）

表1-16 固定コンデンサの用途による分類

番号	用　語	意　味	対応英語
3201	交流用コンデンサ	主として交流電圧で使用することを目的としたコンデンサ。	a.c.capacitor
3202	直流用コンデンサ	主として直流電圧で使用することを目的としたコンデンサ。	d.c.capacitor
3203	パルス用コンデンサ	主としてパルス電流又はパルス電圧で使用することを目的としたコンデンサ。	pulse capacitor
3204	ブロッキングコンデンサ	主として直流を阻止する目的で使用するコンデンサ。	blocking capacitor
3205	カップリングコンデンサ	異なる直流レベルをもつ二つ以上の交流回路を結合する目的で使用するコンデンサ。	coupling capacitor
3206	バイパスコンデンサ デカップリングコンデンサ	ある周波数以上の電流に対し比較的インピーダンスの導通路を作る目的で使用するコンデンサ。	bypass capacitor decoupling capacitor
3207	サージ制限コンデンサ	サージ電圧に対し低インピーダンスとなり，サージ電圧を吸収する目的で使用するコンデンサ。	surge limiting capacitor
3208	温度補償用コンデンサ	静電容量の温度による変化が直線的でかつ再現性があり，その変化によって回路中の温度による特性の変化を補償する目的で使用するコンデンサ。	temperature compensating capacitor
3209	雑音防止用コンデンサ	電子機器，電気器具から発する無線周波の雑音を防止する目的で，主として交流電源回路に使用するコンデンサ。 備考　1. IEC384-14（電子機器用雑音防止用コンデンサ）に従った雑音防止用コンデンサの区分は，	radio interference suppression capacitor

次頁につづく➡

第1章
受動部品の特性と規格

番号	用　語	意　　味	対応英語
		安全性能によって，次の三種類である。 　U-コンデンサ 　X-コンデンサ 　Y-コンデンサ 2. 1.の区分とは別に，回路上の接続に次の区分を使用することもある。 　アクロス・ザ・ライン・コンデンサ 　ライン・バイパス・コンデンサ 3. 1.および2.の区分の一例を次の図に示す。 ［交流電源 — コンデンサA／コンデンサB — コンデンサC — 負荷］ 区　分（備考 1.による場合） 　コンデンサAおよびコンデンサBを使用電圧125V以下の場合は，U-コンデンサという。 　使用電圧125Vを超え250V以下の場合，Y-コンデンサという。 　コンデンサCをX-コンデンサという。 区　分（備考 2.による場合） 　コンデンサAおよびコンデンサBをライン・バイパス・コンデンサという。 　コンデンサCをアクロス・ザ・ライン・コンデンサという。	

1.3 コンデンサ

2 固定コンデンサの構造別分類（JIS C 5602 3.3）

表1-17 固定コンデンサの構造による分類

番号	用　語	意　　味	対応英語
3306	金属化コンデンサ	紙，プラスチックフィルムのいずれかまたはこれらの複合体を誘導体とし，これに金属を蒸着して電極としたコンデンサ。 備考　一般に巻回構造のコンデンサに適用され，自己回復性がある。	metallized capacitor
3307	金属はくコンデンサ	紙，プラスチックフィルムのいずれかまたはこれらの複合体を誘導体とし，金属はくを電極としたコンデンサ。	metal foil capacitor
3308	貫通コンデンサ	内部電極の導体が中央部を貫通し，外部電極が接地できる構造のコンデンサ。	feed-through capacitor, lead-through capacitor
3309	チップコンデンサ	コンデンサ素子に電極を設け，主として面実装に適する角形または円筒形の小形のコンデンサ。 備考　一般にリード線端子をもたない。	chip capacitor
3310	積層コンデンサ	金属電極と誘電体を交互に積み重ねた構造のコンデンサ。 備考　1. 代表的な誘電体としては，磁器，ガラス，マイカ，プラスチックフィルムなどがある。 　　　　2. 構造の一例 外部電極(端子) 誘電体 内部電極	multilayer capacitor
3311	絶縁形コンデンサ	すべての端子と外装との間に規定の電圧を印加できるコンデンサ。	insulated type capacitor
3312	非絶縁形コンデンサ	すべての端子と外装との間に規定の電圧を印加できないコンデンサ。	non-insulated type capacitor
3313	有極性コンデンサ	本質的に極性をもつコンデンサ。 備考　このコンデンサとしては，電解コンデンサがある。	polar capacitor
3314	無極性コンデンサ	本質的に極性をもたないコンデンサ。 備考　電解コンデンサ以外のコンデンサは，無極性コンデンサである。	non-polar capacitor

第1章
受動部品の特性と規格

③ 固定コンデンサの誘電体別分類（JIS C 5602 3.4）

表1-18 固定コンデンサの誘電体による分類

番号	用語	意味	対応英語
3401	空気コンデンサ	空気を誘電体としたコンデンサ。	air capacitor
3402	紙コンデンサ	紙を誘電体としたコンデンサ。	paper capacitor
3403	プラスチックフィルムコンデンサ	プラスチックフィルム（ポリエステル、ポリスチレン、ポリプロピレン、ポリカーボネートなど）を誘電体としたコンデンサ。	plastic film capacitor
3404	複合フィルムコンデンサ	コンデンサ紙とプラスチックフィルム又は異種のプラスチックフィルムを誘電体としたコンデンサ。	mixed dielectric capacitor, bi-film capacitor
3405	磁器コンデンサ	磁器（酸化チタン磁器、チタン酸バリウム磁器、ステアタイト磁器など）を誘電体としたコンデンサ。 備考　特性によって種類1，種類2及び種類3に分類している。	ceramic capacitor
3406	磁器コンデンサ種類1	電子機器の共振回路用及びその他一般にQが高く、温度などに対する静電容量の安定性が必要で主に温度補償用に用いる磁器を誘電体とするコンデンサ。 備考　温度補償用磁器コンデンサともいわれている。	ceramic capacitor class 1
3407	磁器コンデンサ種類2	電子機器の側路用及び回路の結合用のようにQの値や静電容量の安定性があまり必要でない用途に用いる磁器を誘電体としたコンデンサ。 備考　高誘電磁器コンデンサともいわれている。	ceramic capacitor class 2
3408	磁器コンデンサ種類3	電子機器の側路用及び回路の結合用のようにQの値や静電容量の安定性があまり必要でない用途に用いる半導体化した磁器を利用して小形化したコンデンサ。 備考　半導体磁器コンデンサともいわれている。	ceramic capacitor class 3
3409	半導体磁器コンデンサ	一般に磁器コンデンサ種類3（class3）といわれており、半導体化した磁器（チタン酸バリウム、ストロンチウム系などの磁器）の表面又は粒界表面に形成した薄い絶縁層を利用又は誘電体としたコンデンサ。 備考　構造によって、次の三種類に大別される。 (1)堰層形半導体磁器コンデンサ (2)粒界層形半導体磁器コンデンサ (3)表層形半導体磁器コンデンサ	semiconducting ceramic capacitor

次頁につづく➡

1.3 コンデンサ

番号	用語	意味	対応英語
3410	堰層形半導体磁器コンデンサ（えんそうがたはんどうたいじき）	半導体磁器と電極との間に生じる障壁容量を利用したコンデンサ。	barrier layer ceramic capacitor
3411	粒界層形半導体磁器コンデンサ	半導体磁器の絶縁化した結晶粒界層を利用したコンデンサ。	boundary layer ceramic capacitor
3412	表層形半導体磁器コンデンサ	半導体磁器の表面に形成した酸化被膜を誘電体としたコンデンサ。	surface layer ceramic capacitor
3413	電解コンデンサ	一般に陽極表面に陽極酸化によって形成した酸化被膜を誘電体とし，固体又は非固体の電解質をこの誘電体に密着して陰極の一部としたコンデンサ。 備考　1. 通常は，有極性である。 　　　2. 陽極に使用される金属材料としては，アルミニウム，タンタルなどがある。	electrolytic capacitor
3414	アルミニウム電解コンデンサ	アルミニウムの表面に陽極酸化によって形成した酸化被膜を誘電体とし，固体又は非固体の電解質をこの誘電体に密着して陰極の一部としたコンデンサ。	Aluminium electrolytic capacitor
3415	アルミニウムはく形非固体電解コンデンサ	アルミニウムはくの表面に陽極酸化によって形成した酸化被膜を誘導体とし，紙，繊維などに含浸させた液体電解質をこの誘導体に密着して陰極の一部としたコンデンサ。	Aluminium foil electrolytic capacitor with non-solid electrolyte

次頁につづく→

第1章
受動部品の特性と規格

番号	用語	意味	対応英語
3416	アルミニウム固体電解コンデンサ	アルミニウムのはく,線又は焼結体の表面に陽極酸化によって形成した酸化被膜を誘電体とし,固体電解質をこの誘電体に密着して陰極の一部としたコンデンサ。	Aluminium solid electrolytic capacitor
3417	タンタル電解コンデンサ	タンタルの表面に陽極酸化によって形成した酸化被膜を誘電体とし,固体又は非固体の電解質をこの誘電体に密着して陰極の一部としたコンデンサ。	Tantalum electroytic capacitor
3418	タンタルはく形非固体電解コンデンサ	タンタルはくの表面に陽極酸化によって形成した酸化被膜を誘電体とし,紙,繊維などに含浸させた液体電解質をこの誘導体に密着して陰極の一部としたコンデンサ。	Tantalum foil electrolytic capacitor with non-solid electrolyte
3419	タンタル焼結体非固体電解コンデンサ	タンタルの焼結体の表面に陽極酸化によって形成した酸化被膜を誘電体とし,充てんさせた液体電解質をこの誘電体に密着して陰極の一部としたコンデンサ。	Tantalum sintered slug electrolytic capacitor with non-solid electrolyte
3420	タンタル固体電解コンデンサ	タンタルのはく,線又は焼結体の表面に陽極酸化によって形成した酸化被膜を誘電体とし,固体電解質をこの誘電体に密着して陰極の一部としたコンデンサ。	Tantalum soild electrolytic capacitor
3421	電気二重層コンデンサ	二種の異なる物質の境界面にできる電気二重層の電荷蓄積作用を利用したコンデンサ。	electric double layer capacitor
3422	マイカコンデンサ	マイカを誘電体としたコンデンサ。 備考　銀電極を焼き付けたマイカを誘電体としたものをシルバードマイカコンデンサともいう。	mica capacitor
3423	集成マイカコンデンサ	巻回したフィルム状マイカを誘電体としたコンデンサ。	reconstituted mica capacitor
3424	ガラスコンデンサ	ガラスを誘電体としたコンデンサ。	glass capacitor

1.3 コンデンサ

4 固定コンデンサの形名と表示（JIS C 5101-1）

固定コンデンサの形名と表示は，抵抗器のそれと同様横一列の英大文字と数字記号で9項目の情報を表している（**表1-19**）。

表1-19 固定コンデンサの形名と表示

[コンデンサの種類を表す記号 2.3.1]	[形状を表す記号 2.3.2]	[特性を表す記号 2.3.3]	[定格電圧を表す記号 2.3.4]	[定格静電容量を表す記号 2.3.5]	[定格静電容量許容差を表す記号 2.3.6]	[評価水準を表す記号 2.3.7]	[故障率水準を表す記号 2.3.8]	[その他，必要な事項を表す記号 2.3.9]
(1)	(2)	(3)	(4)	(5)	(6)	(7)	(8)	(9)

(1) コンデンサの種類を表す記号（JIS 2.3.1）

コンデンサの種類は，2または3英大文字で表す。第一文字はコンデンサの記号Cを示し，第2英文字は誘電体の主材料，および電極の構造によって区分している（**表1-20**）。

表1-20 コンデンサの種類

記号	コンデンサの種類	誘電体の主材料	電極の種類
CA	アルミニウム固体電解コンデンサ	アルミニウム酸化皮膜	アルミニウム及び固体電解質
CC	磁器コンデンサ種類1	磁器	金属膜
CE	アルミニウム非固体電解コンデンサ	アルミニウム酸化皮膜	アルミニウム及び非固体電解質
CF	メタライズドプラスチックフィルムコンデンサ	プラスチックフィルム	蒸着金属膜又は蒸着金属膜と金属はくの併用
CG	磁器コンデンサ種類3	磁器	金属膜
CK	磁器コンデンサ種類2		
CL	タンタル非固体電解コンデンサ	タンタル酸化皮膜	タンタル及び非固体電解質
CM	マイカコンデンサ	マイカ	金属膜及び/又は金属はく
CQ	プラスチックフィルムコンデンサ	プラスチックフィルム	金属はく
CS	タンタル固体電解コンデンサ	タンタル酸化皮膜	タンタル及び固体電解質
CU	メタライズド複合フィルムコンデンサ	異種のプラスチックフィルムの組合せ	蒸着金属膜又は蒸着金属膜と金属はくの併用
CW	複合フィルムコンデンサ		金属はく

(2) コンデンサの形状を表す記号（JIS 2.3.2）

形状は2数字で表し，**表1-21**による。

39

第1章
受動部品の特性と規格

表 1-21 コンデンサの形状

記号	形　状	参考図
01	円筒形，金属ケース，リード線端子反対方向（アキシャルリード線端子）	
02	円筒形，金属ケース，リード線端子反対方向（アキシャルリード線端子），スリーブ付き	
05	円筒形，非金属ケース，リード線端子反対方向（アキシャルリード線端子）	
08	円筒形，外装なし，リード線端子反対方向（アキシャルリード線端子）	
14	円筒形，非金属外装，リード線端子反対方向（アキシャルリード線端子）	
04	円筒形，金属ケース，リード線端子同一方向（ラジアルリード線端子），スリーブ付き	
06	円筒形，非金属ケース,リード線端子同一方向(ラジアルリード線端子)	
09	円筒形，外装なし，リード線端子同一方向（ラジアルリード線端子）	
15	円筒形，非金属外装，リード線端子同一方向（ラジアルリード線端子）	
33	円筒形，金属ケース，ねじ端子同一方向，スリーブ付き	
62	円筒形，金属ケース，ラグ端子同一方向，スリーブ付き	
69	円筒形，金属ケース，プリント配線板用端子（自立形）同一方向，スリーブ付き	
07	円筒形，非金属ケース，リード線端子同一方向（ラジアルリード線端子）（コンデンサ軸と直角）	
13	円筒形，外装なし，リード線端子同一方向（ラジアルリード線端子）（コンデンサ軸と直角）	
16	円筒形，非金属外装，リード線端子同一方向（ラジアルリード線端子）（コンデンサ軸と直角）	
17	円筒形，金属ケース，リード線端子貫通，取付構造付き	
18	円筒形，外装なし，リード線端子貫通，取付構造付き	
43	丸形，外装なし，リード線端子反対方向（アキシャルリード線端子）	
51	丸形，非金属外装，ラグ端子反対方向	
59	丸形，外装なし，ねじ端子反対方向	
60	丸形，非金属外装，リード線端子反対方向（アキシャルリード線端子）取付構造付き	
44	丸形，外装なし，引き出し端子なし，電極反対方向	
45	丸形，非金属外装，リード線端子同一方向（ラジアルリード線端子）	

次頁につづく➡

1.3 コンデンサ

記号	形　状	参考図
46	丸形，金属ケース，リード線端子貫通	
47	丸形，金属ケース，リード線端子貫通，取付構造付き	
52	丸形，金属ケース，ラグ端子貫通	
56	丸形，金属ケース，ラグ端子貫通，取付構造付き	
57	丸形，金属ケース，ラグ端子，一端接地，取付構造付き	
76	角形，非金属ケース，ラグ端子反対方向	
91	角形，非金属外装，リード線端子反対方向（アキシャルリード線端子）	
96	角形，外装なし，リード端子反対方向（アキシャルリード線端子）	
98	角形，非金属ケース，リード線端子反対方向（アキシャルリード線端子）	
70	角形，金属ケース，ラグ端子同一方向	
71	角形，金属ケース，ラグ端子同一方向，取付構造付き	
74	角形，金属ケース，ねじ端子同一方向	
75	角形，金属ケース，ねじ端子同一方向，取付構造付き	
78	角形，非金属ケース，ラグ端子同一方向	
79	角形，非金属ケース，ラグ端子同一方向，取付構造付き	
92	角形，非金属外装，リード線端子同一方向（ラジアルリード線端子）	
95	角形，金属ケース，リード線端子同一方向（ラジアルリード線端子）	
97	角形，外装なし，リード線端子同一方向（ラジアルリード線端子）	
99	角形，非金属ケース，リード線端子同一方向（ラジアルリード線端子）	
27	円筒形（チップ），非金属外装，表面実装端子（又は電極）反対方向	
28	円筒形（チップ），非金属ケース，表面実装端子（又は電極）反対方向	
29	円筒形（チップ），外装なし，表面実装端子（又は電極）反対方向	
30	円筒形（横形チップ），金属ケース，表面実装リード線端子，同一方向	
32	円筒形（座板付縦形チップ），金属ケース，表面実装端子，同一方向	
72	角形（チップ），外装なし，表面実装端子（又は電極）反対方向	
73	角形（チップ），非金属外装，表面実装端子（又は電極）反対方向	
77	角形（チップ），非金属ケース，表面実装端子（又は電極）反対方向	

次頁につづく➡

第1章
受動部品の特性と規格

記号	形　状	参考図
88	角形（横形チップ），非金属ケース，表面実装端子同一方向	

(3) 特性を表す記号（JIS 2.3.3）

I，Oを除く2または3英大文字で表し，末尾の1英文字は使用温度範囲を示している（**表1-22**）。

表1-22　使用温度範囲を示す英大文字

記号	カテゴリ温度範囲	記号	カテゴリ温度範囲	記号	カテゴリ温度範囲
A	−55〜+155	E	−40〜+125	J	−25〜+85
B	−55〜+125	F	−40〜+100	Q	−40〜+105
C	−55〜+100	G	−40〜+85	P	−55〜+105
D	−55〜+85	H	−25〜+100	R	−25〜+105

(4) 定格電圧を表す記号（JIS 2.3.4）

コンデンサの定格電圧は第1文字の数字と第2文字の英大文字で表す。第1文字は第2文字の数値に乗じる10のべき数を示している（**表1-23**）。

大型の電解コンデンサなどでは，この記号の替わりに定格電圧を直接表記する場合も多い。表中＊印は標準数列に対応する推奨値である。

表1-23　定格電圧を示す記号

単位：V

第1文字	第2文字									
	＊A	B	＊C	D	＊E	F	＊G	H	＊J	K
0	1.0	1.25	1.6	2.0	2.5	3.15	4.0	5.0	6.3	8.0
1	10	12.5	16	20	25	31.5	40	50	63	80
2	100	125	160	200	250	315	400	500	630	800
3	1000	1250	1600	2000	2500	3150	4000	5000	6300	8000
4	10000	12500	16000	20000	25000	31500	40000	50000	63000	80000

(5) 定格静電容量

はじめの2数字は**表1-1**に示すE標準数列の2桁の有効数字を表し，第3数字は有効数字に続く0の数を表す。単位はpFあるいはμFとする。

小数点がある場合，英大文字Rを小数点位置に置き，数字はすべて有効数字となる。有効数字3桁の表示はほとんど使用されない。次に静電容量値と

表示記号を表1-24にあげておく。

表1-24 静電容量値と表示記号

静電容量値	表示記号	静電容量値	表示記号
0.1 pF	p10	100 nF	100 n
0.15 pF	p15	150 nF	150 n
0.332 pF	p332	332 nF	332 n
0.590 pF	p59	590 nF	590 n
1 pF	1p0	1 μF	1μ0
1.5 pF	1p5	1.5 μF	1μ5
3.32 pF	3p32	3.32 μF	3μ32
5.90 pF	5p9	5.90 μF	5μ9
10 pF	10p	10 μF	10μ
15 pF	15p	15 μF	15μ
33.2 pF	32p2	33.2 μF	33μ2
59.0 pF	59p	59.0 μF	59μ
100 pF	100p	100 μF	100μ
150 pF	150p	150 μF	150μ
332 pF	332p	332 μF	332μ
590 pF	590p	590 μF	590μ
1 nF	1n0	1 mF	1m0
1.5 nF	1n5	1.5 mF	1m5
3.32 nF	3n32	3.32 mF	3m32
5.90 nF	5n9	5.90 mF	5m9
10 nF	10n	10 mF	10m
15 nF	15n	15 mF	15m
33.2 nF	33n2	33.2 mF	33m2
59.0 nF	59n	59.0 mF	59m

(6) **定格静電容量許容差**

表1-2の，抵抗器及びコンデンサの許容差の記号による。

(g)評価水準, (h)故障率水準, その他の表示は省略されることが多い。

1.3.3 可変（容量）コンデンサ

1 可変容量コンデンサの種類

(1) **無線機器用可変コンデンサ**

　この種の可変コンデンサは従来，主としてラジオ受信機を含む中，短波無線送受信機の発信あるいはダイヤル選択式同調回路に用いられた。いわゆるバリコン（小容量のものはミゼット）と呼ばれる可変コンデンサである。空気を誘電体とし，複数の並列固定電極間に対応する可動電極が機械的に嵌入

される構造になっている。バリコンの可変容量範囲は，数十pF〜数百pFである。

一段以上の高周波増幅器やスーパーヘテロダイン発振器と連動させた多連式，バリコンの一部の接地金属面を利用し，マイカを挟む対向電極との間隔をビスで調整して容量を変化させるバリコン容量微調整用の半固定トリマコンデンサを付属させた機構のものなどがあるが，早晩博物館入りと思われる。

(2) 半固定磁器コンデンサ

半固定磁器コンデンサは，酸化チタン磁器を誘電体とし，面積の半分に銀電極処理をした円板形のローター軸を回転することによって，ステーター電極との面積を変え容量を変化させる。

(3) 可変容量ダイオード

バラクタダイオードあるいはバリキャップと呼ばれ，半導体の接合部の障壁容量が電圧によって変化することを利用した素子である。容量変化が数pF〜数百pFの可変容量コンデンサとして機能する。

2 可変容量コンデンサの趨勢

可変容量コンデンサは，LC発振，CR発振，V_{co}，同調，変調，AFC，周波数逓倍，時定数，位相調整，PLL，フィルタなど広範囲の回路に使用される。

バリキャップは，機械的可動部分を全く含まないため信頼性も高い。また小形で安価であり，印加電圧の制御のみで容量を可変できるから，装置の小型化，電子化にとって非常に有利である。

各半導体メーカーから，各種のバリキャップが発売されている。最大電圧数十V，容量数pF〜数百pF，最小最大容量比数十と使いやすく，選択の幅も広い。そのため上記の諸回路をはじめとして，ラジオ，TVなどの民生機器，無線機器等，これまで主要な位置を占めていた機械的可変コンデンサや微調整用としての半固定磁器コンデンサは，ほとんどがバリキャップに取って代わられ，諸装置の操作性にも大きな影響を及ぼしている。

1.4 コイル，変成器，変圧器

1.4.1 一般事項

コイル，変成器，変圧器の定義は次の通りである。変成器と変圧器は総称してトランスと呼ばれることが多い。

(a) **コイル**

絶縁体の表面上に導体を巻いて作った自己インダクタンスを持つ部品。

(b) **変成器**

共通の磁気回路とこれに鎖交する複数の巻線をもち，電磁誘導作用により一方の巻線から受けた交流信号を変成して他方の回路に伝達する部品。

(c) **変圧器**

共通の磁気回路と，これに鎖交する複数の巻線をもち，電磁誘導作用により一方の巻線から受けた交流電力を他方の回路に供給する部品。

電磁誘導作用を基本にして電力を変成する作用からいえば，数百MHz帯の高周波トランスも50～60Hzで使用される電源変圧器も原理的な動作は同じである。しかし取り扱う周波数，用途によって，その構造，磁性材料（空心を含む）などは全く異なる。使用上の注意事項を二，三あげておこう。

- 空心コイルは磁気回路の拡がりが大きいので，他の電磁場と相互干渉を起こしやすい。遮蔽等でこれを防ぐ。
- 磁心の透磁率は，温度と重畳直流電流で大きく変化するから，LCのみで周波数を決める発振回路等では，バイアス電流の安定を図り，磁器コンデンサで特性を補正するなど，必要な周波数安定度が得られるように手段を講じる。
- フェライト磁心，低周波用変成器鉄心は，コイルに直流電流が重畳すると飽和し，自己，相互インダクタンスが極端に低下することがある。この場合損失は増加するが，磁気回路にギャップを入れ磁気的に直流分をカットするなどの方法をとる。

第1章
受動部品の特性と規格

空心のコイル，トランス　　**圧粉磁心のコイル，トランス**　　**鉄心のコイル，トランス**

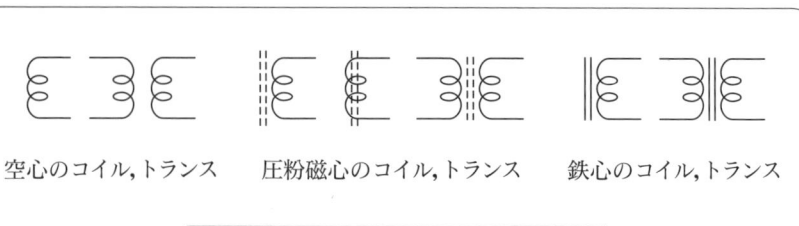

図 1-16　コイル，トランスの回路図記号

　図 1-16 は高周波用空心，圧粉磁心，低周波用鉄心入りコイル，トランスを示す回路図上の記号である。

1.4.2　圧粉，フェライト系コアを用いた変成器

　この系は磁芯材料が粒子状で絶縁されているため渦状電流損失が少なく，次のような高周波コイル，トランスに用いられる（図 1-17 参照）。

　　EI形コア：比較的電力の大きいスイッチング電源，パルストランス
　　ネジ形，ビス付きコア：自己あるいは相互インダクタンス可変の高周波コイル，トランス
　　ボビン，ポット型コア：漏洩磁束が少ない高周波コイル，トランス
　　トロイダルコア：配線に誘導される雑音の阻止あるいは寄生振動の防止

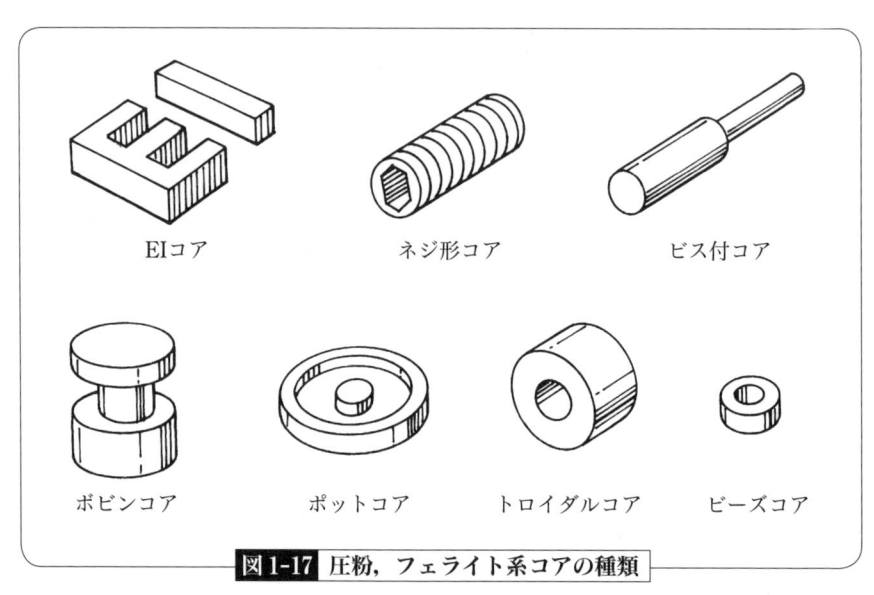

EIコア　　　ネジ形コア　　　ビス付コア

ボビンコア　　ポットコア　　トロイダルコア　　ビーズコア

図 1-17　圧粉，フェライト系コアの種類

1.4.3 低周波変成器, 電源変圧器

図1-18のように, 種々の形態の積層硅素鋼板あるいはカットコアを磁芯として巻線を施したもので, 周波数帯域が数十Hz～100kHz程度の低周波信号の処理あるいは50～400Hzの商用電源における変圧器や整流用チョークコイルに使用される。

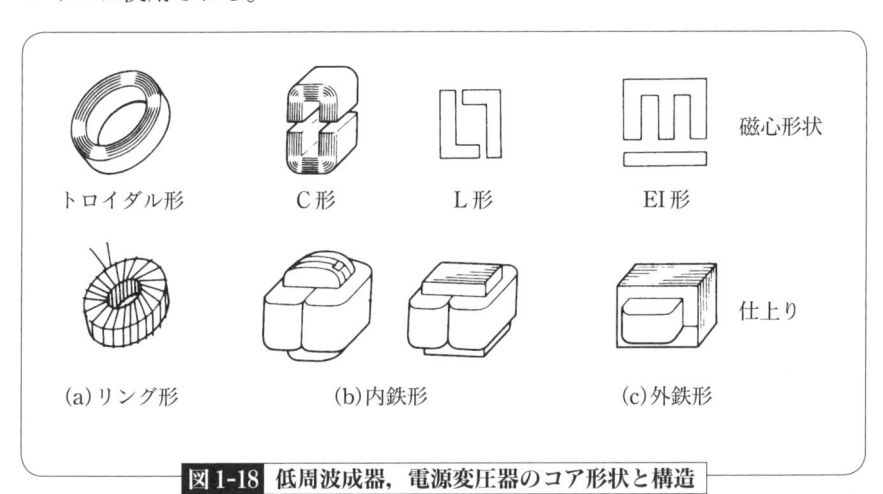

図1-18 低周波成器, 電源変圧器のコア形状と構造

1 低周波変成器 (JIS C 5301)

低周波変成器の規格に関する主な用語の定義を **表1-26**（次頁）に示す。変成器製作時の仕様事項として, 必要な部分を利用することができる。

低周波変成器はJISでは"TL"の2英大文字記号で表される。これに続く種類と記号は **表1-25** のように規定されている。

表1-25 低周波変成器の種類と記号

記　号	変成器の種類
A	整合変成器
B	電圧変成器
C	発振コイル
D	同調変成器
E	絶縁変成器
F	ハイブリッドトランス
G	遮へいコイル
H	変調変成器

第1章
受動部品の特性と規格

表 1-26 低周波変成器に関する用語の定義

(1) **電圧変成器** 電圧の昇圧又は降圧の目的で用いる変成器。
(2) **変調変成器** 振幅変調回路に用いる変成器。
(3) **定格出力** 定格周波数において負荷へ連続して供給できる最大皮相電力。
　　備　考　便宜上，定格出力は純抵抗を負荷とした場合の値で表し，単位はワット（W），ミリワット（mW）又はデシベル（1mW を 0dB とした場合で dBm と略記する。）とする。
(4) **定格入力（出力）電圧** 定格周波数で一次巻線に連続して印加（二次巻線に連続して誘起）することのできる最大交流端子電圧。
(5) **定格交流電流** 定格周波数で変成器に連続して流すことのできる最大交流電流。
(6) **定格成端インピーダンス** 変成器の一次巻線及び二次巻線に成端するため接続する規定のインピーダンス。
　　備　考　定格成端インピーダンスは絶対値で表す。
(7) **周波数範囲** 規定された特性を満足する周波数の帯域。
　　備　考　周波数範囲は，周波数の上限及び下限で表す。
(8) **定格重畳直流電流** 変成器の巻線へ定格交流電流に重畳して連続的に流すことのできる最大直流電流。
(9) **一次巻線** 電源側回路に接続される巻線。入力巻線又は電源側巻線ともいう。
(10) **二次巻線** 負荷側回路に接続される巻線。出力巻線又は負荷側巻線ともいう。
(11) **極性** 基準の巻線に対する他の巻線の誘起電圧の方向。その方向が同一の場合は加極性，逆の場合は減極性という。
(12) **インピーダンス** 変成器の一方の巻線を成端抵抗で成端し，他方の巻線端から見た交流インピーダンスの絶対値。
(13) **直流抵抗** 巻線の直流での電気抵抗。
(14) **巻線間直接静電容量** 変成器の一次巻線と二次巻線間の静電容量。
(15) **位相特性** 変成器の二つの巻線間に生じる電圧の位相差。
(16) **定損失** 規定の周波数での動作減衰量。
(17) **周波数偏差** 特定の周波数を基準とした周波数範囲中の動作減衰量の偏差。特に指定がなければ定損失を基準とした偏差とする。
(18) **不整合減衰量** 回路に整合する純抵抗 R_s で成端したとき得られる電力とインピーダンス（Z）の変成器で成端した場合の反射量との比。
　　備　考　不整合減衰量 b_F はデシベル（dB）で表し，次の式による。
$$b_F(\mathrm{dB}) = 20\log_{10}\left|\frac{Z+R_s}{Z-R_s}\right|$$
(19) **ひずみ減衰量** 変成器の磁心の非直線性に起因する伝送波形のひずみ量で，基本波電圧と高調波電圧との比。ひずみ率ともいう。
　　備　考　ひずみ減衰量は，デシベル（dB）で表し，ひずみ率は，百分率（％）で表す。
(20) **直流抵抗不平衡度** 変成器の巻線の中性点に対する両端からの抵抗の差と全巻線抵抗との比。
　　備　考　直流抵抗不平衡度は，百分率（％）で表す。
(21) **巻線不平衡減衰量** 変成器の動作状態で巻線端子間の電圧と巻線端と中性点に現れる電圧のベクトル差との比。
　　備　考　巻線不平衡減衰量は，デシベル（dB）で表す。
(22) **縦電流不平衡減衰量** 変成器の平衡側端子から同相成分で入力される電力と不平衡側に誘起される電力との比。
　　備　考　縦電流不平衡減衰量は，デシベル（dB）で表す。
(23) **漏話減衰量** 隣接した二つの変成器で，一方の変成器の伝送レベルと他方の変成器に生じる漏話レベルとの比。
　　備　考　漏話減衰量は，デシベル（dB）で表す。
(24) **鳴音減衰量** ハイブリッドトランスで，4線式線路の送信回路から受信回路に漏れる信号電力と入力信号電力との比。
　　備　考　鳴音減衰量は，デシベル（dB）で表す。
(25) **巻線の温度上昇** 抵抗法によって算定した巻線の温度上昇。

従来の音響回路の結合，スピーカー出力用低周波変成器は，現在ほとんど直流，大容量コンデンサ結合回路に置き換えられている。

2 電子機器用電源変圧器（JIS C 5310）

広義では低周波変成器に属し，比較的処理電力が大きく商用周波数に限定されるのが電源変圧器である。

電源変圧器は"TP"の2英大文字記号で表される。続く電源の相数と周波数を表す記号は **表1-27** のように規定されている。

表1-27　電源変圧器の相数および周波数の記号

記号	相　数	周波数 Hz
1	単相	50又は60
2		400
3	三相	50又は60
4		400

低周波変成器と同様，電源変圧器の規格に関する主な用語と意味を **表1-28**（次頁）に示す。変成器製作時の仕様事項として，必要な部分を利用することができる。

参考事項

従来は必要とする各種コイル，トランスの種類も少なく，同調コイル，中間周波トランス，低周波トランス，チョークコイルから電源変圧器にいたるまで，コアと線材を入手し自作したものである。今ではよほどの事情がない限り，規格化された製品を採用する方が品質，納期，価格ともなどの諸点で有利である。また特注品であっても，必要な性能や仕様が明確で発注先さえ誤らなければ，材料の選択を含め専門メーカーに任せた方が間違いない。その意味でこの項目は概略を述べるに止めておく。

第1章
受動部品の特性と規格

表1-28 電源変圧器に関する用語の定義

(1) **定格出力容量** 定格周波数，定格入力電圧で負荷側に連続して供給できる最大皮相電力。
　　二次巻線が2個以上ある場合は定格巻線出力の総和とする。
(2) **定格入力電圧** 変圧器が適正な状態で，動作するように設計され使用できる電源電圧。
(3) **定格出力電圧** 定格周波数，定格入力電圧で負荷側に連続して供給できる端子電圧。
(4) **定格出力電流** 定格周囲温度で，連続して負荷できる電流の最大値。
(5) **定格周波数** 変圧器が適正な状態で動作するように設計され使用できる電源の周波数。
(6) **定格巻線出力容量** 定格周波数，定格入力電圧で，二次側の各巻線から負荷側に連続して供給できる最大出力電力。
(7) **定格負荷** 変圧器の二次巻線から定格出力電圧及び定格出力電流を供給している状態のときの二次巻線に接続されている負荷。
(8) **二次巻線端子電圧** 定格周波数で，一次巻線に定格入力電圧を加え，すべての二次巻線に定格出力電流を流したときの各二次巻線の端子電圧。
(9) **電圧偏差** 一次巻線に定格周波数，定格入力電圧を印加し，定格出力電流を流すとき，二次巻線端子電圧から定格出力電圧を引いた値と定格出力電圧との比（百分率）。
(10) **電圧変動率** 無負荷電圧と二次巻線端子電圧の差の二次巻線端子電圧に対する比（百分率）。
　　備　考　これはIEC742と同一式を採用している。
(11) **無負荷電圧** 定格周波数で，一次巻線に定格入力電圧を加え，すべての二次巻線を開放したとき，各二次巻線に誘起する電圧。
(12) **無負荷電流** 定格周波数で，一次巻線に定格入力電圧を加え，すべての二次巻線を開放したとき，一次巻線に流れる電流。
(13) **無負荷損失** 定格周波数で，一次巻線に定格入力電圧を加え，すべての二次巻線を開放したとき消費される電力。
(14) **全損失** 定格周波数で，一次巻線に定格入力電圧を加え，すべての二次巻線に定格出力電流を流したとき，変圧器内で消費される電力。
(15) **効率** 二次巻線端子電圧と定格出力電流との積と全損失の和に対する二次巻線端子電圧と定格出力電流との積の比（百分率）。
(16) **一次巻線** 電源側の回路に接続される巻線。入力巻線，又は電源側巻線ともいう。
(17) **二次巻線** 負荷側の回路に接続される巻線。出力巻線，又は負荷側巻線ともいう。
(18) **タップ** 電圧を変える目的で巻線に設けられた口出し。
(19) **中性点端子** 中性点端子は，次による。
　(a) 諸定数が等しくなるように構成されている二つの巻線の極性の異なる端末を接続したとき，その点に接続した端子。
　(b) 星形結線又は千鳥形結線の巻線の共通接続点に接続した端子。
(20) **タップ電圧** 規定の端子とタップの端子間の電圧で，定格電圧以外のもの。
(21) **中性点電圧不平衡度（δ）** 単相変成器の中性点端子と両側端子間の各出力電圧をU_1，U_2とするとき次式で得られる値。

$$\text{(a)} \quad \delta_a = \frac{U_1 - U_2}{U_1 + U_2} \times 100 (\%) \cdots\cdots\cdots\cdots \text{JIS C 5310}$$

$$\text{(b)} \quad \delta_b = \frac{U_1 - U_2}{U_1} \times 100 (\%) \cdots\cdots\cdots\cdots \text{IEC 1007}$$

　　ここで，$U_1 \geq U_2$とし，特に規定がない場合は(a)による。
(22) **極性** 基準の巻線に対する他の巻線の誘起電圧の方向。その方向が同一の場合は加極性，逆の場合は減極性という。
(23) **使用温度範囲** 変圧器を連続動作(定格出力で)の状態で使用できる周囲温度の範囲。
(24) **巻線の温度上昇** 変圧器を連続動作（定格出力）させたときの各巻線の測定温度と周囲温度との差。

1.5 機構部品（スイッチ，リレー，コネクタ）

1.5.1 スイッチ，リレーの共通事項

　本書では機構部品として，スイッチ，リレー，コネクタを取り上げる。金属の機械的接触，非接触により電流や電気信号の切，断，切替えを行う機能からいえば，スイッチ，リレー，コネクタの本質的な相違はない。しかし電力を制御するパワースイッチ，パワーリレー，コネクタと，信号を扱うそれとでは接点，接触面の材料と性質がかなり異なる。

　電力用のパワースイッチ，パワーリレーの接点は，動作時の摺動と電流切断時発生するスパークによって，接触する金属面がリフレッシュされる。信号回路に使用するスイッチ，リレーはこの作用がないため，接点が信号用のものを選ぶか，規定されている最小電流を流して，接触抵抗の増加によるトラブルを防ぐ（半導体によるアナログスイッチ，論理回路のデジタルスイッチなどは別章で扱う）。

[1] 使用上の注意

　スイッチ，リレーの使用上，留意事項には次のような諸点がある。
- (a) 接点開放時の耐電圧
- (b) 最大接点開閉回数
- (c) 負荷の性質（通常は抵抗負荷であるが，誘導性，容量性負荷の場合接点の損耗度が異なり，寿命に影響する）
- (d) 接点の接触抵抗

信号用スイッチ，リレーは電力用の留意点に加えて次の点にも注意する。
- (e) 接点の漂遊容量
- (f) リードワイヤのインダクタンス（高周波回路に使用する場合）
- (g) 接触電位差（数mV以下の微小電圧が精度に影響する信号，たとえば熱電対入力回路などに使用する場合）

第1章
受動部品の特性と規格

2 接点開閉の過渡状態

(1) Make After Break接点

双投回路のトグル・スイッチまたはリレーで，可動接点が接点間を移る時，回路が一度完全に切り離れてから次の接点につながる機能のものをいう。

(2) Make Before Break接点

接点が接触を保ちながら切り替わるもの。

たとえば(1)の接点を定電流電源などに使用すると，切り替わり時に回路が開放され瞬間的に高電圧が発生する。(2)接点を電圧の異なる定電圧電源の切替えに使用すると，電源間の短絡事故などを起こすから特に注意を要する。

3 チャタリング

水銀リードリレー以外のスイッチやリレー接点で電流を接，断するとき，数mS～十数mS以上にわたって立ち上がり，立ち下がりの非常に速いチャタリングが発生し，他の回路に悪影響を及ぼすことがある。デジタル回路では，この現象に対して有効な処理方法がある（後述）。

1.5.2 スイッチ

1 トグル・スイッチ

トグル・スイッチには **図1-19** に示すように上－下位置停止，上－中－下位置停止のものと，上位置停止，下方自動復帰，中位置停止，上下自動復帰，上－中位置停止，下方自動復帰など，手動モメンタリ機能を組合せたスイッチもある。

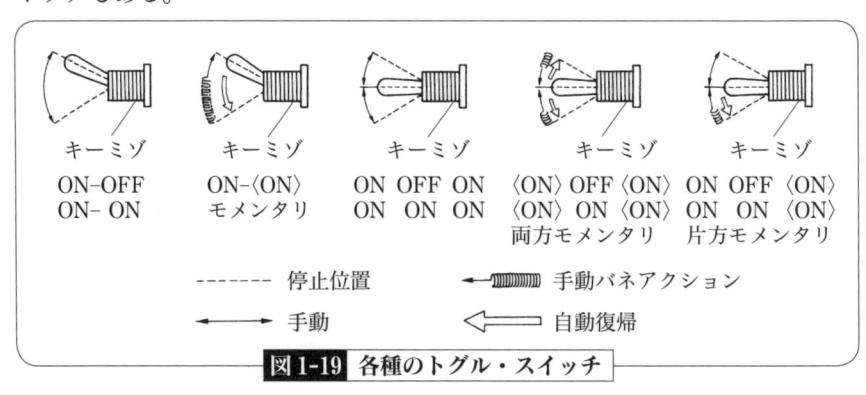

キーミゾ	キーミゾ	キーミゾ	キーミゾ	キーミゾ
ON–OFF ON– ON	ON-〈ON〉 モメンタリ	ON OFF ON ON ON ON	〈ON〉OFF〈ON〉 〈ON〉ON〈ON〉 両方モメンタリ	ON OFF〈ON〉 ON ON〈ON〉 片方モメンタリ

- - - - - 停止位置　　　⟵⟋⟍⟋⟍ 手動バネアクション
⟵ 手動　　　　　⟸ 自動復帰

図1-19 各種のトグル・スイッチ

1.5 機構部品(スイッチ,リレー,コネクタ)

回路数	回路図 (単投)	(双投)	端子数
1 (単極)			2または3
2 (双極)	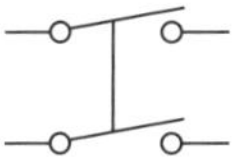	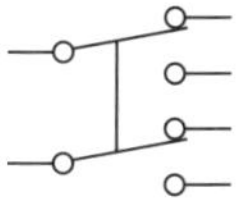	4または6
3 (3極)	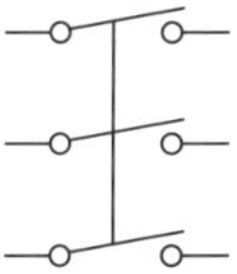	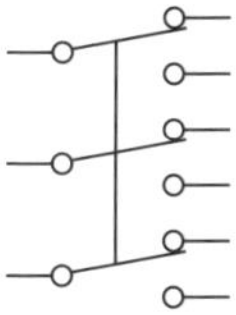	6または9
4 (4極)	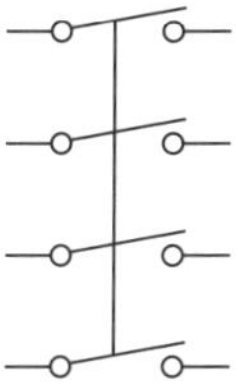	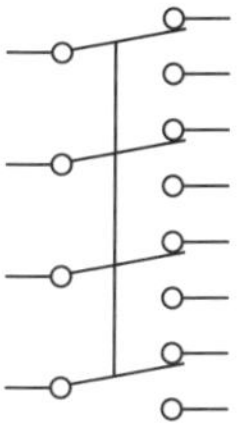	8または12

図1-20 トグル・スイッチの回路構成

図1-20に，トグル・スイッチの接点回路構成の種類を示す。トグル・スイッチの内部構造によって，レバーの倒れる方向と背面接続端子の位置関係が逆になっているものがあるから，配線時に注意が必要である。

2 プッシュスイッチ

プッシュボタンを押す操作で接点の開閉を行うスイッチで，プッシュロック形は，押す動作でスイッチが一旦ロックされ，次の押す操作で元にもどる機械的記憶作用をもっている。手動リセット，スタート－ストップ回路，ノブが大きく赤色で非常停止用などに使用される。またプッシュロック機能や電源ランプをもつ種類もある。

連動形プッシュスイッチは，ロックされたボタン以外はすべて解除されるのが普通である。従来ラジオ，テレビのチューナーなどに使われたが，現在ほとんど見かけない。

第1章 受動部品の特性と規格

③ ロータリー・スイッチ

ロータリー・スイッチは軸の回転によって複数の回路を同時に切り替えることのできるスイッチで，次のような特長をもっている．

(a) 回路構成と回路数の増減が容易
(b) 多重軸にして，可変抵抗器など他機能との組合せが可能
(c) 接点位置によって設定を記憶

ウエーハ構造で，ロータリー・スイッチが直接プリント基板に搭載可能なものもある．図1-21にロータリー・スイッチの一例を示す．

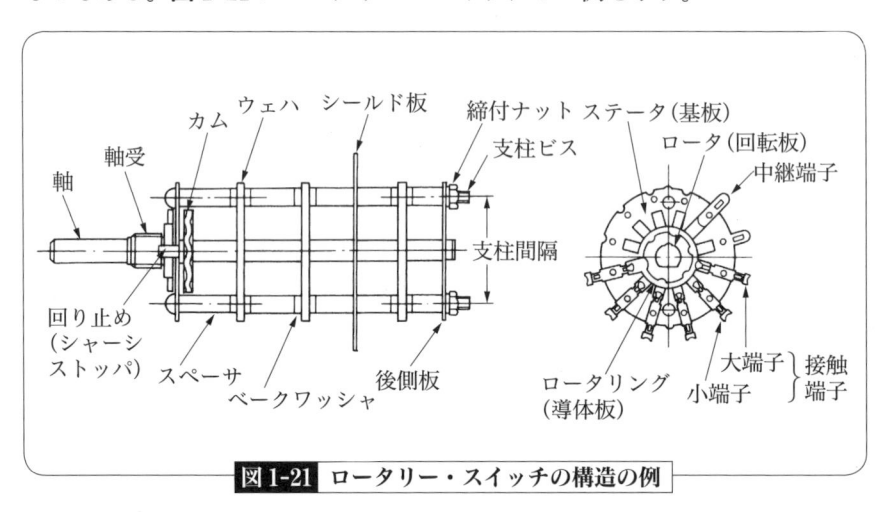

図1-21 ロータリー・スイッチの構造の例

複雑な機械的接点で構成されるロータリー・スイッチは，接触不良等の事故も多く，配線に工数もかかることから，最近の電子装置では，キーボード・スイッチ，ディスプレイ，記憶回路等と組み合わせて制御の自由度とコストパフォーマンスを高める傾向にある．

④ スライド・スイッチ

操作部のつまみをスライドさせて回路を切り替えるスイッチで，小形，低価格である．また操作時接触片が摺動して接点をリフレッシュするので，接触不良事故を起こすことは比較的少ない．

⑤ その他のスイッチ

機械的接点をもつスイッチはほかにも数多くあるが，CPUで設定し記憶，

表示する装置が主流になるにつれ，いずれも使用事例が減少している。

以下に述べる二種のスイッチもその例に漏れないので，ここでは概要の紹介に止める。

(1) **サムヒール・スイッチ**（Thumb Wheel Switch）

言葉通り指で回転リングを回して，接点位置を選択するスイッチである。リングに連動して窓に数字あるいは記号の表示が現われる。このスイッチは電気的にも機構的にも1桁ずつ独立しており，両端のエンドプレートとスペーサを挟んで，任意の桁のスイッチが構成できる。

内部回路によって10進，BCD等の接点コード出力がとりだせる。出力には，そのほかヘキサデシマルBC，時計用12進，＋－，01レピートなど各種のコードが用意されており，数値制御，プリセット等のプログラミング用として使用される。

(2) **ディップ・スイッチ**

主としてプリント基板あるいは背面パネルなどに取付け，半固定のスイッチとしてデジタル回路のコード，デバイスの選択，設定等に用いられる。

独立のスイッチを複数個並べたスライド形と，サムヒール・スイッチと同様コード化機能をもつロータリー形がある。

1.5.3 リレー

1 特長

リレーは鉄心に巻き付けたコイルに電流を流し，その吸引力によって可動鉄片を駆動，それに装着された電気的接点を開閉する素子である。リレーは次のような数々の優れた特長をもっている。

(a) 信号のような微少電流から，電力用の大電流まで制御できる
(b) 駆動回路と被制御回路の絶縁性が非常に高い
(c) 高電圧に使用可能
(d) 開，閉特性が優れている。すなわち"開"時の絶縁抵抗が大きく，"閉"時の接触抵抗が小さい。また過負荷電流に強い
(e) 一つの制御コイルから複数の接点回路が構成できる
(f) 一組の接点を使ってセルフラッチ，すなわち記憶機能が作れる

第1章
受動部品の特性と規格

　(g) 接点間の干渉が少なく，直流から高周波まで使用範囲が広い

その反面欠点としては次の点がある．

　(a) 機械系の振動によるバウンズ（はねかえり），チャタリングがある
　(b) 機械的疲労，接点の摩耗，損耗などによる短寿命
　(c) 低応答速度
　(d) 品種によっては取付け方向，振動等の制限がある

2 コイルの駆動

　コイルを仕様定格電圧（電流）以下で使用すると，応答速度の低下，チャタリングの増大，接触不良など接点事故の原因となる．また定格電圧以上で使用するとコイルの過熱，焼損事故につながる．

　直流リレー，交流リレーの名称はコイルの駆動電流の交流，直流の別をいう．交流リレーには電力用が多く，商用電源の50/60Hzの正弦波で使用する．矩形波や周波数の異なる条件で駆動すると，異常音の発生や発熱を起こすことがある．

　直流リレーのコイルを，トランジスタなどの半導体素子を使って速い速度でパルス駆動コイルのインダクタンスによる逆起電力が駆動素子の耐圧を超え，破損するおそれがある．そのため一般的に**図1-22**に示すような逆電圧保護ダイオードをコイルと並列に挿入する．

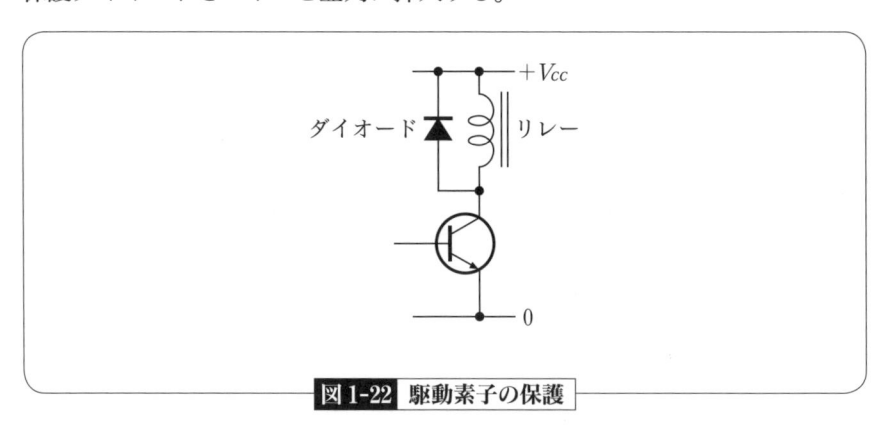

図1-22 駆動素子の保護

3 接　点

　リレーの接点には，**図1-23**に示す構成とその組み合わせがある．

1.5 機構部品(スイッチ,リレー,コネクタ)

呼び名	略号	略　図	接点の動作
メーク	M	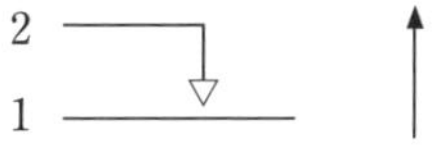 2 1	リレーが動作するときに 1－2が接触する。
ブレーク	B	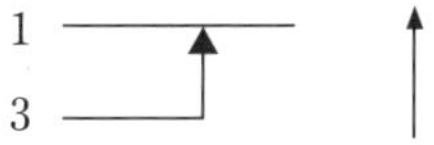 1 3	リレーが動作するときに 1－3が開放する。
トランスファ	T	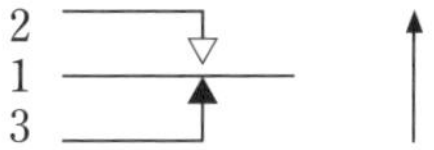 2 1 3	リレーが動作するときに 1－3が開放してから 1－2が接触する。
メーク・ビフォア・ブレーク	MBB	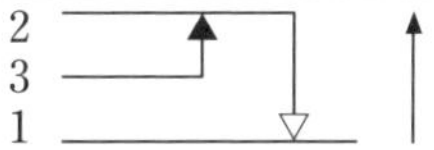 2 3 1	リレーが動作するときに 1－2が接触したのち 2－3が開放する。
メーク・アフタ・メーク	MAB	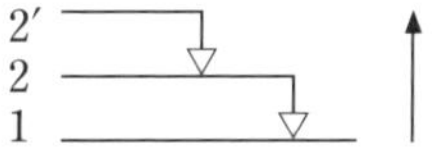 2′ 2 1	リレーが動作するときに 1－2が接触してのち 1－2－2′が接触する。
ブレーク・アフタ・ブレーク	BAB	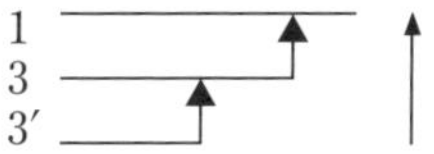 1 3 3′	リレーが動作するときに 1－3′が開放してのち 1－3が開放する。

図 1-23 リレー接点の基本構成

　接点には，簡単なカバーのみで接点が露出している開放形，ガラス封止のリードリレーを含む密閉形がある。電流を接断する場合，接点の開閉には必ずスパークを伴うから，防爆仕様の装置に開放形のリレーを使うことは厳禁である。

　接点開放形のリレーをプリント基板に実装したのち洗浄工程を通すと，接点不良の原因となる。必要であればリレーは後付けにする。

　接点は通常，抵抗負荷で定格が規定されている。しかし現実の回路では容量負荷，誘導負荷を開閉することも多い。

(1) 容量負荷の対策

　特に電源回路で負荷回路が高電圧でコンデンサの容量が大きく初期充電量が0のとき（たとえばスイッチング電源ユニットの電源投入時など）回路は短絡状態となり，もし電力供給側のインピーダンスが低いと，接点に大電流が流れ融着等の事故の原因となる。対策としては，電力損失は増加するがコンデンサに直列抵抗を挿入するなど，電流制限回路を工夫する。

第1章
受動部品の特性と規格

(2) 誘導負荷の対策

リレー接点のように非常に早い速度でインダクタンス回路の電流を開閉すると，式 (1.3) で示した高圧のサージ電圧が誘起し，回路が開になってもアークが飛び接点を消耗させると共に，非常に周波数帯域の広い雑音電圧が発生する。

そのため図 1-24 に示すように，抵抗，ダイオード，バリスタ，コンデンサ等を組み合わせた回路により，有害なエネルギーを熱に変換し接点と回路を保護する。

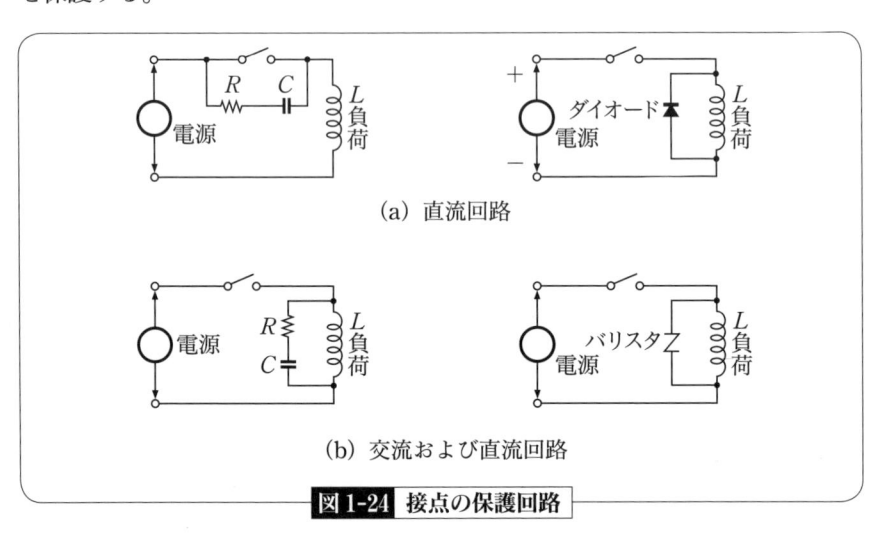

図 1-24 接点の保護回路
(a) 直流回路
(b) 交流および直流回路

(3) 小信号電流

冒頭 1.5.1 項一般事項の部分で触れたが，小信号電流に対しては接点が信号用のリレーを選ぶ必要がある。

4 その他のリレー

(1) リードリレー

リードリレーは，接点部にリードスイッチを使ったリレーである。リードスイッチは，強磁性体の基材に金，銀，ロジュームなどの接点処理を行い，先端を対向させた 2 本のリードを不活性ガスとともにガラス管に封止してある。このリードスイッチを，永久磁石や励磁コイルなどの外部磁界により接点として開閉し，リレー動作をさせる。

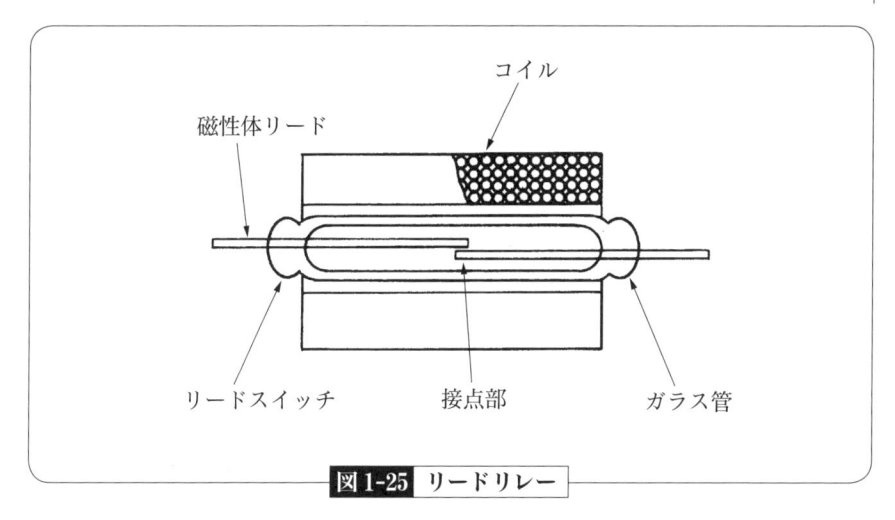

図1-25 リードリレー

　リードリレーは，小形，軽量で構造がきわめて簡単であり，信頼性も高い。また電磁リレーの中では，応答時間も約0.2msと非常に早い。ただしこのリレーは，過負荷で融着しやすく，トランスファ接点や複数回路構成が難かしく，また駆動コイルとリードスイッチ間の漂遊容量と誘導が大きい点に注意しなければならない。

(2) 水銀リレー

　水銀リレーの基本的構造はリードリレーと同じであるが，封止したガラス管内の下部に水銀溜があり，接点部が常に毛細管現象で吸い上げられた水銀で濡れている。接点の電気的開閉は水銀により行われるので，次のように優れた特長がある。

　(a) 接点開閉時のチャタリングがない
　(b) nS以下のきわめて立ち上がり，立ち下がりの早い応答が得られる
　(c) 接点定格電流が数Aと大きい
　(d) 接触抵抗が数十mΩ以下と小さい
　(e) 接点が消耗せず寿命が長い

　ただし，使用上の注意として次の諸点がある。

　(a) 上下の取付け位置が制限される（鉛直方向の約30°の立体角以内）
　(b) 機械的衝撃，振動に弱い
　(c) 使用温度範囲が比較的狭い（−20℃〜＋60℃程度）

1.5.4 コネクタ

1 一般事項

一般に回路，または機器の相互間を電気的に接続するための付属品を含む接続器具を総称してコネクタと呼び，用途，使用目的，使用環境によって形状，規格とも非常に多くの種類があるのは周知の通りである。

コネクタは，機械的接触で電力や信号を接続する機能については，基本的にスイッチやリレーとあまり変わらない。しかしコネクタに要求される使用条件は，はるかに多様である。

電子機器用コネクタの選択に際して，使用上の注意点をいくつかあげておく。

(1) 電力用コネクタ

- □ 設計に際して，コネクタのホット側すなわち電力を供給する側をメスにして短絡事故を防止する。
- □ 電子機器では雑音の放射，誘導防止のため，電力線でも原則としてシールドケーブルが使用される。コネクタの外被がこのシールドと接続できない構造であれば，接地のコンタクトピンにつなぐ。
- □ 複数個の電力を扱うコネクタでは，隣のコンタクトとの短絡を防ぐため，できるだけ間にあきピンを取っておく。
- □ 異種の電源の接続に対し，同種，同コンタクト数のコネクタは絶対に使用してはならない。

(2) 信号用コネクタ

直流を含む小レベル信号（たとえばひずみ，熱電対等の数mVの信号）では接触電位差に充分注意する。場合によってこの電位差を検出し補正をすることも必要になる。スイッチの項で述べたと同様に，接触抵抗の経時変化も無視できない。

差動，平衡入力に対しては，物理的，電気的平衡を乱さないコネクタを選ぶこと。

(3) 特殊構造

防水，防塵，防爆，気密性など，環境に対する特殊仕様のコネクタも多

い。

2 コネクタの用語（JIS C5401, 5402, 5432）

コネクタに関して，JISでは次の用語が使われる。

(1) プラグコネクタ（接栓）

　ケーブルなどの自由端に取り付けて使用するコネクタ

(2) レセプタクルコネクタ（接栓座）

　パネル，シャーシー，などに取り付けて使用するコネクタ

(3) キャップ

　コネクタ結合部の防塵，保護などのために用いるふた

(4) 接続ナット

　結合部の一部で，コネクタの結合を助け，コネクタ相互間を保持するための袋ナット

(5) コンタクト（ピン）

　コネクタを結合したとき，相互に電気的な接続をするもの。

(6) 絶縁体

　コンタクトの位置を決め，コンタクト相互間およびコンタクトとその他の導体間を電気的に絶縁するもの。

ここではJISに規定してある丸形R01コネクタと，高周波同軸コネクタを代表例として，性能に関する基本的な事項を説明する。

3 一般電子機器用コネクタの例（JIS電子機器用丸形R01コネクタCNR01）

このコネクタの外形，構造，取り付け寸法を，図1-26, 1-27 に示す。
CNR01の主な定格は次のようになっている。

(1) 使用温度範囲：$-25 \sim +85$℃

(2) 使用相対湿度範囲：85%以下

(3) 定格電圧：250V（交流実効値）

(4) 定格電流

　5A（おす形のコンタクト径1.0mm），10A（同1.6mm）

(5) 絶縁抵抗：1000MΩ以上

　試験コンタクト数全数，無接続，試験電圧500V±50V（直流）

第 1 章
受動部品の特性と規格

図 1-26 CNR01形プラグの外形，構造

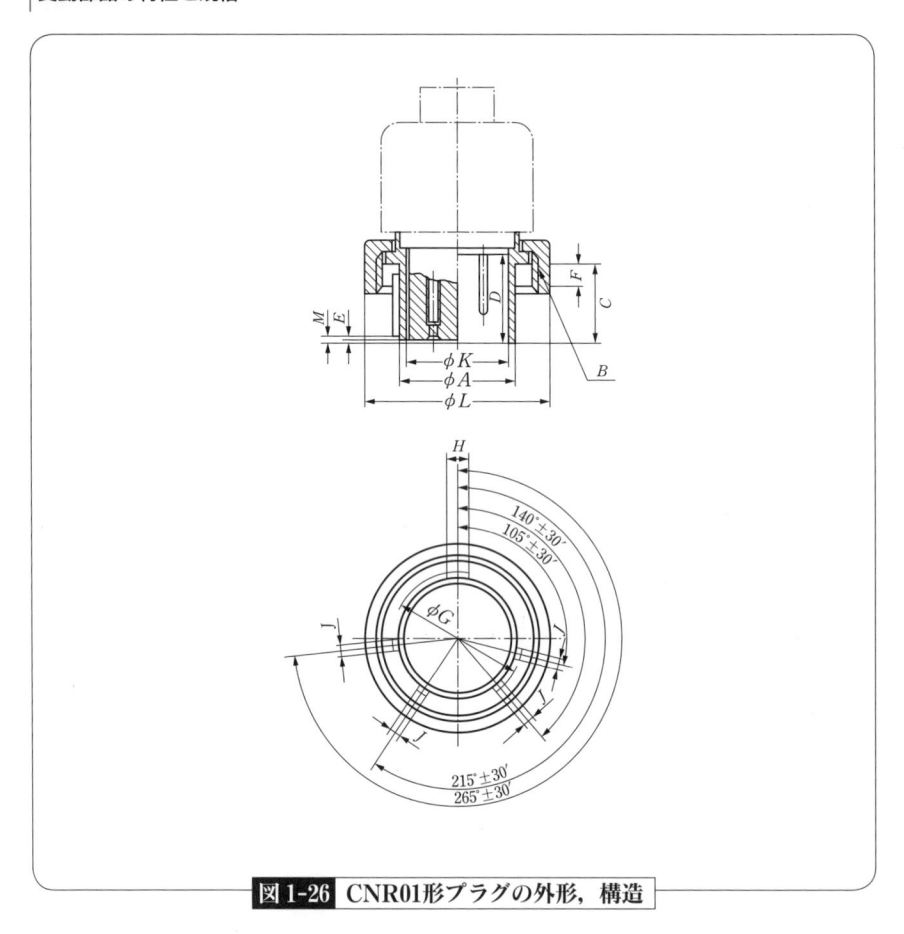

(6) 耐電圧：閃絡および絶縁破壊がないこと
　　試験コンタクト数全数，無接続，試験電圧1kV（交流実効値）
(7) 接触抵抗：5mΩ以下
　　1個のコネクタにつき6コンタクト，測定電流1A

　概略外形を示す記号として，導入寸法記号（JIS C 5432 4.2.5）がある。この数字はプラグ，レセプタクルの嵌合部の概略直径（mm）を指すもので，**図 1-26，1-27** の同記号をも示している。
　コンタクト数は，3，5，7，10，16，24本の種類があり，**表 1-29** はこの外形寸法のコネクタに適合するコンタクト数の表である。

62

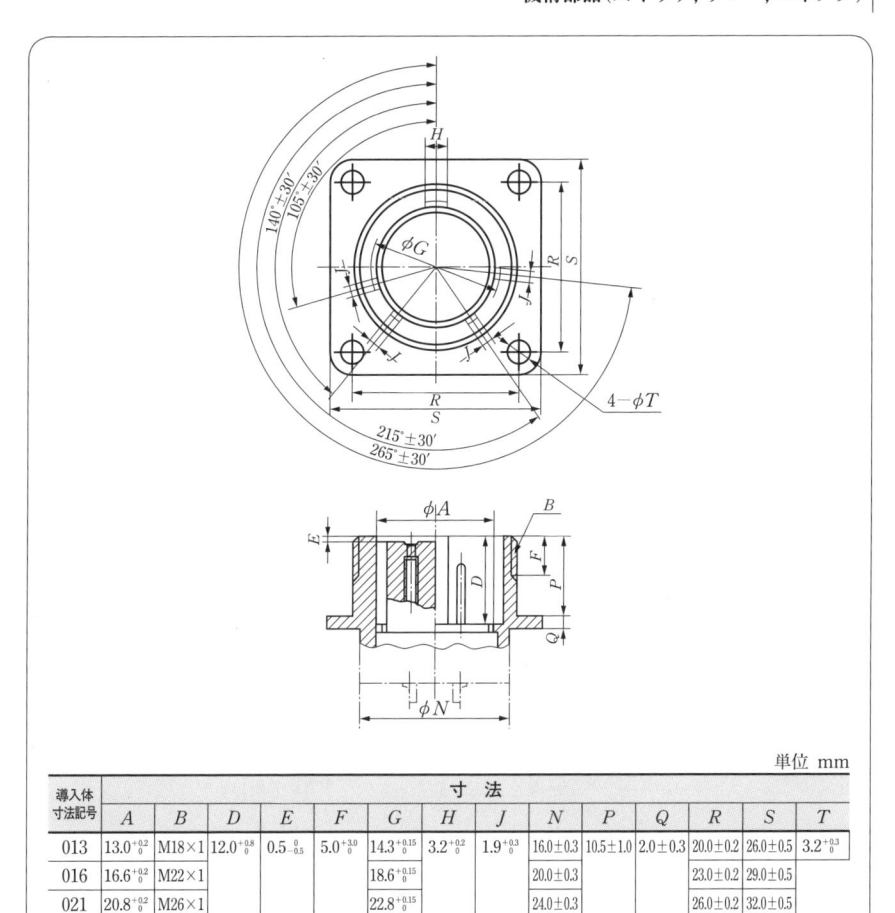

1.5 機構部品（スイッチ，リレー，コネクタ）

単位 mm

導入体寸法記号	寸法											
	A	B	D	E	F	G	H	J	N	P	Q	R	S	T
013	$13.0^{+0.2}_{0}$	M18×1	$12.0^{+0.8}_{0}$	$0.5^{0}_{-0.5}$	$5.0^{+3.0}_{0}$	$14.3^{+0.15}_{0}$	$3.2^{+0.2}_{0}$	$1.9^{+0.3}_{0}$	$16.0±0.3$	$10.5±1.0$	$2.0±0.3$	$20.0±0.2$	$26.0±0.5$	$3.2^{+0.3}_{0}$
016	$16.6^{+0.2}_{0}$	M22×1				$18.6^{+0.15}_{0}$			$20.0±0.3$			$23.0±0.2$	$29.0±0.5$	
021	$20.8^{+0.2}_{0}$	M26×1				$22.8^{+0.15}_{0}$			$24.0±0.3$			$26.0±0.2$	$32.0±0.5$	
025	$25.0^{+0.2}_{0}$	M30×1				$27.0^{+0.15}_{0}$			$28.0±0.3$			$29.0±0.2$	$35.0±0.5$	

図1-27 CNR01形レセプタクルの外形，構造，取り付け寸法

表1-29 コネクタ径と収納コンタクト数

導入体寸法記号	コンタクト数
013	3
013	5
016	7
016	10
021	10
021	16
025	16
025	24

第1章
受動部品の特性と規格

4 高周波同軸コネクタ（JIS C 5410）
(1) 同軸コネクタの種類

　同軸コネクタには，大別してC01〜C05およびC11の六種類がある。**図1-28**は，それらの代表的な高周波同軸コネクタの外観と結合方式を示したものである。コネクタの結合方式には，ネジ方式，バヨネット方式，プッシュオン方式の三種類がある。

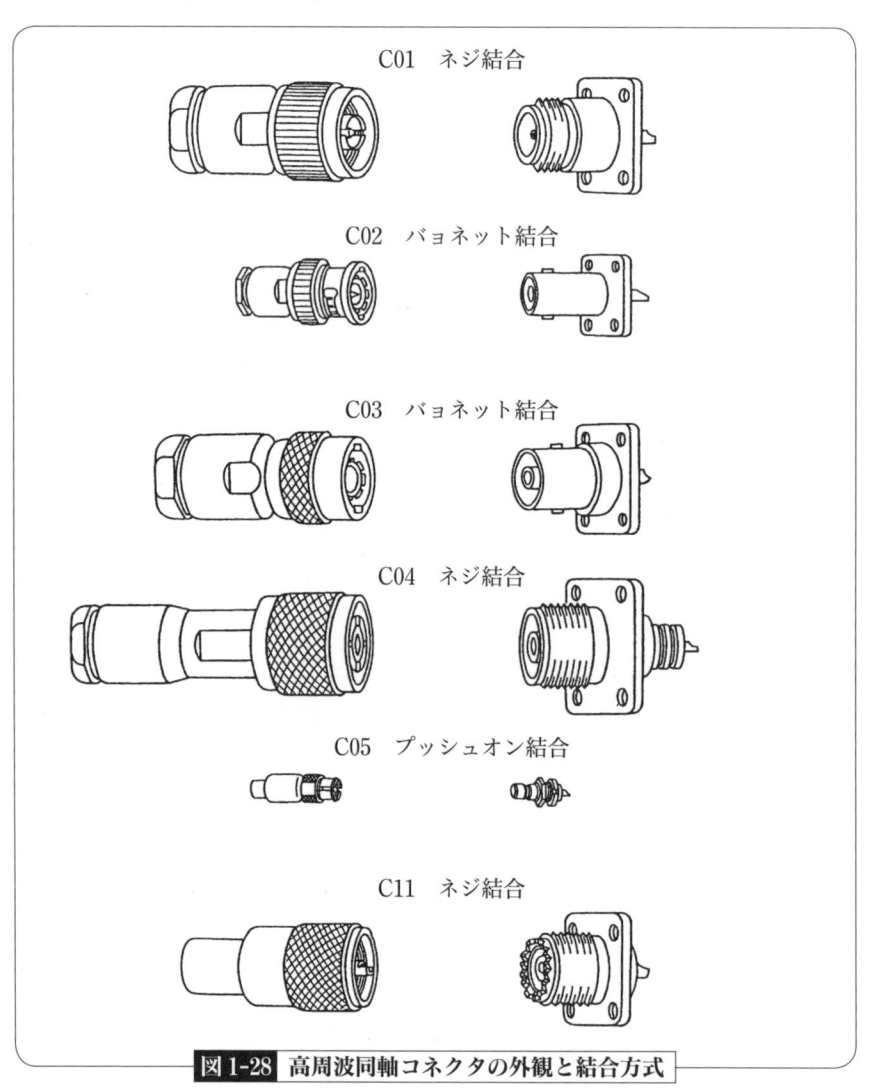

C01　ネジ結合

C02　バヨネット結合

C03　バヨネット結合

C04　ネジ結合

C05　プッシュオン結合

C11　ネジ結合

図1-28　高周波同軸コネクタの外観と結合方式

このほか，防水，気密，高耐圧，耐高低温などの特殊構造のものもある。それぞれ形名の後に続く記号により，メス，オスのコンタクト形状や適応ケーブルが異なる。

(2) 同軸コネクタの主な特性

主な特性は **表 1-30** のようになっている。

表 1-30　高周波同軸コネクタの主な特性

特性／形名	C01	C02	C03	C04	C05	C11
インピーダンス	50Ω	50Ω	50Ω	50Ω	50Ω	非整合
電圧（実効値）	500V	500V	500V	1.5kV	500V	500V
周波数（以下）	10GHz	4GHz	10GHz	3GHz	500MHz	200MHz
絶縁抵抗（以上）	1000MΩ	1000MΩ	1000MΩ	1000MΩ	500MΩ	100MΩ
耐電圧（実効値）	1kV	1.5kV	1.5kV	5kV	500V	1kV
接触抵抗（以下）	3mΩ	3mΩ	3mΩ	3mΩ	10mΩ	3mΩ
電圧定在波比（以下）	1.2	1.2	1.2	1.2	1.2	－
（測定周波数）	10GHz	2GHz	4GHz	2GHz	500MHz	－

(3) インピーダンス・マッチング（整合）

高周波信号の伝送では，有害な反射や定在波[注1]の発生を防ぐため，同軸ケーブル，コネクタおよび送信端と受信端のインピーダンス・マッチングを行う必要がある。その方法は次の通りである。

まず同軸ケーブルとコネクタは，特性インピーダンスが等しいものを組み合わせる（50Ωまたは70Ω）。

同軸ケーブルと同軸コネクタを接続する場合，説明書の指示に従って加工する。編組線はできるだけ均等にコネクタの外極面に接触させる。編組線を束ねて一ヶ所でコネクタに挟み込むなどの方法では，正しい整合はとれない。

送信側の信号源が電圧源で，整合インピーダンスに比べ充分小さい値であれば（たとえば電圧出力形オペアンプ回路），送信側マッチング抵抗 R_i を実

(注1)　反射，定在波：伝送路のケーブルやコネクタの特性インピーダンスが一様でないときに生ずる信号の変化。
　　　たとえば水路や池の静かな水面に片岸から波を立てたとき，この波が対岸から反射して波を乱したり，重畳して定常的なうねり（定在波，SW，Standing Wave）を起こしたりする。整合を取ることは，等価的に対岸を無限に遠ざける処理に等しい（反射，定在波を生じない）。

線のように接続し，受信側は50Ωまたは70Ωのマッチング抵抗R_oで終端する。この場合，信号源の電圧に対し受端電圧は6dB（1/2）低下する。電圧源の内部抵抗がマッチング抵抗に比べ無視できない有限の値のときは，信号源内部抵抗とR_iの加算値がマッチング抵抗と等しくなるR_iを選ぶ。この状態での信号源電圧に対すると受端レベル低下は，簡単な計算で求めることができる。

送信側の信号源が電流源で，整合インピーダンスに比べ充分大きいとき，（たとえば4－20回路），送信側マッチング抵抗R_iは点線のように接続する。受信側は50Ωまたは70Ωのマッチング抵抗R_oで終端する。

すなわち同軸ケーブル送，受信端から信号源回路や出力回路を覗いたとき，インピーダンスが常にマッチング抵抗値になっていることが整合に必要な条件となる。またコネクタから回路までの配線は，できるだけ短くしなければならない。

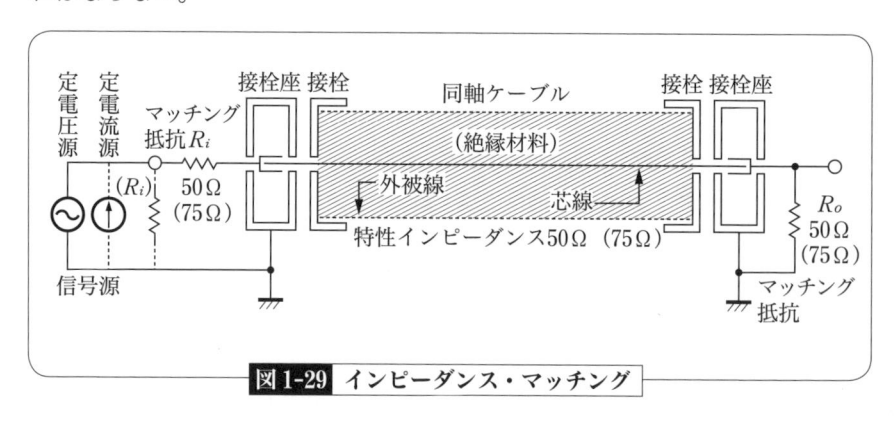

図1-29 インピーダンス・マッチング

整合がきちんと取れた場合，この系はケーブル長に比例する定格損失と遅延時間をもつのみで，直流から高周波までの帯域にわたり，km単位のひずみのない優れた信号伝送路となる。

整合を取らない場合は，反射や定在波の問題は別としても，同軸ケーブルは良質ではあるが数百pF/mの容量をもつ単芯シールド線にしかすぎない。

(4) **同軸ケーブル**

同軸ケーブルの形名（JIS C 3501）の最初の数字は，保護外被と編組線を剝いだポリエチレン絶縁体の概略外径寸法（いわゆる太さ，ϕmm）を示

表1-31 同軸コネクタとケーブルの組み合わせ

コネクタ形名 ケーブル	C01	C02	C03	C04	C05	C11
1.5C−2V	−	−	−	−	×	−
1.5D−2V	−	−	−	−	○	−
2.5C−2V	−	×	−	−	−	−
2.5D−2V	−	○	−	−	−	−
3C−2V	−	×	×	−	−	○
3D−2V	−	○	○	−	−	−
5C−2V	×	−	×	×	−	−
5D−2V	○	−	○	○	−	−
5D−2W	○	−	○	○	−	○
7C−2V	×	−	×	×	−	−
8D−2V	○	−	○	○	−	−
10C−2V	×	−	×	×	−	○
10D−2V	○	−	○	○	−	○
20D−2V	−	−	−	○	−	−

している。

　同軸ケーブルには08D−2Vから20D−2Vまでの種類があるが，適合する主な組み合わせは，表1-31のようになっている。

　表中○記号の組み合わせは，ケーブルとコネクタが適合するもので，同軸ケーブルは外径を示す第1数字に続く英大文字がDの種類である。

　×記号の組み合わせは，インピーダンスが整合せず，接続強度がとれないことがある。(ケーブルの第1数字に続く英大文字がCの種類)

　−記号は外形寸法の関係で，接続が不可の組み合わせを表している。

　C01は，5D以上のケーブルに使用し，諸特性が優れている。

　C02は，いわゆるBNCと呼ばれ，最も一般的に使用される同軸コネクタである。

　C05は，筐体内など短距離の伝送用に適した小形のコネクタである。

　C11は，伝送周波数が比較的低く整合を取る必要のない場合によく使用される。

第1章
受動部品の特性と規格

参考図　COI形コネクタのケーブル接続方法

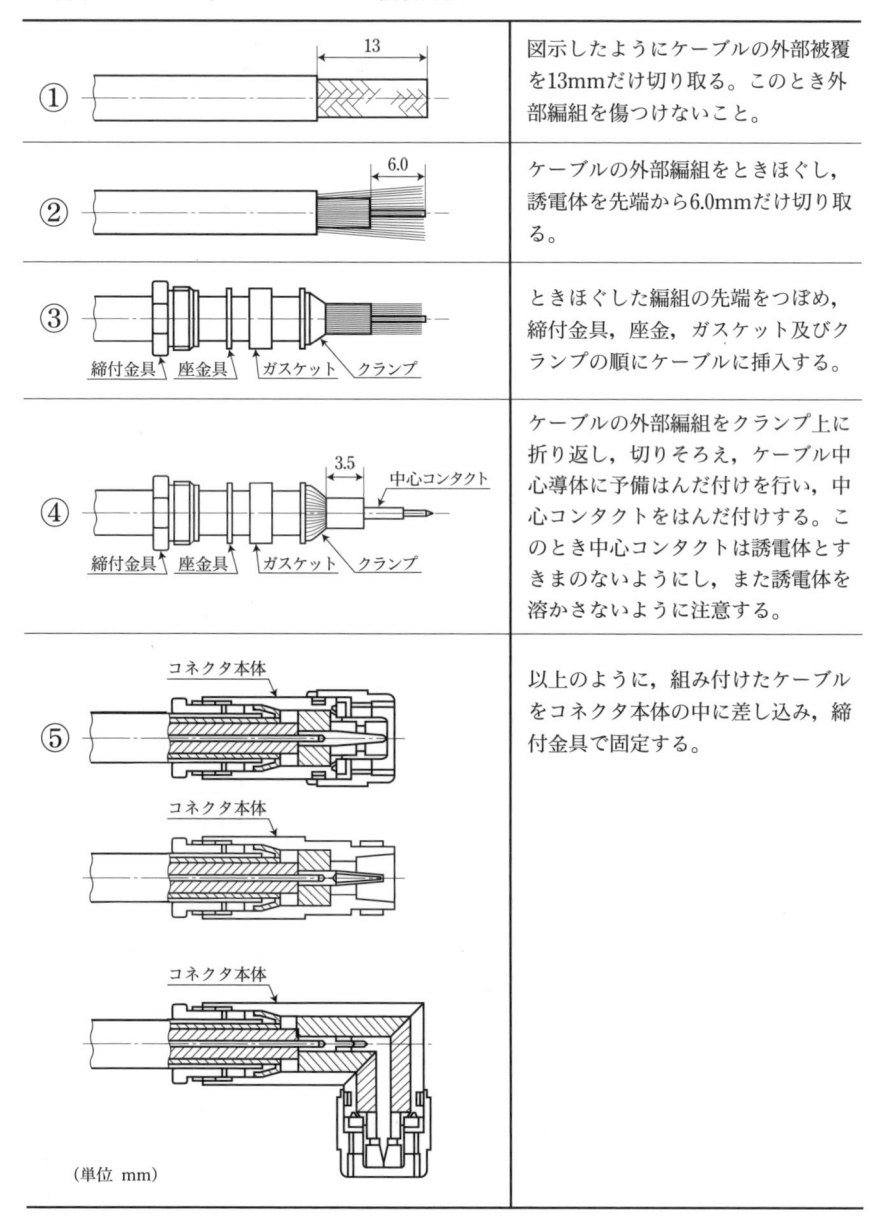

①	図示したようにケーブルの外部被覆を13mmだけ切り取る。このとき外部編組を傷つけないこと。
②	ケーブルの外部編組をときほぐし，誘電体を先端から6.0mmだけ切り取る。
③ (締付金具，座金具，ガスケット，クランプ)	ときほぐした編組の先端をつぼめ，締付金具，座金，ガスケット及びクランプの順にケーブルに挿入する。
④ 3.5　中心コンタクト (締付金具，座金具，ガスケット，クランプ)	ケーブルの外部編組をクランプ上に折り返し，切りそろえ，ケーブル中心導体に予備はんだ付けを行い，中心コンタクトをはんだ付けする。このとき中心コンタクトは誘電体とすきまのないようにし，また誘電体を溶かさないように注意する。
⑤ コネクタ本体	以上のように，組み付けたケーブルをコネクタ本体の中に差し込み，締付金具で固定する。

(単位　mm)

1.5 機構部品（スイッチ，リレー，コネクタ）

参考事項

電磁波の周波数 f は1秒間の波の数（振動数 Hz/s），空気中の電磁波の伝搬速度は真空中の速度（$c = 2.9979 \times 10^8$ m/s）とほぼ同じであるか

表1-32　電磁波の周波数および波長帯域

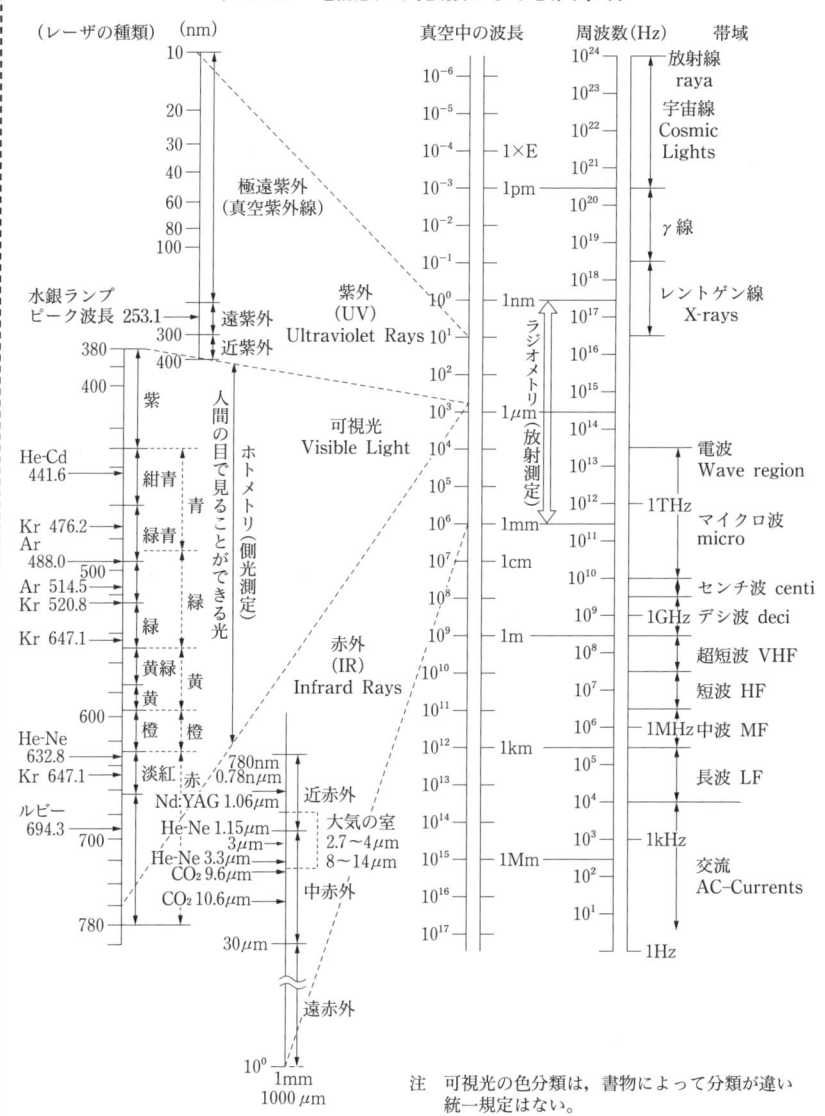

（レーザの種類）	(nm)		真空中の波長	周波数(Hz)	帯域
	10		10^{-6}	10^{24}	放射線 raya
	20		10^{-5}	10^{23}	宇宙線 Cosmic Lights
	30		10^{-4}　1×E	10^{22}	
	40	極遠紫外	10^{-3}　1pm	10^{21}	
	60	（真空紫外線）	10^{-2}	10^{20}	γ 線
	80		10^{-1}	10^{19}	
	100			10^{18}	
水銀ランプ ピーク波長 253.1		遠紫外	10^{0}　1nm	10^{17}	レントゲン線 X-rays
	300	紫外 (UV)			
	380	近紫外	10^{1} Ultraviolet Rays	10^{16}	
	400		10^{2}	10^{15}	ラジオメトリ（放射測定）
	400	紫	10^{3}　1μm	10^{14}	
He-Cd 441.6		紺青	可視光 Visible Light　10^{4}	10^{13}	電波 Wave region
		青 緑青	10^{5}	10^{12}　1THz	
Kr 476.2 Ar 488.0	500	緑	10^{6}　1mm	10^{11}	マイクロ波 micro
Ar 514.5 Kr 520.8		黄緑	10^{7}　1cm	10^{10}	センチ波 centi
Kr 647.1		黄 橙	10^{8}	10^{9}　1GHz	デシ波 deci
	600		赤外 (IR) Infrared Rays 10^{9}　1m	10^{8}	超短波 VHF
He-Ne 632.8		橙	10^{10}	10^{7}	短波 HF
Kr 647.1		淡紅 赤	10^{11}	10^{6}　1MHz	中波 MF
ルビー 694.3	700	780nm/0.78μm Nd:YAG 1.06μm	10^{12}　1km 近赤外	10^{5}	長波 LF
		3μm He-Ne 1.15μm	10^{13} 大気の窓 2.7〜4μm	10^{4}	
	780	He-Ne 3.3μm CO_2 9.6μm	10^{14} 8〜14μm	10^{3}　1kHz	
		CO_2 10.6μm	中赤外 10^{15}　1Mm	10^{2}	交流 AC-Currents
		30μm	10^{16}	10^{1}	
		遠赤外	10^{17}	1Hz	
		10^{0} 1mm 1000μm			

注　可視光の色分類は，書物によって分類が違い統一規定はない。

ら，周波数 f の電磁波の波長 λ は，$\lambda = c/f$（m）の式で計算できる。

　周波数 1MHz の波長は 300m で，中波の放送で使用されるこの周波数帯域の波長は，電子装置内の伝送ケーブル長に比べてはるかに長いから，反射や定在波の影響はほとんど受けない。

　したがって AV 機器の音声やビデオ信号などの伝送では，ケーブルのシールド効果による高域信号の減衰や，高インピーダンス回路の誘導雑音などに注意すれば，どのような端子，コネクタ，ケーブルを使用してもあまり支障は起きない。むしろ接栓電極の接触不良による雑音や信号の断続事故のほうが，現実的に問題になる。

　TV 放送などの UHF，VHF は，送信電波の波長に合わせた受信用ロッドアンテナを見てもわかるように，搬送波の波長は 1m 前後である。この長さに関わる数 m 〜数十 m の伝送路では，整合をおろそかにすると反射や定在波によるゴースト発生など，伝送の質が非常に悪くなる。

　短波長のデシ波，センチ波，ミリ波，マイクロ波では，ワイヤによる信号伝送は不可能になり，導波管が使用される。

　さらに波長が短くなると，電磁波は赤外線，可視光線の領域に入り，コネクタの概念が全く異なってくる。

第2章

基礎回路技術 その1
半導体素子とアナログ回路

　信号エネルギーの特質をはじめとし，アナログ量とデジタル量の定義，バイポーラ トランジスタに代表される半導体の基本的な振舞い，線形動作時の増幅度や直線性などの諸特性，実用的な回路定数の計算法が最初に述べてある。

　IC回路の理解に必要な非線形デジタル回路の特性も，アナログ動作の延長としてわかりやすく詳述した。

　さらに演算増幅器，アナログ回路設計の基礎，回路設計上の具体的な注意事項等に記述の重点をおいた。読者はこれらの各項を面倒がらずに読み通してほしい。なぜならこの章はすべてのアナログ，デジタル半導体回路理解の基礎となるからである。

第 2 章
基礎回路技術その 1　半導体素子とアナログ回路

2.1 序説

2.1.1 電力と信号エネルギー

われわれの日常生活において，エネルギーの相当量は電力に依存している。これは電気エネルギーが電線によって簡単に移動でき，かつ他の形のエネルギーへの変換手段がよく整備されていることによる。

電力から最終的に変換されるエネルギーの多くは，ガス，石油，石炭，太陽光などによって代替可能である。これらのエネルギーは数十，数百，数キロワット以上とその絶対量も大きい。

一方，通信，データ処理の分野では音，光，電気エネルギーが信号の媒体として用いられるが，通常これらの信号エネルギーはマイクロ，ミリワット，ワット程度と非常に小さい値である。そのため入力系では常に信号対雑音比が問題となる。

電気信号に変換された入力情報が電気的処理系を通って出力される際，電源装置は別として出力信号のエネルギーよりも，構成するハードウェアが消費する電力の方がはるかに大きい。そしてそのほとんどが熱に変わる。部品，装置の故障頻度や寿命は発熱量によって大きく左右されるから熱設計は重要な項目の一つである。電子回路の中心が真空管であった時代，1本のヒラメントの加熱のみに数ワットを要したことなどは論外としても，現在消費電力の少ない半導体素子を主とした装置でもその例外ではない。もっとも半導体単位素子当たりの消費電力量が電子管に比べはるかに少ないから，現在の複雑な電子装置が実現可能になった事実はあるが。

受動素子(抵抗器)は電力を消費して熱に変える。能動素子は自分自身が抵抗器と同様発熱もするが，外部から与えられたエネルギー(主として電源)によって入力信号を加工し，増大あるいは加工する。その意味で電子装置に要求される機能に対して，いかに消費電力を少なくするかも一つの評価となる。

ある装置に信号入力電力 P_i が与えられたとする。この装置の信号エネルギー増幅率を A とすると，出力には A 倍に増幅された電力信号出力 P_o が

取り出せる。

$$P_o = A \cdot P_i \tag{2.1}$$

その際，外部エネルギー P が装置に電源として供給される。通常入力信号電力レベルは，供給電力や出力電力に比べはるかに小さいから，この機器の入出力電力効率 η は次式で表される（**図 2-1**）。

$$\eta = P_o/P \tag{2.2}$$

供給電力 P から出力電力 P_o を差し引いたエネルギーは，ほとんどが熱となって装置の外部に放出される。

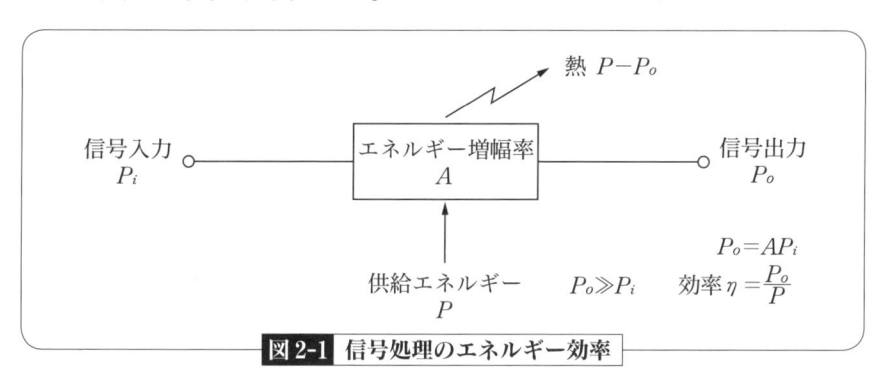

図 2-1 信号処理のエネルギー効率

2.1.2 アナログ量とデジタル量

それでは情報信号はどのような性質を持っているのであろうか。アナログ量とデジタル量の意味を改めて考えてみよう。

自然界の現象のほとんどはアナログ量である。アナログ系では，数量の大きさをそれに対応する他の物理的な量（たとえば長さなど）に置き換えて表現する。指針形のはかり，速度計，時計などは，重さ，スピード，時刻等を円弧の長さを示す目盛で表し，精度は低いが直観的に量を把握することができる。対数の性質を応用して，乗除の演算を行う計算尺は，アナログ計算機の一つの代表例である。

これに対しデジタル系では，量を量子化し数字で表現する。デジタルはかり，デジタル時計などと呼ばれる通り，アナログ量が直接数字で表現される。アナログとデジタルの比較を **図 2-2** に具体的な例で示す。

第2章
基礎回路技術その1　半導体素子とアナログ回路

図2-2　アナログとデジタル

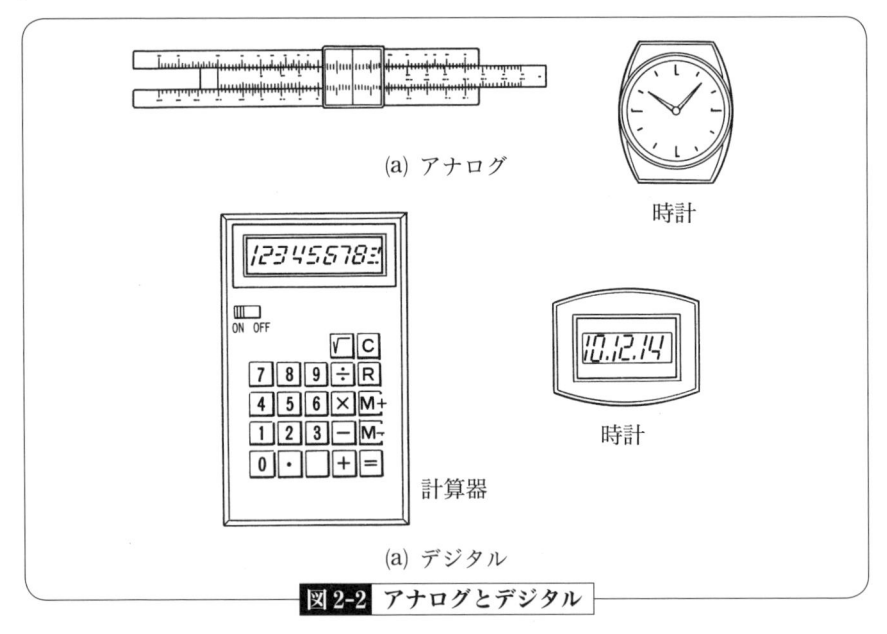

アナログの計算尺，時計では数値は長さとして直観的に読み取れるが，精度は2〜3桁が限度である．これに対しそろばんやデジタル計算機は，各桁の表示がそれぞれ10のべき数の重みをもち，取扱い得る桁はそろばんでは10進二十数桁，計算機に至ってはとても比較にならないほど大きい．

そろばんはデジタル計算機と本質的に同じと考えてよい．デジタル系の理解は決して困難ではなく，たとえば乗算，除算は加減算の繰返しでそろばんの手法通りであり，それを実行しやすい数理体系に置き換え，論理回路で計算するにすぎない．

アナログ信号からデジタル信号への変換はA−D変換，その逆はD−A変換であり，変換用の各種のICが多数市販されている．こうしてデジタル変換された情報が，電子計算機に代表される諸種の装置，システムによって処理され，最終的に出力される．

出力は再びアナログ量に戻されたり，プリントアウトされたり，表示器上に視覚化されたり，その形は千差万別である．

われわれはこのようにエネルギー，情報の流れと質的な要素を見据えた上で基礎的な知識に基づき，利用できる素子等を最大限にかつ効率良く利用しなければならない．

2.2 半導体素子の基本動作，形名

　電子装置を開発するとき，アナログ，デジタル回路はICを主体にした設計になるが，基本的なバイポーラ・トランジスタやMOS-FETの動作は必ず理解しておかねばならない。

2.2.1　バイポーラ・トランジスタ

　一般的な電子回路では，入力の分割抵抗，D/A変換器のラダー，フィードバック抵抗など，特に精度が要求される部分以外，能動素子やその周辺部品の定数はそう厳密に規定する必要がないことが多い。

　たとえば増幅器でフィードバックをかけず，抵抗値やトランジスタの電流増幅率 H_{FE} を1％以下におさえて，利得の偏差を1％以内にしようとする設計などは非現実的であろう。

　トランジスタを三端子回路網として扱い，諸定数をあてはめて計算しても，温度変化，定数のばらつきなどの要素で実動作は計算値とかけ離れる。このような観点から，回路設計時実際に使用する外部回路をあわせて考えれば，トランジスタ回路の設計は非常に簡単になる。

　その考え方の基本の一つとして，バイポーラ・トランジスタが電流増幅の素子であることにこだわらず，むしろ外部抵抗を付加して電圧増幅器として扱うことにする。それによって，トランジスタのnpn，pnpの別や種類にほとんど関係なく，数％の誤差内で計算値と実測値が一致する回路の設計が可能になる。

① 動作電流，電圧

　図2-3(a)は，接合形npnトランジスタのモデルと記号である。このトランジスタのエミッタ・ベースの接合は，ベース側が＋，エミッタ側が－のダイオードを形成している。

　図のように，このトランジスタのコレクタを無接続にし，ベース・エミッ

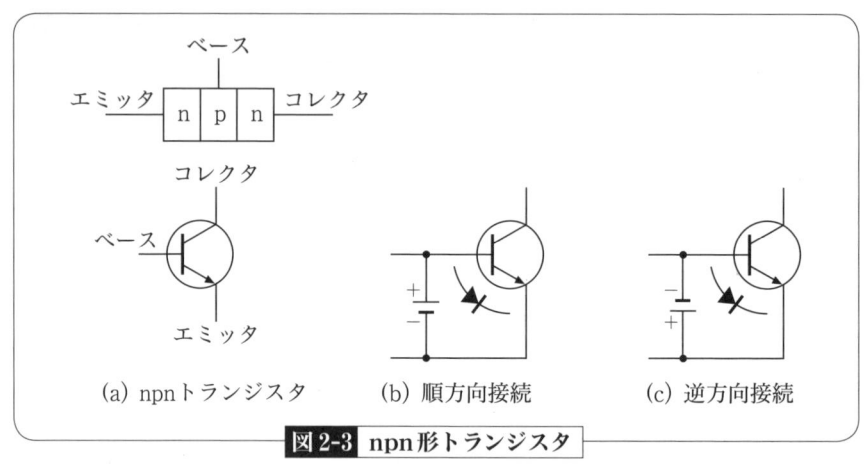

第2章
基礎回路技術その1　半導体素子とアナログ回路

図2-3 npn形トランジスタ
(a) npnトランジスタ　(b) 順方向接続　(c) 逆方向接続

図2-4 エミッタ・ベース間の等価ダイオード特性
(a) 回路接続　(b) 等価回路

タ間に **図(a)**, **(b)** の極性の直流電圧を加えると，**(b)** の順方向接続では電流が流れ，**(c)** の逆方向接続では電流は流れない．

エミッタ・ベース間の等価ダイオードは，**図2-4** の電圧・電流特性をもつ．この図で e_D はベース・エミッタの順方向スレショオード電圧で，シリコンダイオードでは0.8～1V程度である．

このトランジスタにエミッタ抵抗 R_e を付加，**同図(a)** の回路接続を行って，ベース・エミッタ間に電圧 E_b を印加したとき，等価回路は **同図(b)** となる．
電流 I_e は

$$I_e = \frac{E_b - e_D}{R_e} \tag{2.3}$$

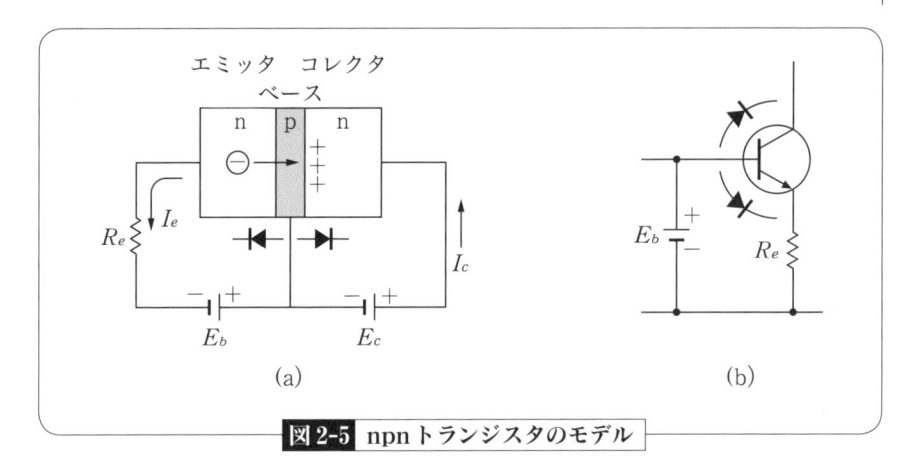

図 2-5 npn トランジスタのモデル

で求められる。

次にコレクタを接続した場合を考えてみよう．npn 接合トランジスタは，モデル的には **図 2-5(a)** に示すように，薄い p 形半導体のベース領域を n 形半導体のエミッタ・コレクタで挟んだ構造で，図のようなダイオード接合に相当する．

このトランジスタは，エミッタを基準としてベースとコレクタに正の電圧を印加する．エミッタ・ベース・コレクタをダイオードと考えると，ベース・エミッタ間は順方向，ベース・コレクタ間は逆方向の電圧がかかっていることになる．

コレクタ電圧 E_c が 0 であれば，コレクタ電流 I_c はほとんど流れないが，E_c が印可され，エミッタを基準にコレクタの正電圧がベース電圧よりも少しでも高くなれば（通常 0.8〜1V），それまでベースに流れていた電流 I_e は，薄いベース領域を通り抜け，ほとんどコレクタに流れ込む．

すなわち，比較的一定のベース・エミッタ順方向電圧 e_D（0.8〜1V 程度）さえ見込んでおけば，線形動作内ではこの回路のエミッタ電流（≒コレクタ電流）が，トランジスタの種類やコレクタ電圧に関係しない簡単な計算で求められることになる．

npn トランジスタと pnp トランジスタでは，この電流の担体は負の電荷をもつ電子と，正の電荷をもつ正孔（ホール）の違いがあり，電圧・電流の極性がすべて反対であるほかは全く同じ動作をする．いうまでもないが電子の流れと電流の向きが反対であることに注意が必要である．

第2章
基礎回路技術その1　半導体素子とアナログ回路

実際には **図2-5(a)** で，エミッタからベースに流れ込んだ電子（pnpトランジスタでは正孔）がすべてコレクタに到達できるわけではなく，一部分はベース領域で正孔と再結合してベース電流となる。またこの電流担体がベース領域内に残留し，E_bが0となってもしばらくコレクタ電流が流れ，いわゆるホールストレージとして回路の応答速度を下げる原因になる。

図2-5 をもとにして，少し詳しく動作を検討して見よう。

一般に「増幅」とは，入力に比べ出力が大きい作用をいうが，厳密には1より小さい増幅率，すなわち減衰率も当然同じ定義の範疇に入る。

エミッタ電流I_eとコレクタ電流I_cの比は「電流増幅率α」と呼ばれるが，トランジスタのエミッタ電流に対するコレクタの電流増幅率αは1より小さく，次式で定義される。

$$\alpha = \frac{I_c}{I_e} \tag{2.4}$$

内部電源をもたないトランジスタでは，各電極に流れ込む電流の総和は0となるから，ベース電流I_bは

$$I_b = I_e - I_c \tag{2.5}$$

である。

このベース電流とコレクタ電流の比を，ベース電流増幅率β，またはH_{FE}と呼び，次式で定義する。

$$\beta = \frac{I_c}{I_b} = \frac{I_c}{I_e - I_c} = \frac{\alpha \cdot I_e}{I_e - \alpha \cdot I_e} = \frac{\alpha}{1-\alpha} \tag{2.6}$$

通常のトランジスタでは，βの値は100前後で，この場合エミッタに流れ込んだ電流の99％がコレクタから，1％がベースから流れ出すことになる。これは約1％の誤差を見込めば，コレクタ電流とエミッタ電流はほぼ等しいと考えてよい。

$$I_c \fallingdotseq I_e \tag{2.7}$$

先にも述べたが，コレクタ電圧がベース電圧に対しある程度以上（約1V）であれば，コレクタ電圧を変化させてもコレクタ電流はあまり変化しない。

図2-6(b) はこの動特性をグラフに現わしたもので，次式で表すコレクタ内部抵抗r_cが非常に大きく，このエミッタ接地型回路では，数kΩ程度までの

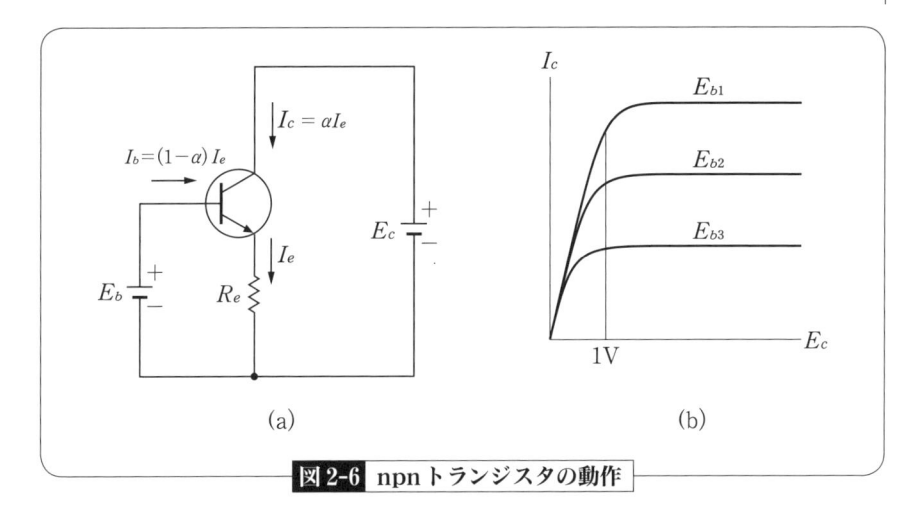

図 2-6 npn トランジスタの動作

低コレクタ負荷については，出力が定電流源と見做されることを示している。

$$r_c = \frac{\Delta E_c}{\Delta I_c} \tag{2.8}$$

また

$$I_c \fallingdotseq I_e \fallingdotseq \frac{E_b}{R_e} \tag{2.9}$$

2 線形動作

　入力に加えられた信号波形が，相似波形として出力に現われる増幅器を線形増幅器と呼ぶ。

　ベースに入力信号を加え，コレクタから出力をとりだすエミッタ接地形トランジスタ回路を線形増幅器として使用する場合，基本的な電流・電圧はこれまで述べたやり方で計算できるが，増幅器としての諸特性はさらに次の要素も考えなければならない。

(1) 入力インピーダンス

　図 2-7 が一般的なエミッタ接地線形増幅回路である。R_1，R_2 の分割抵抗で電源 E_{cc} からベースにバイアス電源を与えている。

　この回路の正常動作状態では，ベース電圧はエミッタに対し＋，すなわちダイオードとしては順方向電圧となっているので，電圧降下 e_D を無視し，

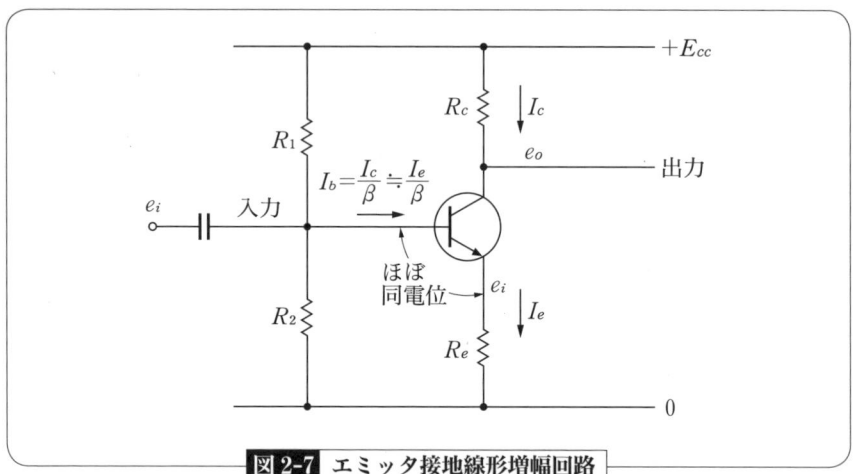

第2章
基礎回路技術その1　半導体素子とアナログ回路

図 2-7　エミッタ接地線形増幅回路

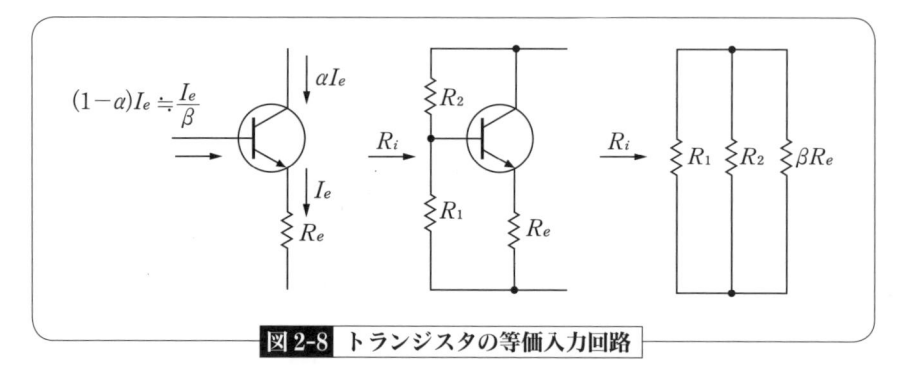

図 2-8　トランジスタの等価入力回路

ベース・エミッタをほぼ同電位と仮定すると，エミッタ抵抗R_eには式(2.9)の電流I_eが流れ，同電位のベースには電流$/\beta$が流れる．すなわちこのトランジスタ回路のベースの見かけのインピーダンスは$R_e \cdot \beta$となる．

バイアス用分割抵抗R_1，R_2は，入力に対して並列に挿入されているから，入力インピーダンスR_iはこの三つの抵抗の並列接続として計算することができる（図 2-8）．

$$R_i = \cfrac{1}{\cfrac{1}{R_1} + \cfrac{1}{R_2} + \cfrac{1}{\beta \cdot R_e}} \tag{2.10}$$

この場合，R_1，R_2に流す電流が小さいと，ベース電流の変化によってバイアス点が移動し回路動作が不安定になるから，抵抗値を$\beta \cdot R_e$よりも低く

(2) エミッタ電流，コレクタ電流

これらの条件が満たされれば，ベースの等価バイアス電圧E_bは

$$E_b \fallingdotseq \frac{R_1}{R_1+R_2} \cdot E_{cc} \tag{2.11}$$

したがって

$$I_e \fallingdotseq \frac{E_b}{R_e} = \frac{R_1}{R_1+R_2} \cdot \frac{E_{cc}}{R_e} \tag{2.12}$$

また

$$I_c = \alpha \cdot I_e \fallingdotseq \frac{\alpha \cdot E_b}{R_e} = \frac{\alpha \cdot R_1}{R_1+R_2} \cdot \frac{E_{cc}}{R_e} \tag{2.13}$$

で求めることができる。

(3) 出力インピーダンス

エミッタ接地，コレクタ出力のトランジスタ回路の出力インピーダンスは，先に述べたようにコレクタの等価内部インピーダンスが高いので，通常の動作条件では定電流回路と考えてよい。

(4) 増幅度と直線性

次にコレクタ回路に負荷抵抗をつないで出力を取り出し，ベース入力，コレクタ出力の増幅器として諸パラメータを検討してみよう。

図2-7で，直流的なバイアスが適正にかけられている状態で，そのバイアスに重畳してベースに交流信号電圧e_iが加わると，エミッタにも同じ電圧，波形が現われる。したがってこの入力信号電圧に対応するエミッタ電流i_eは

$$i_e \fallingdotseq \frac{e_i}{R_e} \tag{2.14}$$

となる。

コレクタ電流の変化i_cは，αがほぼ1であることから，次式も大きな誤差はなく成り立つ。

$$i_c = \alpha \cdot i_e \fallingdotseq \frac{\alpha \cdot e_i}{R_e} \fallingdotseq i_e \tag{2.15}$$

第2章
基礎回路技術その1　半導体素子とアナログ回路

コレクタから取り出す出力信号e_0は，入力信号の変化によるコレクタ抵抗R_cの両端の電圧変化であるから，

$$e_0 = i_c \cdot R_c \risingdotseq i_e \cdot R_c \risingdotseq e_i \cdot \frac{R_c}{R_e} \tag{2.16}$$

電圧増幅率A_vは，次式の入出力電圧の比で表される．

$$A_v = \frac{e_0}{e_i} \tag{2.17}$$

式(2.16)，(2.17)より，図2-7の回路の電圧増幅率A_vは単にエミッタ，コレクタに札続されている抵抗器の値の比として求められる．

ベース電圧が上昇すれば電流が増加し，コレクタ電圧は下がるから，入出力の位相は反転し

$$A_v = -\frac{R_c}{R_e} \tag{2.18}$$

となる．

npnトランジスタでは，ベースの入力信号電圧の負の振幅が過大になると，コレクタ電流が流れなくなるカットオフ状態が起こる．したがってトランジスタ増幅回路を基本的に線形動作におくには，ベースのバイアス電圧を入力信号の負の最大振幅時，1V程度以上の正バイアス電圧が保たれるよう設計する必要がある．

一方入力信号の正の振幅が過大になると，コレクタ電流が増加し，コレクタ抵抗の電圧降下によってコレクタ・ベース間の電圧が保てなくなる．そしてベース領域の電流担体がもはやコレクタに吸収されず飽和して，ベースインピーダンスが急激に下がり，いわゆる飽和状態が起こる．この場合に増幅回路を線形動作におくには，ベース入力信号の正の最大振幅時，コレクタ・ベース間の電圧がやはり1V程度以上に保たれるように設計する．

このように，トランジスタ増幅器の線形動作範囲をバランスのとれたものにするためには，この二つの条件の中点に直流バイアス点を置かなければならない．

(5) **電力損失**

線形動作の範囲内では，トランジスタの平均熱損失電力P_cはエミッタ・コレクタ間電圧V_{ec}とコレクタ電流I_cの積，すなわち

$$P_c = V_{ec} \cdot I_c \tag{2.19}$$

で求められる。

これは無信号時の直流的な状態の計算値であるが，入力信号が正負対称の交流であればこの値はかわらない。トランジスタの使用温度内における許容電力はこの値を超えてはならない。

3 非線形動作

線形増幅器の動作範囲を拡張して，大振幅の非線形領域について考えてみよう。

論理回路に使用するパルス増幅器は，アナログ回路の線形増幅器と異なり，出力波形が入力のそれと必ずしも比例，相似である必要はない。パルス増幅器は，ある時間または位相で信号レベルの最大，最小値が明確に判別できればよく，途中の状態は問題にならない。

(1) カットオフと飽和

トランジスタをスイッチ素子として使用するときには，ON－OFFに対応する二つの電圧レベルを，ほぼ0電位と電源電圧に設定することが多い。この場合，トランジスタの動作はカットオフと飽和状態を往復する。

図2-9のように，トランジスタのベースに正のバイアス電圧を与えず，正弦波入力を印加してみる。

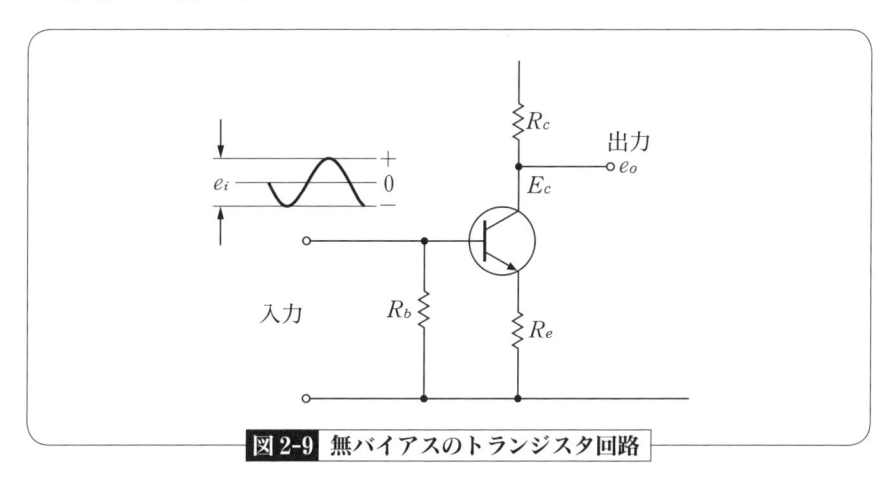

図2-9 無バイアスのトランジスタ回路

第2章
基礎回路技術その1　半導体素子とアナログ回路

　無信号時には，トランジスタのベース電位は0Vでコレクタ電流は流れない。したがってコレクタの負荷抵抗R_cによる電圧降下がなく，出力には電源電圧$+E_{cc}$がそのまま現われている。

　ベース入力に正弦波信号の負の半サイクルが加わると，エミッタ・ベース間は逆電圧となるのでやはりコレクタ電流は流れず，トランジスタはカットオフ状態が続く。すなわち入力信号の負の半サイクルはカットオフ領域になる。

　入力が正の半サイクル周期となり，エミッタ・ベースの1Vほどのスレショード電圧を超えると，電流が流れはじめ，回路が線形動作領域に入る。このときの入力信号電圧e_iに対応する出力電圧e_0は，前にも述べた通り

$$0 = -e_i \cdot \frac{R_c}{R_e} \tag{2.20}$$

となる。

　入力信号の正の振幅が増大するにつれ，コレクタ電流が増加し，R_cの電圧降下によって，コレクタ電圧E_cは，次式のように低下してゆく。

$$E_c = E_{cc} - e_i \cdot \frac{R_c}{R_e} \tag{2.21}$$

　コレクタ電圧がさらに低下してベース電位に近くなり，キャリアがコレクタQに吸収できるレベル以下になると，コレクタ電流はそれ以上増加せず，回路は飽和状態となり，出力波形の頭がつぶれてくる。図2-10はこの現象を表したものである。

(2) 入力インピーダンス

　図2-9の回路の入力インピーダンスは，トランジスタの動作領域によってそれぞれ異なる。

　図2-10(a)で，入力信号が0と負の半サイクルでは，トランジスタはカットオフでベース電流は流れず，したがって入力インピーダンスはほぼR_bである。

　同図(b)の点線区間ではコレクタ電流が流れないから，出力電圧はE_{cc}に等しい。

　入力信号が正で，かつ線形動作領域内においては，入力インピーダンスR_iは式（2.10）と同様に

2.2 半導体素子の基本動作，形名

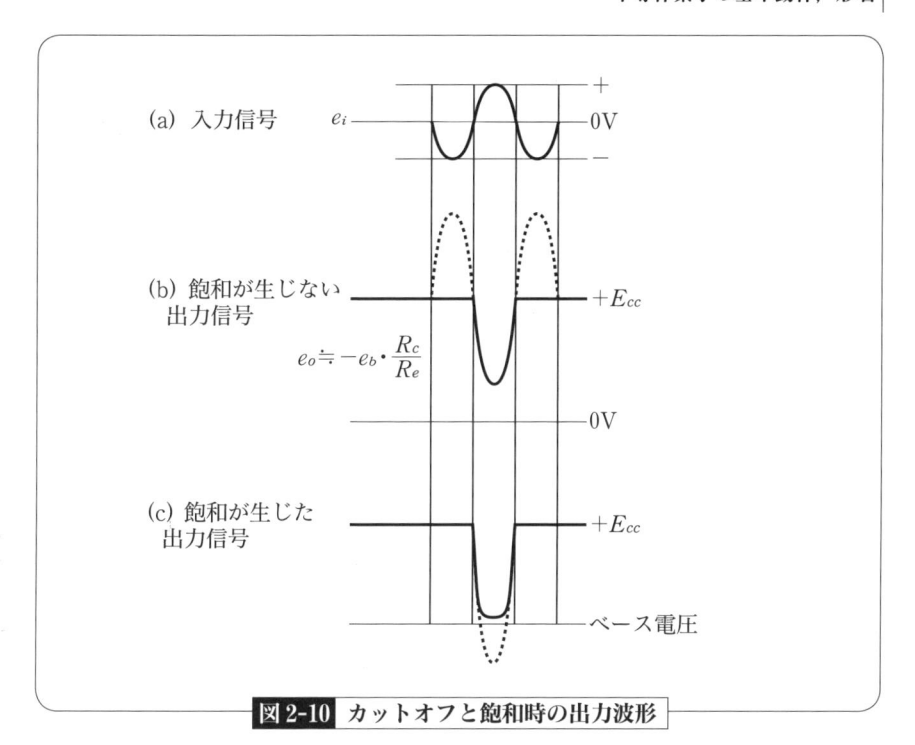

図 2-10 カットオフと飽和時の出力波形

(a) 入力信号 e_i

(b) 飽和が生じない出力信号　$e_o ≒ -e_b \cdot \dfrac{R_c}{R_e}$

(c) 飽和が生じた出力信号

ベース電圧

$$R_i = \dfrac{1}{\dfrac{1}{R_b} + \dfrac{1}{\beta \cdot R_e}} \tag{2.22}$$

となる。

　入力信号が正方向に過大になり，線形領域を越えると，コレクタ・ベース・エミッタは数百mV以内の電位に収斂し平衡状態になる。それ以上入力振幅が増加しても **図 2-10(c)** のように出力電圧はほとんど変化しない。

　この状態では **図 2-11** のように，トランジスタの各電極はほぼ一点に短絡されたものと考えてよい。この場合の入力インピーダンス R は

$$R = \dfrac{1}{\dfrac{1}{R_b} + \dfrac{1}{R_e} + \dfrac{1}{R_c}} \tag{2.23}$$

となる。

　各電極の電流が定格内であれば，このトランジスタを破損する恐れはない

図 2-11 飽和状態の等価回路

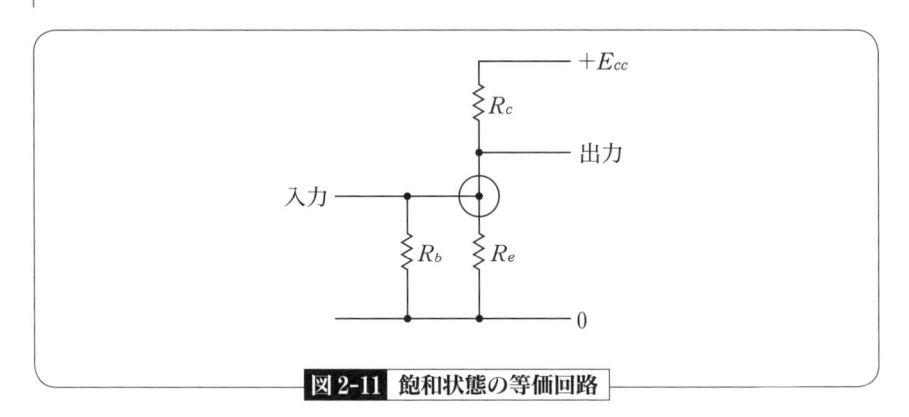

が，このように，トランジスタ回路の入力インピーダンスは，入力信号の振幅によって大幅に変化することに十分注意しなければならない。

たとえば図 2-9 の回路で，$R_b=100\mathrm{k}\Omega$，$R_e=1\mathrm{k}\Omega$，$R_c=10\mathrm{k}\Omega$，トランジスタの$\beta=100$であったとする。入力インピーダンスは，カットオフ時には100kΩ，線形動作時には約50kΩ，飽和時には約900Ωと信じられぬほど大きな変化をする。特に飽和領域では，入力インピーダンスが極端に低下し，入力信号の駆動源インピーダンスが高いと入力電圧が低下し，見かけの増幅度が下がってしまう。この場合，コレクタ抵抗の値を減らすと，本来なら増幅度が減少して出力振幅が小さくなるはずが，動作点が飽和から抜け出し，かえって振幅が増大するなど一見理解に苦しむ現象が起きることがある。

(3) 出力インピーダンス

コレクタから取り出す信号の出力インピーダンスは，カットオフ，線形動作領域では，ほぼコレクタ負荷抵抗R_cと等しく，飽和領域では式 (2.23) の飽和時の入力インピーダンスRに等しい。

(4) 立ち上がり時間

一般的には，パルス信号の立ち上がり，立ち下がり時間は，できるだけ小さいほうが望ましい。ある立ち上がり時間をもった入力信号が，増幅器の出力でどのようになるかを考えてみよう。

いま線形動作領域内の増幅度がAである増幅器に，振幅がこの増幅器の最

図 2-12 立ち上がり時間の改善

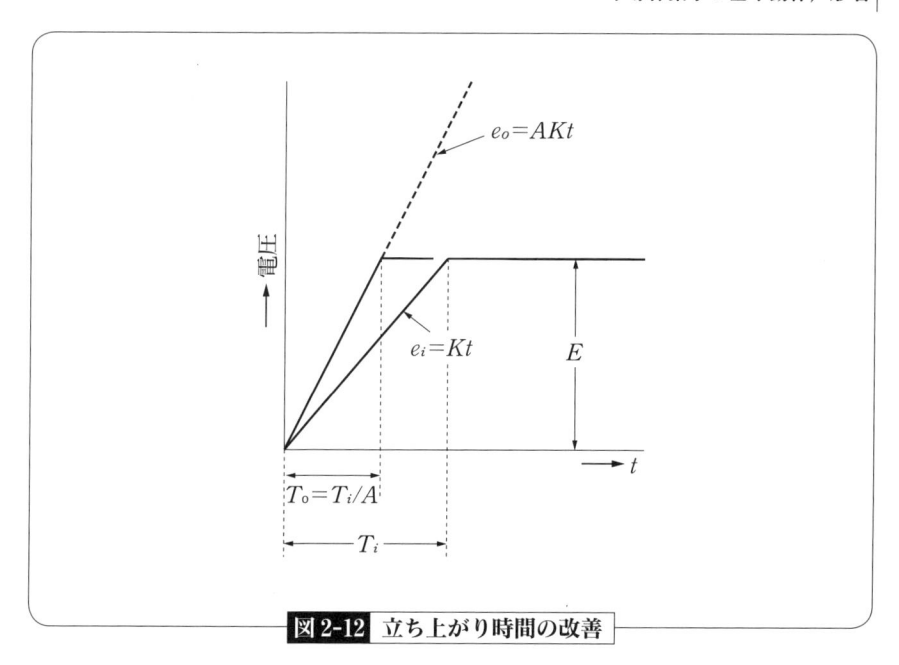

大出力振幅に等しく，直線的な立ち上がり傾斜をもった入力信号を加えたとする．この場合，出力信号の立ち上がり時間は，その入力信号の立ち上がり時間の1/Aとなる．なぜなら出力電圧e_oと入力電圧e_iの関係は

$$e_o = A \cdot e_i \tag{2.24}$$

であり，もしe_iが，図 2-12 に示すように，$e_i = Kt$の傾斜をもっていたなら，入力電圧が電圧Eに達する時間T_iは次式で求められる．

$$T_i = \frac{E}{K} \tag{2.25}$$

一方，$e_o = A \cdot e_i = A \cdot Kt$であるから，増幅器の出力側で同じ電圧に達する時間$T_o$は

$$T_o = \frac{E}{A \cdot K} \tag{2.26}$$

式（2.25），（2.26）からEを消去すれば，

$$T_o = \frac{T_i}{A} \tag{2.27}$$

第2章
基礎回路技術その1　半導体素子とアナログ回路

となる。

(5) 立ち下がり時間

立ち下がり時間についても，立ち上がりと同様の関係が成り立つ。ただし波形の立ち下がりが飽和から抜け出す動作状態，(npnトランジスタではベース電圧がエミッタに対し＋から0となり，pnpトランジスタでは同じくベース電圧が－から0となる場合)であれば，前にも述べたホールストレージによって，波形が場合によって数μs以上にわたり尾を引く。このため前の動作が終了しないうちに次の入力が加わり，回路動作が不確定になる（図2-13)。

高速動作に対しては，飽和が深くならないよう各部の抵抗値を下げ，電圧をクランプするなど種々の工夫が必要である。動作速度の目安にスリューレート（slewrate）がある。これは単位時間（μs）に，出力電圧が最大何V変化可能であるかを示す指数で，V/μsで表す。

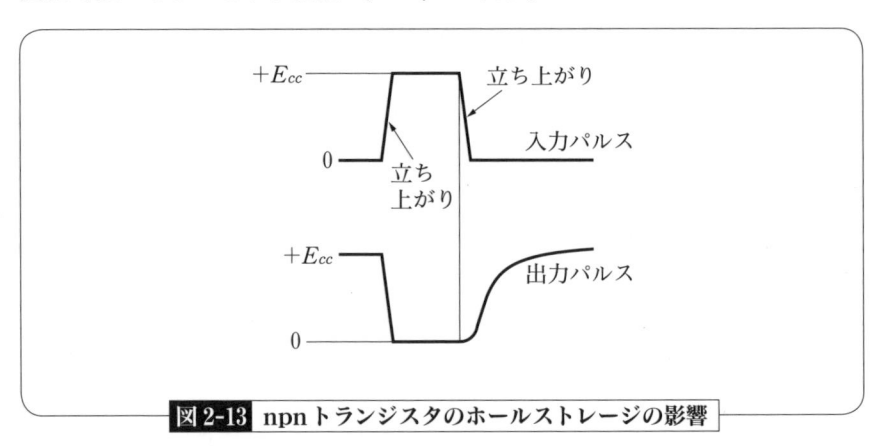

図2-13 npnトランジスタのホールストレージの影響

(6) エミッタ直接接地パルス増幅器

直線性が問題とならないパルス増幅器では，他の条件が許すかぎり立ち上がり・立ち下がり速度を早くするため，増幅器の増幅度はできるだけ大きいことが望ましい。

図2-9の回路で，線形動作領域での増幅度A_vは，$A_v \fallingdotseq R_c/R_e$となることを説明したが，実際にはトランジスタのエミッタ・ベース内部抵抗r_{eb}がR_eに加わる。

2.2 半導体素子の基本動作，形名

図 2-14 エミッタ直接接地増幅回路

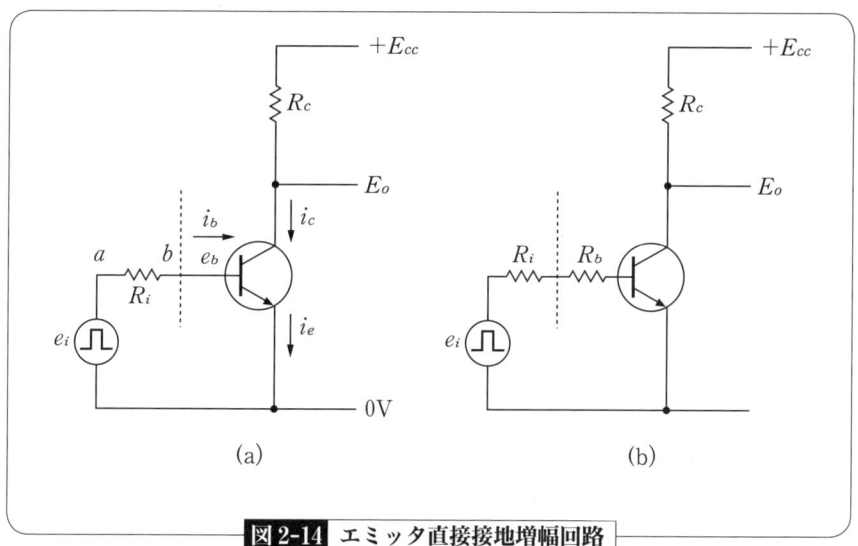

$$A_v = \frac{R_c}{R_e + r_{eb}} \tag{2.28}$$

エミッタ抵抗R_eを0にしても，式(2.29)が示すようにA_vが無限大にはならない。

$$A_v = \frac{R_c}{r_{eb}} \tag{2.29}$$

図 2-14(a)は最も一般的なパルス増幅器の回路である。これまで述べた電圧増幅器と多少異なり，ベース入力，コレクタ出力でβの電流増幅率をもつ増幅器と考えると動作が理解しやすい。

この図で，信号源インピーダンスR_i，信号の振幅がe_iのパルス電圧源がベースに接続されたとする。

入力電圧$e_i=0$のときは，ベース電圧$e_b=0$，コレクタ電流$i_c=0$，したがってコレクタ出力電圧$E_o=E_{cc}$となる。

e_iが正方向に上昇し，エミッタ・ベースのスレシオード電圧を超え，$e_i \gg e_{eb}$の状態では，このトランジスタのベース電流i_bは

$$i_b \fallingdotseq \frac{e_i}{R_i} \tag{2.30}$$

となる。

第2章
基礎回路技術その1　半導体素子とアナログ回路

なぜなら先に述べたように，ベース・エミッタの等価ダイオードに正電圧がかかり，エミッタが直接接地されているからである。

この回路で，信号源インピーダンス R_i の値が小さいと，e_i が正のときベース電流が定格値を超えて，このトランジスタを破損するおそれがあるから，**図2-15** のようにベースに保護用の直列抵抗を挿入し，ベースの電流を制限する。このときの i_b は，**式 (2.30)** の R_i に (R_i+R_b) を代入して求めることができる。コレクタ電流 i_c は，**図2-14(b)** から次式で求める。

$$i_c = \beta \cdot \frac{e_i}{R_i + R_b} \tag{2.31}$$

正方向の入力電圧が増加し，**図2-15** に示すように，

$$\beta \cdot \frac{e_i}{R_i + R_b} = \frac{E_{cc}}{R_c} \tag{2.32}$$

となった場合，コレクタ電圧は R_c による電圧降下で，当初の E_{cc} からほぼ0Vまで下がり，動作状態は線形領域から飽和領域に移る。

これ以上＋の入力電圧が大きくなっても，コレクタ電流は増加することはできない。なぜならこのトランジスタが飽和すると，ベース入力電流に関係なくコレクタ電流 i_c は

$$i_c = \frac{E_{cc}}{R_c} = 一定 \tag{2.33}$$

となってしまうからである。

動作状態が線形領域と飽和領域の境界にあると，E_{cc} の上昇，β の低下な

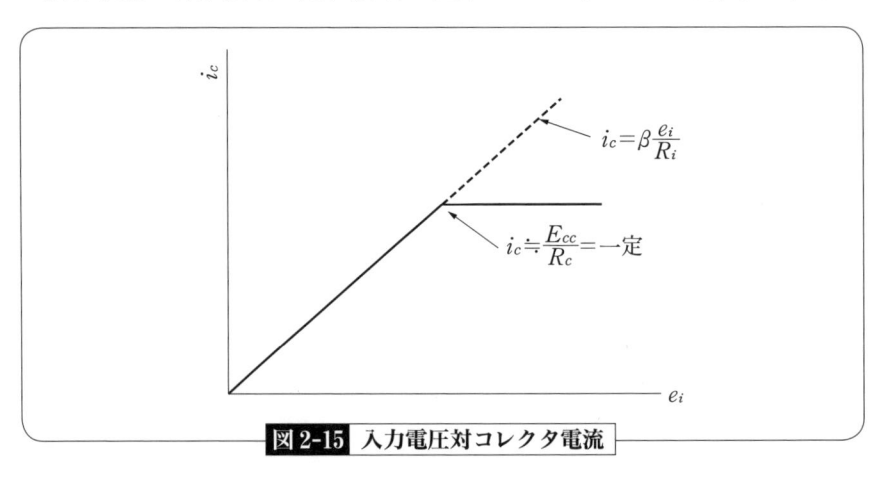

図2-15　入力電圧対コレクタ電流

どの原因によって，出力電圧は飽和から抜けだし＋方向に上がる。

　パルス増幅器では，多少の周囲状態の変化があっても，0と1の論理レベルに対応して，たとえば0Vおよび＋E_{cc}の安定な二値の出力が望まれる。したがって回路設計において境界条件における諸定数に対し，ベース抵抗を下げる，コレクタ抵抗を大きくする，βマージンを充分取るなどの配慮をしておく。

4 エミッタ・フォロワ

　エミッタ・フォロワは，ベース入力の変化にエミッタ出力が追従するのでこの名称がつけられている。回路は，高入力インピーダンス，低出力インピーダンスのインピーダンス変換器で，入出力は同位相，電圧利得はほぼ1，原理的には線形動作の電力増幅器といえる。

(1) **エミッタ・フォロワの等価回路**

　基本動作の理解のために，まずnpnトランジスタで電圧が正方向の動作について説明する。

　図2-16の回路で，入力電圧が0Vか負であると，このトランジスタはカットオフになり，出力電圧は0Vとなる。この場合の入力インピーダンスはR_b，出力インピーダンスはR_eである。

　内部インピーダンスがR_iの正電圧入力信号e_iが加わると，回路の各ブランチの電流方程式は，エミッタ接地回路の場合と同様，このトランジスタの電流増幅率をβ，ベース・エミッタ電圧をe_{be}とすると

$$R_i \cdot i_1 + (i_1 - i_2)R_b = e_i \tag{2.34}$$

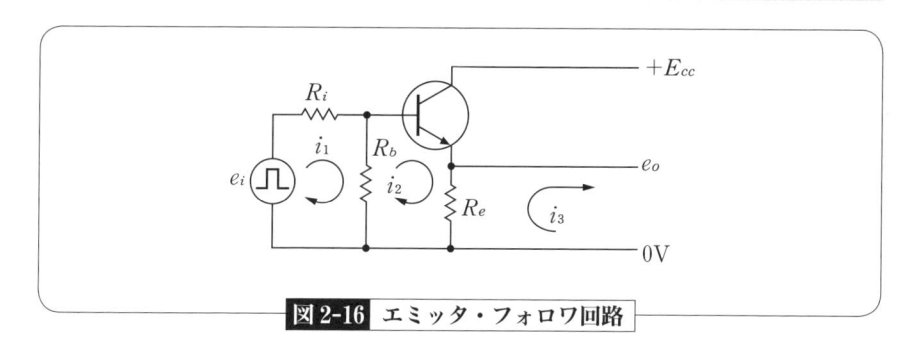

図2-16 エミッタ・フォロワ回路

第2章
基礎回路技術その1　半導体素子とアナログ回路

$$i_3 = \beta \cdot i_2 \tag{2.35}$$

$$i_3 + i_2 = \frac{1}{R_e}\{(i_1-i_2)R_b - e_{be}\} \tag{2.36}$$

この連立方程式をi_3について解くと

$$i_3 = \frac{\left(\dfrac{R_b}{R_i+R_b}\right)e_i - e_{be}}{R_e + \left(R_e + \dfrac{R_i \cdot R_b}{R_i+R_b}\right)\cdot\dfrac{1}{\beta}} \tag{2.37}$$

上式で$\beta \gg 1$とし，i_1について整理すると

$$i_1 = \frac{e_i}{R_i+R_b} + \frac{R_b}{R_i+R_b}\cdot\frac{i_3}{\beta} \tag{2.38}$$

となる。これらの式をもとにして，**図2-16**の動作を考えて見よう。

　式（2.38）の第1項は，入力電圧e_iによって外部ベース抵抗R_bに流れる電流である。

　第2項がこのトランジスタのベース電流で，これは前にも述べたがベースに加わった実効電圧に対しエミッタ電流i_3の$1/\beta$であることを表し，エミッタ抵抗R_eのβ倍が入力インピーダンスとなることを示している。

　この式をもとにして，**図2-16**の等価回路を書くと，**図2-17**のようになる。

　まず入力電圧e_iは，R_iとR_bで分割され，e_{be}による低下分を差し引いて出力に現われる。出力インピーダンスは，ベース側のすべてのインピーダンスの$1/\beta$とR_eが並列になったものと見なされる。

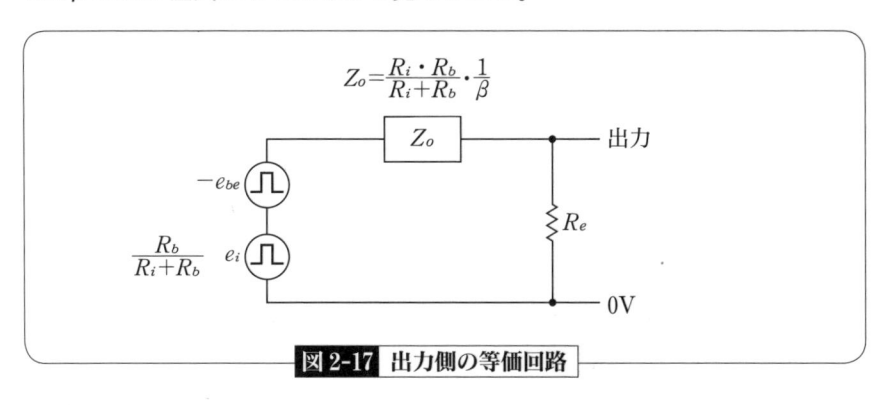

図2-17 出力側の等価回路

電圧利得A_vは，信号電圧e_iと出力電圧の比であるから

$$A_v = \frac{\left(\dfrac{R_b}{R_i + R_b}\right)e_i - e_{be}}{e_i} \tag{2.39}$$

通常の回路条件では，信号源インピーダンスR_iに比べR_bを大きくとり，また信号電圧e_iはe_{be}に比べ大きいことが多い。
すなわち$R_b \gg R_i$，$e_i \gg e_{be}$であれば**式（2.39）**は単純に

$$A_v \fallingdotseq 1 \tag{2.40}$$

となる。

(2) 電力利得

入力電圧をV_i，入力インピーダンスをR_i，出力電圧をV_o，出力インピーダンスをR_oとすると，入力電力P_i，出力電力P_oは

$$P_i = V_i^2/R_i, \quad P_i = V_o^2/R_o \tag{2.41}$$

$V = V_1 = V_2$と仮定すると，電力利得P_Gは

$$P_G = P_o/P_i = R_i/R_o \tag{2.42}$$

すなわち，単純に入出力インピーダンスの比になる。たとえば，入，出力インピーダンスがそれぞれ100kΩ，100Ωであれば，この回路の電力利得は1,000倍となる。

(3) 正，負入出力の回路

図2-16の回路は，npnトランジスタが正の電源電圧と入力信号で動作することは先に述べた。エミッタ・フォロワ回路でも，正負の入，出力動作を要する場合は，**図2-7**のように電源から分割抵抗によってベースにバイアス電圧を印可することはできるが，コンデンサで直流分をカットする交流入出力の場合を除き，次のような不都合が生じる。

(a) 入力電圧が0でも，このバイアス電圧が重畳され出力側に現れる。
(b) 直流結合の場合，バイアス直流電圧が入力側に逆印加される。

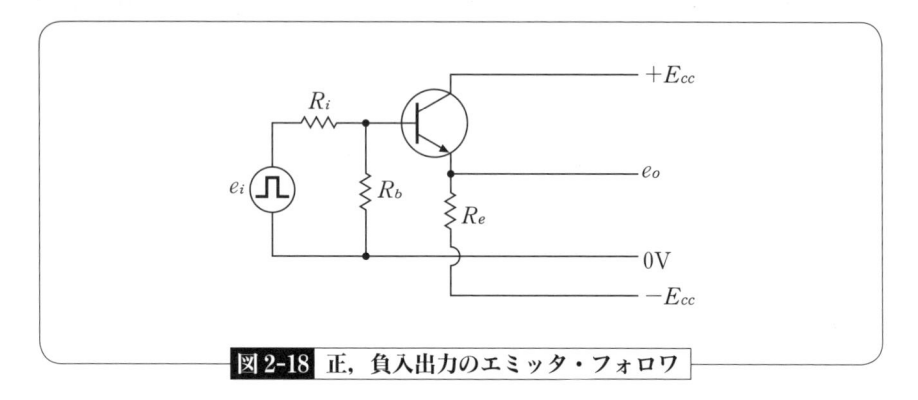

図 2-18 正，負入出力のエミッタ・フォロワ

(c) 交流結合で，直流分が入力信号と切り離されていても，バイアス用の分割抵抗によって，エミッタ・フォロワの高インピーダンス入力の利点が失われる。

線形回路では，正，負の電源が用意されていることが多いから，**図 2-18** のようにエミッタ抵抗 R_e の接地帰路を負電源 $-E_{cc}$ につなげば，この問題は解決する。R_e には $-E_{cc}/R_e$ の電流が流れ，入力電圧が 0 であっても出力電圧はほぼ 0 に保たれる。等価回路と計算式は，正単電源の場合と同じである。

2.2.2 MOS-FET

MOS-FET (Metal Oxide Semi-conductor-Field Effect Transistor) にはバイポーラ・トランジスタと同様，p チャンネル，n チャンネル形がある。**図 2-19** のように，n 形または p 形の半導体上に p 形または n 形半導体のソース・ドレイン電極を作り，酸化シリコンの絶縁薄膜を介したゲート電極 G の電界でソースからドレインへの電荷の流れをコントロールする。バックゲート電極には，p チャンネル形では $-V_{DD}$，n チャンネル形では 0 V に接続する。

p チャンネル形と n チャンネル形 MOS-FET では，npn，pnp バイポーラ形トランジスタの関係と同様，電圧の極性がすべて反対となるほかは，全く同じ動作を行う。

MOS-FET は次に述べる，いくつかの重要な性質をもっている。

図 2-19 MOS-FETの構造

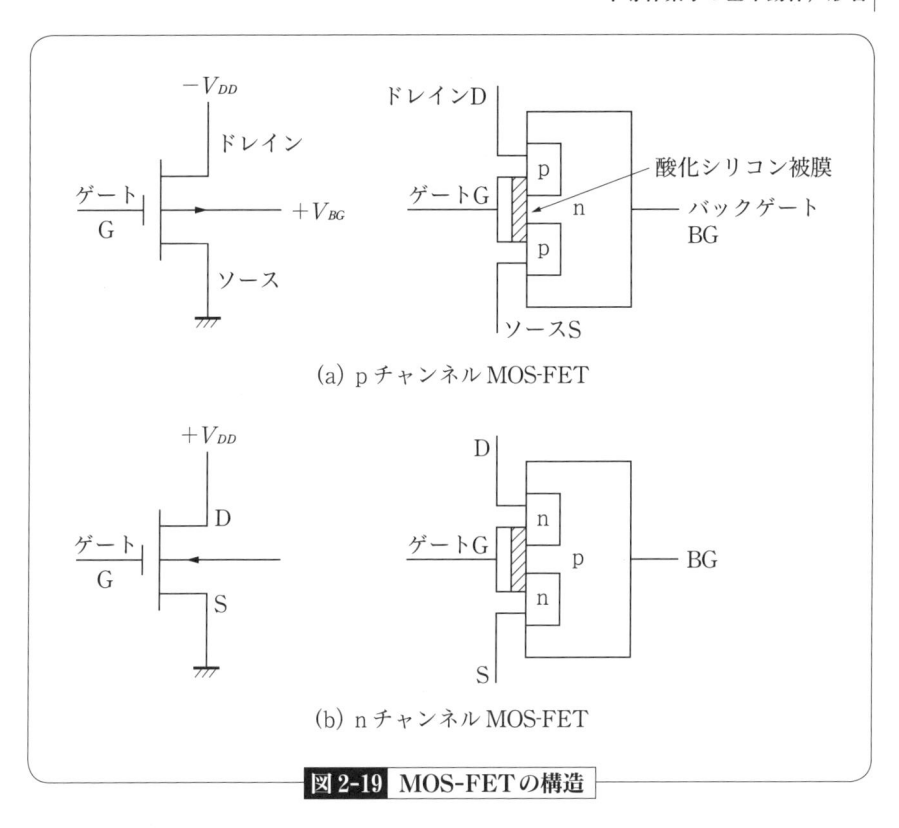

(a) pチャンネル MOS-FET

(b) nチャンネル MOS-FET

(1) 高入力インピーダンス

ゲート電極が絶縁抵抗の非常に高いシリコン酸化皮膜で絶縁されているので，入力インピーダンスは$10^{14}\Omega$程度以上もある．したがってMOS-FETのゲート入力は，過渡的な状態以外では接続された他の回路に対し，ほとんど負荷にならない．

(2) 記憶作用

入力インピーダンスが高く，かつ容量性であるため，ゲートに与えられた電荷はかなりの時間保持され，ソース・ドレイン間の電流状態を記憶する作用をもっている．この特性を利用したものが，たとえばダイナミックRAMなどのメモリICである．**表 2-1**にバイポーラ・トランジスタとMOS-FETの比較を示す．

第2章
基礎回路技術その1　半導体素子とアナログ回路

表2-1　バイポーラ・トランジスタとMOS-FETの比較

	バイポーラ トランジスタ	MOS-FET
駆動（ドライブ）	電流ドライブのため複雑でかつスイッチング時間にも影響をもたらし，ドライブ条件の選定が難しい。	電圧駆動のため，非常に簡単であり，負荷電流及び安全動作領域とは無関係である。
スイッチング時間	少数キャリアデバイスのため遅い。	バイポーラと比べ，大幅に高速になっている。蓄積時間がなく温度の影響も少ない。
安全動作領域	二次降伏により制限される。	電力損失によってのみ制限される。
耐圧（コレクタ－エミッタ間，ドレイン－ソース間）	回路的に多くの場合V_{CEX}（V_{CBO}）で決まり，定格は1.2〜2.0×V_{CE}である。	すべての条件においてV_{DSS}で制限される。
オン電圧	高耐圧素子の場合でも非常に低く，一般的に負の温度係数をもっている。	低耐圧素子の場合は極めて低くできるが，高耐圧素子ではやや大きい。温度係数は正である。
並列接続	電流バランスの関係より複雑になる。	発振あるいはスイッチング時間の整合など含め若干の注意を要するか，直並列接続ができる。
温度安定性	温度が上昇するとh_{FE}が上がったりV_{BE}が下がったりするため若干の注意を要する。	種々パラメータの温度に対する安定度はきわめて高い。

2.2.3　注意事項

トランジスタ回路を扱う上の注意事項を二，三追記しておこう。

1 入力容量の中和

　トランジスタおよびその他の部品で構成される実際の回路では，トランジスタのベース・エミッタ間容量C_{be}，ベース・コレクタ間容量C_{bc}，ミラー効果による等価帰還容量，配線の漂遊容量等が複合された周波数特性をもつ．

　図2-20は，内部インピーダンスR_iの信号源e_iに，ベースに電流制限抵抗R_B，リーク抵抗R_Aを付加したトランジスタ回路で，等価入力諸容量はまとめてC_bで示してある．R_iに比べR_Bが充分大きいときは，式(2.43)で求め

図 2-20 入力容量の中和

$$e_B = \frac{R_A}{R_A + R_B} \cdot e_i$$

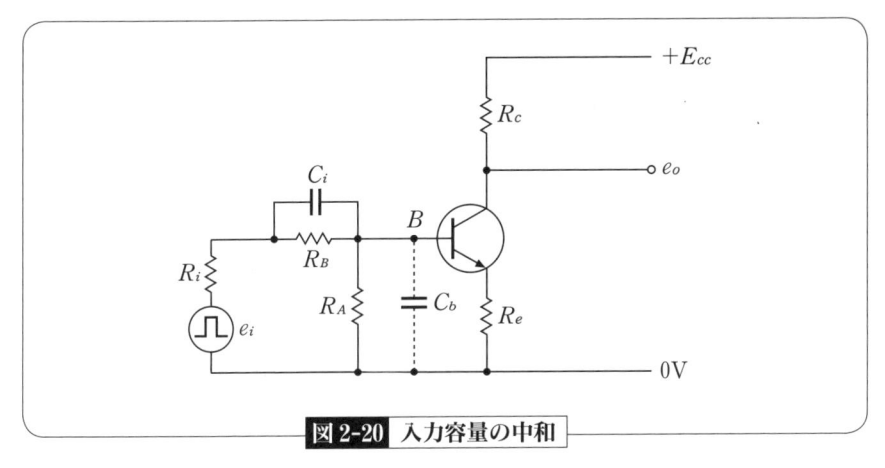

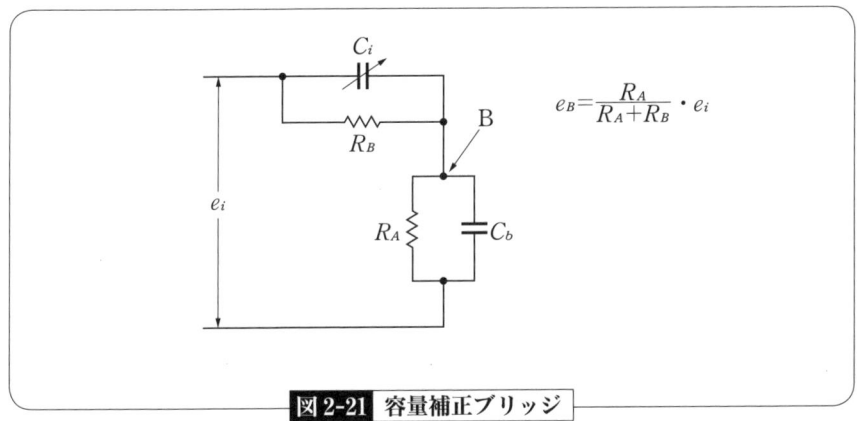

図 2-21 容量補正ブリッジ

られる中和コンデンサ C_i を R_B と並列に挿入すれば，回路のB点の電圧は，入力信号の周波数に無関係に R_B と R_A の比のみで決まる。

$$C_i = \frac{1}{R_B} \cdot R_A \cdot C_b \tag{2.43}$$

これは，オッシロスコーププローブのコンデンサ補正と同様，ブリッジ回路を構成し，入力インピーダンスを平衡させると考えればよい（**図 2-21**）。

ただし実際のトランジスタ回路では，動作条件によって等価容量がかなり変化するから，入力に立ち上がりの速い矩形波を加え，出力波形が平坦になるよう，実験的に C_i の値を決めることが多い。

第2章
基礎回路技術その1　半導体素子とアナログ回路

2 コンデンサ結合回路のクランプ現象

　トランジスタ回路では，コンデンサで直流分を切った交流増幅器がしばしば用いられる．取り扱う信号波形が正，負対称で，入力インピーダンスが信号の振幅に対し一定の回路では生じないが，ON，OFF時のインピーダンスが大きく変わる回路をコンデンサで結合すると，入力信号が整流され動作点が変化するいわゆる「クランプ」現象が起きる．

　図 2-22 の回路に図 2-23(a) の正，負対称なパルス信号が入力され，ベースインピーダンスも変化しないと仮定すると，このnpnトランジスタパルス増幅回路は正の半サイクルのみを増幅し，出力には$+E_{cc}$を基準として入力位相が反転した信号が現われるはずである．

　ところが実際の動作では，同図(b) の等価回路のように，エミッタ・ベー

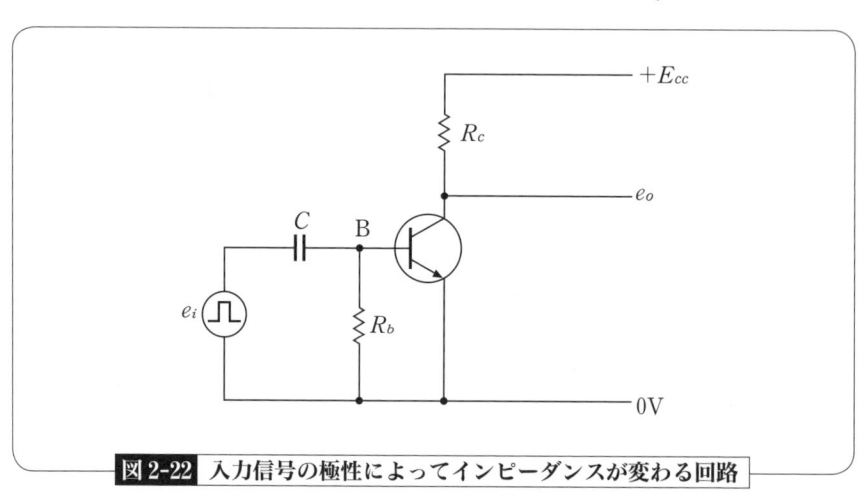

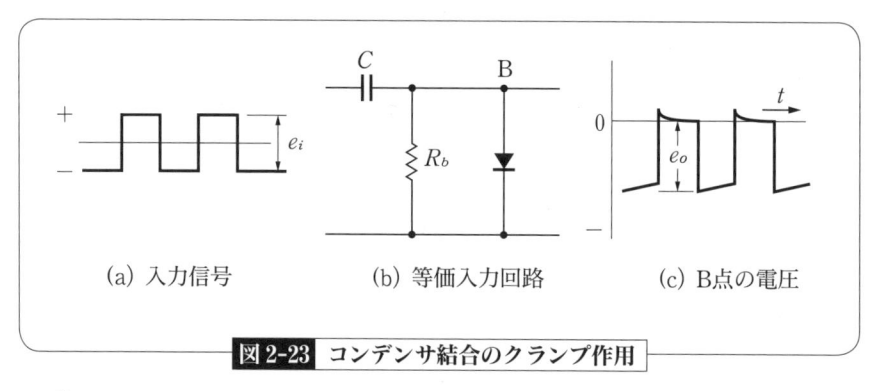

図 2-22 入力信号の極性によってインピーダンスが変わる回路

(a) 入力信号　　(b) 等価入力回路　　(c) B点の電圧

図 2-23 コンデンサ結合のクランプ作用

スは正方向のダイオードとして働くので，入力信号の正の半サイクルでは順方向となりインピーダンスは低くなり，結合コンデンサCの放電の時定数は小さくなる．次の負の半サイクルでは，エミッタ・ベースには逆方向の電圧がかかり，高いベース抵抗R_bのみが接続されたことになり，時定数は大きくなる．そのため，入力信号は正，負対称であっても，トランジスタのベースにかかる電圧は**同図(c)**のように正の半サイクルではほぼ等価ダイオードの順方向電圧分，負の半サイクルでは入力信号の負のピーク値まで下がることになる．

こうした回路では，入力に大きな信号を加えても，実際のベースにはこのトランジスタがONとなる最小限の電圧しかかからず，正の半サイクルのピーク値付近の雑音のみを増幅するなど非常な不都合が生じる．対策としては，エミッタ・フォロワなど，入力の極性によってインピーダンスが変化しない回路を挿入する．

3 パルス動作時の消費電力

これまでは，パルスの立ち上がり・立ち下がりの過渡的な動作時間が，カットオフや飽和等の定常状態の時間に比べ無視できるほど小さいとして電圧，電流の計算を進めてきた．

回路が消費する電力は，一般的にその回路の電圧と電流の積$P = E \cdot I$である．**図2-24(a)**の回路で，トランジスタが消費する電力P_Tは

$$P_T = E_c \cdot I_c \tag{2.44}$$

トランジスタがOFFの場合，回路に電圧E_{cc}は印加されてはいるが，ごくわずかのリーク電流以外電流は0であるから回路の電力消費はほとんどない．

トランジスタがONの状態では，コレクタの飽和電圧は数百mVと小さくトランジスタの消費電力もごくわずかである．回路電流$I_c ≒ E_{cc}/R_c$であり，この回路が消費する電力Pは抵抗R_cがほぼそのすべてを受けもち

$$P = \frac{E_{cc}^2}{R_c} \tag{2.45}$$

となる．ところがこのトランジスタ回路が早い速度で駆動され，1サイクル中の立ち上がり，立ち下がり時間の割合が無視できないほど大きくなると，

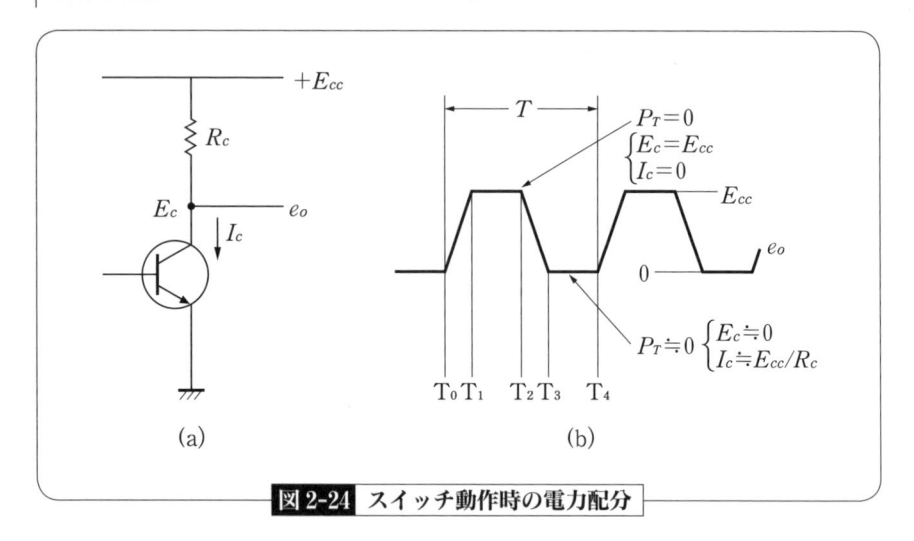

第2章
基礎回路技術その1　半導体素子とアナログ回路

図 2-24 スイッチ動作時の電力配分

電力消費の状態は異なってくる。

図 2-24(b) で，トランジスタは1周期Tの期間中 T_1〜T_2，T_3〜T_4 では電力を消費せず，T_0〜T_1，T_2〜T_3 で電力を消費する。

相対的に動作速度が早くなり，飽和とカットオフ領域がほぼ0になったときをこの回路の応答速度の上限と考えると，出力振幅 e_0 の中心電圧は約 $E_{cc}/2$ となり，回路の平均電流 I と平均電力 P は次式で表される。

$$I \fallingdotseq \frac{1}{E_{cc}} \cdot \frac{2}{R_c} \tag{2.46}$$

$$P = I^2 \cdot R_c = \frac{1}{4} \cdot \frac{E_{cc}^2}{R_c} \tag{2.47}$$

この場合，トランジスタとコレクタ抵抗の消費電力は等しく，両者とも最大になる。この値がトランジスタの定格を超えてはならない。

2.2.4　半導体デバイスのJISによる形名

我国では個別半導体デバイス（ダイオード・トランジスタ・サイリスタなど）の形名のつけ方がJISで規定されている。

1　個別半導体デバイス

個別半導体デバイスには，次のものがある。

(1) 単一の半導体で構成されるもの
　表 2-2, 表 2-3 の図1(a), 図2(a), (b), 図3(a), (b), 図10, 図11, および図12
(2) 合成されたものの一部であっても，独立した特性をもつ単一デバイス
　同じく図4, 図5(b), 図13(b), 図14(b), および図15
(3) 合成された素子が，単一デバイスとしての特性をもつように内部接続されたもの．
　同じく図2(c), (d)および図3(c)

[2] 形名の構成

半導体デバイスの形名は，次の配列による数字，文字および添え字の組合せで構成されている．ただし第5記号の添え字は必要な場合に限って使用される．

第1記号	第2記号	第3記号	第4記号	第5記号
〔数字〕	〔文字〕	〔文字〕	〔数字〕	〔添え字〕

(1) 第1記号の数字

第1記号の数字は個別半導体の種類を表し，次のように割り当てられている．

(a) n個の有効電気的接続をもつ素子

　表 2-2, 表 2-3 の図1〜3および図10〜12のような単一ユニットから成るデバイス又は同じく図4〜6および図13〜15のようなユニットで合成したグループから成るデバイスでは，第1記号の数字は$n-1$とされる．

　有効電気的接続とは，そのユニットの基本動作上本質的なものの，外部への電気的接続をいう．シールドなどの接続は含まない．

　例；表 2-2, 図3の中の各デバイスは，4本の有効電気的接続をもつので，第1記号の数字は4-1すなわち3となる．

(b) 有効電気的接続数の異なるユニットからなる素子

　表 2-2 図7および図8のように，有効電気的接続の最も多いユニットの接続数nをとり，第1記号の数字は$n-1$とする．

　例；図7の中のユニットで，最も多い有効電気的接続数は3であるか

第2章
基礎回路技術その1　半導体素子とアナログ回路

表 2-2　形名第1記号の数字の付け方(1)

第1, 第2記号＼ユニット	1S	2S	3S
単一ユニット	図1 (a), (b)	図2 (a), (b), (c), (d)	図3 (a), (b), (c)
同一ユニットの合成されたグループ	図4	図5 (a), (b), (c)	図6
異なったユニットの合成されたグループ		図7	図8, 図9

備考　1. 点線は, その有無が形名に関係がない端子または部品を示す.
　　　2. A：アノード, K：カソード, C：コレクタ, E：エミッタ, B：ベース

2.2 半導体素子の基本動作，形名

表2-3 形名第1記号の数字の付け方(2)

第1,第2記号\ユニット	2S	3S	4S
単一ユニット	図10 (a) G→D,S (b) G←D,S	図11 (a) G1→D,G2,S (b) G→D,U,S	図12 G2→D,U,G1,S
同一ユニットで合成されたグループ	図13 (a) 1D,2D,1G,2G,1S,2S (b) 1D,2D,1G,2G,1S,2S	図14 (a) 1D,2D,1G,2G,1S,2S,1U,2U (b) 1D,2D,1G,2G,1S,2S,1U,2U	図15 1D,2D,1G2,2G2,1G1,1S,2S,2G1,1U,2U

備考　1. 点線は，その有無が形名に関係がない接続を示す．
　　　2. U：サブストレート，D：ドレイン，G：ゲート，S：ソース

(JIS C 7012)

ら，第1記号の数字は3−1すなわち2となる．図8では最も多い接続数は4，したがって第1記号の数字は4−1すなわち3となる．

(c) 異なるユニットから成る素子

　図9のように，それぞれの機能が合成されて目的の機能を果たすデバイスでは，有効電気的接続は合計で数える．

　例；図9で有効電気的接続数の合計が4，第1記号の数字は4−1の3となる．

(d) 第1記号の数字が4またはそれ以上のとき

　常に4が割り当てられる．

(2) 第2記号の文字

　第2記号の数字は大文字のSとし，半導体デバイスを表す．

第2章
基礎回路技術その1　半導体素子とアナログ回路

(3) 第3記号の文字

第3記号文字は半導体デバイスの種別を表し，**表 2-4** の文字が用いられる。異なったユニットで合成されたグループのデバイスでは，第一義的に主な適用または構造によって第3記号の文字が割り当てられる。

表 2-4 に記載のないデバイスは，原則として第3記号の文字が省かれる。

表 2-4　半導体デバイスの種別記号

第3記号の文字	種　別
A	PNP形バイポーラ・トランジスタで高周波用のもの及びこれに類似のもの。
B	PNP形バイポーラ・トランジスタで低周波用のもの及びこれに類似のもの。
C	NPN形バイポーラ・トランジスタで高周波用のもの及びこれに類似のもの。
D	NPN形バイポーラ・トランジスタで低周波用のもの及びこれに類似のもの。
E	トンネル・ダイオード。
F	逆阻止サイリスタ，逆導通サイリスタなど。
G	ガン・ダイオード。
H	単接合トランジスタ，プログラマブル単接合トランジスタ又はこれと同様の作用をするデバイス。
J	Pチャネル電界効果トランジスタ。
K	Nチャネル電界効果トランジスタ。
L	光接合デバイス。
M	双方向サイリスタ，パルス発生ダイオードなど。
N	——
P	受光デバイス（ホト・ダイオード，ホト・トランジスタ，アバランシェ・ホト・ダイオード，太陽電池，光導電セルなど）。
Q	発光デバイス(発光ダイオード，表示デバイス，レーザ・ダイオードなど)。
R	整流ダイオード（アバランシェ形及びアバランシェ・コントロール形を含む)。
S	信号ダイオード（ミクサ，検波，スイッチング，ビデオ検波，ショットキー・バリヤ，点接触などのダイオード)。
T	なだれ走行ダイオード（インパット・ダイオード，なだれ走行時間ダイオードなど)。
U	——
V	可変容量ダイオード，スナップ・オフ・ダイオード，PNPダイオードなど。
W	
X	ホール効果素子など。
Y	
Z	定電圧ダイオード（標準電圧ダイオードを含む)，過渡電圧制御ダイオードなど。

(JIS C 7012 3.2.3)

(4) **第4記号の数字**

第4記号の数字は，第1記号の数字及び第3記号の文字によって区分した種類ごとに11から始まる2桁あるいはそれ以上の数字の連続番号が用いられる。

(5) **第5記号の添え字**

第5記号の変更を表す添え字は，原形と原形から変更したものとを区別する必要があるときに用いられる。原形を変更したものには，その変更した順序にA，B，C，D，E，F，G，H，JおよびKまでのアルファベットの大文字を用いる。

この場合，変更したものは，そのいずれの前形に対しても互換性があるが，原則としてその逆には互換性はない。

(6) **ダイオードの逆特性に対する添え字**

機械的，電気的に順極性デバイスと同一であり，非対称パッケージで逆極性となっているダイオードにはRの大文字が付く。

パッケージが一つの電気的接続として用いられている取付けベース（スタッド，フランジ，ケース取付けなど）をもっているときは，形名についての極性の定義は次のようになっている。

(a) 整流ダイオード

順極性デバイスでは，取付けベースはカソード端子であり，逆極性デバイスでは取付けベースはアノード端子になる。

(b) 定電圧ダイオード（標準電圧ダイオードを含む）

このグループについては極性の規定は特にされてはいない。

整流ダイオード，各種サイリスタ，定電圧ダイオードなどで，特に性能を表示する場合は，基本形名（第1記号から第5記号まで）の次にハイフンをつけて付帯形名を連続させてデバイスの形名が構成されている。

2.3 アナログ回路と演算増幅器

2.3.1 アナログ信号

物理的な量が，センサなどの変換器で電圧，電流，抵抗値などに変換されたアナログ信号では，図2-25に示すように情報は主として時間に対する大きさの変化に含まれている。実際には電流，抵抗値などは最終的には電圧として処理されることが多い。

こうしたアナログ量としての信号電圧は，電圧軸のどの部分をとって細分

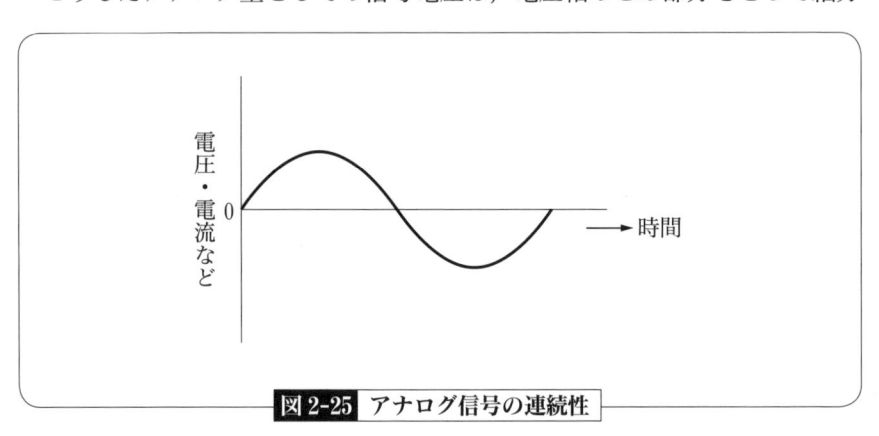

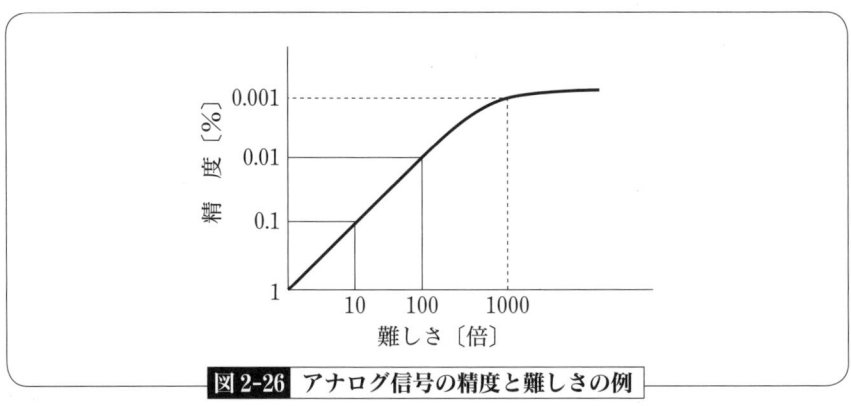

図 2-25 アナログ信号の連続性

図 2-26 アナログ信号の精度と難しさの例

しても途切れることがなく連続的であり，信号が時間的に変化する場合は時間軸でも同様な連続性をもっている．したがってアナログ量を細分して行けば，どこまでも小さな数値を与え得るが，精度とのかねあいで有効な数字に限界がある．また精度の向上に対する処理の難しさと費用は，**図 2-26** の例のように比例関係ではなく，指数関数的に増大するのが普通である．

アナログ信号は，回路を通過するごとにひずんだり，雑音が重畳したりして必ず情報の質が損なわれる．そして一般的にはこうして損なわれた信号の質を改善する有効な手段はない．

通常信号が低レベルでは素子の低電圧非直線性，ドリフト，雑音が問題となり，高レベルでは非直線歪が問題となる．アナログ信号を規定する諸要件には次のようなものがある．

1 信号レベル

アナログ信号のレベルは，数 μV（受信放送波，脳波等），数 mV（熱電対，光電変換出力等）の微小信号から数 kV 以上の高電圧信号にいたるまで，非常に広範囲かつ多種類である．

信号レベルが低いときは，信号対雑音比に充分な注意を払うことが必要である．どのような素子，増幅器でも必ず固有の雑音源をもっているので，信号レベルがこれらの雑音源に比べ充分大きくないと，精度の良いデータ処理はできない．また低入力レベル回路には，過電圧に対する保護も考慮しなければならない．

たとえば 1mV フルスケールの入力回路に，誤って AC100V の電源ラインを接続すると，ピーク値で $100V \times 2\sqrt{2}$，すなわち約 $280V_{p-p}$，28万倍の電圧が印加されることになる．適切な保護回路をつけておかなければ，仕様上の性能は満たしていても不親切な設計，装置といわざるを得ない．

図 2-27 はダイオードを利用した簡単な保護回路の例である．D_1，D_2 は必要に応じて，逆電流が小さく周波数特性の良いものを選ぶ．

$+V$，$-V$ は，正常な正，負入力電圧のピーク値に動作マージンを加えた電圧に設定する．入力回路のインピーダンスが抵抗 R に比べ充分高く，かつ入力電圧が $+V$，$-V$ 以内であると，D_1，D_2 は逆電圧状態で，入力回路には入力電圧がほぼそのまま印加される．入力電圧が最大定格値を超えると，負電圧では D_1，正電圧に対しては D_2 が ON になり，R による電圧降下によっ

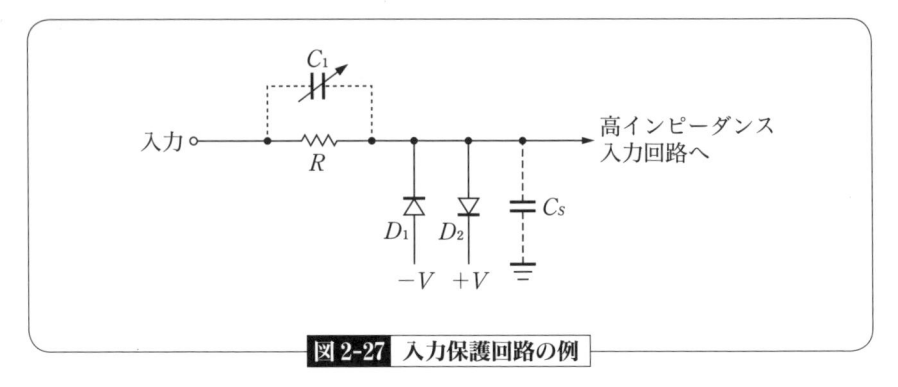

第2章
基礎回路技術その1　半導体素子とアナログ回路

図 2-27　入力保護回路の例

て入力回路の電圧が$+V$, $-V$以下にクランプされる。

通常入力回路には演算増幅器が使用され，その供給電源電圧まで最大入力が許容されることが多い。その場合$+V$, $-V$には，演算増幅器の正，負電源をそのまま共通に使用すればよい。

C_sはダイオードの接合容量と入力回路の漂遊容量の和，C_1はそれを補正するコンデンサである。Rは異常ピーク電圧印加時の許容電流値から計算するが，通常数kK～数十kΩである。C_1の値は，入力回路のインピーダンスを計算に入れた上で，周波数特性が平坦になるよう，**2.3.1項，式 (2.44)** から求める。

入力信号レベルが高いときには，抵抗器などで分割して回路の取扱い得る範囲に減衰させる。この場合には，信号源インピーダンス，分割抵抗の値，精度，耐圧，電力，周波数特性をよく考慮した上で回路を設計する必要がある。

2 信号源インピーダンス

入力信号の授受に関して，信号源は電圧源，電流源のいずれの考え方を取ることができる。

(1) 電圧源

信号を電圧源と考えると，外部負荷をつないだときの等価回路は**図 2-28**となる。

V_iは信号源の終端開放電圧，r_iは電圧信号源の内部抵抗である。理想圧源の内部抵抗r_iは0で，定電圧電源装置の出力がそれに該当する。

図 2-28 電 圧 源

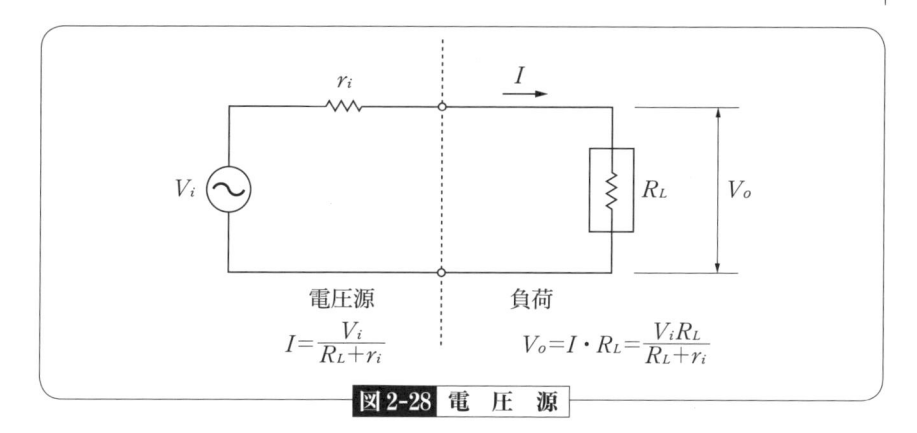

電圧源：$I = \dfrac{V_i}{R_L + r_i}$

負荷：$V_o = I \cdot R_L = \dfrac{V_i R_L}{R_L + r_i}$

保護回路のない電源出力，低インピーダンス高電圧電圧信号源を短絡すると大電流が流れ，信号源を破損することがあるから注意を要する。

信号源インピーダンスが低いほど，また接続する回路の入力インピーダンスが高いほど，信号源から取り出す電圧信号に対する影響は小さい。たとえばアナログ信号で0.1%の処理精度が必要なとき，信号源インピーダンスが1kΩであれば，受端インピーダンスを1MΩ以上にすれば要求精度内におさまるわけである。一般に回路インピーダンスが高いと，低レベル信号に対して雑音の対策が難しくなる。

(2) 電流源

電流源に負荷をつないだときの等価回路を 図 2-29 に示す。

I_i は信号源の短絡電流，r_i は等価内部抵抗で，理想定電流源ではこの内部

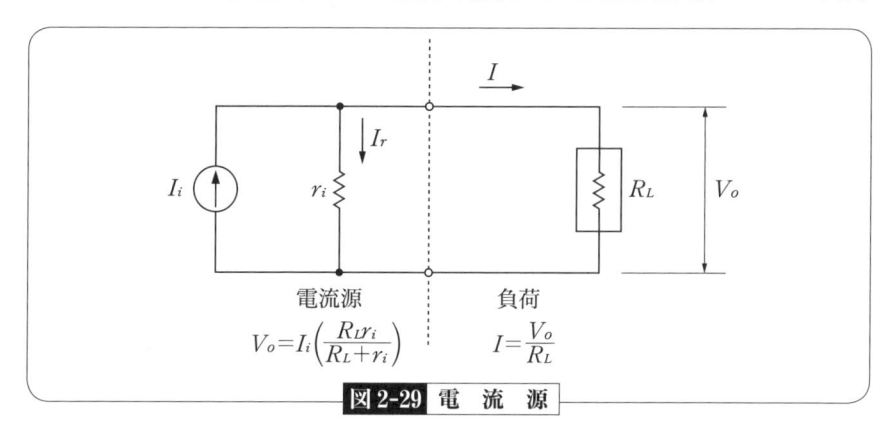

図 2-29 電 流 源

電流源：$V_o = I_i \left(\dfrac{R_L r_i}{R_L + r_i} \right)$

負荷：$I = \dfrac{V_o}{R_L}$

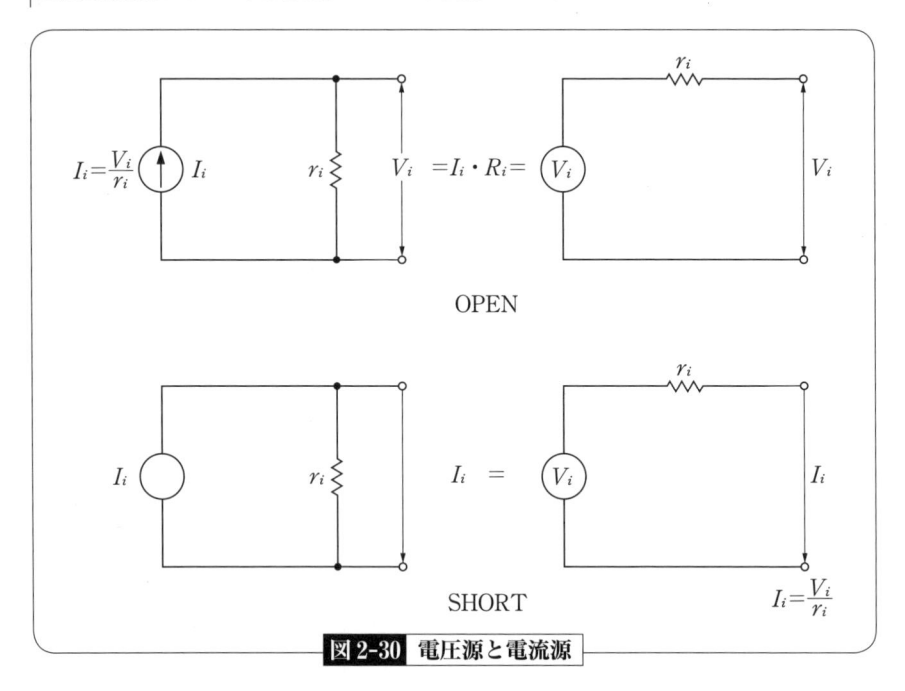

第2章
基礎回路技術その1　半導体素子とアナログ回路

図 2-30 電圧源と電流源

抵抗は無限大である．図の右式を書き替えると

$$V_0 = I \cdot R_L \tag{2.48}$$

　この式は，高インピーダンスの電流源出力端を開放すると大電圧が現われることを意味し，機器の破損に注意を要する．そのため定電流源の終端は原則として短絡しておく．

　二つの線形な電気的回路が等価であれば，回路を開放したときの電圧と，短絡したときの電流がそれぞれ等しい．すなわち**図 2-27** の電圧源は，**図 2-29** において電流源 I_i を $I_i = V_0/r_i$ に置き換えたものと等しく，また**図 2-29** の電流源は，**図 2-27** の電圧源の V_i を $V_i = I_i \cdot r_i$ に置き換えたものと等価である（**図 2-30**）．

(3) パワー最大の条件

　信号授受の際，電力損失を最低にするには，インピーダンスの整合が有力な手段となる．

　電圧源において**図 2-31** に示すように，負荷に取り出し得る最大電力は，

$r_i = R_L$ のとき，取り出し得るパワーが最大

図 2-31 パワー最大の条件

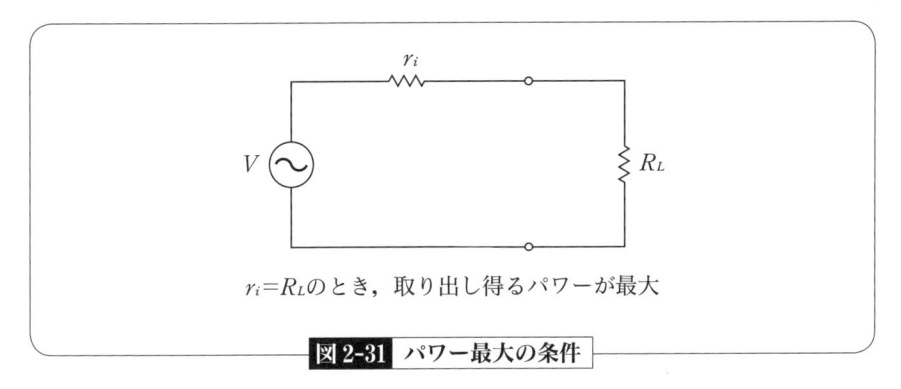

負荷抵抗がその電圧源の内部抵抗に等しいときである。これは負荷抵抗をパラメータにして負荷抵抗に消費される電力を計算し，微分値がゼロになる変曲の最大値を求めることによって簡単に証明できる。

3 信号対雑音比（S/N比）

入力信号そのものに雑音或いは不要な信号が重畳しているときは，それを判別，分離するための別の情報（たとえば同期検波回路のリファレンス信号など）がなければ信号と雑音の比率を改善することは不可能である。たとえ入力がすべて有効な信号であったとしても，データを精度よく扱うためには，その後の処理に雑音を混入させない手だてが必要である。この場合，取扱う周波数帯域での雑音が問題となる。

1 でもふれたが，信号レベルが低い場合は充分な注意が必要である。たとえば1mVの信号入力を0.1%の精度で処理しようとすると，入力に換算して総合の雑音成分が$1\mu V$以下であることを要求される。種々の悪条件を考慮して一桁良い精度を目標におくと，$0.1\mu V$以下の入力換算雑音（後述）に抑えねばならない。

帯域の広い信号では非常に難しい要求となり，実現が不可能に近いこともある。したがって，信号授受に際しては数V程度の扱いやすく比較的高いレベルを選ぶのが望ましい。

信号対雑音比（以下S/N比）は，よく知られているように次式で表される。

$$\text{S/N(db, デシベル)} = 20 \cdot \log_{10}(E_s/E_n) \tag{2.49}$$

第2章
基礎回路技術その1　半導体素子とアナログ回路

ここで，E_s は信号電圧レベル，E_n は雑音電圧レベルである。

たとえば信号電圧が 1V で雑音電圧が 0.1V であれば，S/N 比は 20db であり，入力信号に対して雑音が 0.01V であれば，S/N 比は 40db となる。

4 入力換算雑音

入出力の S/N 比を比較して，S/N 比が何 db 劣化したかを計算する場合，入力には雑音なしの信号，無雑音の理想増幅器，それに入力から出力回路にいたるすべての雑音信号を分別，入力に換算し計算すると便利である。

通常雑音と言えばいわゆるホワイトノイズのように，対象となる帯域に分布する無周期性の雑音と考えることが多い。しかし雑音の定義はもっと広く考えるべきである。

たとえば，増幅器入力に歪の無い正弦波信号を加えたとする。理想増幅器であれば出力には位相と振幅が異なるが，入力信号の波形と相似の信号が現われる。しかし実際には増幅器内外の多種多様な雑音源，すなわち素子の動作レベルの時間的温度的変化，端子の接触電位差等の直流的な雑音（ドリフト），抵抗器の熱雑音，増幅素子の雑音，電源リップル，その他の誘導雑音等直流，低周波から高周波にいたる周期性，同期性，ランダムな雑音が信号出力に重畳される。

このような要因による雑音以外に，もしこの増幅器が入力信号に対して直線性が保てない場合，たとえば過大入力によって振幅が制限されたようなときは出力信号の波形が歪み，入力信号の周波数の整数倍の高調波が現われる。雑音の定義を，入力に加えられた信号を処理したとき出力に現われる必要以外の信号とすれば，直線増幅器に対する歪みによる高調波成分などは，明らかに雑音として取り扱うべき性質の量である。

図 2-32 に示すように，入力信号を V_i，理想増幅器の利得を A，正常動作範囲内で理想増幅器の内部に生じた全ての雑音源による雑音出力電圧を V_n とすると，この出力雑音を入力に換算して回路は等価的に **図 2-33** となる。こうすれば S/N 比の考え方はずっと簡単になる。

数段にわたる増幅器の場合は **図 2-34** のようになる。それぞれの段の発生雑音が次々と後段の増幅器で増幅され，最終出力に現われる。

これを入力換算の等価回路に書き直せば **図 2-35** となる。この図でわかる通り，多段増幅回路では前段の増幅度をできるだけ大きくとれば，信号対雑

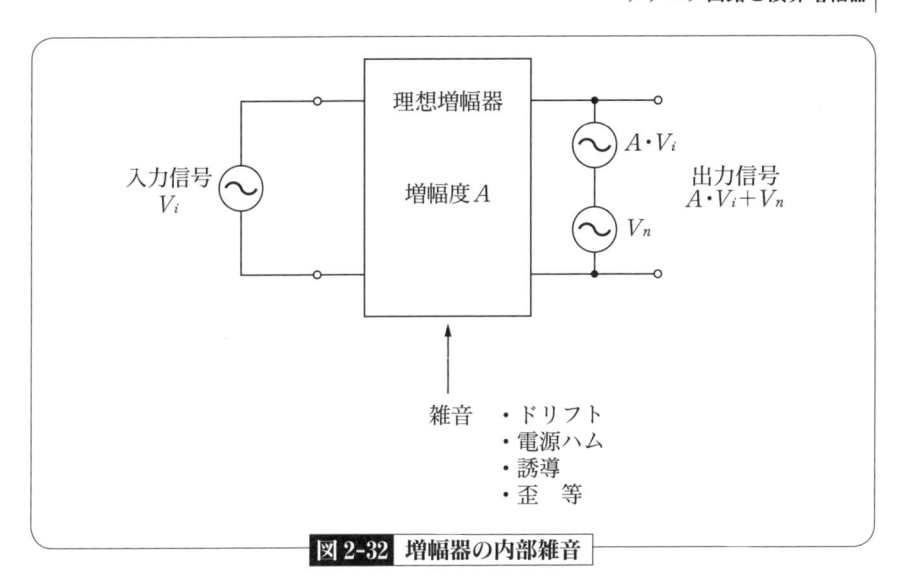

2.3 アナログ回路と演算増幅器

図 2-32 増幅器の内部雑音

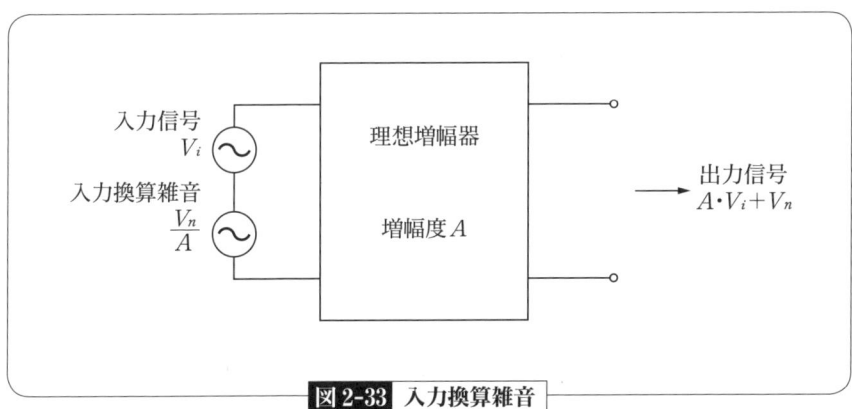

入力信号 V_i → 理想増幅器 増幅度 A → 出力信号 $A \cdot V_i + V_n$

$A \cdot V_i$
V_n

雑音
・ドリフト
・電源ハム
・誘導
・歪　等

図 2-33 入力換算雑音

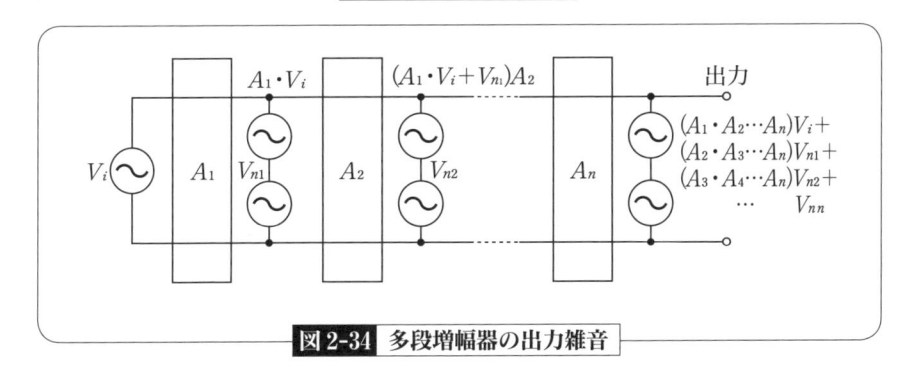

入力信号 V_i
入力換算雑音 $\dfrac{V_n}{A}$
理想増幅器 増幅度 A
出力信号 $A \cdot V_i + V_n$

図 2-34 多段増幅器の出力雑音

V_i → A_1 → $A_1 \cdot V_i$ (V_{n1}) → A_2 → $(A_1 \cdot V_i + V_{n1})A_2$ (V_{n2}) → A_n → 出力

$(A_1 \cdot A_2 \cdots A_n)V_i +$
$(A_2 \cdot A_3 \cdots A_n)V_{n1} +$
$(A_3 \cdot A_4 \cdots A_n)V_{n2} +$
$\cdots$
V_{nn}

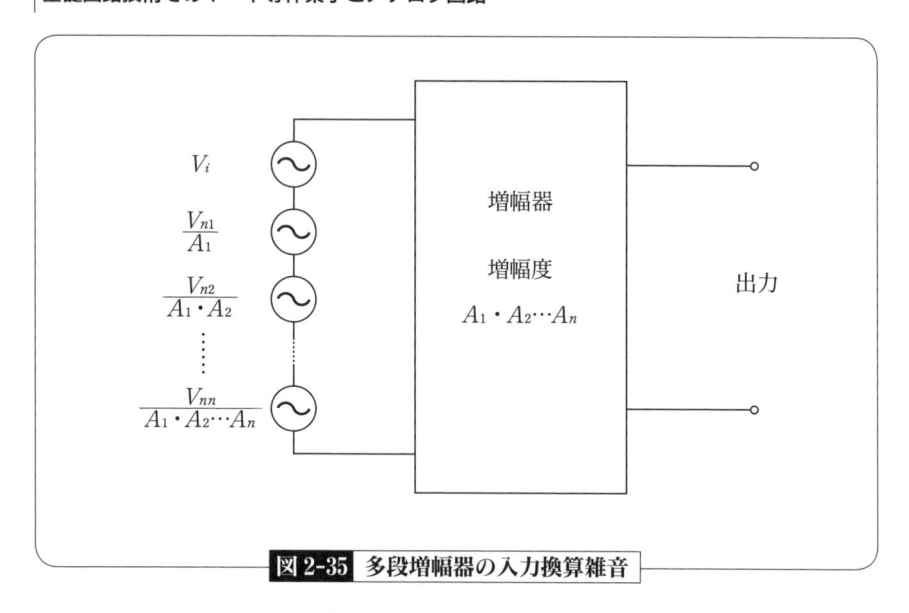

第2章
基礎回路技術その1　半導体素子とアナログ回路

図 2-35　多段増幅器の入力換算雑音

音比にとって有利な構成とすることができる。

また抵抗器を使用する電気回路では，随所に**式（1.10）**で表される熱雑音 $V = \sqrt{4kTR\varDelta f}$ が発生し，他の雑音に加算される。

5　帯域巾

信号が含む周波数成分に対し，回路の動作周波数帯域巾は上下とも充分な余裕が必要である。たとえば，低域が30Hzで-3dbの特性のアナログ回路に1kHzの方形波信号を入力すると，出力信号の平坦部は約10%の傾きをもってしまう。このように方形波を扱うときなど，この程度の波形歪を見込むとしても基本波に対し低域で1/30，高域で10倍以上の帯域をもつ特性が要求される。しかし帯域を不必要に広くすると，余分な雑音を拾いやすくなる。

6　直流結合と交流結合

信号が交流であるか直流成分を含むか否かは，以後のデータ処理の回路に大きな違いを生じる。アナログの入力信号がその帯域中に直流分を含むときは，回路の途中をコンデンサで切ることができないので，個別回路の温度ドリフト，経時変化による直流動作点の変動などが信号の処理精度を悪化さ

せ，技術的にやっかいな問題を引き起こすことが多い。

たとえば1mVの直流電圧を1Vに増幅したいとする。この場合，電圧増幅度が60dbの増幅器が必要であるが，もしこの増幅器のドリフトが入力換算で1mVあったとすると，出力の直流レベルの不安定性は入力信号と同レベルになり，満足な動作は望めない。直流レベルを含んだ処理精度を0.1％に設定すると，入力換算ドリフトはマージンなしで$1\mu V$しか許容されない。動作温度範囲によるが，この点だけでもアナログ直流増幅器の設計がいかに難しいかが想像できるであろう。

2.3.2 演算増幅器（Operational Amplifier）

演算増幅器（以降オペアンプと略称）はトランジスタ回路を組み合わせて構成した高利得の直流増幅器で，直流から数MHz以上に及ぶ増幅，信号発生，アナログ演算，制御等の諸回路に広く応用されている。

現在では非常に高性能のIC化された各種のオペアンプが発売されていて，従来のように個別のデスクリート部品によって演算増幅回路を製作することはほとんど行われなくなった。

オペアンプは**図2-36**(**a**)または(**b**)記号で書かれ，二つの端子入力電圧v_+，v_-の差に対し，出力にはこの回路の利得Aを掛けた電圧が現われる。

すなわち

$$v_0 = A \cdot (v_+ - v_-) \tag{2.50}$$

通常の場合入力は差動で，出力は片側接地のシングルエンデッドの形である。

正，負の入，出力電圧に対しては，＋，－の2電源を必要とし，正または

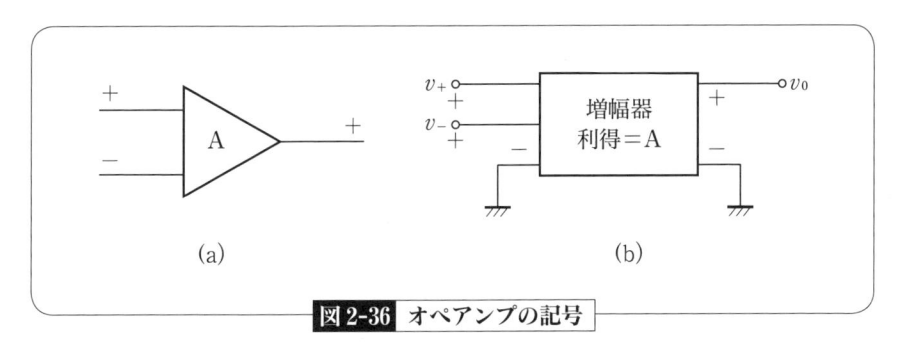

(a)　　　　　　　　(b)

図2-36 オペアンプの記号

第2章
基礎回路技術その1　半導体素子とアナログ回路

図 2-37 オペアンプの付加回路

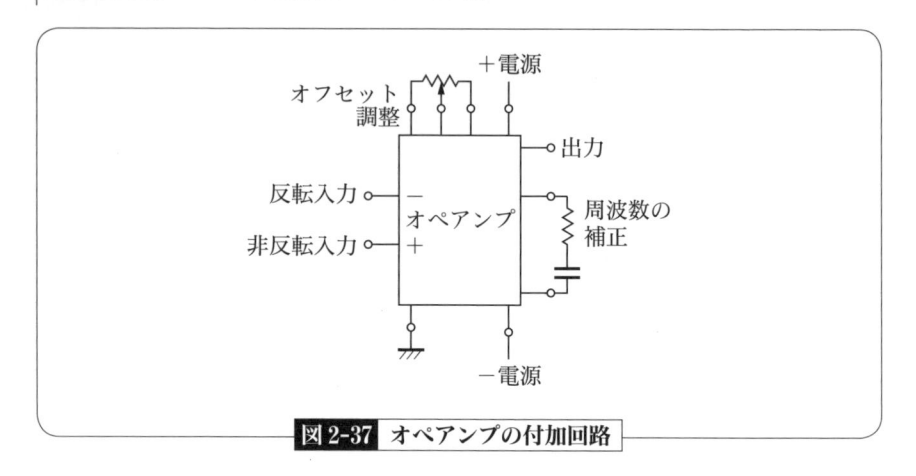

負のみの入，出力電圧信号動作においては，単一電源でも使用できる。

オペアンプに過大な入力電圧が印加されると，出力電圧は加えられた電源電圧近傍まで上昇し飽和状態となって，それ以上の電圧はクリップされてしまう。

差動入力回路では，v_+，v_- の差の入力電圧が増幅されるのであるから，もし v_+ と v_- の端子に同じ雑音電圧が加わっても，互いに打ち消し合って出力には現われない。すなわち差動入力回路は同相（雑音）信号を除去する非常に重要な機能をもっている。この値は同相雑音除去比（CMRR，略してCMR：Common ModeRejection Ratio）と呼ばれ，dbの単位を使用する。

実際には**図 2-37** に示すように，オフセット電圧調整や動作を安定にする周波数補正回路を付加することが多い。

1　負帰還増幅回路

図 2-38 は，オペアンプを用いた帰還回路の基本的な形としてよく知られているブロック・ダイアグラムである。

入力信号 v_1 と，帰還信号 v_f（出力 v_0 を回路 β で入力に帰還した信号）がK点で加算或いは減算され v_i としてオペアンプの入力に加えられる。

$$v_i = v_1 \pm v_f \tag{2.51}$$

v_f の符号が＋であれば正帰還，－であれば負帰還を意味する。この図で，

図2-38 一般的な帰還回路

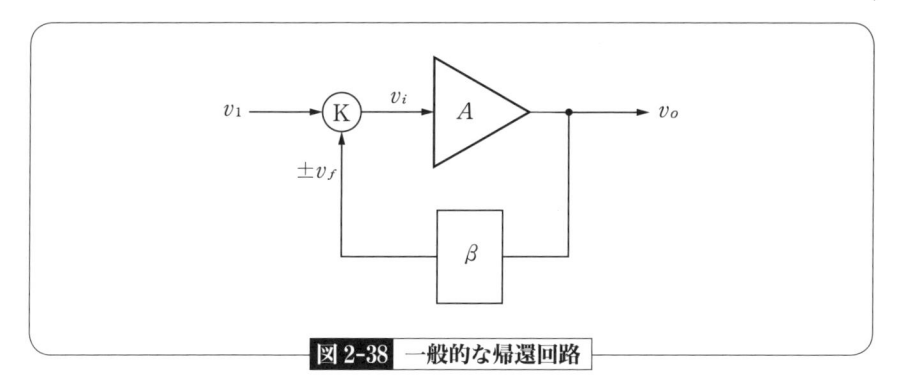

もし$\beta=1$で負帰還回路であればv_iは入力電圧と帰還電圧の差の信号となる。この関係を式で表わせば

$$v_0 = A \cdot v_i \tag{2.52}$$

$$v_i = v_1 - \beta v_0 \tag{2.53}$$

式（2.53）を式（2.52）に代入してv_iを消去し，この回路の増幅度v_0/v_1を求めると

$$\frac{v_0}{v_1} = \frac{A}{1+A \cdot \beta} \tag{2.54}$$

オペアンプのオープンループゲイン（開放利得）Aは，通常10^6以上と非常に大きいから，$A \cdot \beta \gg 1$となり

$$\frac{v_0}{v_1} = \frac{1}{\beta} \tag{2.55}$$

上式は，オペアンプが大きなゲインを持つ周波数帯域では，この回路の入出力特性はβのみに依存し，他の要素は一切影響しないことを示している。
帰還回路βが単純な抵抗器のみで構成されているとすると，この回路の利得の計算はごく簡単で，かつ特性は抵抗器並みの優れたものとなる。

2 非反転増幅回路とボルテージ・フォロワ

図2-39は入出力信号の位相が同じ非反転増幅を行う回路で，非常に高い入力インピーダンスと低い出力インピーダンス特性を示す。

第2章
基礎回路技術その1　半導体素子とアナログ回路

図 2-39　非反転増幅回路

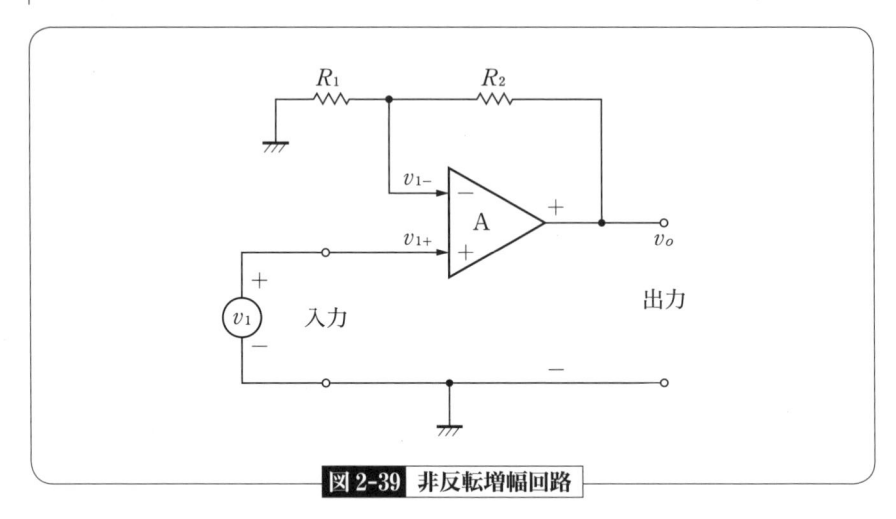

この図の出力電圧v_0は

$$v_0 = A \cdot (v_{i+} - v_{i-}) \tag{2.56}$$

v_{i-}は出力電圧v_0をR_1, R_2で分割した値であるから，

$$v_{i-} = \frac{R_1}{R_1 + R_2} \cdot v_0 \tag{2.57}$$

式（2.56）に式（2.57）を代入すると

$$v_0 = A \cdot v_{i+} - \frac{A \cdot R_1}{R_1 + R_2} \cdot v_0 \tag{2.58}$$

前節と同様，この回路の利得v_0/v_1を計算すると$v_{i+}=v_1$であるから

$$v_0 \left(1 + \frac{A \cdot R_1}{R_1 + R_2}\right) = A \cdot v_1 \tag{2.59}$$

から

$$\frac{v_0}{v_1} = \frac{A}{1 + \dfrac{A \cdot R_1}{R_1 + R_2}} \tag{2.60}$$

分子，分母をAで割ると

$$\frac{v_0}{v_1} = \frac{1}{\dfrac{1}{A} + \dfrac{R_1}{R_1 + R_2}} \tag{2.61}$$

(a) 等価ブロック・ダイアグラム　(b) 入出力インピーダンスと電圧

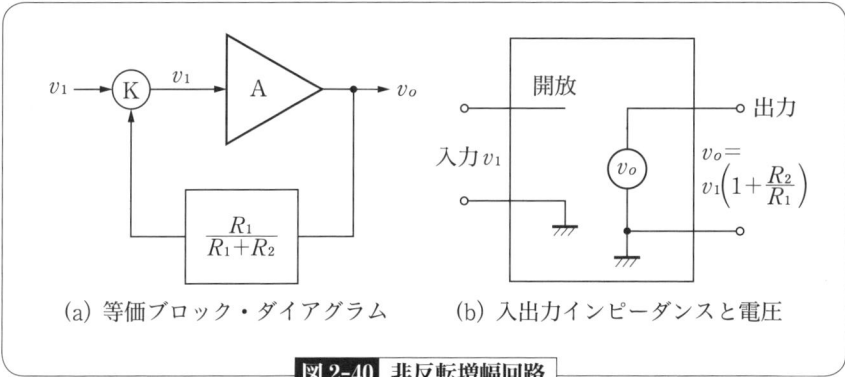

図 2-40 非反転増幅回路

A を利得∞の理想オペアンプとすると $1/A = 0$ となり，この式は

$$\frac{v_0}{v_1} = \frac{1}{\dfrac{R_1}{R_1+R_2}} = \frac{R_1+R_2}{R_1} = 1 + \frac{R_2}{R_1} \tag{2.62}$$

すなわち，この回路の増幅度は二つの抵抗 R_1 と R_2 のみで決まる。また

$$v_0 = v_1\left(1 + \frac{R_2}{R_1}\right) \tag{2.63}$$

であるから，等価回路は **図 2-40** となる。

オペアンプの入力がFETであれば，入力インピーダンスは100GΩ（10^{11}Ω）以上と非常に大きい値である。入力回路にはオペアンプの＋入力端子のみが接続されているから，入力はほとんど開放と見てもよい。

出力インピーダンスは，等価的にほぼ0Ωと見なすことができる。ただし出力を短絡すれば∞の電流が流れるわけではなく，定格最大出力電流を超えれば動作は保証されない。常時出力を短絡しても破損しない仕様のオペアンプも多い。

図 2-39 非反転増幅器の R_1 を∞（オープン），R_2 を0Ω（ショート）にすると，この回路は **図 2-41(b)** の形になる。

式（2.62）から

$$\frac{v_0}{v_1} = 1 \tag{2.64}$$

増幅度は1で位相も変わらず，出力電圧が入力電圧に正確に追従（フォロー）するので，この回路はボルテージ・フォロワと呼ばれ，回路間のバッフ

第2章
基礎回路技術その1　半導体素子とアナログ回路

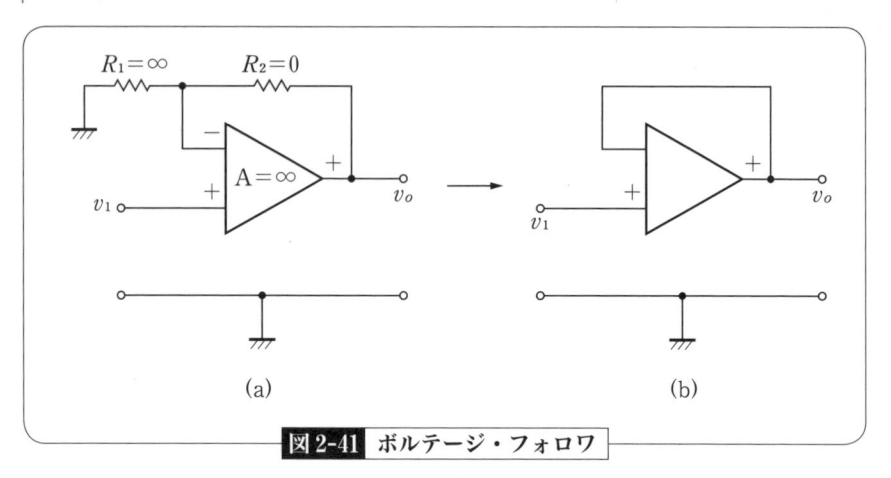

図 2-41 ボルテージ・フォロワ

ァ，インピーダンス変換器としてしばしば使用される。

3 反転増幅器

図 2-42 は，入力電圧と出力電圧の位相が反転（極性がかわる）する反転増幅器の回路である。

この図で，v_1，R_1，R_2，v_0 を一巡する閉回路について，v_1 は電流の方向に対し負から正の電圧上昇となるので符号を＋，v_0 は正から負の電圧降下となるので符号を－とし，回路内に存在するすべての電圧と電圧降下の総和は 0 となるキルヒホッフの法則から次の式が導かれる。

$$i \cdot R_1 + i \cdot R_2 = v_1 - v_0 \tag{2.65}$$

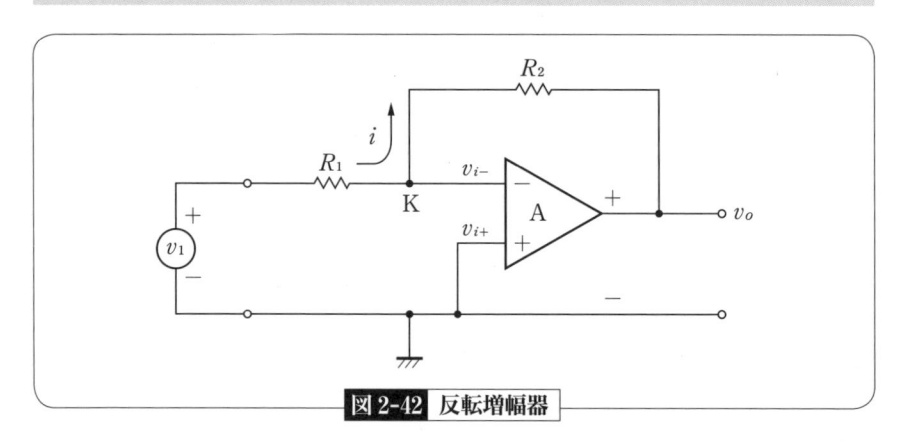

図 2-42 反転増幅器

2.3 アナログ回路と演算増幅器

$$i = \frac{v_1 - v_0}{R_1 + R_2} \tag{2.66}$$

$$i \cdot R_1 = v_1 - v_0 \tag{2.67}$$

$$i = \frac{v_1 - v_{i-}}{R_1} \tag{2.68}$$

式 (2.66), (2.68) の右辺同士を相等しいと置き, v_{i-} について解くと

$$v_{i-} = \frac{R_2 \cdot v_1}{R_1 + R_2} + \frac{R_1 \cdot v_0}{R_1 + R_2} \tag{2.69}$$

また $v_0 = A \cdot v_{i-}$ であるから

$$v_{i-} = \frac{v_0}{A} \tag{2.70}$$

式 (2.69), (2.70) から v_{i-} を消去すると

$$\frac{v_0}{A} = \frac{R_2 \cdot v_1}{R_1 + R_2} + \frac{R_1 \cdot v_0}{R_1 + R_2} \tag{2.71}$$

$$v_0 = \frac{\dfrac{R_2 \cdot v_1}{R_1 + R_2}}{\dfrac{1}{A} - \dfrac{R_1}{R_1 + R_2}} \tag{2.72}$$

$A \gg 1$, $\dfrac{1}{A} \fallingdotseq 0$ として式 (2.72) を整理すると, 利得は

$$\frac{v_0}{v_1} = -\frac{R_1}{R_2} \tag{2.73}$$

と簡単な式で求められる。したがって, 反転増幅器の等価回路は**図 2-43** となる。

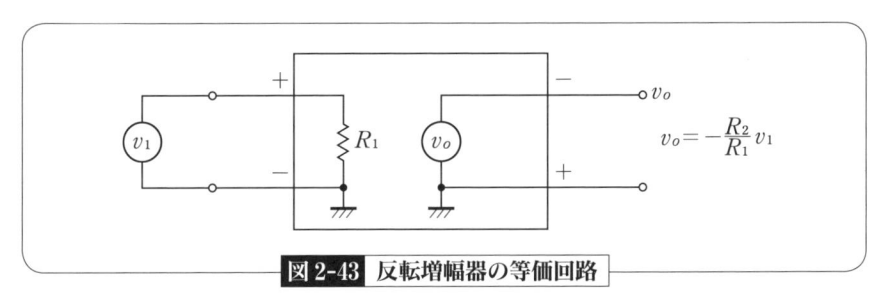

図 2-43 反転増幅器の等価回路

第2章
基礎回路技術その1　半導体素子とアナログ回路

4 仮想接地

反転増幅器の動作についてもう少し考察を進めてみよう。図 2-44 は，反転増幅器の入力内部抵抗を∞でなく R_i，出力回路の内部抵抗を 0 Ωでなく R_o と実数を与えてある。キルヒホッフの法則から，点Kの電流の総和は 0 であるから，

$$i_1 + i_2 + i_3 = i_1 + \frac{-v_i}{R_i} + \frac{-A \cdot v_i - v_i}{R_o + R_2} = 0 \tag{2.74}$$

$$i_1 = v_i \cdot \left(\frac{1}{R_i} + \frac{1+A}{R_o + R_2} \right) \tag{2.75}$$

入力から見た回路の総合インピーダンス R_I は

$$R_I = \frac{v_i}{i_1} = \frac{1}{\frac{1}{R_i} + \frac{1+A}{R_o + R_2}} \tag{2.76}$$

このオペアンプの入力インピーダンスが非常に高く，$1/R_i \fallingdotseq 0$ でかつ $A \gg 1$ であれば

$$R_I = \frac{R_o + R_2}{A} \tag{2.77}$$

さらに $A \gg (R_o + R_2)$ であれば

$$R_I \fallingdotseq 0 \tag{2.78}$$

すなわち，いくつかの前提条件のもとで，この回路のK点の電位は 0 で

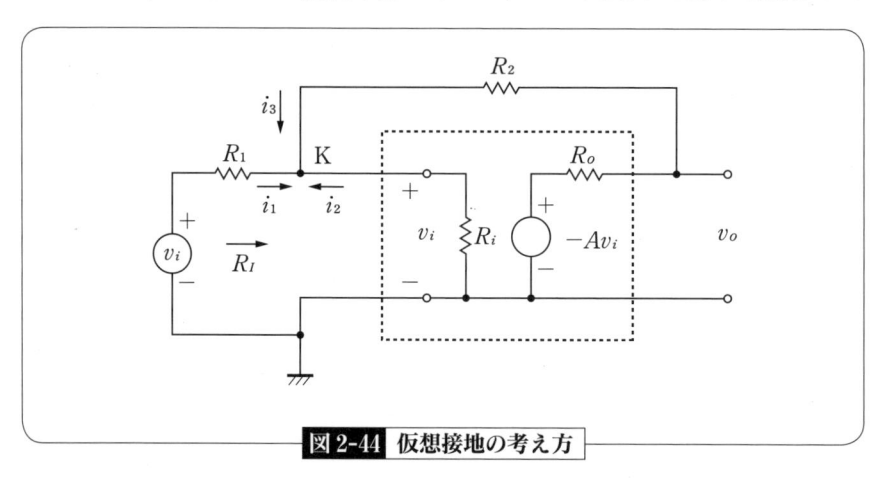

図 2-44　仮想接地の考え方

あり，等価的に接地されていると考えてよいことになる。しかし実際に接地されているわけではないので，この点は仮想接地と呼ばれる。K点を接地に短絡すれば，当然回路はこの動作をしなくなる。

仮想接地の考えをとれば，信号源側から見た入力インピーダンスはR_iのみとなり，回路の計算は非常に簡略化される。

5 アナログ信号の加算

図2-45は，反転増幅器を使用し共通接地に対し個別に与えられたn個のアナログ信号電圧v_1, v_2, v_3, $\cdots v_n$の加算回路である。

K点の電圧は仮想接地であるから0V，オペアンプの入力インピーダンスが高ければ，この点の電流$i_1 = i_2$。したがって

$$\frac{v_1}{R_1} + \frac{v_2}{R_2} + \cdots + \frac{v_n}{R_n} = -\frac{v_0}{R_f} \tag{2.79}$$

電圧は次式で加算される。

$$v_0 = -\left(\frac{R_f}{R_1} \cdot v_1 + \frac{R_f}{R_2} \cdot v_2 + \cdots + \frac{R_f}{R_n} \cdot v_n\right) \tag{2.80}$$

K点は接地であるから，それぞれの入力が互に干渉することはない。この回路は，オーディオ信号のミックスなどにも使用される。

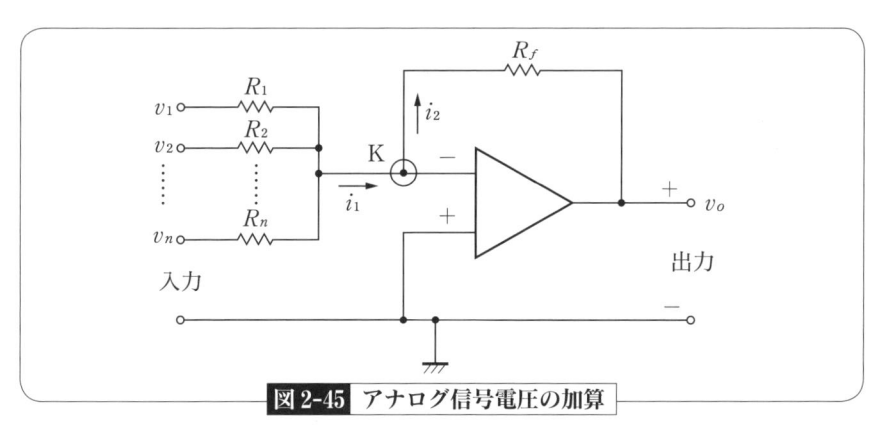

図2-45 アナログ信号電圧の加算

6 アナログ信号の減算

図2-46は，差動入力に与えられたv_1, v_2の2アナログ信号電圧の減算回路である。

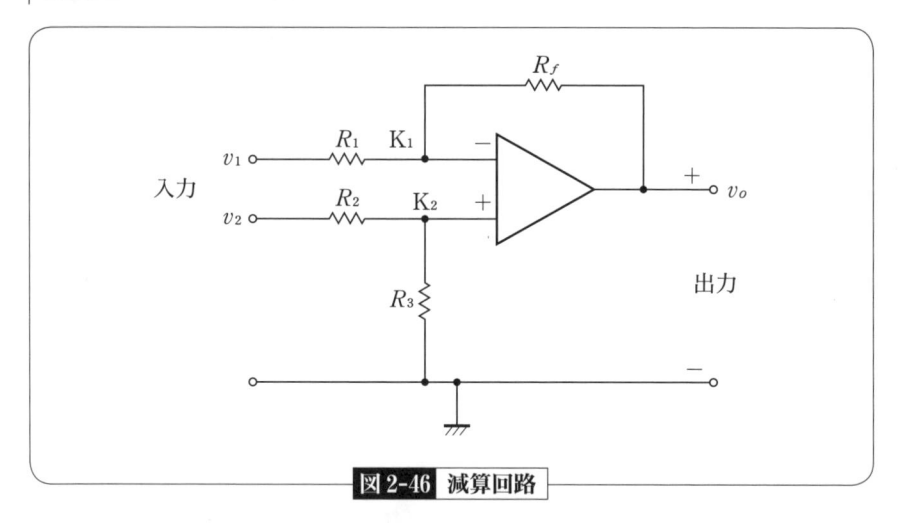

第2章
基礎回路技術その1 半導体素子とアナログ回路

図 2-46 減算回路

これまでも述べたように，帰還は点K_1とK_2の電位差が0となるように働くから，点K_1とK_2は同電位v_Kと考える。またオペアンプの入力には電流は流れないから，次の二式が成り立つ。

$$\frac{v_1 - v_K}{R_1} = \frac{v_K - v_0}{R_f} \tag{2.81}$$

$$v_K = \frac{R_3}{R_2 + R_3} \cdot v_2 \tag{2.82}$$

式（2.81），（2.82）から，v_Kを消去して出力電圧v_0を求めれば

$$v_0 = \frac{R_f}{R_1} \left\{ \frac{R_3(R_1 + R_f)}{R_f(R_2 + R_3)} \cdot v_2 - v_1 \right\} \tag{2.83}$$

もし$R_1 = R_2$，$R_f = R_3$なら

$$v_0 = \frac{R_f}{R_1}(v_2 - v_1) \tag{2.84}$$

と簡単になり，さらに$R_f = R_1$ならv_0は単に

$$v_0 = v_2 - v_1 \tag{2.85}$$

となる。このときの等価回路は **図 2-47** となる。

多入力の減算を行う場合，前段で極性を変えて加算回路に入力する方法などもあり，組み合わせによって応用すればよい。

オペアンプを応用した発振器，積分器，フィルタ等の応用については，本

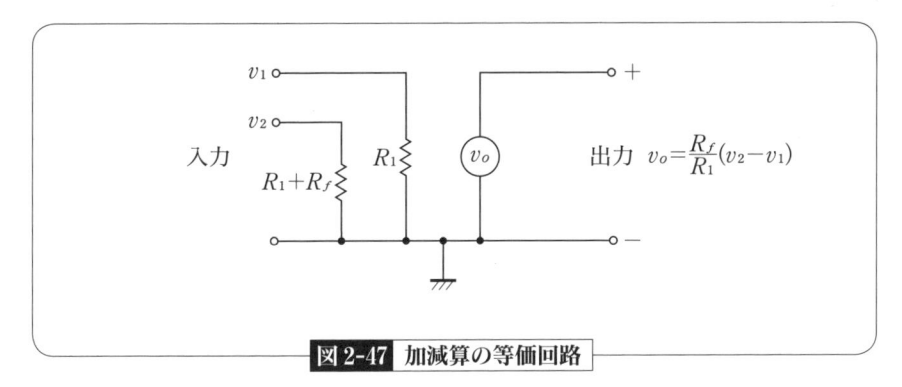

入力 v_1, v_2 — R_1+R_f, R_1 — 出力 $v_o = \dfrac{R_f}{R_1}(v_2 - v_1)$

図 2-47 加減算の等価回路

編ではとても述べきれないので，必要に応じてそれぞれの参考書を参照されたい．

7 オペアンプに関連する用語の意味

JISC-7061によれば，オペアンプの特性を示す主な略号と用語の意味は，**図 2-48** に対応して**表 2-5**(1), (2), (3)のように定義している．

この表や実例の説明等で，これまで使用した略号などが必ずしも統一されていないが了解していただきたい．

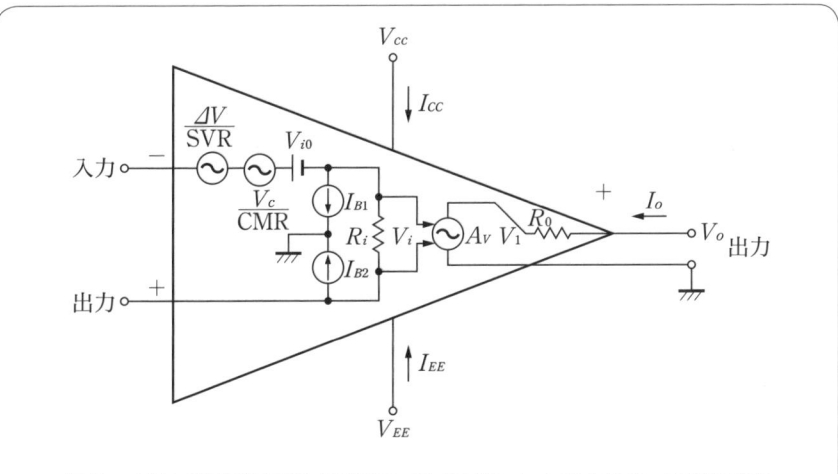

備考　3個の定電圧信号源 $\Delta V/\text{SVR}$, V_c/CMR, および $A_V V_1$ は，直流及び交流の両方に適用できるものとする．$\Delta V/\text{SVR}$ は，$\Delta V_{CC}/\text{SVR}(+)$ および $\Delta V_{EE}/\text{SVR}(-)$ を示すものとする．

図 2-48 差動入力シングルエンデッド出力演算増幅器の等価回路

第2章
基礎回路技術その1　半導体素子とアナログ回路

表2-5　オペアンプの用語

(1)消費電力P_D	規定の回路条件において演算増幅器の内部で消費される電力。または負荷を規定している場合は負荷で消費する電力を除く。 　　したがって，$P_D=(V_{CC}\cdot I_{CC})+(V_{EE}\cdot I_{EE})-|V_O\cdot I_O|$ 　　通常は無負荷状態($I_O=0$, $V_O=0$)において測定する。
(2)入力オフセット電圧V_{io}	規定の回路条件において出力電圧を零（または規定の電圧）にするのに必要な入力端子間の直流電圧。
(3)入力バイアス電流I_B	規定の回路条件において出力電圧が零のときに二つの入力端子に流れる電流の平均値。 　　すなわち，$I_B=\dfrac{I_{B1}+I_{B2}}{2}$ 　（シングル・エンデッド入力の場合は，入力端子に流れる電流をいう）
(4)入力オフセット電流I_{io}	規定の回路条件において出力電圧が零(または規定の電圧)のときに二つの入力端子に流れる電流の差の絶対値。 　　すなわち，$I_{io}=|I_{B1}-I_{B2}|$
(5)入力抵抗R_i	規定の回路条件における二つの入力端子の直流抵抗。ここでいう入力抵抗のことを差動入力抵抗と呼び，入力端子と接地端子間のリーク抵抗を同相入力抵抗と呼ぶ場合がある。 　　なお，シングル・エンデッド入力の場合の入力抵抗は，入力端子と接地端子間の抵抗とする。
(6)同相入力電圧範囲V_{ICM}	規定の回路条件においても，もしそれを超えると増幅器の機能が損なわれるか，もしくは特性の非可逆的な変化（劣化）を生じさせるような同相入力電圧範囲，または同相信号除去比を規定の値より低下させないで入力端子に印加することができる同相入力電圧範囲。 　　本文の測定方法では，同相信号除去比を規定の値より低下させないで入力端子に印加することができる同相入力電圧範囲の意味で用いる。 　　なお，同相入力電圧範囲は，入力電圧を正方向に印加する場合$V_{ICM}(+)$および入力電圧を負方向に印加する場合$V_{ICM}(-)$の二つがある。
(7)出力抵抗R_O	規定の回路条件において，出力端子と基準点（通常は接地点）間の直流抵抗。
(8)最大出力電圧V_{OM}	規定の回路条件における直流の最大飽和出力電圧。出力電圧が正の場合の$V_{OM}(+)$と，負の場合の$V_{OM}(-)$の二つがある。さらに，無負荷時および負荷時（最大負荷条件の場合が多い）において規定する。 　　なお，飽和出力電圧とは別に，最大出力振幅を用いる場合があるが，これは交流(正弦波)の出力が規定のひずみ率を超えない最大振幅をいう。
(9)出力短絡電流I_{OS}	規定の回路条件において出力端子に流れる直流出力電流。出力端子から流れ出す場合の電流$I_{OS}(+)$と出力端子に流れ込む$I_{OS}(-)$の二つがある。 　　出力短絡電流の特性表示のときの極性について，$I_{OS}(+)$の特性値は負の値を示し，$I_{OS}(-)$の特性値は正の値を示すから注意を必要とする。

2.3 アナログ回路と演算増幅器

(10)	オープンループ電圧利得 A_V	規定の回路条件における出力電圧の変化値と差動入力電圧の変化値の比。
(11)	同相信号除去比 CMR	規定の同一の回路条件における同相電圧利得に対する差動電圧利得の比。測定では交流同相電圧の変化と入力オフセット電圧の変化との比を用いてもよい。なお，交流における同相信号除去比を規定する場合もある。 備考　同相信号除去比の特性表示は，除去比（単位：V/μV）と感度（単位：μV/V）の二つが使われているので混同しないように注意を必要とする。除去比でも感度でもデシベル(dB)表示する場合，通常は正負の符号を付けないが，規格値または特性値として，標準値の他に許容限界値を示す必要がある。除去比の場合は最小値が許容限界値となり，感度の場合は最大値が許容限界値となる。
(12)	電源電圧除去比 SVR	規定の回路条件において他のすべての供給電圧を一定に保ちつつ，ある一つの供給電圧を変化させたときの，供給電圧の変化とそれによる入力オフセット電圧の変化の比。通常の演算増幅器では正電源(V_{CC})を変化させた場合のSVR(＋)と負電源(V_{EE})を変化させた場合のSVR(－)の二つがある。
(13)	補償回路と補助回路	位相補償（または周波数補償）回路，オフセット調整回路，その他特性測定上の規定条件または使用上必要とする外部の付加回路。
(14)	基準点温度 T_{ref}	周囲温度 T_a またはケース温度 T_c で規定できない場合，たとえば放熱器または特別の取付けをした場合に，測定系のある1点(たとえば，取付ジグの1点)を基準点としてその点の温度を測定中の基準とする場合の温度。
(15)	ユニティゲイン周波数 f_T	規定の回路条件においてオープンループ利得が1(0dB)となる周波数。
(16)	GB積（または利得帯域幅積）GB	内部位相補償形の演算増幅器において，オープンループ又は帰還ループでの電圧利得の周波数特性が6dB/オクターブの直線傾斜上にある一つの周波数で測定した電圧利得としての積。
(17)	スルーレイト SR	規定の回路条件において，大振幅入力方形波信号に対する応答出力電圧の時間に対する比。
(18)	最大出力応答周波数（または電力帯域幅）f_W	規定の回路時間において出力電力のひずみ率が規定の値（たとえば3％）を超えないで低周波での無ひずみ最大出力電圧を保持できる交流入力の最大周波数。
(19)	等価入力雑音電圧 E_{nT}	規定の回路時間において，入力信号がない場合に出力側に表れる不規則な信号または増幅器内で発生する不正信号を，規定の帯域内で増幅器の入力側レベルに換算した値。
(20)	チャネルセパレーション（またはチャネル分離）	規定の回路時間においてデュアル形演算増幅器等の一つのチャネルに信号を加え規定の出力レベルに設定したとき，無信号状態にある他のチャネルに表れる信号量の入力換算値。

8 特性の実例

オペアンプには非常に多くの種類があるが，仕様の表記には類似の点が多い．ここでは特に形番はあげず，比較的低い周波数帯域のオペアンプについて，カタログ上の諸特性の見方を説明しよう．

まずオペアンプ選択の目安となる主要な性能には，オフセット電圧およびそのドリフト，ノイズ電圧，開放利得，同相除去比，電源電圧除去比，スルーレート，周波数帯域などがある．

表2-6の絶対最大定格は，この条件を超えると破損するか，この条件下で使用すると信頼性に悪影響を及ぼす規格上限の規格である．

オフセット（直流的な0点の移動）の調整が必要な場合には，NULL端子を使って図2-49のように接続する．電源端子には必ずバイパスコンデンサを入れる．表2-7の仕様は，通常の使用状態における代表的な特性を示すものである．

表2-6 オペアンプの絶対最大定格

絶対最大定格	電源電圧	$\pm 22V$
	内部消費電力	$500mW$
	入力電圧	$\pm V_s$
	出力の短絡時間	連続
	差動入力電圧	$+V_s, -V_s$
	保存温度範囲	$-65 \sim +150°C$
	保存温度範囲	$-65 \sim +125°C$
	リード温度範囲（ハンダ付け，60秒）	$+300°C$

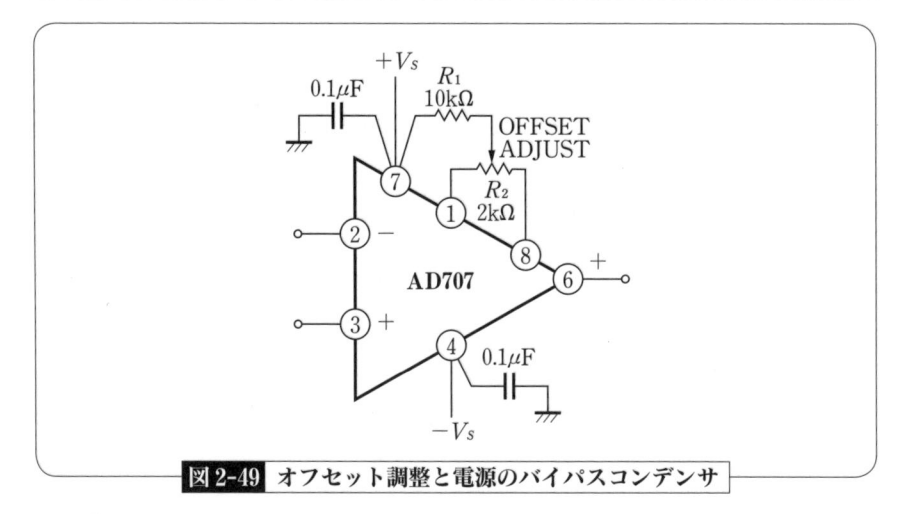

図2-49 オフセット調整と電源のバイパスコンデンサ

2.3 アナログ回路と演算増幅器

表2-7 仕様の例

	テスト条件	Min	Typ	Max	単 位
入力オフセット電圧					
初期			30	90	μV
対温度			0.3	1.0	μV/°C
	$T_{\min} - T_{\max}$		50	100	μV
長期安定性			0.3		μV/month
調整範囲	$R_P = 20\mathrm{k}\Omega$		±4		mV
入力バイアス電流			1.0	2.5	nA
	$T_{\min} - T_{\max}$		2.0	4.0	nA
平均ドリフト			15	40	pA/°C
オフセット電流	$V_{CM} = 0\mathrm{V}$		0.5	2.0	nA
	$T_{\min} - T_{\max}$		2.0	4.0	nA
平均ドリフト			2	40	pA/°C
入力電圧ノイズ	0.1〜10Hz		0.23	0.6	μV$_{p-p}$
	$f = 10\mathrm{Hz}$		10.3	15	nV/Hz
	$f = 100\mathrm{Hz}$		10.0	13.0	nV Hz
	$f = 1\mathrm{kHz}$		9.6	11.0	nV Hz
入力電流ノイズ	0.1〜10Hz		14	35	pA$_{p-p}$
	$f = 10\mathrm{Hz}$		0.32	0.9	pA Hz
	$f = 100\mathrm{Hz}$		0.14	0.27	pA Hz
	$f = 1\mathrm{kHz}$		0.12	0.18	pA Hz
同相除去比					
	$V_{CM} = \pm 13\mathrm{V}$	120	140		dB
	$T_{\min} \sim T_{\max}$	120	140		dB
オープン・ループ・ゲイン	$V_O = \pm 10\mathrm{V}$				
	$R_{LOAD} \geq 2\mathrm{k}\Omega$	3	13		V/μV
	$T_{\min} \sim T_{\max}$	3	13		V/μV
	$R_{LOAD} \geq 1\mathrm{k}\Omega$	3	13		V/μV
電源変動除去比					
	$V_S = \pm 3\mathrm{V}_{to} \pm 18\mathrm{V}$	110	130		dB
	$T_{\min} \sim T_{\max}$	110	130		dB
周波数応答					
クローズ・ループ帯域幅			0.5	0.9	MHz
スルーレート			0.15	0.3	V/μs
入力抵抗					
差動			24	100	MΩ
同相				200	GΩ
出力特性					
電圧	$R_{LOAD} \geq 10\mathrm{k}\Omega$	13.5	14		±V
	$R_{LOAD} \geq 2\mathrm{k}\Omega$	12.5	13.0		±V
	$R_{LOAD} \geq 1\mathrm{k}\Omega$	12.0	12.5		±V
	$R_{LOAD} \geq 2\mathrm{k}\Omega$				

次頁につづく→

第2章
基礎回路技術その1　半導体素子とアナログ回路

	$T_{min} \sim T_{max}$	12.0	13.0		±V
オープン・ループ出力 　抵抗			60		Ω
電源 　消費電流 　消費電力	$V_S = \pm 15V$ 無負荷		2.5	3	mA
	$V_S = \pm 3V$		70 7.2	90 9.0	mW mW

　この表は諸特性の図に対応して利用されることが多い。図(a)〜(l)までの各グラフについて，順を追って説明する。

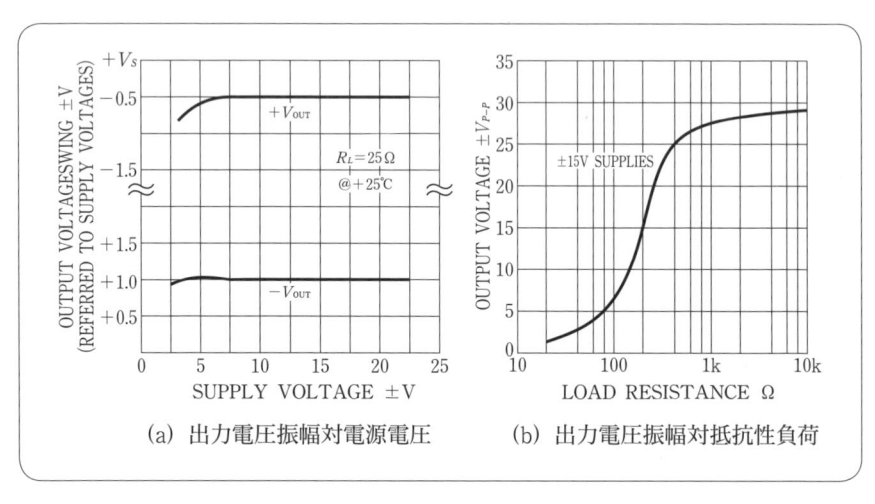

(a) 出力電圧振幅対電源電圧　　(b) 出力電圧振幅対抵抗性負荷

(a) 電源電圧が約 ±3V 〜±22Vの範囲において，取り出しうる最大出力電圧は+側で+電源電圧より 0.5V，−側で−電源電圧より1.0V 低い。
　　たとえば±10Vの電源条件では，直線性が保たれる最大振幅は+9.95V 〜−9.0V となる。

(b) 出力の負荷抵抗が10kΩ以上程度と大きければ，取り出し得る出力電圧の振幅は電源電圧に近いが，負荷抵抗が小さくなるとその振幅は下がる。図(b)のように，電源電圧が±15Vで負荷抵抗が100Ωであれば，出力電圧の振幅は約 $6V_{p-p}$ 程度しかとれない。

(c) 帰還をかけて，回路の利得を+1または+1000に設定し，出力電流を1mA流したときの出力インピーダンスの周波数特性が図(c)である。前にも解析したが，オペアンプのオープンループ利得が非常に大きい

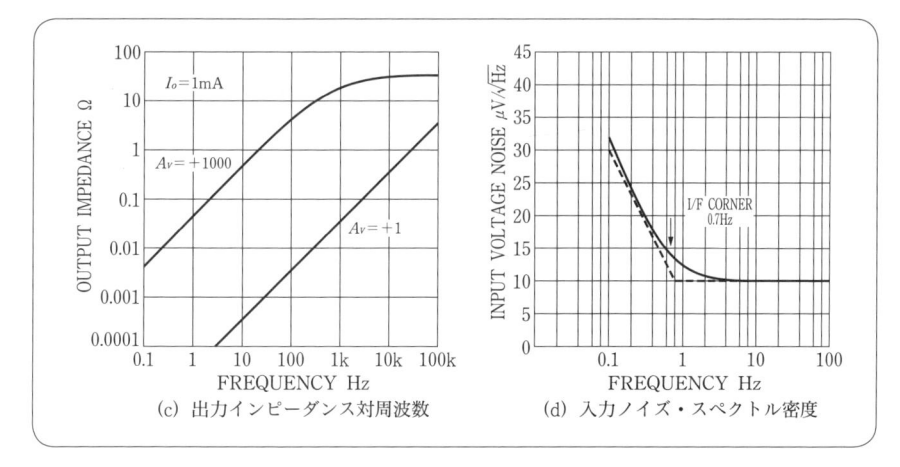

2.3 アナログ回路と演算増幅器

(c) 出力インピーダンス対周波数

(d) 入力ノイズ・スペクトル密度

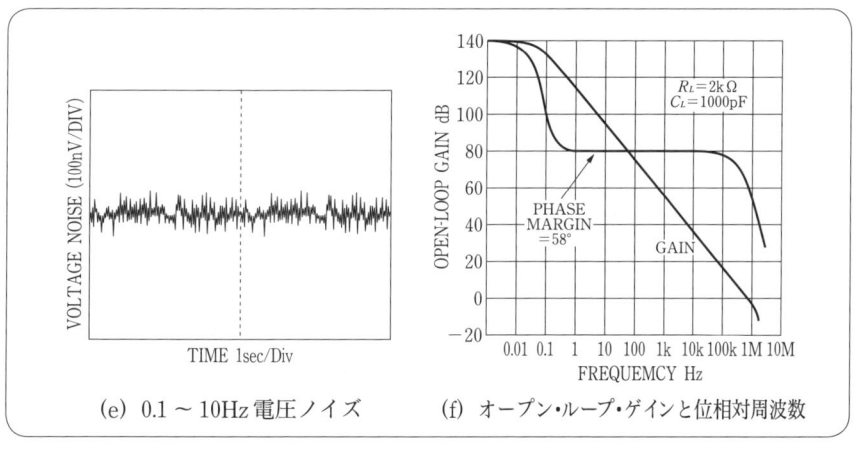

(e) 0.1～10Hz 電圧ノイズ

(f) オープン・ループ・ゲインと位相対周波数

低周波域で，100％の帰還をかけ，利得を1としたときの回路の出力インピーダンスは，100Hzにおいて約0.003Ωと非常に低くなる。

(d) 半導体素子に共通の現象であるが，入力の電圧ノイズのスペクトルは低周波で大きい。これはいわゆる1/Fノイズと呼ばれるもので，折点は0.7Hz近傍にある。図(e)は0.1～10Hz付近の雑音電圧波形である。

(f) この図は，2kΩの抵抗，1000pFの容量負荷におけるオープンループ利得の位相および周波数特性を示す。オペアンプの位相変化はオープンループ利得の周波数特性が対数比例的に減衰する領域で一定となり，高域カットオフ（利得が0となる）周波数付近で大きく変化する。

　負荷の条件にもよるが，帰還回路の入出力の位相の回転が180°にな

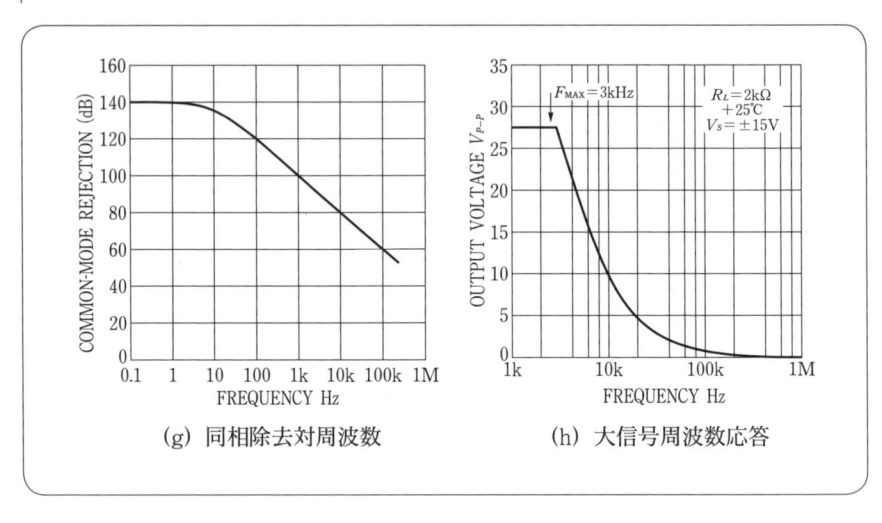

第2章
基礎回路技術その1　半導体素子とアナログ回路

(g) 同相除去対周波数

(h) 大信号周波数応答

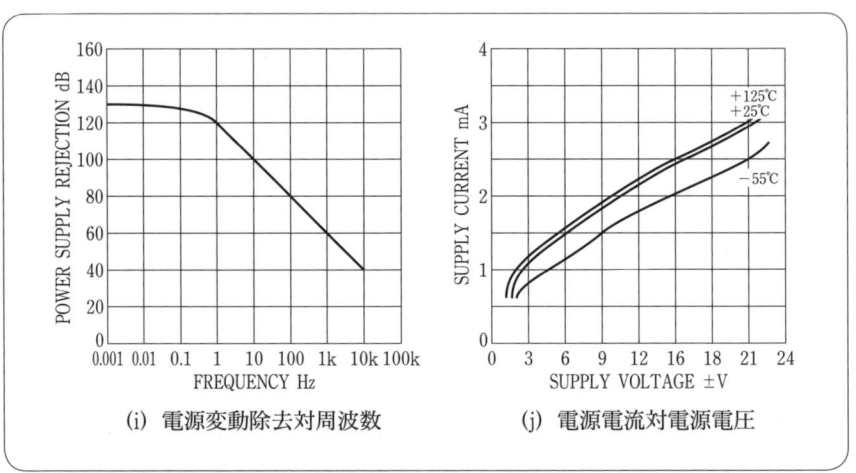

(i) 電源変動除去対周波数

(j) 電源電流対電源電圧

ると，負帰還が正帰還となり，そのときの利得が1以上あれば回路は不安定になって発振等の現象を生ずる（ナイキストの定理）。

　通常温度および電源電圧の変化に対してオープンループ利得は安定なのでこれらの変動で回路が不安定になることはあまりない。

(g) CMRは10Hz以下では140dB，すなわちアースと差動入力端子間に10Hz以下の共通の不要電圧が加わっても10^{-7}の影響を受けるのみである。しかし，100kHzにおいては，60dB，10^{-3}しかCMRがとれない。回路を差動入力にしても，高い周波数の同相雑音は除去しにくいこと

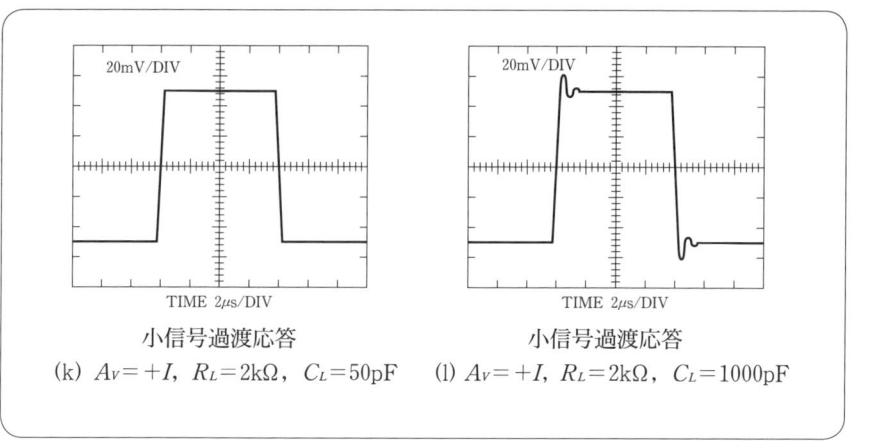

小信号過渡応答
(k) $A_V=+1$, $R_L=2\text{k}\Omega$, $C_L=50\text{pF}$

小信号過渡応答
(l) $A_V=+1$, $R_L=2\text{k}\Omega$, $C_L=1000\text{pF}$

に注意が必要である。
(h) オペアンプは,出力信号の振幅を大きくとると周波数特性が悪くなる。
　　この現象はかなり低い周波数領域から生じるので,小信号で装置が仕様内であっても,最大出力レベルで周波数特性の定格を満足しない場合がある。
(i) 電源に重畳している高い周波数の雑音は,除去されず出力に現われる度合いが大きくなる。
　　たとえば50Hzの商用周波数を両波整流して電源としたとき,その100Hzのリップルの出力に対する影響は,図によると80dB,すなわち1/10000であるが,電源に10kHzのスイッチングレギュレータ雑音が重畳していれば,その基本波に対してもわずか1/100の雑音除去しかできない。この図を外挿して考えると,電源の1MHzの高調波などはそのまま出力に現われることになる。最近ではスイッチング周波数も高くなっているので,オペアンプがこの種の電源雑音に対して弱いことを,いつも念頭に置いておくべきである。
(j) 電源電流は印加電源電圧によって大きく変化するが,出力電流や周囲温度の影響もかなり受ける。
(k),(l) 回路利得を+1にとり出力の負荷条件を変え,小信号のパルスに対する応答を示したものが図(k),(l)である。

このように,設計時の条件は実験によらなくても,これらの図を参考にしてかなりの程度にまで煮詰めることができる。

第2章
基礎回路技術その1　半導体素子とアナログ回路

参考図　オペアンプ回路一覧

名　称	回　路	等価回路	利　得
非反転増幅器	(非反転バッファ回路)		$v_0 = v_1$
ボルテージフォロア "バッファ"	(R_1, R_f付き反転回路)		$v_0 = \dfrac{R_f}{R_1} v_1$
反転増幅	(R_1, R_2付き非反転回路)		$v_0 = 1 + \dfrac{R_2}{R_1} v_1$
電圧加算器	(v_1, v_2入力、R_1, R_2, R_f)	(R_3, R_1)	$v_0 = -\left(\dfrac{R_f}{R_1} v_1 + \dfrac{R_f}{R_2} v_2 \right)$
電圧減算器	(v_1, v_2入力、R_1, R_2, R_3, R_f)	($R_2 + R_3$, R_1)	$v_0 = \dfrac{1 + \dfrac{R_f}{R_1}}{1 + \dfrac{R_2}{R_3}} - \dfrac{R_f}{R_1}$ $v_0 = \dfrac{R_2}{R_1}$
電圧減算器	(v_1, v_2入力、R_1, R_2, R_f)	($R_1 + R_2$)	$v_1 = \dfrac{R_f}{R_1}(v_1 - v_2)$ $v_0 = v_2 - v_1$ ($R_1 = R_2 = R_f$)
電流電圧変換器	(i入力、R_f)		$v_0 = i R_f$

第3章

基礎回路技術 その2
論理とデジタルIC

　デジタル回路は動作を非線形領域まで拡大したアナログ回路と考えてもよい，しかし情報信号としての扱いは全く異なる．

　この章ではデジタル信号のレベル，波形，数値化と進数，進数変換法，コードとデコード，論理と論理記号，基本論理，ブール代数と諸定理などデジタル系特有の考え方のほか，デジタルICの種類，ゲート回路と動作，IC相互間や他の素子との接続，マルチバイブレータ，カウンタ等の基本素子について解説を行った．

第3章
基礎回路技術その2　論理とデジタルIC

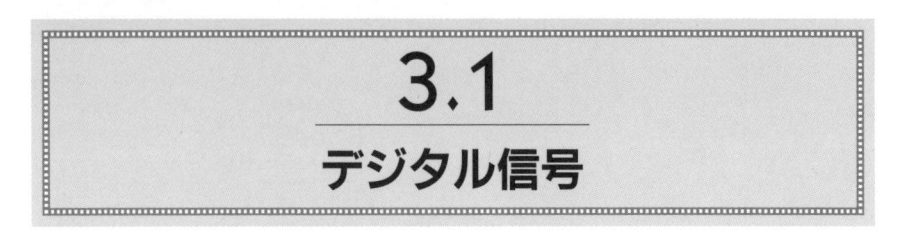

3.1 デジタル信号

　デジタル信号は，理論的には多値のレベルも考えられるが，ここでは2値レベル論理について説明する。

　理想的な波形のデジタル信号は**図3-1**に示すように，変化時間が0の値の電圧列によって構成される。前にも述べた通り，デジタル信号では波形や振幅には情報が含まれておらず，H，Lのレベルおよびその時間関係が情報としての意味をもっている。

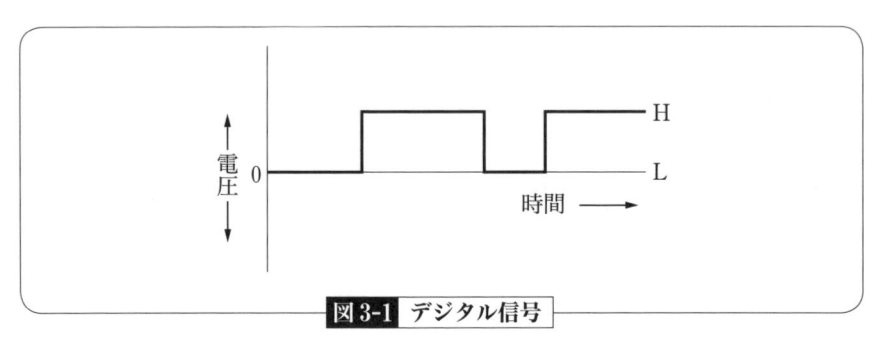

図3-1 デジタル信号

3.1.1 信号レベル

　2値論理では，信号レベルは高電圧レベル（H）と，低電圧レベル（L）の二種類しかない。

　L，Hのレベルは**図3-2**の(a)から(e)のどの電圧領域を使ってもよいが，Hが+5V，Lが0VのTTLレベルが一般的である。レベルの異なる

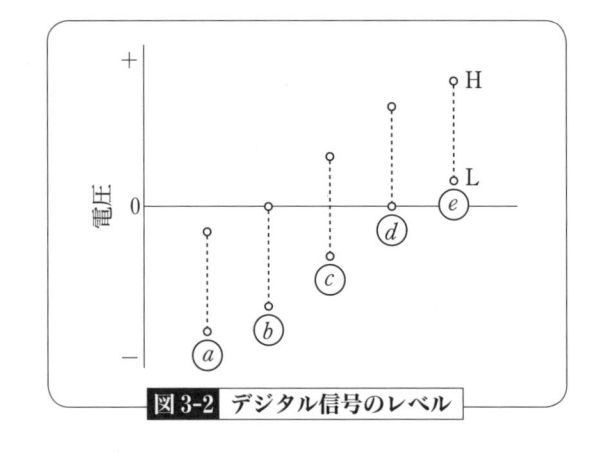

図3-2 デジタル信号のレベル

論理素子間ではレベル変換器が必要になる。

3.1.2 信号波形

デジタルパルス信号の実際の波形は，図3-3で示すように平坦な0および$+V_{CC}$の2値部分と，その平坦部の電圧に対し10%から90%までの過渡的な立ち上がり時間t_r，立ち下がり時間t_fの各部分で構成される。

同図上側の信号が位相反転回路（インバータ）を通過すると，同図下側の波形となる。この場合立ち上がり時間，立ち下がり時間はインバータの特性によって必ずしも等しくはならず，それぞれ異なる値の時間遅れ（伝搬遅れ，Propagation Delay）t_{PHL}，t_{PLH}を生じる。デジタル回路の入出力では，立ち上がり，立ち下がりの位相や波形振幅50%の点のパルス巾，いわゆる半値巾が異なるのが普通である。

デジタルIC回路の動作速度は非常に早く，これらの応答時間の単位には通常ns（10^{-9}s）あるいはps（10^{-12}s）が用いられる。

デジタル信号波形の時間的不安定性，ゆらぎはジッタと呼ばれ，回路動作上非常に有害である。立ち上がり，立ち下がり時間が大きいほど電源変動などの原因によるジッタを起こしやすい。

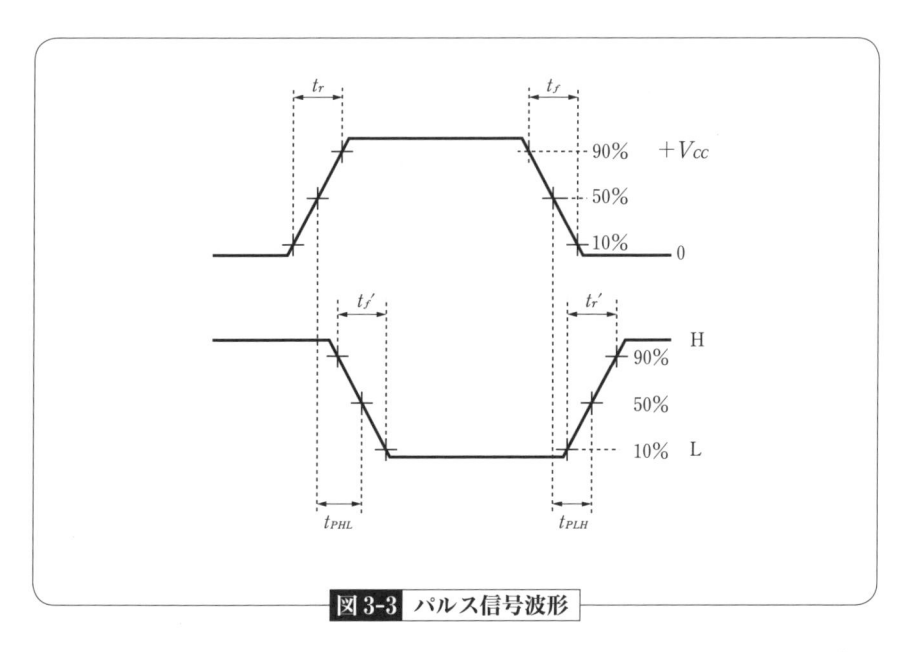

図3-3 パルス信号波形

3.1.3 クロック信号

デジタル回路では，一定の周波数の基準信号をもとにして各信号の時間的関係をきめ情報の処理を行うことが多い。この基準信号は，通常水晶振動子等を使用した安定な発振回路を原振として作られ，クロック信号と呼ばれる。

このクロック信号に対応して，図3-4に示すように情報を伝えるパルス列のHレベルが，1クロック周期中の最初の時間のみHに上がり，その後次のクロックのタイミングの前にLに落ちる信号形式をRZ（Return Zero）と呼ぶ。この場合Lレベルの信号はそのままLに止まる。RZ信号はクロックを周期とする交流的な信号ともいえる。

これに対してH，Lのレベルがクロック周期中に変わらず，次のクロックのタイミングに，HからLまたはLからHへと信号の変化があったときのみレベルがかわる信号形式をNRZ（Non Return Zero）と呼ぶ。この場合Hレベルの信号はそのままHに止まるからNRZ信号は直流的な信号といえ，回路は直流結合としなければならない。

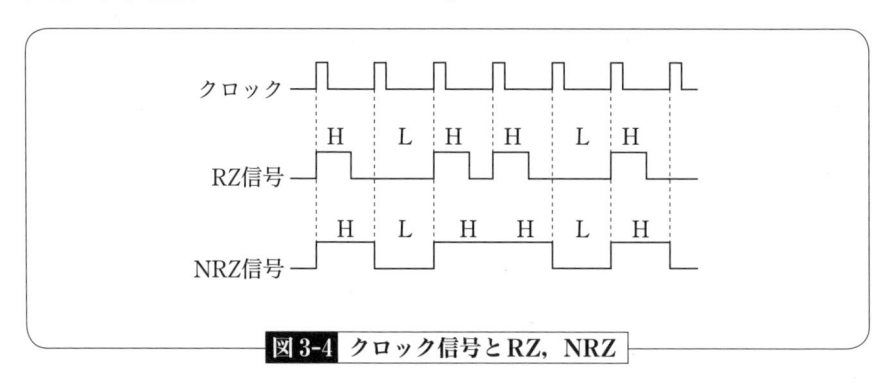

図3-4 クロック信号とRZ，NRZ

3.1.4 波形の改善

前にも述べたが，アナログ信号においては，信号対雑音比（S/N比）は，情報の質の問題として非常に重要であり，一旦S/N比が悪化すれば，限定された方法による以外これを改善する手段はほとんどない。しかしデジタル信号においては，信号のH，Lが判別可能のレベル差をもっていれば情報としては充分であるから，アナログ信号とは別な意味での波形の改善は可能で

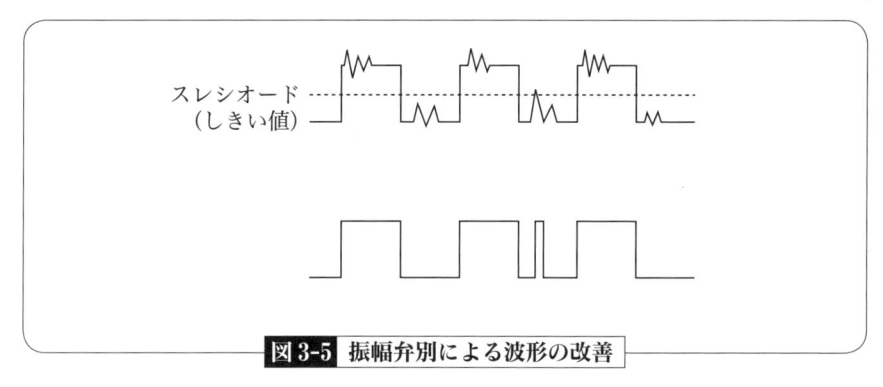

図 3-5 振幅弁別による波形の改善

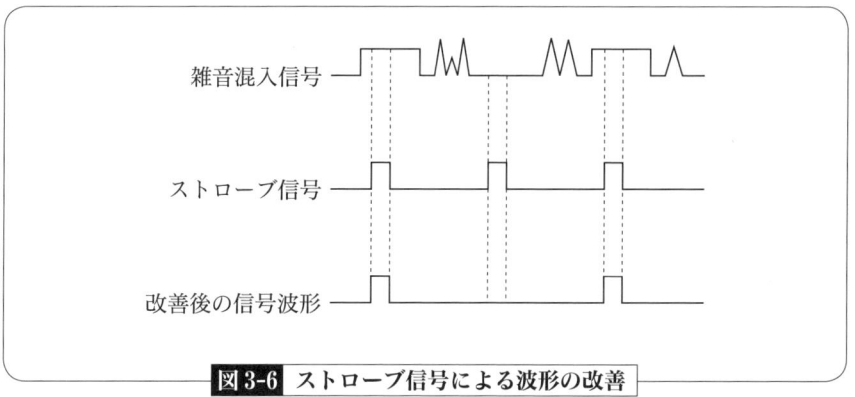

図 3-6 ストローブ信号による波形の改善

ある。

　図 3-5 は雑音の重畳したデジタル信号に対し，設定したスレシオード電圧を横切るか否かで H，L の判別を行い波形を整形した例である．この図でわかる通り，この方法では判別レベルを横切って越える大きな雑音電圧は信号と雑音の区別はできない．

　信号がクロック等をもとにした周期性をもつときは，信号より大きなレベルの雑音電圧に対しても波形と論理の改善ができる．

　すなわち 図 3-6 のように，クロックに同期した狭い信号の区間で H，L の判別を行う．この判別信号はストローブ信号と呼ばれる．ただしストローブ期間内に雑音があるときは，信号と判別はできない．

　また 図 3-7 に示すように，立ち上がりと立ち下がりの二つのヒステレシス電圧を設定し，それぞれのレベルを通過した電圧のタイミングでパルス波形を構築する回路もしばしば使用される．

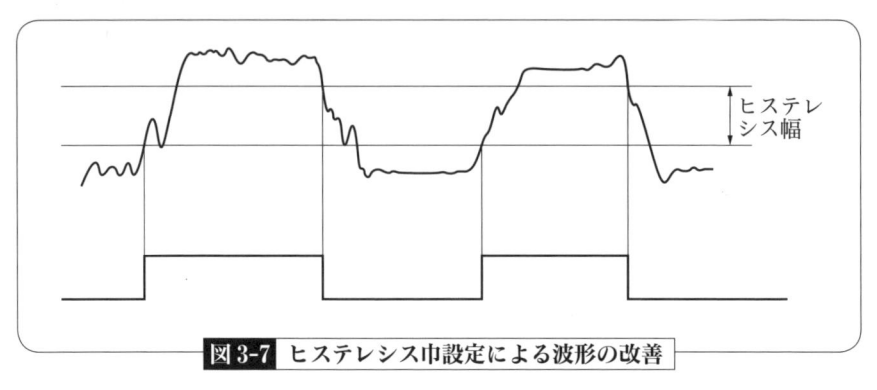

第3章
基礎回路技術その2　論理とデジタルIC

図3-7 ヒステレシス巾設定による波形の改善

デジタル信号系では，これらの方法の組合せで波形の改善が可能になる。

3.1.5　2進，10進，16進数

われわれは通常 0，1，2，3，4，5，6，7，8，9 の10個の数字を，種々の量に対応させた10進法を使用している。しかし **表3-1** に示すように，10進法以外の数系も日常よく使われている。これらの数系も，量を表す本質が異なるわけではなく，簡単な計算で他の数系に換算することができる。

たとえば，1日は秒，分，時の混合した数系であるが，10進法の秒に換算すれば

$$1日 = \underset{\underset{60進}{秒}}{60} \times \underset{\underset{60進}{分}}{60} \times \underset{\underset{24進}{時}}{24} = 86,400秒$$

となる。

それではあらゆる数系に対して共通に利用でき，かつデジタル処理に適した系はないものであろうか？

日常のわれわれの感覚とはかなり隔たりはあるが，0，1 などの二つの数で量を表現する2進法がこの目的には最適であって，現在のすべてのデジタル計算機の内部処理の数系には，この2進法が採用されている。

前述のデジタル信号のH，Lの2電圧レベルは，2進法の二つの数記号に対応しているわけである。また数字以外の他の記号（たとえば文字など）も

3.1 デジタル信号

表 3-1 10進法以外の数系の例

系	桁上がりの名称	扱われる量	系	桁上がりの名称	扱われる量
6進	尺～間	長さ	60進	秒～分～時	時間
12進	インチ～フィート		24進	時～日	
	ダース～グロス	量	7進	日～週	
16進	オンス～ポンド	重さ	28, 29, 30, 31進	日～月	
300進	坪～反	面積	365, 366進	日～年	
360進	度～周	角度			

この 2 進数の組合せに置き換えることができる。

2 進数系が基本となっているデジタル計算機と他の数系の機器とを組合せるには，ハードウェアあるいはソフトウェアによって，入出力に数系換算機能をもたせればよい。

10進数と 2 進数について少し詳しく説明してみよう。10進数の数は，各桁の数字に 0 ～ 9 の10数字のうち 1 字を使う。この数字によって構成された数字列はそれぞれ右から左へ10^0, 10^1, 10^2, 10^3…の重みをもち，その各桁の総和が数値を表す。10進数では左端の数が最も重みの大きい桁であることが暗黙の了解事項となっている。

たとえば，10進数「1023」をこの考え方で分解すれば次のようになる。

$$1023 = 1 \times 10^3 + 0 \times 10^2 + 2 \times 10^1 + 3 \times 10^0$$

10進数の右端，すなわち最下位（ 1 の位）10^0の桁の数がたとえば 0 であったとする。この数に連続的に 1 を加算してゆくと，1，2，3…9となり，次に 1 が加わると10^0桁の数は 0 にもどり，左隣の10^1の桁（10の位）の数値に 1 を加算する桁上げ操作が行われる。このときの桁上げ信号はキャリと呼ばれる。

2 進数でもこの考え方は同じである。2 進数では，対応する 2 数字には10進数と同じ 0，1 を使う。この数字によって構成された数字列はそれぞれ2^0, 2^1, 2^2, 2^3…の重みをもち，その各桁の総和が 2 進数の数値を表す。2 進数の各桁の数字 0 または 1 は，ビット（bit, binary digit）と呼ばれる。

10進数と異なり，2 進数の数字列は必ずしも左端の数が最も重みの大きい桁であるとは限らず，左右が入れ替わる場合がある。したがって最も大きい重みの桁をMSB（Most Significant Bit），最も軽い重みの桁をLSB（Least Significant Bit）で表し，左右のいずれかにこの記号を付記して間違いを防

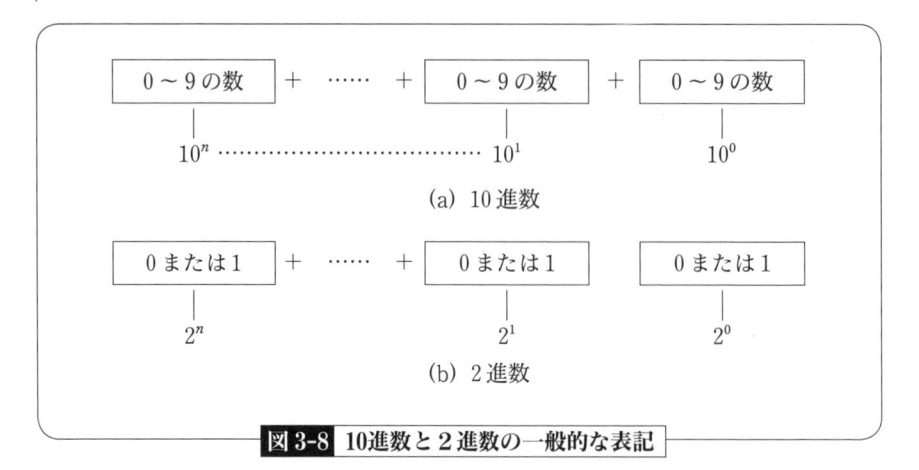

第3章
基礎回路技術その2　論理とデジタルIC

```
 ┌─────────┐     ┌─────────┐     ┌─────────┐
 │ 0〜9の数 │ + … + │ 0〜9の数 │  +  │ 0〜9の数 │
 └────┬────┘     └────┬────┘     └────┬────┘
      │               │               │
     $10^n$ ……………… $10^1$           $10^0$
              (a) 10進数

 ┌─────────┐     ┌─────────┐     ┌─────────┐
 │ 0または1 │ + … + │ 0または1 │  +  │ 0または1 │
 └────┬────┘     └────┬────┘     └────┬────┘
      │               │               │
     $2^n$           $2^1$           $2^0$
              (b) 2進数
```

図 3-8 10進数と2進数の一般的な表記

ぐ。

たとえば2進数「1011」は次のようになる。

$$1011_{LSB} = 1 \times 2^3 + 0 \times 2^2 + 1 \times 2^1 + 1 \times 2^0$$

たとえば，右端すなわちLSB，2^0の桁の数が0であったとする。この数に2進数の1を加算すると，この桁の数値は1になる。さらに1を加えると，2^0の桁の数は0にもどり左隣の2^1の桁の数値に1が加算される。この桁上げ操作，桁上げ信号キャリも10進数と同じである。**図3-8**に10進数と2進数の一般的な表記の考え方を示しておく。

2進数の表記で桁数が長くなりすぎ，10進数との関連が直感的に判りにくい場合には，2進数を4桁ずつ区切って，その1ブロックを16進数として扱う16進法（Hexa decimal Number）もよく用いられる。

この数系は0〜9までは10進法と同じ数字記号を用い，10から15までの数をアルファベット大文字A〜Fに対応させる。すなわち，10→A，11→B，12→C，13→D，14→E，15→Fとなる。

3.1.6 2進→10進変換

2進数から10進数への変換は次の手順で行う。

まず10進数に直そうとする2進数を，左側がMSBとなるように並べて書く。

次にLSBから$2^0 = 1$，$2^1 = 2$，$2^2 = 4$，$2^3 = 8$と，対応する10進数を記入して

ゆく。2進数の各桁のうち、1となっている桁のみの10進数を加算すればその総和が10進数に変換された数になる。

前述の2進数「1011_{LSB}」を10進数に変換してみよう。

MSB			LSB	
1	0	1	1	2進数
2^3	2^2	2^1	2^0	2進数の各桁の重み
8	4	2	1	2進数の各桁に対応する10進数
8 +	0 +	2 +	1=11	変換された10進数

この数は16進数ではBで表される。

3.1.7 10進→2進変換

図3-9は10進数「123」を例にとり、10進数→2進変換の手順を示したものである。

図3-9 10進数「123」の2進数への変換

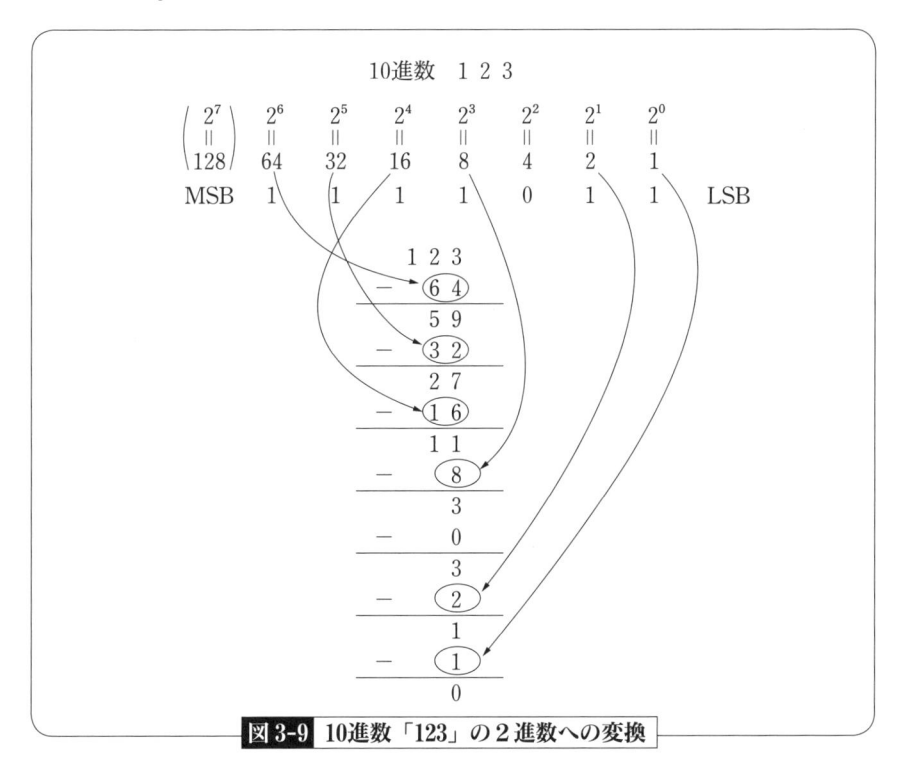

第3章 基礎回路技術その2 論理とデジタルIC

まず各桁の重みを表す2進数を，左側がMSBとなるよう

$$\cdots\cdots 2^3 \quad 2^2 \quad 2^1 \quad 2^0$$

と並べて書き，その下に，おのおの2進数に対応する10進数値を記入する。

この場合，2進数のMSBの最大の桁は，その桁に対応する10進数が，変換しようとする10進数の数値を超える直前の値まで書き込めばよい。

次に変換しようとする10進数を書き，その与えられた10数値より小さく，かつ2進数に対応する10進数の数値の中の最大の数を引き算する。このとき，2進数で該当する桁に1を立てておく。

さらにその10進数の余りより小さく，かつ最大の値をもつ桁の数値を減算する。より下位の重みの桁にしか対応する数値がないときには，その桁には0を立て下位に進む。この手順を10進数の余りが0になるまで続ける。

減算を行った桁を1，行えなかった桁を0として並べれば，結果の2進数が得られる。

図3-9の例は，下記のように書き換えれば理解しやすい。

$$\begin{array}{ccccccc} \text{MSB} & & & & & & \text{LSB} \\ 1 & 1 & 1 & 1 & 0 & 1 & 1 \end{array}$$

$$2^6+2^5+2^4+2^3+2^2+2^1+2^0=123$$

2進数のLSBが0の場合10進数は偶数，1では奇数になる。

前にも述べたが，4桁の2進数は10進数の0から15まで16の状態がある。そのうち0〜9までを用い，残りの状態を使用せず10進数の1桁に対応させたものをBCD（Binary Coded Decimal）コードと呼ぶ。表3-2(a)に示すように，10進数0〜9のそれぞれの状態が4本の線（4ビット）で規定できるわけである。

たとえば，2進数「11101000$_{\text{LSB}}$（10進数232）」を16進数で表すと次のようになる。

$$2^5+2^6+2^5+2^4+2^3+2^2+2^1+2^0=232$$

$$\begin{array}{cccccccc} [1 & 1 & 1 & 0] & [1 & 0 & 0 & 0]_{\text{LSB}} \end{array} \quad \text{2進数}$$

$$\begin{array}{cc} \parallel & \parallel \\ \text{E} & 8 \end{array} \quad \text{16進数}$$

$$14\times 16^1 \quad + \quad 8\times 16^0 \quad =232$$

表 3-2　4ビットコード

(a) BCDコード

10進数	BCDコード
0	0 0 0 0 LSB
1	0 0 0 1
2	0 0 1 0
3	0 0 1 1
4	0 1 0 0
5	0 1 0 1
6	0 1 1 0
7	0 1 1 1
8	1 0 0 0
9	1 0 0 1

(注) 1010～1111は使わない。

(b) 16進コード

10進数	16進数	16進コード
0	0	0 0 0 0 LSB
1	1	0 0 0 1
2	2	0 0 1 0
3	3	0 0 1 1
4	4	0 1 0 0
5	5	0 1 0 1
6	6	0 1 1 0
7	7	0 1 1 1
8	8	1 0 0 0
9	9	1 0 0 1
10	A	1 0 1 0
11	B	1 0 1 1
12	C	1 1 0 0
13	D	1 1 0 1
14	E	1 1 1 0
15	F	1 1 1 1

3.1.8　コードとデコード

一般に複数個の入力線をもち，その入力を符号化して新たな組合せで出力とする変換操作を符号化（コード化，エンコード）という。たとえば10線10進信号を4線BCD信号に変換する場合などがこれに該当し，その回路をエンコーダ（Encorder）と呼ぶ。

逆に，たとえば4線BCD信号を10線10進信号にもどす時のように，符号化された信号入力を復元して出力する操作を復号化（デコード）といい，この回路をデコーダ（Decorder）と呼ぶ。

表3-3にBCD－10線10進のコード，デコードの例をあげておく。

表 3-3　BCD－10線10進のコード，デコード

10進数	BCD入力	10進10線出力 0 1 2 3 4 5 6 7 8 9
0	0 0 0 0	1 0 0 0 0 0 0 0 0 0
1	0 0 0 1	0 1 0 0 0 0 0 0 0 0
2	0 0 1 0	0 0 1 0 0 0 0 0 0 0
3	0 0 1 1	0 0 0 1 0 0 0 0 0 0
4	0 1 0 0	0 0 0 0 1 0 0 0 0 0
5	0 1 0 1	0 0 0 0 0 1 0 0 0 0
6	0 1 1 0	0 0 0 0 0 0 1 0 0 0
7	0 1 1 1	0 0 0 0 0 0 0 1 0 0
8	1 0 0 0	0 0 0 0 0 0 0 0 1 0
9	1 0 0 1	0 0 0 0 0 0 0 0 0 1
	1 0 1 0	0 0 0 0 0 0 0 0 0 0
	1 0 1 1	0 0 0 0 0 0 0 0 0 0
	1 1 0 0	0 0 0 0 0 0 0 0 0 0
	1 1 0 1	0 0 0 0 0 0 0 0 0 0
	1 1 1 0	0 0 0 0 0 0 0 0 0 0
	1 1 1 1	0 0 0 0 0 0 0 0 0 0

3.2 論理と論理記号

多数の素子で構成される複雑なデジタル回路の論理動作も，最終的にはごく簡単な基本回路に分解することができる．デジタル回路の設計には，それらのいくつかの基本回路とそれに対応する論理，論理記号を十分に理解する必要がある．

論理は大別すると，組合せ論理と順序論理に分けることができる．組合せ論理では，入力の論理の組合せによって出力論理が一義的に決定される．順序論理では，現在の入力の論理状態とそれに加わる新たな入力状態との組合せで出力の論理状態が決まる．前者はAND，OR，NOT等の基本論理であり，後者はフリップ・フロップ等の論理回路がそれに該当する．

3.2.1 基本論理

2進系の論理では0，1の2状態に対応するものであれば，どのような素子でも応用することができる．一番身近な素子は**図3-10**に示すスイッチである．しかし高速の論理演算ではこのような機械的なスイッチは使われず，主としてダイオード，トランジスタ，ICなどの半導体素子が使用される．

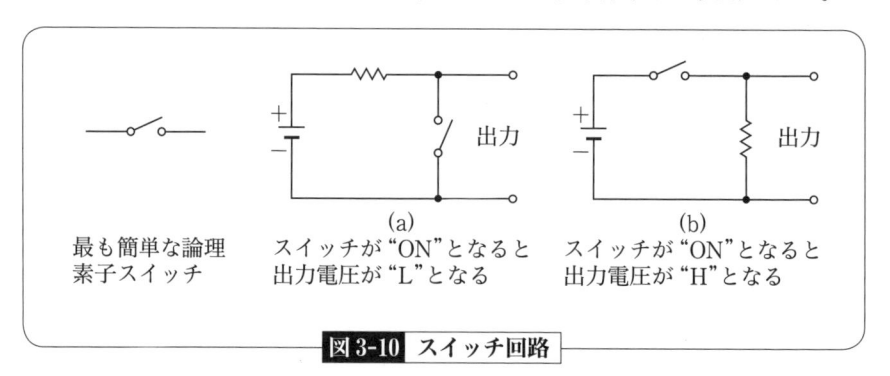

最も簡単な論理素子スイッチ

(a) スイッチが"ON"となると出力電圧が"L"となる

(b) スイッチが"ON"となると出力電圧が"H"となる

図3-10 スイッチ回路

1 AND回路

二つ以上の論理入力信号があり，そのすべての信号が1のとき出力が1と

図3-11 スイッチAND回路

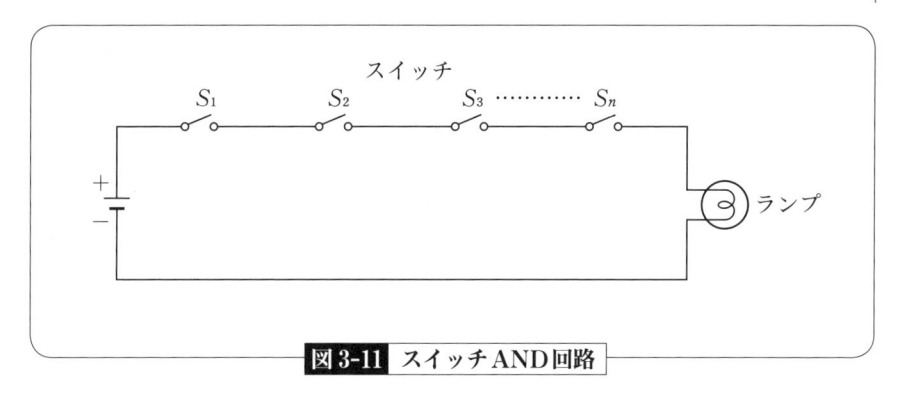

なる回路をAND回路とよび，演算の記号としては「×」または「・」を用いる．入力のどれか一つでも0であれば出力が0であるから，この点では入力に対し普通の乗算と変わらない．

図3-11はスイッチによるAND回路の例で，スイッチSが閉じたときを論理1，開いたときを論理0，またランプの点灯を1，消灯を0と定義すれば，スイッチS_1, S_2, S_3, ……S_nがすべて閉じたとき，次のようにランプが点灯状態1になる．

```
       スイッチ        ランプ
         |            |
  S₁ S₂ S₃ ⋯  Sₙ
  1 × 1 × 1 × ⋯ × 1 = 1 （点灯）
```

2 OR回路

OR回路はAND回路と共に最も基本的な論理回路である．二つ以上の論理入力信号があり，その信号のどれか一つ以上が1となったとき，出力が1となる回路をOR回路と呼び，演算の記号としては「＋」を用いる．

図3-12はスイッチによるOR回路の例で，スイッチS_1, S_2, S_3, …S_nのうち一つ以上が閉じたとき，ランプが点灯する．

すなわち

```
       スイッチ        ランプ
         |            |
  S₁ S₂ S₃ ⋯  Sₙ
  0 + 0 + 0 + ⋯ + 1 = 1 （点灯）
```

図 3-12　スイッチ OR 回路

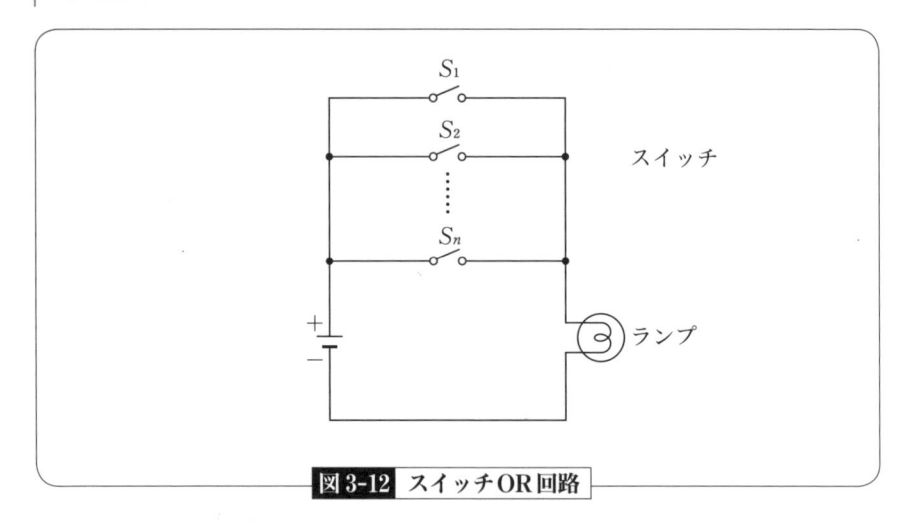

3 NOT 回路

　入力と出力がそれぞれ一つで，入力信号がLのとき出力がH，HのときLと入出力の極性（位相，論理）が反転する回路をNOTあるいは否定回路という。この回路はまたインバータとも呼ばれ，入力信号がAであればこの回路通過後の出力$\bar{A}$と書く。この回路は前段と次段の相互の影響を防ぐ機能をももっているので，バッファと呼ばれることもある。ただ一般には，バッファは極性が反転しない回路を指すことが多い。

　ANDの出力の極性が反転したもの，すなわち論理的にはANDの出力のあとに否定回路を置いた回路をNANDと呼び，OR回路ではNORと呼ぶ。

4 フリップ・フロップ回路

　フリップ・フロップ回路には二つの安定な状態があり，入力信号およびクロック信号が加わることによって，もとの状態がもう一つの状態に遷移する。

　フリップ・フロップはT（toggle，T入力で状態が反転），$R-S$（set-reset，最初の状態を決めるためのリセット，セット信号をもつ），$R-S-T$，$J-K$，D等の種類があって，論理機能のなかで，記憶，分周などの重要な役割を受けもつ。

3.2.2 論理記号

現在，論理素子はほとんどTTL，MOS等のICが使われ，抵抗，ダイオード，トランジスタなどの個別部品で回路を作ることはまず行われない。そして基本論理回路に対応する論理記号は，MIL－STD－6.04Bの表記と体系が使用されている。図3-13にその基本になるMIL記号を示す。それぞれの記号の大きさは任意であるが，図の各部分の比率が規定されている。

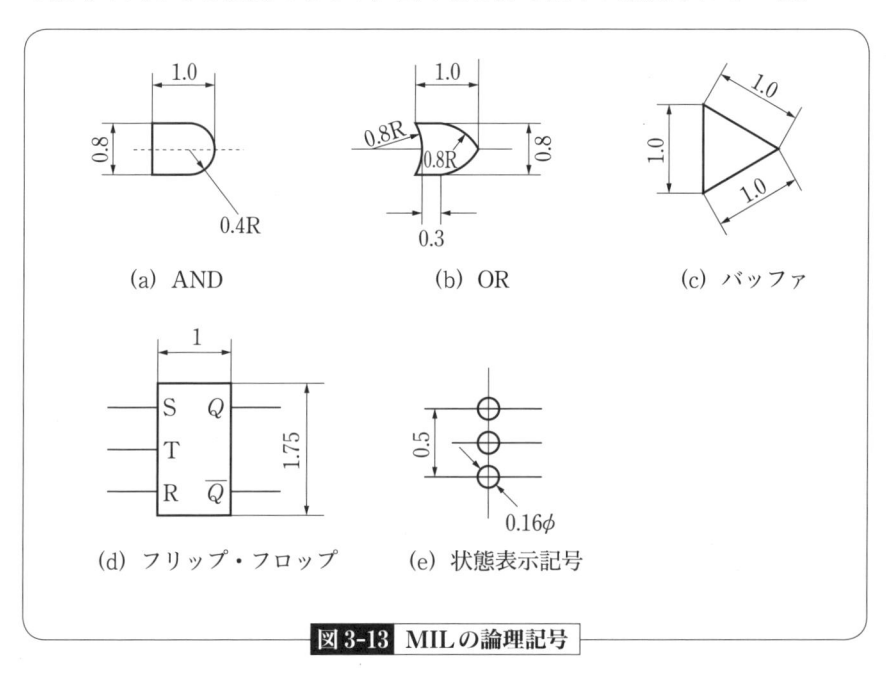

図 3-13 MILの論理記号

1 正論理，負論理

前述した通り，デジタル信号では電圧の高，低（H，L）を信号の二つの状態0，1に対応させるが，一般に正の高電圧Hを論理1に，Lを論理0とするものを正論理，Hを論理0，Lを論理1に対応させたものを負論理と呼んでいる。しかしMILの表記では，これらの正論理，負論理の定義ではなく，次に述べる状態表示記号を用いて回路内の混乱を起こさぬよう工夫してある。

図3-14はこの記号法を用いた通常のAND，ORゲートの例である。同図

149

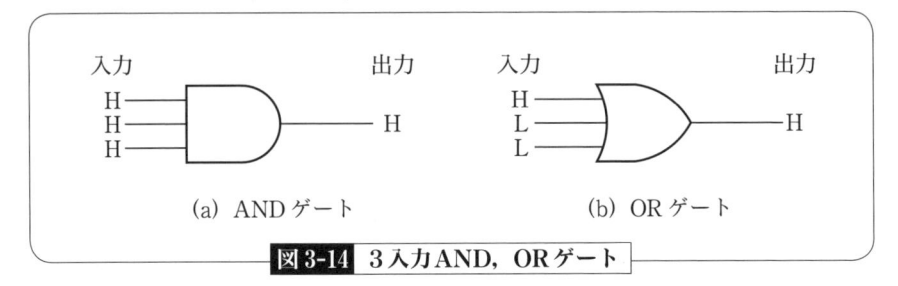

第3章
基礎回路技術その2　論理とデジタルIC

```
   入力              出力        入力              出力
    H                           H
    H  ─[ AND ]─ H              L  ─[ OR ]─ H
    H                           L

     (a) ANDゲート               (b) ORゲート
```

図 3-14　3入力 AND, OR ゲート

(a) の AND ゲートは，3入力のすべてが H レベルのとき出力が H となり，(b) の OR ゲートでは3入力のどれか一つが H になれば，出力は H となる．

2 状態表示記号

図 3-13(e) の状態表示記号の小円は，単独で使用されることはなく，ゲートやフリップ・フロップなど他の論理素子記号の入出力の接続に附属させて用いられる．

論理回路の入出力についたこの記号は，次のように解釈する．まず入出力にこの記号がついていないとき，入出力信号が H レベルなら論理 H，L レベルなら論理 0 と見なす．この場合を Active High と呼ぶ．

入出力にこの記号が付いているとき，入出力信号が H レベルなら論理 0，L レベルなら論理 1 と見なす．この場合を Active Low と呼ぶ．

状態表示記号が付いている入出力信号には，否定のバー（たとえば $\overline{Y}$）を付けて扱う．ごく単純には，この記号が付くと極性が反転すると考えてもよい．

3 真理値表

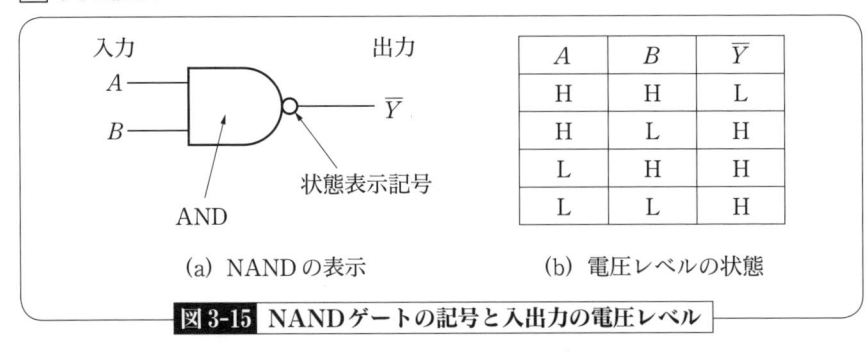

```
   入力            出力
    A
       ─[ NAND ]○─ Ȳ
    B
           │
      状態表示記号
    AND
```

A	B	$\overline{Y}$
H	H	L
H	L	H
L	H	H
L	L	H

(a) NAND の表示　　　(b) 電圧レベルの状態

図 3-15　NAND ゲートの記号と入出力の電圧レベル

3.2 論理と論理記号

表 3-4 AND, OR, NOT 素子の真理値表

A	B	Y
0	0	0
0	1	0
1	0	0
1	1	1

A	B	Y
0	0	0
0	1	1
1	0	1
1	1	1

A	Y
0	1
1	0

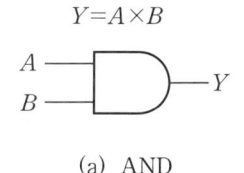

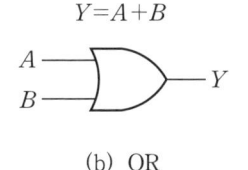

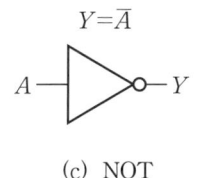

$Y = A \times B$ $Y = A + B$ $Y = \overline{A}$

(a) AND   (b) OR   (c) NOT

図 3-15(a) は NAND ゲートの記号で, (b) はその入出力の電圧レベルの状態を示している。

H を論理 1, L を論理 0 に置き換えると, 出力 $\overline{Y}$ の NAND 動作になる。

表 3-4 は, 2 入力の AND, OR および NOT 素子について, それぞれの論理状態のすべての組合せを表したもので, このような表を真理値表と呼ぶ。

4 NAND, NOR 動作の関係

図 3-15 の電圧特性を示す NAND ゲートの入力が H でアクティブのとき, 真理値表は 表 3-5 と書ける。

同じ NAND ゲートの入力を状態表示記号付き, すなわち L でアクティブな入力として扱うと, どのような動作になるかを考えてみよう。

この場合, 図 3-15(b) で入力信号が H なら論理 0, L なら論理 1 とし, 入力を $A \to \overline{A}$, $B \to \overline{B}$ に置き換えると, 図 3-16 のようになる。真理値表をみ

表 3-5 NAND ゲートの真理値表

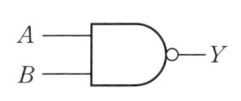

A	B	Y
1	1	0
1	0	1
0	1	1
0	0	1

第3章
基礎回路技術その2　論理とデジタルIC

(a) ゲートの記号

$A \to \overline{A}$	$B \to \overline{B}$	Y
1　0	1　0	0
1　0	0　1	1
0　1	1　0	1
0　1	0　1	1

(b) 真理値表

図3-16 NANDゲートのOR動作

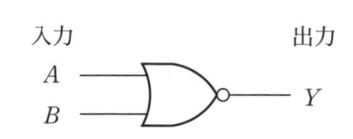

入力　　　　　出力

A	B	Y
H	H	L
L	H	L
H	L	L
L	L	H

電圧状態

図3-17 NORゲートの入出力電圧状態

(a) 記号

$A \to \overline{A}$	$B \to \overline{B}$	Y
0　1	0　1	1
1　0	0　1	0
0　1	1　0	0
1　0	1　0	0

(b) 真理値表

図3-18 NORゲートのAND動作

ればこの回路はOR動作を行うことがわかる。負論理入力，正論理出力のORということである。

同様に，NORゲートの入出力電圧状態は図3-17である。状態表示記号付きの入力として扱うと，真理値表は図3-18(b)となり，この回路はAND動作をするともいえる。

ただしこれらの解釈は，あくまで論理上の考え方であって，電気回路の動作には関係ないことに注意してほしい。電気的にはあくまでNANDは図3-15，NORは図3-17の通り動作するわけである。

5 素子の組合せと応用

表3-4(c)のバッファ増幅器として専用ICもあるが，図3-19のようにNAND，NOR等を使って同じ動作をさせることもできる。またこれらの素子を使い，図3-20に示すようにAND，ORゲートの組み合わせでも作れる。ただし状態表示記号は，右図のように記入しておくべきである。

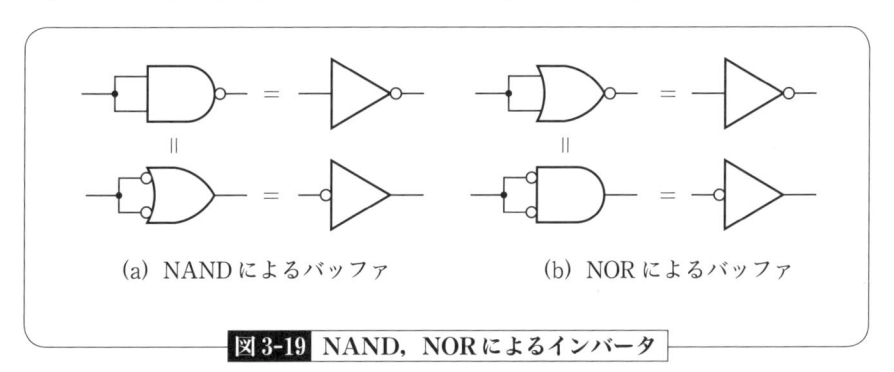

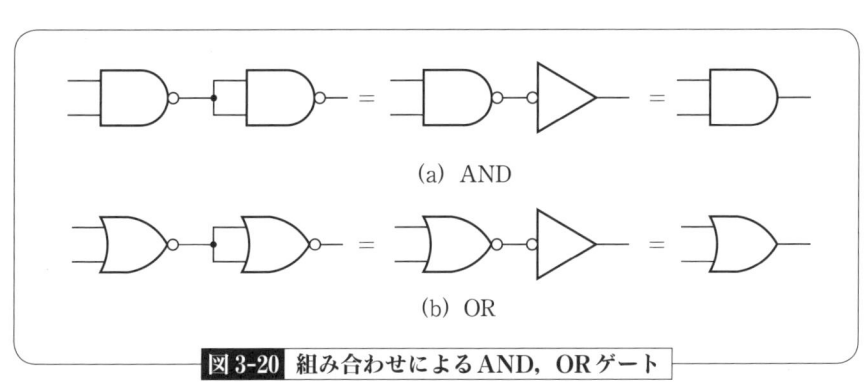

(a) NANDによるバッファ　　(b) NORによるバッファ

図3-19 NAND，NORによるインバータ

(a) AND

(b) OR

図3-20 組み合わせによるAND，ORゲート

第3章
基礎回路技術その2　論理とデジタルIC

ゲートの組合せと状態表示記号について，もう少し説明をしておこう。

今 A, B, C, D の4信号のAND回路を作りたいとする。2入力NAND 3個を使って**図3-21**(a)の回路を構成しても，4信号入力のAND動作にはならない。状態表示記号を使って出力段のNANDゲートを書き直すと回路は**同図**(b)となり，4信号のAND回路ではなく，それぞれ2組の2入力信号のANDの和となる論理動作が直観的に理解できる。

図3-21(a)の回路の解釈で，出力NANDを入力に状態表示記号の付いたNORとせず，そのままの記号で押し通しても，あとに述べるブール代数の諸定理を使えば

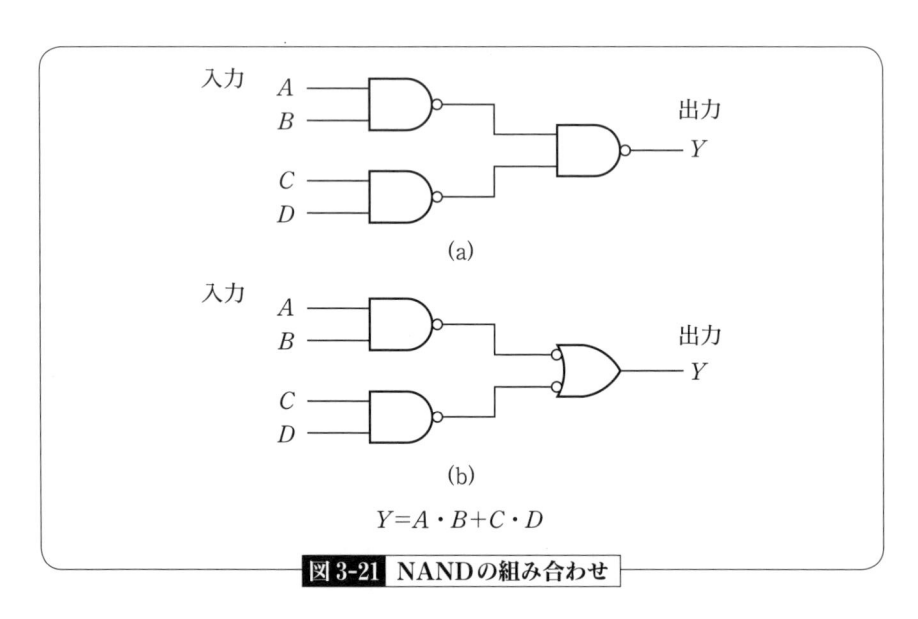

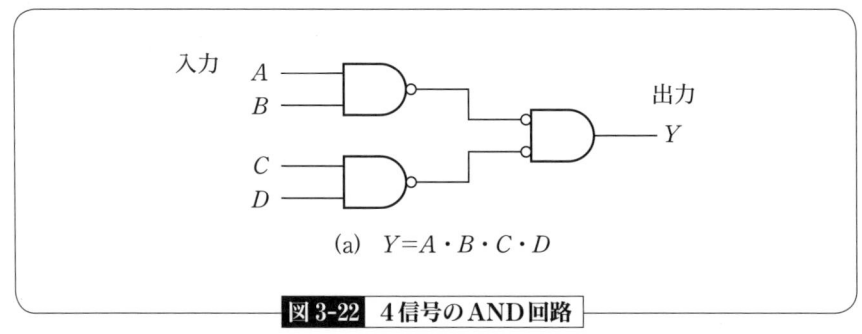

$$Y = A \cdot B + C \cdot D$$

図3-21 NANDの組み合わせ

(a) $Y = A \cdot B \cdot C \cdot D$

図3-22 4信号のAND回路

$$Y = \overline{\overline{A \cdot B} \cdot \overline{C \cdot D}} = A \cdot B + C \cdot D \tag{3.1}$$

となり，結果は同じであるとしても非常に理解し難い。

入出力の受渡しに際し，図(b)のように状態表示記号の有無が統一されている限り，正論理，負論理に関係なく論理演算は記号通りに行われ，論理設計を誤る可能性は少なくなる。

4信号のAND回路は，図3-22で実現できる。入力に状態表示記号がついたゲートは，NORを書き換えたものである（図3-18(a)）。

3.2.3 ブール代数

論理を扱うのに，通常の代数演算とよく似たブール代数と呼ばれる数理体系があり，その定理に従って演算を行うことによって，対応する論理回路の簡略化を図ることができる。

1 2値論理の基本演算

これまでに述べたように，方程式中の変数 A，B，C，……のそれぞれの1桁の値が二つの値しかとらない数理体系を2値論理数系と呼ぶ。この2値を表す記号は，通常0，1を用いるが，原理的にはH，L，ON，OFF等何を用いてもかまわない。

2値論理では，各々の変数の1桁の値が0でなければ必ず1，1でなければ必ず0である（10進法では0でなければ他の1〜9までの9個の値がある）。

一般の論理構成は単純なものではなく，複合した論理命題となっているが，すべてAND，OR，NOTなどの個別の要素に分解できる。

2値論理の基本演算として

$$
\begin{aligned}
\text{AND} \quad 0 \cdot 0 \quad \text{または} \quad & 0 \times 0 = 0 \\
& 0 \times 1 = 0 \\
& 1 \times 0 = 0 \\
& 1 \times 1 = 1
\end{aligned}
\tag{3.2}
$$

$$
\begin{aligned}
\text{OR} \quad & 0 + 0 = 0 \\
& 0 + 1 = 1
\end{aligned}
$$

第3章
基礎回路技術その2　論理とデジタルIC

$$1+0=1 \tag{3.3}$$

$$\text{NOT} \quad \overline{1}=0 \\ \overline{0}=1 \tag{3.4}$$

を定義しておけば十分であることがわかっている。

たとえば二つの変数 A, B があり，A が1，B が0であれば，

$$\text{論理積（AND）} \quad Y = A \cdot B = 1 \cdot 0 = 0 \tag{3.5}$$

$$\text{論理和（OR）} \quad Y = A + B = 1 + 0 = 1 \tag{3.6}$$

$$\text{否　定（NOT）} \quad Y = \overline{A} = \overline{1} = 0 \\ Y = \overline{B} = \overline{0} = 1 \tag{3.7}$$

となる。

2 真理値表

真理値表を正確に定義すると次のようになる。

通常，代数の一般方程式は次式で表される。

$$y = f(a, b, c, \cdots) \tag{3.8}$$

2値論理数系でも一般方程式は同様に，

$$Y = F(A, B, C, \cdots) \tag{3.9}$$

表3-6　3変数A, B, CのOR演算についての真理値表

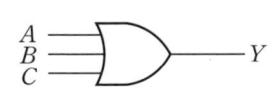

$Y = A + B + C$

A	B	C	Y
0	0	0	0
1	0	0	1
0	1	0	1
1	1	0	1
0	0	1	1
1	0	1	1
0	1	1	1
1	1	1	1

で表現する。

これらの各変数 A, B, C, …の 0 か 1 の値，すなわち真理値のすべての組合せに対して関数 Y のとる値を一覧表にしたものが真理値表で，通常変数の値は左に，関数の値は右に記入する。

例として，三つの変数 A, B, C の OR 演算についての真理値表を **表 3-6** にあげておく。

一般に 2 値論理で変数の数を n 個とすれば，すべての組合せの場合の数は 2^n 個になる。

③ ブール代数の諸定理

ブール代数の諸定理を **表 3-7** にあげる。

これらの式は直観的に理解できるものもあるが，複雑な定理は 2 値論理の性質や真理値表，簡単な定理を使って計算することができる。

ブール代数の考え方と論理記号の習熟のため，**図 3-23** に **表 3-7** の定理15〜19の論理記号による表記と証明をしておく。

表 3-7　ブール代数の定理

	定　理	名　称
1	$1 \cdot A = A$	
2	$1 + A = 1$	
3	$0 \cdot A = 0$	
4	$0 + A = A$	
5	$A \cdot A = A$	同一の定理
6	$A + A = A$	
7	$A \cdot \overline{A} = 0$	否定の定理
8	$A + \overline{A} = 1$	
9	$\overline{(\overline{A})} = A$	
10	$A \cdot B = B \cdot A$	交換の定理
11	$A + B = B + A$	
12	$A \cdot (B \cdot C) = (A \cdot B) \cdot C$	結合の定理
13	$A + (B + C) = (A + B) + C$	
14	$A \cdot (B + C) = A \cdot B + A \cdot C$	分配の定理
15	$A + B \cdot C = (A + B) \cdot (A + C)$	
16	$A \cdot (A + B) = A$	吸収の定理
17	$A + (A \cdot B) = A$	
18	$A \cdot (\overline{A} + B) = A \cdot B$	
19	$A + \overline{A} \cdot B = A + B$	

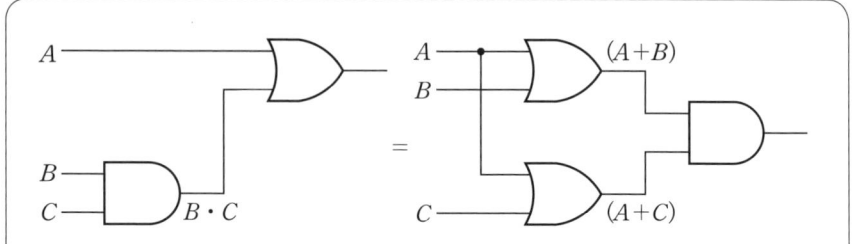

第3章
基礎回路技術その2　論理とデジタルIC

定理15　$A+B \cdot C = (A+B) \cdot (A+C)$
　　$(A+B) \cdot (A+C)$
　$= A \cdot A + A \cdot B + A \cdot C + B \cdot C$
　$= A + A(B+C) + B \cdot C$
　$= A\{1+(B+C)\} + B \cdot C$
　$= A + B \cdot C$

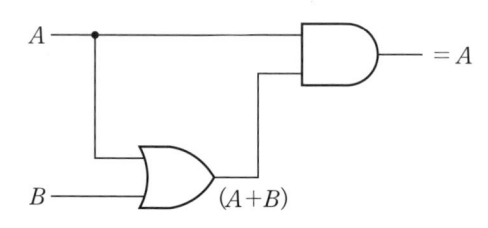

定理16　$A \cdot (A+B) = A$
　　$A \cdot (A+B)$
　$= A \cdot A + A \cdot B$
　$= A(1+B)$
　$= A$

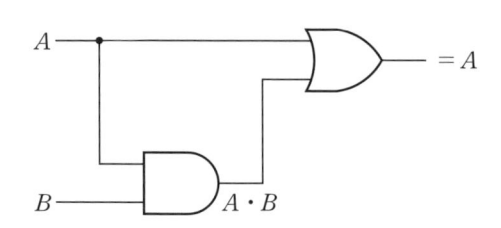

定理17　$A + (A \cdot B) = A$
　　$A + (A \cdot B)$
　$= A \cdot A + (A \cdot B)$
　$= A(1+B)$
　$= A$

定理18　$A\cdot(\overline{A}+B)=A\cdot B$
$A\cdot(\overline{A}+B)$
$=A\cdot\overline{A}+A\cdot B$
$=A\cdot B$

定理19　$A+\overline{A}\cdot B=A+B$
$A+\overline{A}\cdot B$
$=A\cdot(A+B)+\overline{A}\cdot B$
　　定理16より　$A\cdot(A+B)=A$
$=A\cdot A+AB+\overline{A}B$
$=A+B(A+\overline{A})$
　　定理8より　$A+\overline{A}=1$
$=A+B$

図 3-23　ブール代数の証明

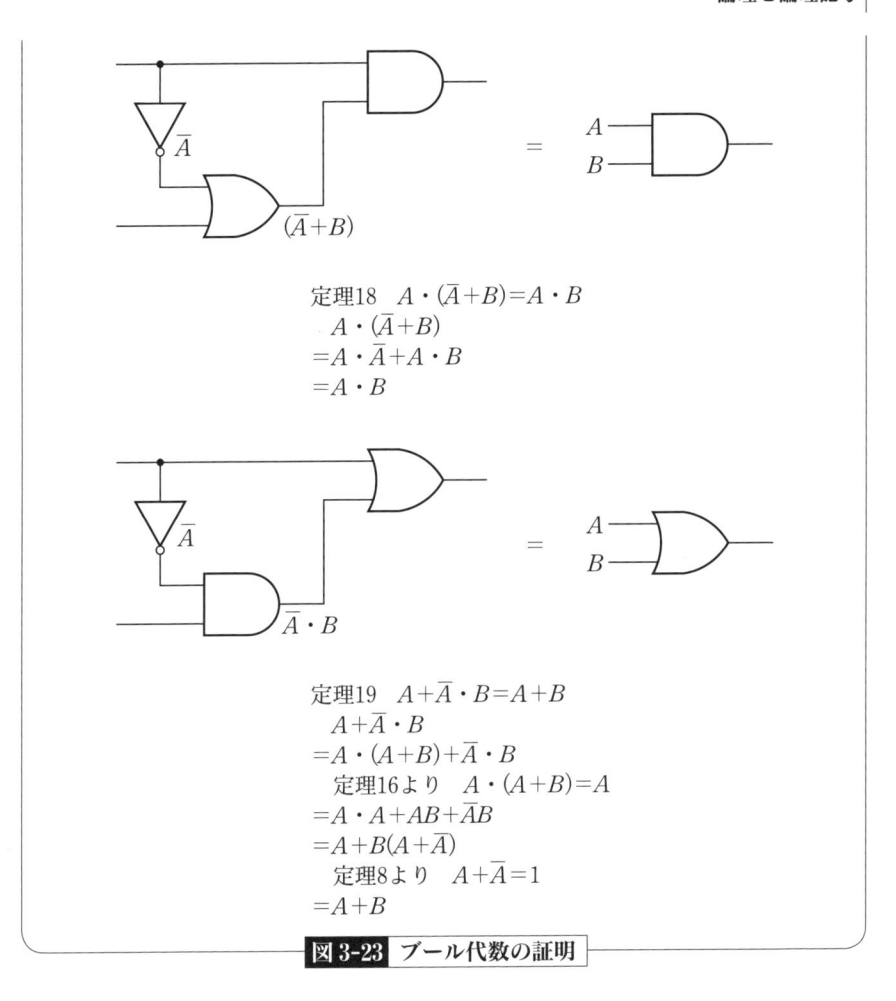

4 ド・モルガンの定理

　論理回路や論理式で，右辺と左辺の2値論理の0と1をすべて0は1に，1は0に交換し，同時に論理和（OR）と論理積（AND）を置き換えた式はつねに相等しい。これをド・モルガンの定理と呼ぶ。これを一般式に表現すれば，変数A_1, A_2, A_3, ……A_nについて

$$\overline{A_1\cdot A_2\cdot A_3\cdots A_n}=\overline{A_1}+\overline{A_2}+\overline{A_3}+\cdots+\overline{A_n} \tag{3.10}$$

また

$$\overline{A_1+A_2+A_3+\cdots+A_n}=\overline{A_1}\cdot\overline{A_2}\cdot\overline{A_3}\cdots\overline{A_n} \tag{3.11}$$

ド・モルガンの定理は，AND，OR，NOT等の諸論理の関連を明確にするために非常に重要な意味をもっている。前出の**図3-16**，**図3-18**もこの定理の例であり，正論理入力のNANDが負論理入力のORに等しく，正論理入力のNORが負論理入力のANDに等しいことが，式の上からも容易に理解できるであろう。

3.3 デジタルIC

デジタル集積回路（Digital Integrated Circuit，デジタルIC）を機能的に分類すると次のようになる。

(a) システム構成の補助的機能や高速性を生かした，素子数の比較的少ないTTL，ECL，CMOS ICなどによるゲート，フリップ・フロップ等
(b) 論理演算機能をもつMPU（Micro Processor Unit），その周辺回路用IC等
(c) 集積度が大きいスタティック，ダイナミック記憶用LSI等
(d) カスタムIC

3.3.1 デジタルICの種類と特徴

デジタルICを，基本素子の種類と回路形式で分類したものが**表3-8**である。

TTL IC（Transistor Transistor Logic IC）は，バイポーラ・トランジスタを基本素子とし，マルチエミッタトランジスタによるAND, ORとインバータ回路を組み合わせたNAND, NORゲートによって構成され，回路動作は飽和とカットオフ領域にある。メーカーによって名称の異なる場合

表3-8　デジタルICの種類

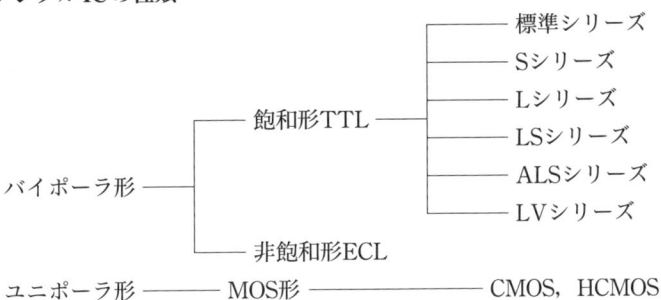

```
                                  ┌── 標準シリーズ
                                  ├── Sシリーズ
                                  ├── Lシリーズ
                    ┌─ 飽和形TTL ──┤
                    │             ├── LSシリーズ
                    │             ├── ALSシリーズ
    バイポーラ形 ──┤             └── LVシリーズ
                    │
                    └─ 非飽和形ECL
    ユニポーラ形 ──── MOS形 ──────── CMOS, HCMOS
```

はあるが，標準形，ショットキ・ダイオードでクランプした高速形S，低電力形L，低電力ショットキ形LS，その改良形ALS，通常5Vの電源電圧を3.3Vとして高速化したLV（low voltage）TTL等の各シリーズがある。

ECL（Emitter Coupled Logic）は，非飽和領域で動作するエミッタ結合のトランジスタ回路を基本素子とした超高速のICである。電圧レベルが特殊で，消費電力も大きいが，実用の論理素子としては最も高速である。

CMOS IC（Complementary Metal Oxide Semi-conductor IC）は，ユニポーラ形の代表的なデジタルICである。そのうちでもH CMOS ICは，標準CMOSの低電力性，高雑音余裕度とTTL LSシリーズとほぼ同等な高速性を合わせもっている。

最近ではLS，ALS，HCMOSの比率が大きく，Sおよび標準形はあまり使用されない傾向にある。

3.3.2 集積度によるICの分類

ICの集積度はゲート数を単位として分類される。

(a) SSI（Small Scale Integrated circuit）

　AND，NAND，OR，NOR等の基本論理素子が主で，ゲートが数個程度の小規模集積度IC

(b) MSI（Medium Small Scale Integrated circuit）

　数個のフリップ・フロップ，マルチプレクサ，デマルチプレクサ等，中規模の論理素子の集積度をもつIC，基本ゲート数は数十個程度

(c) LSI（Large Scale Integrated circuit）

　システムまたはサブシステムの主要動作機能をもつ大規模集積度IC

(d) VLSI（Very Large Scale Integrated circuit）

　記憶回路や，非常に複雑な機能をもつカスタムICに多く，ゲート数で数万個以上のもの

3.3.3 TTL

TTLはメーカーにより独自の名称をつけている場合もあるが，ほとんどはTI社（Texas Instruments Inc.）のSNファミリの品名によるか，その名称を併記している。

SN53ファミリは軍用の厳しい規格で価格も高く，通常の産業用には一般

規格のSN74ファミリが用いられる。

種類を表すS，L，LS，ALSなどの記号以外の数字表記が同一であれば，ICの論理動作やピン接続は変わらない。たとえば7400，74S00，74ALS00はすべて同じピン接続のNANDゲートである。

デジタル回路の設計時には，それぞれのICのマニュアルを参照する必要がある。

1 論理レベルと雑音余裕度

74ファミリのTTLは，+5V±5%の単一電源で動作する。それぞれの種類によって多少の数値の差はあるが，標準のSN7400を例にして動作レベルと雑音余裕度を説明しよう。

図3-24(a)で，IC_1の出力Hレベル電圧は+3.3V以上，Lレベル電圧は+0.2V以下である。またこの図でIC_2の入力に加わる電圧が+1.4Vを境にして出力の論理状態が変わる。

IC_1の出力をIC_2の入力に接続したとき，IC_1の出力がHレベルではその出力に0Vの方向に1.9Vの雑音が重畳してもIC_2は誤動作しない。同様にIC_1の出力がLレベルでは，+5Vの方向に1.2Vの雑音が重畳してもIC_2は誤動作しない。

しかし実際の使用条件では図3-24(b)のように出力Hレベル電圧の最低値を+2.4V，Lレベル電圧の最高値を+0.4Vとし，入力側では+0.8V以下で

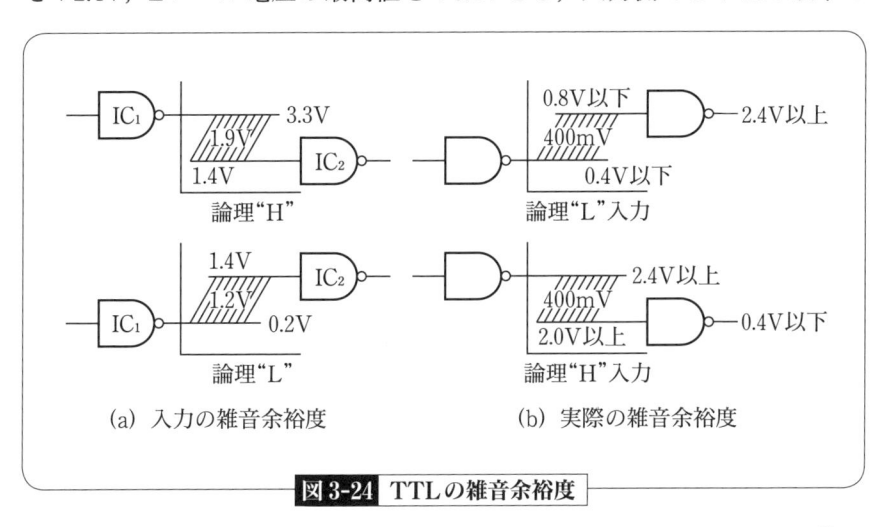

(a) 入力の雑音余裕度 (b) 実際の雑音余裕度

図3-24 TTLの雑音余裕度

あればL入力，+2.0V以上であればH入力としての動作を保証している。すなわち入出力の信号の受渡しで，少なくとも0.4Vの誤動作に対する電圧レベルの余裕を見込んでいるわけである。これが雑音余裕度（ノイズマージン）で，このような受渡しの動作レベルをTTLレベルと呼んでいる。

2 基本ゲートの動作解析と内部回路

先にも述べたが，デジタルICは集積度の大小にかかわらず，NAND，NOR等の基本ゲートの組合せで構成されており，これらの内部回路とその動作を理解すれば，あとはほとんど論理記号のみで設計が可能となる。

TTL内部回路の動作を，第2章バイポーラ・トランジスタの項をもとにして説明してゆこう。

(1) NANDゲート7400の動作

NANDゲート7400の内部回路を図3-25に示す。入力回路はダブルエミッタのトランジスタで構成されている。

このICは図3-26(a)のように，Q_1のベースが抵抗R_1によって+5Vに接続されているので，もしA，B二つのエミッタ入力端子のうち，いずれかがLレベルになるかまたは接地されると，Q_1はONとなりコレクタ，ベースともに接地電位に近くなる。そのためQ_2のエミッタ電圧もほぼ0，Q_3はOFFとなる。一方Q_2は電流が流れないため，Q_4のベースにはR_2を介して+5Vが印

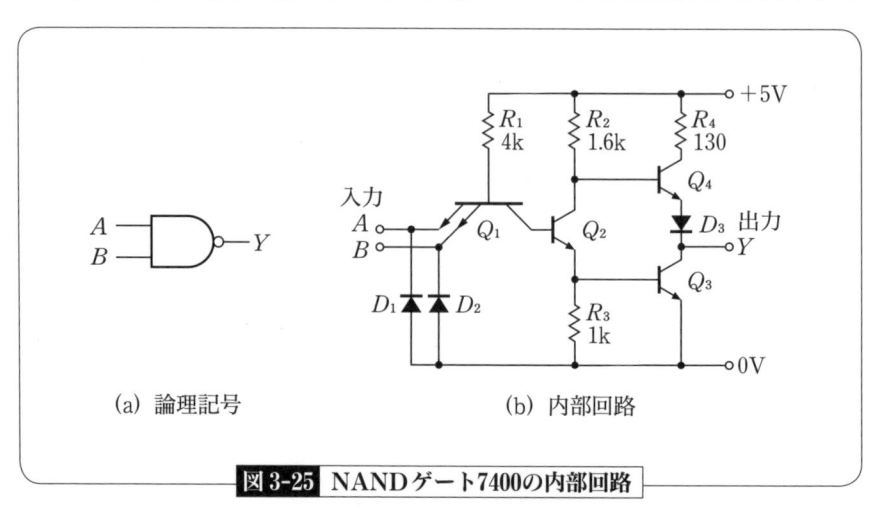

図 3-25 NANDゲート7400の内部回路

図 3-26 入力回路の動作

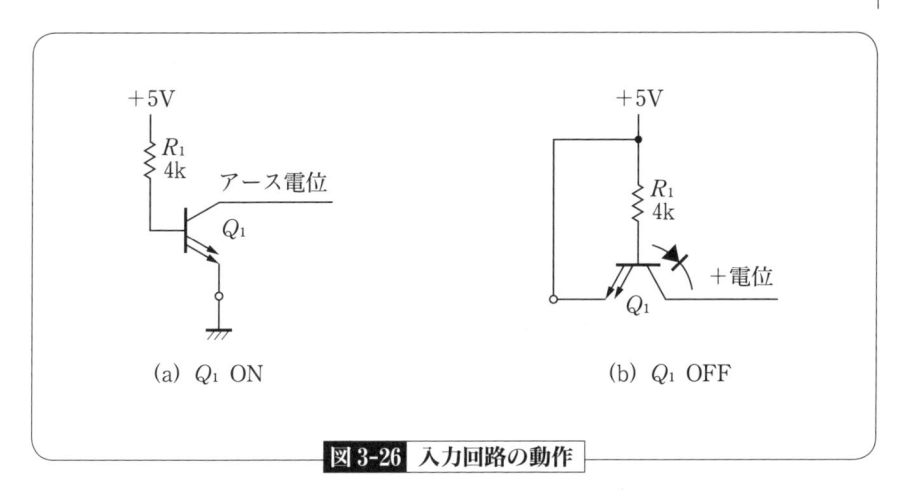

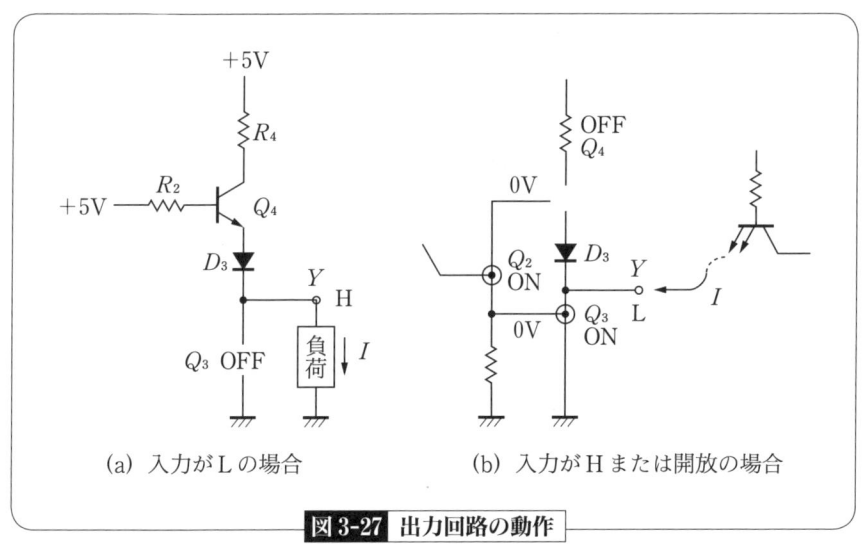

(a) Q_1 ON
(b) Q_1 OFF

図 3-27 出力回路の動作

(a) 入力がLの場合
(b) 入力がHまたは開放の場合

加される。

　出力回路は **図 3-27**(a) のように，Q_4 のベースに電流制限抵抗 R_2，コレクタ抵抗 R_4，負荷と直列にダイオード D_3 が接続されたエミッタ・フォロワと考えることができ，出力電圧はHレベルとなって負荷に電流 I が流れる。

　次に A，B エミッタ入力端子がいずれもHレベル，あるいは開放されると，**図 3-26**(b) に示すように Q_1 のコレクタ，ベースは順方向に電圧が加わったダイオードと同じ動作を行い，Q_2 のベースには R_1 とこの等価ダイオード

165

第3章
基礎回路技術その2　論理とデジタルIC

を介して+5Vの電圧が加わる。

　Q_2のエミッタは+電位となり，Q_3はONとなる。その結果として，Q_2のエミッタ電圧も図3-27(b)のように0V近くまで引き下げられる。Q_2，Q_3の飽和によりQ_4のベースは0電位に下がりOFFとなる。この状態では出力レベルはLとなり，電流IをトランジスタQ_3が吸い込む。以上がNANDゲートの基本動作である。

(2) NORゲート7402の動作

　NORゲート7402の内部回路を図3-28に示す。NANDゲート回路と異なる点は，入力トランジスタがQ_{1A}，Q_{1B}の二つに分かれ，かつトランジスタQ_2のエミッタとコレクタが共通に接続されていることである。

　図3-26(a)と比較しながら動作を考えてみよう。図3-28で入力Aを接地すると，Q_{1A}はON，Q_{2A}はOFFとなり，入力Bがこの回路の出力状態を決定する。入力Bを接地すると，入力Aが出力状態を決める。

　NAND回路ではH入力が論理を決定せず，NOR回路ではL入力が論理の決定に関与しない。多入力のNORゲートでは，一つでも入力がHまたは解放されると出力はLとなる。以後の動作はNAND回路と同じである。

　基本ゲートには多くの種類があるが，いずれもこのような考え方で動作が理解できる。

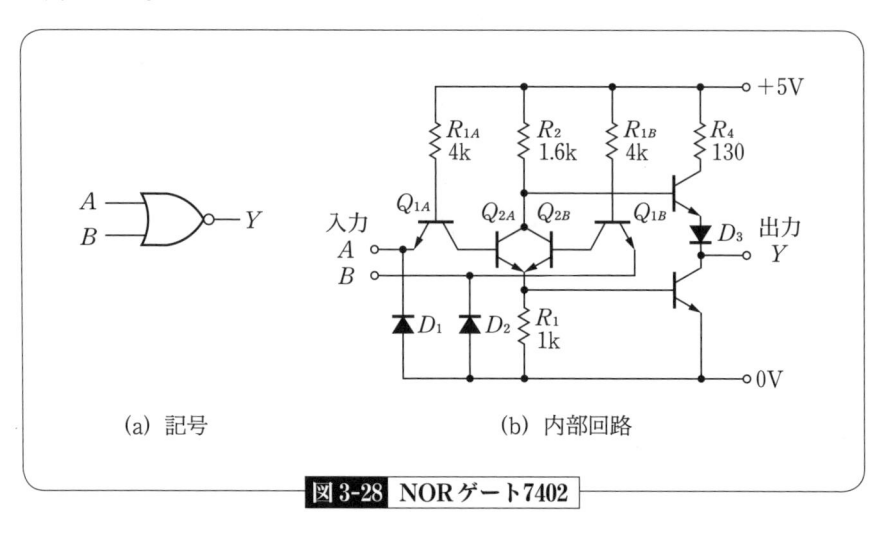

図3-28　NORゲート7402

(3) 74S00, 74LS00, 74ALS00

図 3-29〜図 3-31 に各シリーズの NAND ゲートの内部回路を示す。

動作速度が早いゲートは回路の抵抗値が低く，消費電力が大きい．またショットキ・ダイオード，トランジスタの記号にも注意されたい．

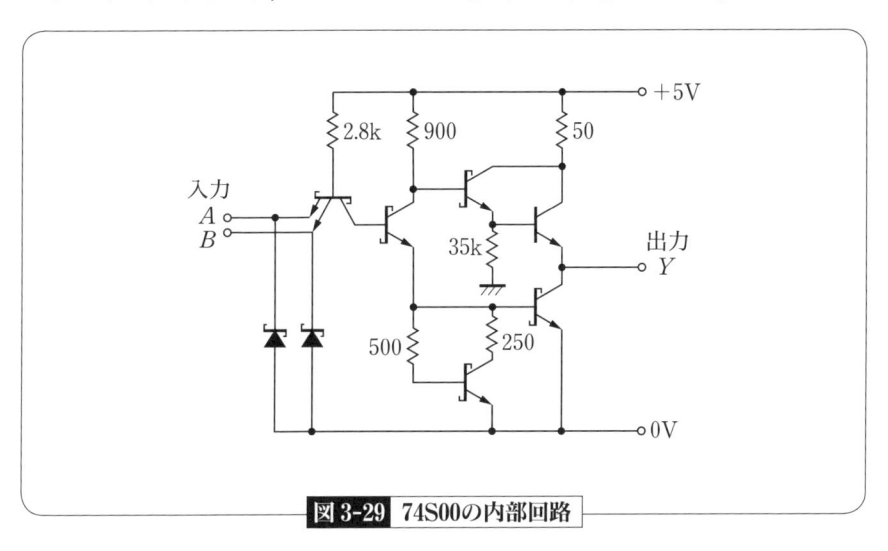

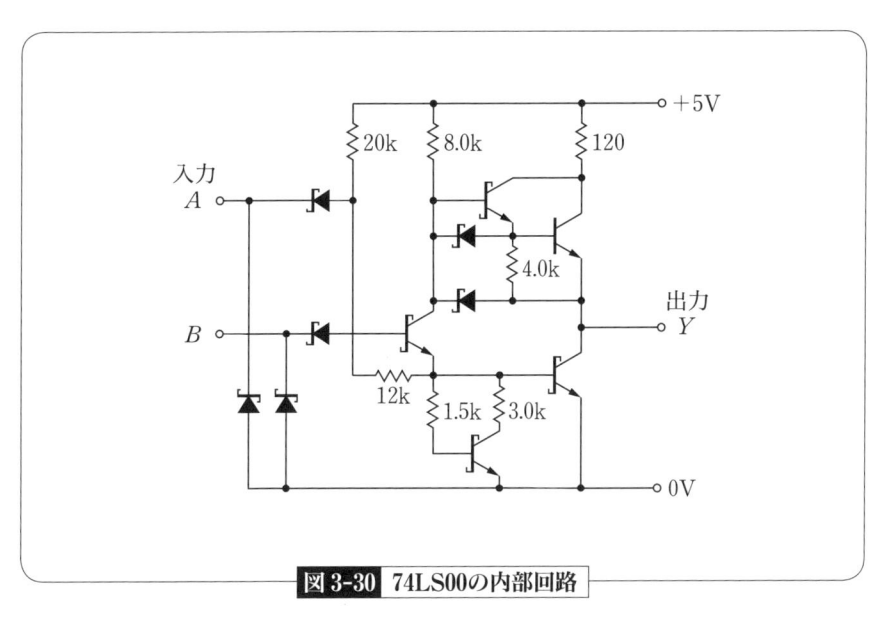

図 3-29 74S00の内部回路

図 3-30 74LS00の内部回路

第3章
基礎回路技術その2　論理とデジタルIC

図 3-31 74ALS00の内部回路

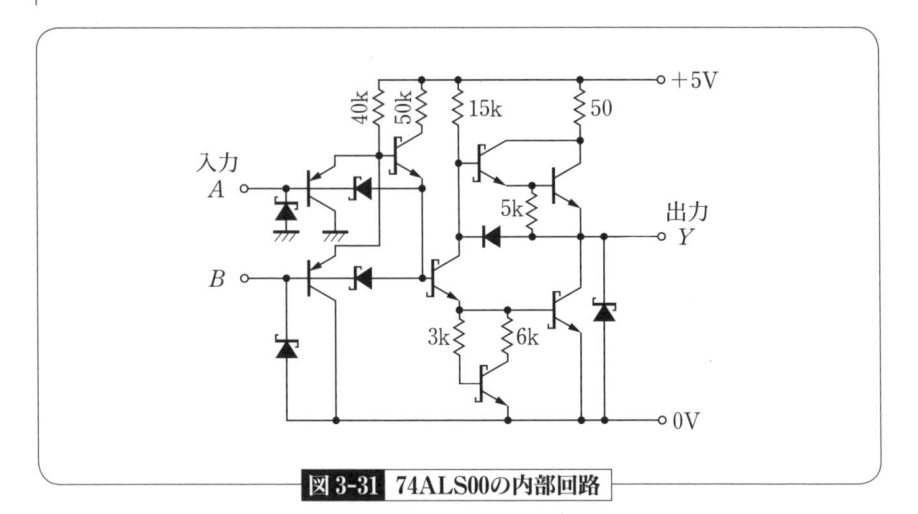

3 出力回路の種類

TTLの出力回路は種類によって定格は異なるが，次の三つの形がある。

(1) トーテム・ポール（Totem Pole）形出力回路

これまで説明した基本ゲートの出力がトーテム・ポール形と呼ばれる出力回路で，二つのトランジスタをトーテム・ポール状に接続し，その中央から出力を取り出したものである。

この出力回路は，他の素子なしでIC相互間の接続をすることができる最も基本的な形である。

(2) オープン・コレクタ（Open Collector）形出力回路

ICの最終段のトランジスタのコレクタが無接続で，そのまま出力端子となっている出力回路である。

この形のTTLはもちろん+5Vで動作させるが，出力トランジスタのみ耐圧も高く，出力電流も大きい種類があり，リレー，ランプ等のIC以外の外部の負荷を直接駆動することができる。

たとえば7426オープン・コレクタNANDゲートは，**図 3-32** の内部回路になっている。オープン・コレクタ形出力には，ワイヤードOR（またはAND）と呼ばれるもう一つの重要な動作があるが，これは使い方の項で説明する。

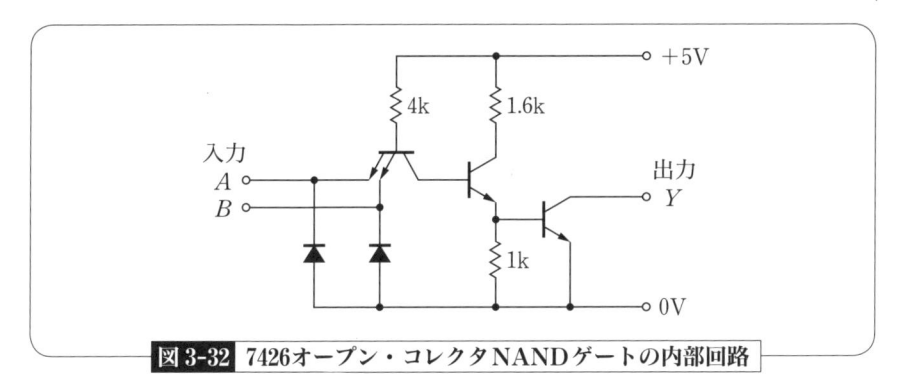

図 3-32 7426オープン・コレクタNANDゲートの内部回路

(3) トライ・ステート形出力回路

　通常のTTLは，LおよびHの二つの出力レベルしかとらないが，このトライ・ステート（3ステート，Three Statesともいう）ICは，コントロール入力によって高インピーダンスのOFF出力状態を作ることができる。**図 3-33** は，トライ・ステート出力をもつ12入力NANDゲート74S134の内部回路である。

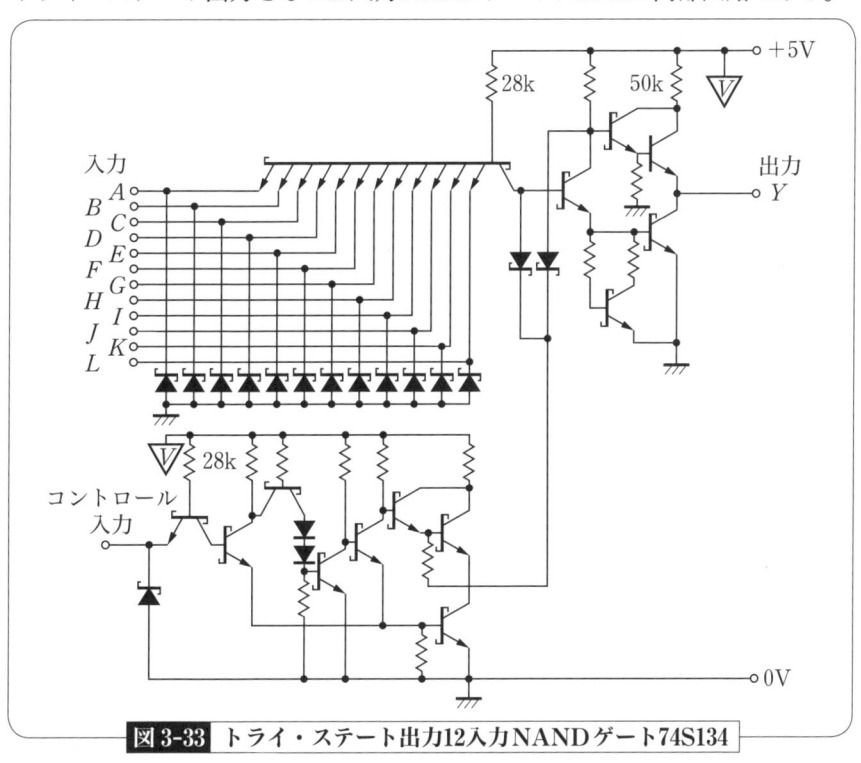

図 3-33 トライ・ステート出力12入力NANDゲート74S134

3.3.4 MOS IC (Metal Oxide Semi-conductor IC)

　TTLがバイポーラ形トランジスタ，ダイオードと抵抗の組合せで作られているのに対し，MOS ICはMOS-FETにより構成される。ハイブリッド，バイポーラICでは，回路の構成要素にトランジスタ，抵抗など異種の素子があるため複雑な製造工程が必要になる。その上抵抗による電力損失の発熱のため，集積度が制限されてしまう。

　しかしMOS-FETのソースドレイン間の等価抵抗値は，ゲート電圧によって簡単に制御できるので抵抗素子に置き換えることができ，またバックゲートが0Vまたは逆方向にバイアスされているとソースドレイン間の抵抗が非常に大きくなり，消費電流が飛躍的に小さくなる。そうした製造上，動作上の利点から，MOS ICの集積度をTTLとは比較にならないほど大きくすることができる。

① CMOS IC (Complementary Metal Oxide Semi-conductor IC)

　その中で，pチャンネルとnチャンネルFETを相補形に組み合わせたCMOS ICは，低消費電力，高雑音余裕度，高入力インピーダンス，広い電源電圧動作範囲など数々の優れた特性によってTTLとともに最も重要なICの一つである。ことにH CMOS ICはこれらの特徴に併せ，LS，ALS TTLとほぼ同等の速度，出力電流特性をもち，ますます使用比率を高めている。

　論理記号，ピン接続などはTTLと同じで，使用方法もほぼ同様であるが，TTLに比べ各社の規格が必ずしも統一されてはいないので，回路設計時にはカタログ上の特性を充分に注意する必要がある。

② CMOSインバータの内部回路

　CMOS ICは，pチャンネル，nチャンネルのMOS-FETを直列につなぎ，ゲートを共通に接続して入力端子とし，同様にドレインを共通にして出力とし相補的に組み合わせたものである。図3-34にCMOSインバータの内部回路を示す。

　入力にLレベルの電圧が加わると，Q_1がON，Q_2がOFFとなり，出力には，ほぼ出力電圧V_{DD}のHレベル電圧が現われる。入力がHであればQ_1が

図 3-34 CMOSインバータの内部回路

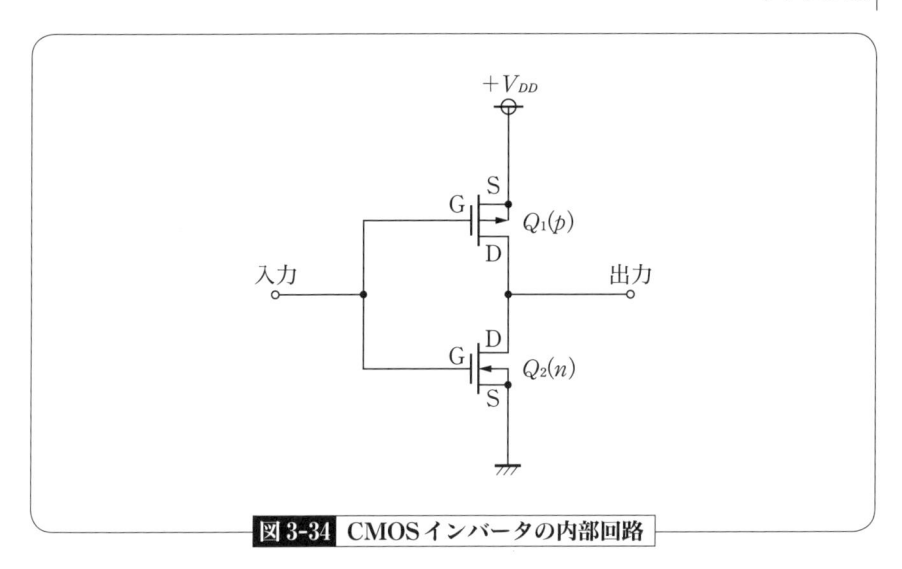

OFF，Q_2 がONで，出力電圧はLとなる。

CMOSはゲートインピーダンスがきわめて高く，かつ Q_1，Q_2 のOFF抵抗も $10^9\,\Omega$ 以上あり，一方ON抵抗はこれに比べ数百〜数 $k\Omega$ と低いことから，HとLの論理レベルが電源電圧 V_{DD} と0Vに対応し，過渡時以外はH，Lの状態にかかわりなく電流のほとんど流れない理想的なスイッチ動作を行う。

3 CMOS NANDゲートの内部回路

図3-35は，CMOSの2入力NANDゲートの内部回路である。この図で

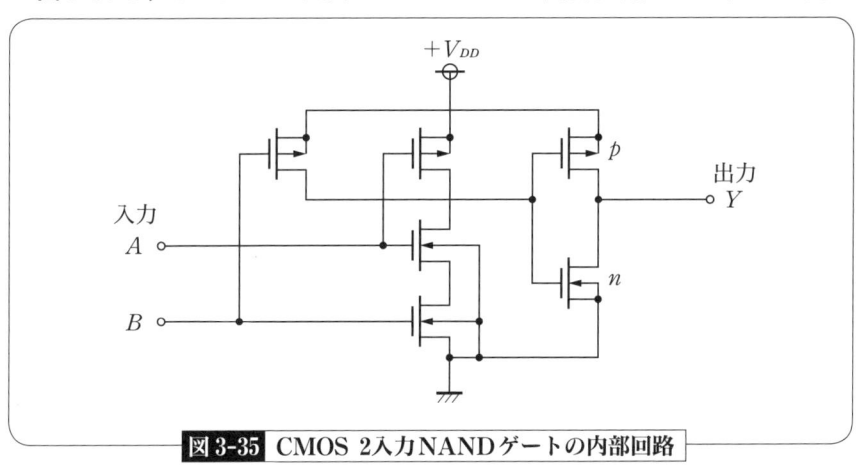

図 3-35 CMOS 2入力NANDゲートの内部回路

わかるように，素子はすべてMOS-FETで構成されている。

3.3.5 デジタルICの使い方

これまで論理回路の考え方と素子の動作について基礎的な説明を行ってきた。実際にデジタルICを使いこなすには，用語，諸規格の違い，入出力の処理，相互の接続など具体的な事項についてよく理解しておかねばならない。ただアナログ回路と違って，信号のレベルが2値しかないので取扱いははるかに簡単である。

① 用語と定義，動作記号

デジタルICの特性を表す用語と定義，動作記号について 表3-9 で説明しておく。デジタルIC関してほぼ共通であるが，メーカーによって多少の表現の相違がある。

表3-9　用語と定義，動作に対する記号

1) 用語と定義

f_{max}（最大クロック周波数）	バイナリ回路で動作諸条件を満足させる最大のクロック入力周波数。
I_{CC}（供給電流）	ICのV_{CC}端子に電圧が加えられたときの電流。
I_{CCH}（全出力H時の供給電流）	1個のICの中のすべての出力がHとなったときにV_{CC}端子に流れ込む電流。
I_{CCL}	全出力L時の供給電流。
I_{IH}（Hレベル入力電流）	規定のHレベル入力電圧のとき，入力端子から流れ込む電流の最大値。
I_{IL}（Lレベル入力電流）	規定のLレベル電圧のとき，入力端子から流れ出す電流の最大値（電流は回路に流れ込む方向で定義されるため，規格では負符号の付いた値となる）。
I_{OH}（Hレベル出力電流）	規定のHレベル出力電圧を維持しながら出力から取り出せる電流の最大値。
I_{OL}（Lレベル出力電流）	規定のLレベル出力電圧を維持しながら出力に流し込める電流の最大値。
I_{OS}（出力短絡電流）	出力電圧がグラウンドレベルより最もはなれた電位となる入力条件において，出力をグラウンドに短絡したとき流れる電流。
I_{OZH}（出力Hレベル時のオフステート出力電流）	3ステートICの出力がオフ状態に設定されたとき，出力にHレベルの電圧が加わったときの出力電流。
I_{OZL}（出力Lレベル時のオフステート出力電流）	

3.3 デジタルIC

V_{IH}（Hレベル入力電圧） V_{IL}（Lレベル入力電圧） V_{OH}（Hレベル出力電圧） V_{OL}（Lレベル出力電圧）	L，Hの2レベルのうちHとして扱われる電圧レベル。
t_a（アクセス・タイム）	入力にパルスが加わって，出力に正常な動作信号が現れるまでの時間。
t_{dis}（ディスエーブル(disable)タイム）	3ステート出力が，与えられた入力条件によってLまたはHの動作状態からOFF（高インピーダンス）状態に移行するまでに要する時間。 t_{PHZ}　HレベルからOFF状態への時間。 t_{PLZ}　LレベルからOFF状態への時間。
t_{en}（イネーブル(enable)タイム）	3ステート出力がOFF状態からLまたはHレベルに移行するまでに要する時間。 t_{PZH}　OFF状態からHレベルへの時間。 t_{PZL}　OFF状態からLレベルへの時間。
t_{pd}（伝搬遅れ時間）	入力にレベルの変化信号が加わって，出力に有効な変化が現れるまでに要する時間。 t_{PHL}　出力がHからLとなる伝搬遅れ時間。 t_{PLH}　出力がLからHとなる伝搬遅れ時間。
t_w（パルス幅）	パルス波形の前縁と後縁の間の時間，それぞれのレベルはその時々の定義による（たとえば半値幅など）。

2）動作に対する記号

　データシートでよく用いられる動作に対する記号は次のようなものがある。

H	定常状態におけるHレベル。
L	定常状態におけるLレベル。
↑	LからHへのレベルの変化。
↓	HからLへのレベルの変化。
→	値やレベルが矢印の方に流れる。
↻	値やレベルが再入力される。
×	入力やレベルの移動に結果が無関係。
Z	3ステート出力のOFF（高インピーダンス）状態。
a……h	大文字で表されるA……Hの入力の定常状態の入力レベルを示す。
Q_0	入力条件が与えられる前の定常状態でのQのレベル。
$\overline{Q_0}$	Q_0の補数（$Q_0=$Hなら$\overline{Q_0}=$L）。
Q_n	↑または↓の入力の動きが生ずる直前のQのレベル。
⊓	Hレベルのパルス（1個）。
⊔	Lレベルのパルス（1個）。
TOGGLE	入力レベルが↓，↑の動きをするごとに出力が元の状態から反転することを示す。

第3章 基礎回路技術その2 論理とデジタルIC

2 主要特性の比較

　CMOS，LS，HCMOSの代表的な特性の比較が**表3-10**である。直流特性の表でわかる通り，動作電圧は数Vから十数Vと広く，雑音余裕度も高い。

表3-10　CMOS，LS，HCMOSの代表的な特性比較

項目	記号	TTL		CMOS		単位
		LS	ALS	4000	HC	
動作電圧範囲	$V_{CC/EE/DD}$	5±5%	5±5%	3.0〜18	2.0〜6.0	V
動作温度範囲	T_A	0〜+70	0〜+70	−40〜+85	−40〜+85	°C
入力電圧	V_{IH}(min)	2.0	2.0	3.5[2]	3.5[2]	V
	V_{IL}(max)	0.8	0.8	1.5[2]	1.0[2]	V
出力電圧	V_{OH}(min)	2.7	2.7	$V_{DD}-0.05$	$V_{CC}-0.1$	V
	V_{OL}(max)	0.5	0.5	0.05	0.1	V
入力電流	I_{IH}	20	20	±0.1	±1.0	μA
	I_{IL}	−400	−200			
出力電流	I_{OH}	−0.4	−0.4	−1.7@2.5V	−4.0@ $V_{CC}-0.52V$	mA
	I_{OL}	8.0	8.0	0.42@0.4V	4.0@0.26V	mA
雑音余裕度 Low/High	DCM	0.3/0.7	0.3/0.7	1.45[2]	1.5[2]	V
DCファンアウト		−	20	20	>50(1)[1]	50(10)[1]	−

（注1）（　）内の数字はLSへのファンアウト．（注2）動作電圧範囲内で電源電圧に比例する．

直流特性

特性		CMOS MC14011	LS 54/74LS00	HC TC54/74HC00
伝搬遅延時間(t_{PHL}/t_{PHL})GATE(MAX)		250ns	15ns	15ns
静止電力(無負荷時)(MAX)		40μW	22mW	50μW
入力電流(MAX)		±1.0μA	+1.0mA, −0.4mA	±1.0μA
最大動作周波数 (f_{MAX})		1MHz	30MHz	30MHz
LSドライブ能力	(74シリーズ)	1LOAD	20LOADS	10LOADS
	(54シリーズ)		10LOADS	10LOADS
ノイズマージン(保証値)	V_{NL}	29% V_{CC}	8% V_{CC}	19% V_{CC}
	V_{NH}	29% V_{CC}	14% V_{CC}	29% V_{CC}
静止電流(MAX)		7.5μA	4.4mA	10μA
動作温度		−40〜+85°C	0〜+70°C	−40〜+85°C
	(74シリーズ)	−40〜+85°C	0〜+70°C	−40〜+85°C
	(54シリーズ)	−55〜+125°C	−55〜+125°C	

3.3 デジタルIC

表3-11 消費電力，動作速度の比較例

項　目	記号	TTL LS	TTL ALS	CMOS 4000	CMOS HC	単位
静止電源電流/ゲート	I_G	0.4	0.2	0.00025	0.01	mA
静止電力/ゲート	P_G	2.0	1.0	0.0006	0.05	mA
伝搬遅延時間	t_P	9.0	7.0	90	8.0	ns
スピード・電力積	—	18	7.0	0.075	0.01	pJ
クロック周波数（D FF）	I_{max}	33	35	3.5	40	MHz
クロック周波数（カウンタ）	f_{max}	40	45	3.5	40	MHz

(注) V_{DD}(CMOS)＝5.0V±10%(DC)，5.0V(AC)
V_{CC}(TTL)＝5.0V±5%(DC)，5.0V(AC)
T_A＝25°C

表3-11に消費電力，動作速度の比較例をあげておく。

またCMOSのICは高インピーダンス素子であるため，TTL ICに比べ高圧の静電気などに対して非常に弱い。したがって取扱いには次のような注意が必要である。

(a) MOS，CMOSまたはこれらの素子を搭載した回路基板等の運搬，保管には，必ず静電防止対策用の袋や容器を使用すること。
(b) 取扱い時には，工具，作業机，作業者等を接地しておく。ビニール床，スリッパ，ナイロン作業衣などでMOS素子を取扱うとまず100％破損する。乾燥した雰囲気では，素手で触ってもその怖れがある。
(c) 電源を投入したまま回路基板をコネクタ，ソケットから抜き差ししたり，素子や回路に接触しないこと。

3 入力回路の特性と処理

(1) TTL

チャンネル数の多いシステム入出力をコネクタ等で接続するとき，入力回路にORあるいはNORゲートを使用し，状態表示記号のつかない，すなわちHでアクティブ（正論理）の受け渡しを行う設計をすると，接続しない入力はすべて接地し，入力はそれを外してH信号を加えねばならず調整時等に非常に不便である。したがってこのような信号の受渡しには，入力回路にNANDを使用，Lでアクティブ（負論理）入力としておくのが普通である。そうすれば，必要な入力端子を単に接地するのみで，解放されている他

第3章
基礎回路技術その2　論理とデジタルIC

のチャンネルは擬似H論理信号入力"0"として扱える。

内部回路の説明でもわかるように，AND系とOR系では入力回路の処理の仕方が異なる。

(a) AND，NAND系

ANDあるいはNANDゲートの入力のうち，使用しない端子は無接続の開放状態でも一応H入力と見なされるが，誘導雑音を受けやすく誤動作の原因となるため**図3-36**のような処理をしておく。

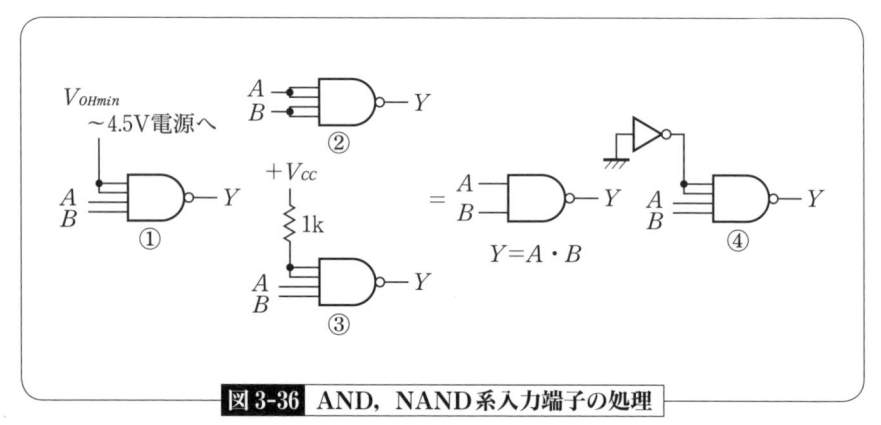

図3-36 AND，NAND系入力端子の処理

① 使わない入力端子をまとめてHレベルに相当する別電源に接続する。直接+5Vにつないでもよい規格のICもある。
② 複数の入力端子を並列に接続する。この場合，前段の出力回路の駆動容量数を超えないよう注意する。
③ 使用しない端子をまとめて，1kΩ程度の抵抗で+5Vに接続する。抵抗値はこのICのHレベル入力電流と入力端子の個数で簡単に計算できる。
④ 前段のICの出力をHに固定し，不要の入力をまとめて接続する。

(b) OR，NOR系

OR，NORゲート入力のどれか一つがHであれば，出力はH（OR）かL（NOR）になる。したがってこの種類の入力回路をもつゲートの不要入力端子は，**図3-37**に示すように必ず接地しておかなければならない。

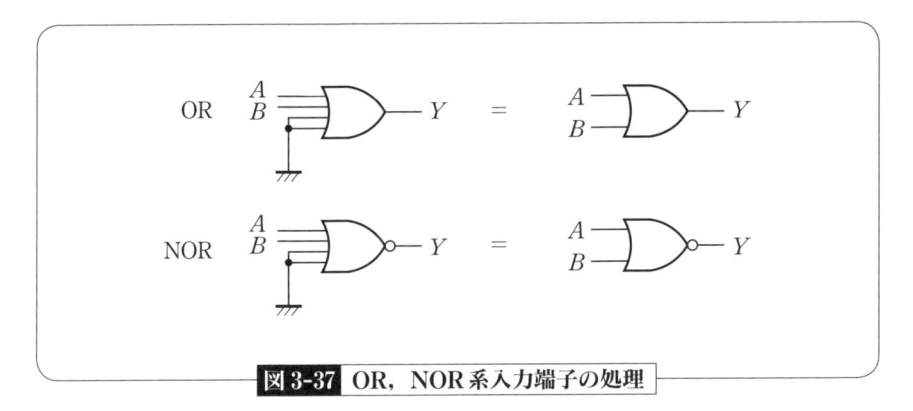

図 3-37 OR, NOR 系入力端子の処理

(2) CMOS

基本的には TTL 入力の処理と同様に考えてよいが，ゲートが高インピーダンスのため入力を無接続にしておくと論理レベルが不安定となる。したがって不要な入力は $100\mathrm{k}\Omega$ 〜数 $\mathrm{M}\Omega$ の抵抗を挿入して V_{DD} あるいは V_{SS} に接続するか，図 3-36 ④のように論理レベル H に固定した同種の IC 出力に接続しておく。同一パッケージ内の余った IC の入力端子も，入力を必ず H につなぐ。

CMOS のゲート入力が直接プリント基板の端子に接続される場合は，運搬，保存時に破損の危険性が非常に大きいから，図 3-38 の回路を付加しておくことをすすめる。

CMOS のゲート入力電圧は，負の有害高電圧に対しては D_2 によってほぼ接

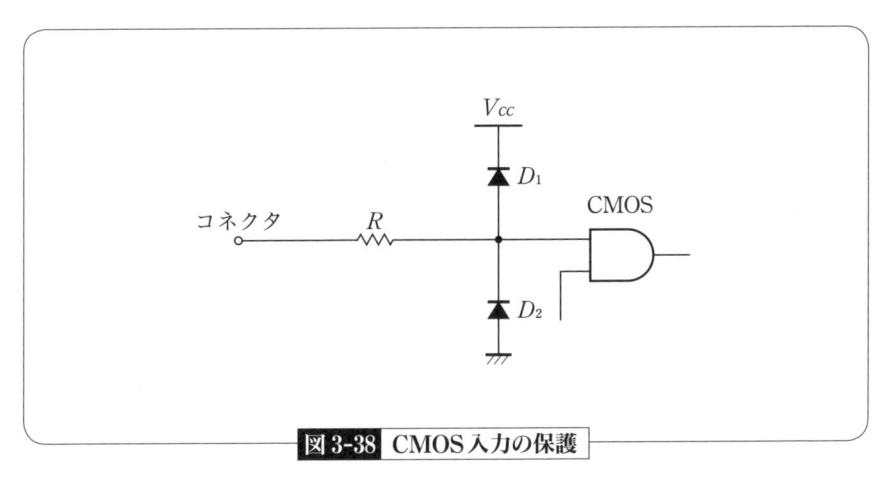

図 3-38 CMOS 入力の保護

第3章
基礎回路技術その2　論理とデジタルIC

地に，正の高電圧に対してはD_1によってV_{cc}にクランプされる。抵抗RはICの入力点を0Vとして，電圧のピーク時の電流が数mAとなるように計算して決める。

この保護回路は，後に述べるCMOSに特有のラッチアップ現象の防止にも有効である。

4 出力回路の特性

(1) TTL

TTLの三種類の出力回路は次のような特性がある。

(a) トーテム・ポール形出力回路は，図3-39(a)の接続は不可である。論理の結果の意味がなく，出力回路間で異常電流が流れる。(b)のように同じ入力信号が加えられている場合を除き，出力電流を増やすなどの目的で出力端子を共通に接続してはならない。

また瞬間的な出力端子の接地（1秒程度，個別カタログ参照）には耐えるが，V_{cc}電源へショートすると破損する。

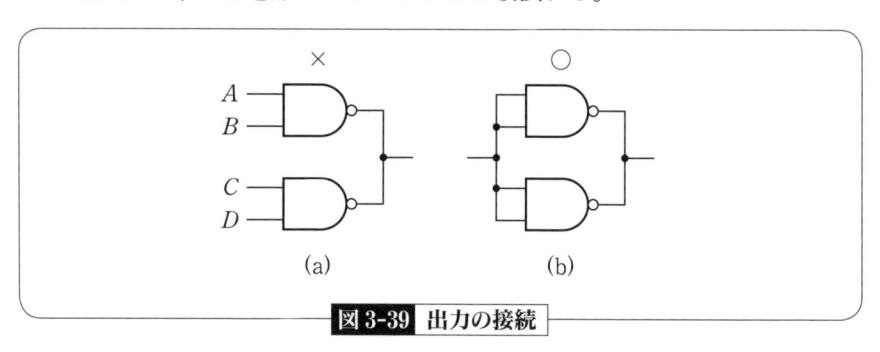

図3-39　出力の接続

(b) オープン・コレクタ形ICの出力を図3-40のように一括接続し，共通抵抗R_LによってV_{cc}に接続した回路は，ワイヤードOR（またはAND）と呼ばれる。

この図では接続されたオープン・コレクタIC A, B, C…のうちいずれかの出力がLになると，出力YがL，すなわちOR回路の動作を行う。この回路は素子の数を大幅に節約できる利点がある。

回路記号は，ANDまたはORの記号の中に，配線の接続による（Wired）論理回路であることを示す黒丸を付けて表す。AND，ORど

図 3-40 ワイヤード OR（AND）

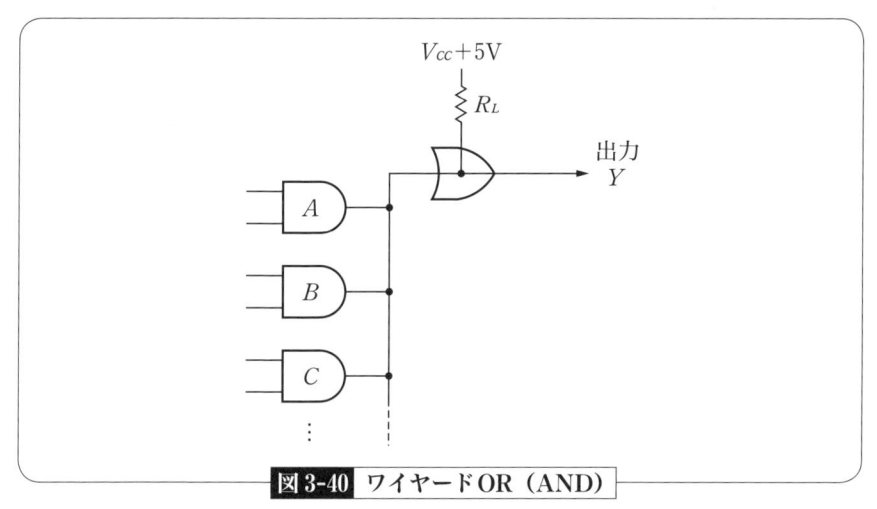

ちらの論理になるかは，回路動作を考えれば簡単にわかる。

　共通抵抗の抵抗値はICの種類，接続数，動作速度，次段の回路等から計算し，数百Ω〜数kΩとする。

(c) 3ステート形出力回路のICは，**図3-41**に示すように共通のバスラインの信号授受に使用される。

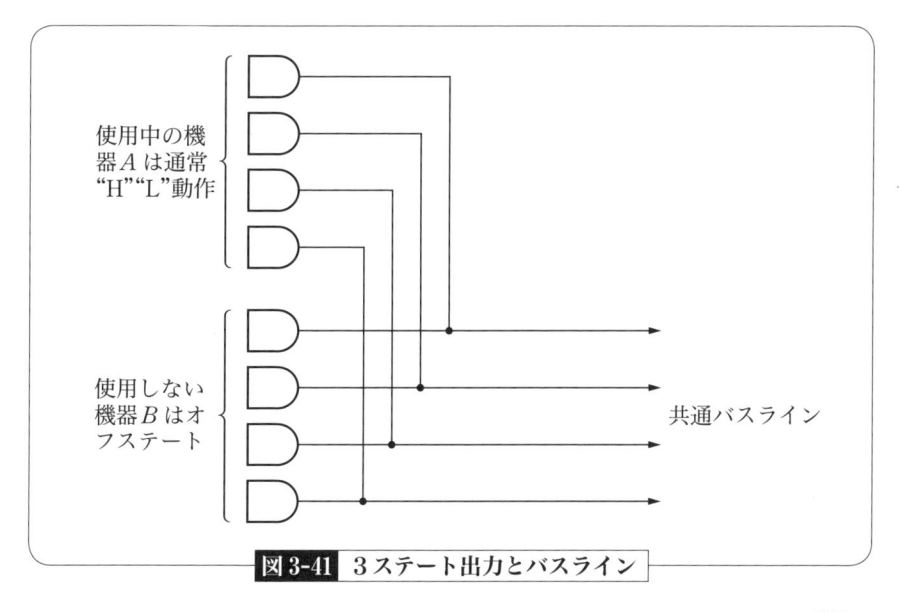

図 3-41 3ステート出力とバスライン

(2) CMOS

トーテム・ポール形出力のTTLと同様，オープンドレイン形出力以外の出力を並列につなぎ，異なる論理入力を加えると破損する。

5 CMOSのラッチアップ対策

電力回路等に使用されるサイリスタは，トリガ入力によって一度通電を開始すると，電源を切断しない限りそのまま電流が流れ続ける。CMOS ICも，回路に高いパルス電圧が加わると，それがトリガとなってサイリスタ動作を行い，以後の入力信号に関係なく継続的な短絡状態となる場合がある。これをラッチアップと呼び，結果としてICの破損につながる。

現在のH CMOSでは改良が進み，この現象が起こり難くなってはいるが，設計，製作にあたって，CMOS回路に過渡的にも定格以上の電圧がかからないよう配慮を要する。

ラッチアップを防ぐには，次のような対策をとる。

(a) 電源投入時には異常電圧が発生しがちであるから，オシロスコープ等で過渡電圧の有無を確認しておく。また複数の電源で，それぞれの電圧の立ち下がりの時間差がラッチアップの条件を作ってしまうこともある。

(b) 入出力の配線をできるだけ短くして雑音電圧の誘導を防ぎ，かつインピーダンス分を減らす。もし不安があれば，ICの入出力端子のすぐそばに直列に数kΩ程度の保護抵抗を挿入するか，図3-38の回路を付加する。

(c) 入出力に大容量のコンデンサが付くような回路を避ける。

6 IC相互の接続

同種のデジタルIC間で，一つの出力端子に接続できる入力端子の最大数をファンアウト，入力端子がファンアウトの何個分の負荷になるかをロードファクタと呼んでいる。

通常のファンアウトは10であるが，ライン・ドライバと呼ばれるファンアウトの大きいICもある。ロードファクタも通常は1であるが，集積度の大きいICではリセット，クロック回路など入力回路が複数個内部接続され，ロードファクタが1以上の定格になっていることがある。

Cのファミリが同じなら，相互の入出力の接続には電流，電圧の計算は不要で，接続される入力のロードファクタの総数が，出力のファンアウト数以内であればよい。ロードファクタがファンアウト数を超えると動作が不安定になり，雑音余裕度，温度特性等が悪化する。

種のIC間の接続には，出力側のICのH，Lにおける電流値，同じく入側のICのそれぞれの電流値とその方向を考えて計算する必要がある。

(1) TTL間の接続

表3-12は，TTLの各種類のH，Lレベルの電流を抜粋したものである。

表3-12 TTLの入出力電流

種類	Lレベル電流		Hレベル電流	
	出力	入力	出力	入力
74	16mA	-1.6mA	-400μA	40μA
74S	20mA	-2mA	-1000μA	50μA
74LS	8mA	-0.4mA	-400μA	20μA
74ALS	8mA	-0.2mA	-400μA	20μA

−符号は，出力回路が吸い込む電流の方向を示している。この表を使って74LSと74ALSの接続可能数を計算してみよう。

74LSのLレベル出力電流は8mAで，74ALSのLレベル入力電流は-0.2mA，したがって電流の方向は同じで，Lレベルでの接続可能数N_Lは，

$$N_L = \frac{I_{OL}(74\text{LS})}{I_{IL}(74\text{ALS})} = \frac{8\text{mA}}{0.2\text{mA}} = 40 \tag{3.12}$$

同様にHレベルについて，74LSのHレベル出力電流は-400μA，74ALSのHレベル入力電流は20μA，電流の方向も一致し，接続可能数N_Hは

$$N_H = \frac{I_{OH}(74\text{LS})}{I_{IH}(74\text{ALS})} = \frac{400\mu\text{A}}{20\mu\text{A}} = 20 \tag{3.13}$$

となる。接続数が少ない方で制限されるから，74LS→74ALSのファンアウトは20である。

TTL相互の入出力接続可能数を表3-13に示しておく。

表3-13 TTL相互の入出力接続可能数

種類		入力IC			
		74	74S	74LS	74ALS
出力IC	74	10	8	20	20
	74S	12	10	50	50
	74LS	5	4	20	20
	74ALS	5	4	20	20

(2) CMOS間の接続

前に述べた通り，CMOSはゲートインピーダンスが非常に高いので，ほとんど出力回路の負荷にならず，入力接続数の制限はないと考えてよい。

ただし入力は容量性であるから，入力数が多いときには過渡的な充放電電流に注意が必要である。また保護回路に流れる電流も考慮に入れておく。

(3) TTL→CMOSの接続

TTLからCMOSへの接続は，電圧レベルが問題となる。電源電圧を共通の＋5Vで動作させたとき，TTLのHレベル出力電圧V_{OH}の最低値が2.4Vであるのに対し，CMOSのHレベル入力電圧V_{IH}の最低値は3.5Vである。したがってCMOS入力がTTLのHレベルを判定できない可能性がある。そのためオープン・コレクタTTLを使用し，出力と電源間に数百kΩ～数kΩのプルアップ抵抗Rを挿入しておく。

(4) CMOS→TTL

CMOSの出力でTTLを駆動するとき，通常数個のLS，ALS入力はそのまま接続可能であるが，駆動電流が不足する場合がある。特性表を参照して，異種TTLの接続と同じような計算が必要である。

7 ICと外部回路の接続

ICの入出力は最終的には外部回路と接続される。周辺のデバイスが直接駆動できるICも数多くあるので，そのようなICは極力活用して回路の簡略化を計るべきである。

利用できる適当な周辺用ICがないときには，耐圧が高く電流も大きいオープン・コレクタ，オープンドレイン形出力ICを使って，直接外部回路を駆動するように設計する。またトランジスタをバッファに用いることも多

い。以下，実例をいくつかあげておこう。

(1) **発光ダイオード（LED）点灯回路**
　図3-42は発光ダイオードの点灯回路である。ICの論理入力がHになると，出力回路のトランジスタQがONとなりLEDが点灯する。LEDはICと共通の+5V電源を用いて点灯できる。このときLEDに流れる電流は1V程度のLEDの順方向電圧V_Dと，0.5V程度のトランジスタQの飽和電圧V_Qを考慮に入れた次の式で求められる。

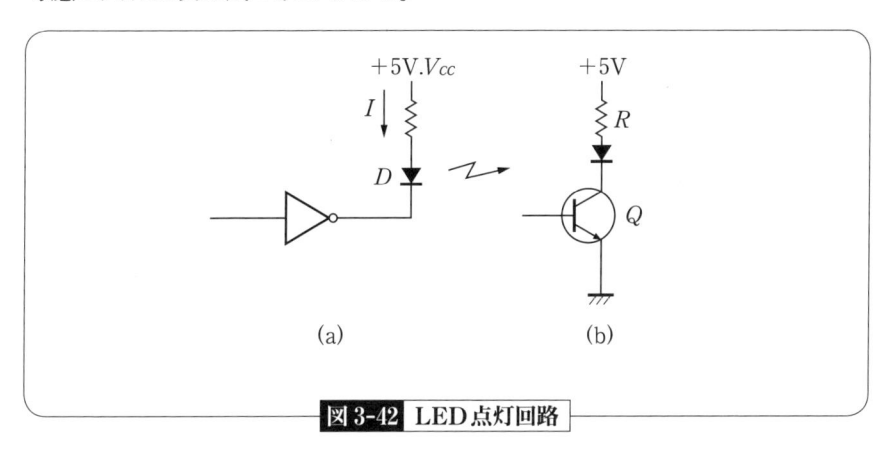

図3-42 LED点灯回路

$$I = \frac{V_{CC} - V_D - V_Q}{R} \tag{3.14}$$

この電流IがLEDの最大定格電流内であるようにRを選ぶ。

(2) **電磁素子駆動回路**
　リレーやプランジャなどの電磁素子も，発光ダイオードと同様の回路で駆動できるが，次の諸点に注意しなければならない。電磁素子の直流抵抗をrとすると，オープン・コレクタICがONのときの電流Iは

$$I = \frac{V_{CC} - V_Q}{r} \tag{3.15}$$

で求められる。
　LED駆動と異なり，デジタルICのように早い電流のスイッチ動作を行うと，コイルの大きいインダクタンスLによって次式で表される過渡的な高電

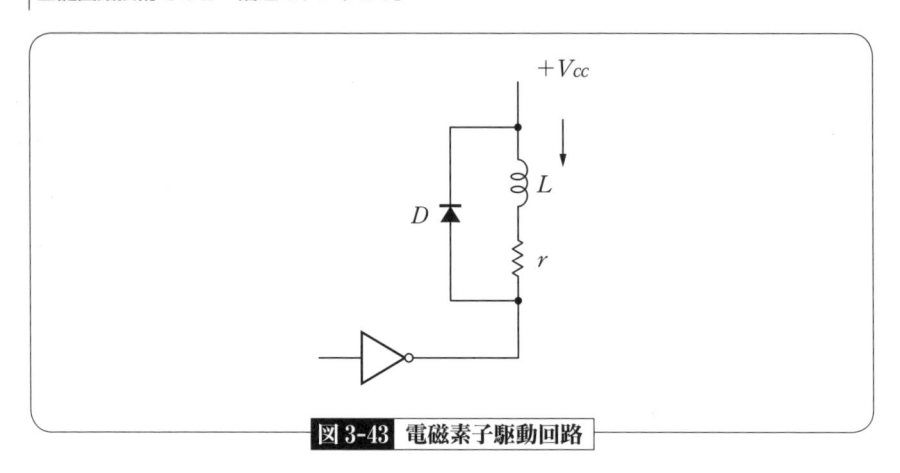

第3章
基礎回路技術その2　論理とデジタルIC

図 3-43　電磁素子駆動回路

圧 V が発生し，ICを破損する恐れがある．

$$V = -L\frac{d_i}{d_t} \tag{3.16}$$

そのため電磁素子の動作速度は犠牲になるが，並列にサージ吸収用ダイオードをつけてサージ電圧を吸収させる．

電磁素子を駆動する場合，原則として電源をICと共用してはならない．ノイズによる誤動作，CMOSのラッチアップの原因となるからである．

(3) トランジスタ入力バッファ回路

図 3-44 は，トランジスタを用いた位相反転の入力バッファ回路である．入力パルスの電圧基準が $0V$ か $+V_{cc}$ であるかによって npn，pnp トランジ

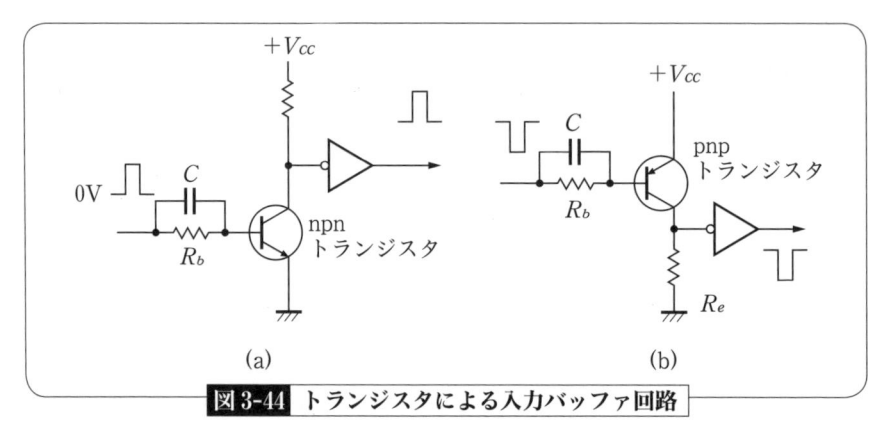

図 3-44　トランジスタによる入力バッファ回路

スタの使い分けをすると，無入力時消費電力の低減を図ることができる。回路定数は，ICの諸定格とトランジスタスイッチ動作の項を参照して計算する。

この回路は入力がTTL以外の電圧レベルでも，飽和動作まで入力を振り込めば振幅がほぼ0～+5Vの出力が得られる。しかしホールストレージ効果によって，応答周波数はかなり低くなる。入出力の振幅さえ注意すれば，第2部に述べたエミッタ・フォロワが，高入力，低出力インピーダンス回路として有用である。ただし入出力の位相は同相で，電圧の増幅作用はない。

(4) トランジスタ出力回路

図 3-45 はトランジスタによる出力回路である。ICの出力電流，電圧をもとに回路定数を計算する。この回路は定格値の大きいトランジスタを利用できるので，応用分野が非常に広い。

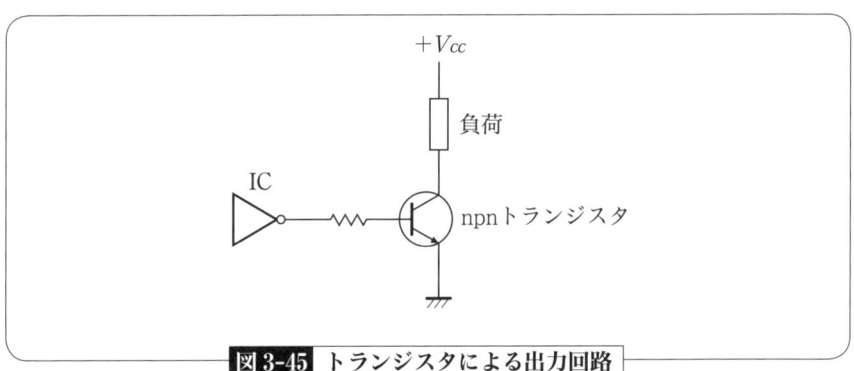

図 3-45 トランジスタによる出力回路

8 マルチ・バイブレータ（Multi Vibrator）

ブール代数の項で説明したように，AND，OR，NOTなどの論理回路は入力条件に対応して出力は一義的に定まる。しかしNAND，NORなどの位相反転型の基本ゲートを二個組合せ，入出力を直結あるいは時定数をもつ外部素子で正帰還がかかるように接続すると，それ自身H，Lの2状態をもつマルチ・バイブレータ回路が構成される。マルチ・バイブレータ回路は

　非安定マルチ・バイブレータ
　単安定マルチ・バイブレータ
　双安定マルチ・バイブレータ

第3章
基礎回路技術その2　論理とデジタルIC

の三種類がある。

(1) 非安定マルチ・バイブレータ（Astable Multi Vibrator）

　この回路は矩形波の発振器である。NAND，NORゲートを組み合わせて作ることもできるが，電圧で周波数をコントロールできるVCO（Voltage Controlled Oscillator）ICを使用した方が安定な発振回路が得られる。

　VCOの詳細や使用方法については他のカタログ，データブックを参照されたい。

(2) 単安定マルチ・バイブレータ（Monostable Multi Vibrator）

　入力トリガによって所定の時間巾のパルスを1個発生する回路である。パルス巾は外付けのC, Rによって決めることができる。リセット機能付きなど多種類のICが用意されている。

(3) 双安定マルチ・バイブレータ（Bistable Multi Vibrator）

　バイナリ，フリップ・フロップ（Flip Flop，とんぼがえり）とも呼ばれ，二つの安定状態を記憶，保持するバイブレータで，回路の論理状態と入力条件によって出力が定まる。カウンタ，各種のレジスタ，記憶回路等の基本素子として最も重要な回路の一つである。

　フリップ・フロップ（以降FFと略）は，SSI，MSI，LSIともに非常に多くの種類のICがあるが，いずれも次に述べる数種の基本回路の集合である。応用例とともに説明しよう。

　(a) RS・FF（Set Reset FF）

　図3-46は，NANDゲート2個の組合せによるRS・FFの例である。

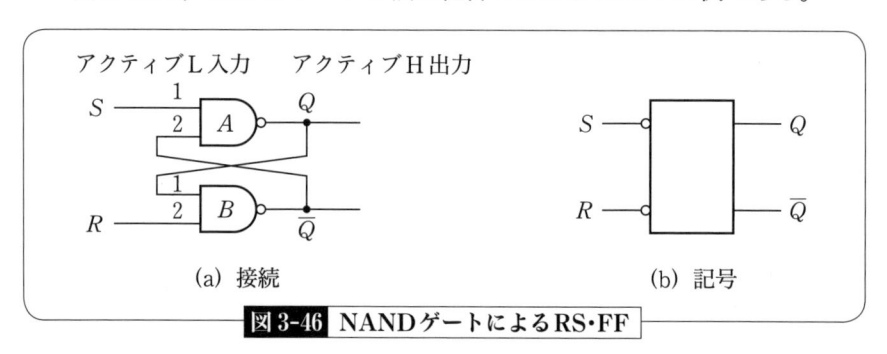

図3-46　NANDゲートによるRS・FF

3.3 デジタルIC

入力 S, R がいずれも H であると，この FF はそれ以前の状態 Q_{tn-1}, $\overline{Q}_{tn-1}$ を記憶して止まっている。入力 S が L に落ちると，NAND ゲート A の出力 Q は入力 2 の状態に関係なく H になる。ゲート B の入力 1, 2 はいずれも H，したがって $\overline{Q}$ は L，入力 S が H に戻ってもゲート A の入力 2 が L になっているから Q は H を保持，記憶している。

ゲート A, B の回路は全く対称であるから，入力 S が H で入力 R が L になると $\overline{Q}$ は H となり，入力 R が H にもどっても $\overline{Q}$ は H, Q は L を保持する。

R, S 入力に同時に L を与えることは禁止事項となっているが IC を破損することはなく，動作としては，$Q, \overline{Q}$ 共に H となり，入力が H に戻る際遅いタイミングを L と記憶する。この状態を **表 3-14** に示す。

表 3-14　RS FF の状態表

入　力		出　力	
S	R	Q	$\overline{Q}$
H	H	Q_{tn-1}	$\overline{Q}_{tn-1}$
L	H	H	L
H	L	L	H
L	L	(H)	(H)

NAND ゲートを使った FF の入力は L でアクティブであり，**図 3-46 (b)** の表記とするのが正しい。また $Q, \overline{Q}$ のファンアウトは，それぞれ A, B 互いの入力分を差し引いて 9 となる。

図 3-47 はこの考えを応用したスイッチ・チャタリング防止回路の例で

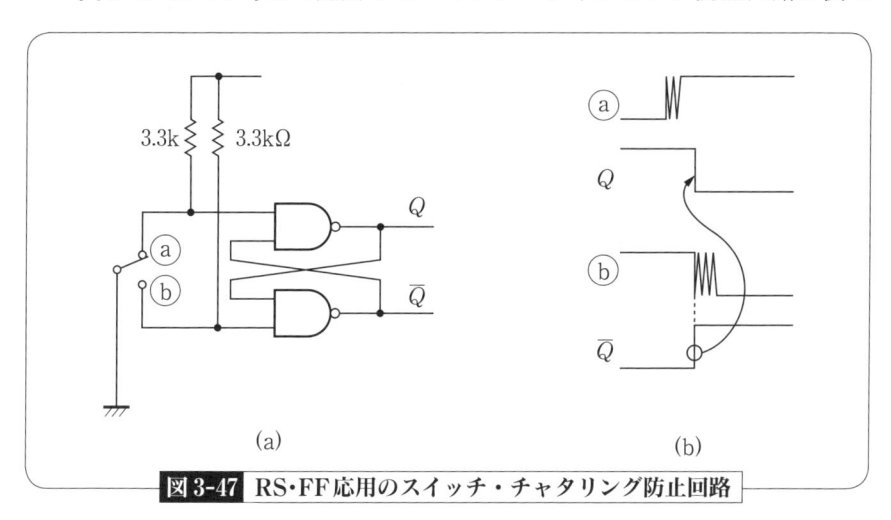

図 3-47　RS・FF 応用のスイッチ・チャタリング防止回路

ある。機械的接点をもつリレー，スイッチ等は，切り替え時に数ms〜数十msの期間チャタリングを起こし回路状態が不安定になるが，図の回路を使用すればこれを完全に防ぐことができる。最初，スイッチの接点がⓐにあるとQはH，$\overline{Q}$はL，接点がチャッタを起こしながら離れても状態は変わらない。

接点ⓑへの最初の接触でこの状態が反転し，以後のⓑでのチャタリングも動作には影響を与えない。

(b) D・FF（Delayed FF）

このFFは，D入力及びクロック信号CKによって出力が規定される。**図3-48**のように，D入力信号はクロック信号CKによって出力Qに表われる。D入力が1クロック分遅れて出力されるのでこの名称がついている。

このFFはスタティック記憶回路の基本形で，小規模のものはラッチとよばれ，後述のカウンタと組み合わせて計数中に前のデータを保持，表示し，計数終了時にデータを入れ替えるなど広く応用される。

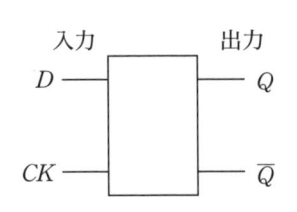

入力		出力	
D	T	Q	$\overline{Q}$
L	H	L	H
H	H	H	L
—	L	Q_n	$\overline{Q}_n$

図3-48 D・FFの動作

(c) JK・FF

このFFは，**図3-49**に示すように，J，K及びクロックCK入力をもつ。J，Kにアクティブ入力が加わっていないとき，FFは前の状態を保持している。JまたはK入力がアクティブであると，クロック入力によってこのFFはセット，あるいはリセットされる。

J，K端子に同時にアクティブ入力が加わると，RS FFと異なりQ，$\overline{Q}$の状態は反転する。

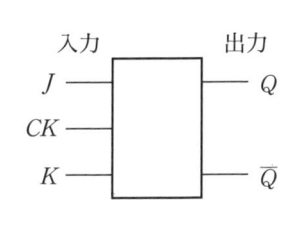

入力			出力	
J	K	T	Q	$\overline{Q}$
L	L	⤒	Q_n	$\overline{Q}_n$
H	L	⤒	H	L
L	H	⤒	L	H
H	H	⤒	$\overline{Q}_n$	Q_n

図 3-49 JK・FFの動作

　クロック信号の立ち下がり，または立ち下がりの縁が反転のタイミングを規定するので，このようなFFをエッジトリガJK・FFとも呼んでいる。**図 3-49** では，J，K，CK端子のいずれもが状態表示記号なしのアクティブ入力であり，したがってクロックの立ち上がりのエッジでトリガされる。しかし多くのJK・FFのCK入力は，状態表示記号付きLでアクティブ，立ち下がりエッジトリガが多いので注意する必要がある。

9 **計数回路**

　フリップ・フロップを組み合せると，入力に加わるパルスを計数，記憶させるカウンタを構成することができる。

(1) **非同期式カウンタ（Asynchronous Counter）**

　JK・FF 4個を，**図 3-50** のように接続したときの動作を考えてみよう。
　まずJ，K端子はHにつなぎ，すべてのFFのCL端子も共通に接続する。CLがHになると，すべての出力Q_nがLにセットされる。初段のクロック入力にパルス信号が加わると，その立ち上がりのエッジでFF_1は反転し，FF_1のQ_1，$\overline{Q}_1$は **図 3-51** の波形となる。
　この$\overline{Q}_1$出力の立ち上がりタイミングでFF_2が反転し，**同図 (2)** の波形となる。次段以降も同様の動作を続け，FF_1〜FF_4は最初から16個目のパルスでもとの状態に戻る。パルスの状態の変化に着目すると，入力のクロックの周期がそれぞれ1/2，1/4，1/8，1/16に分周されていることがわかるであろう。また計数を途中で止めると，各FFはそれまでのパルス数を積算した状態を保持する。すなわちこの回路は，パルス数の計数と記憶を行う機能をも

第3章
基礎回路技術その2　論理とデジタルIC

図3-50 非同期式カウンタ

図3-51 非同期式カウンタの波形

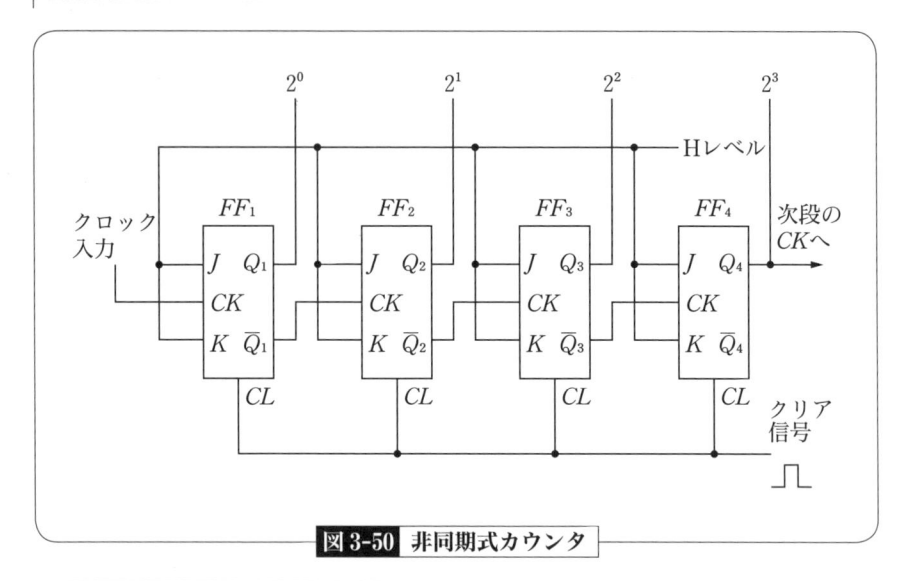

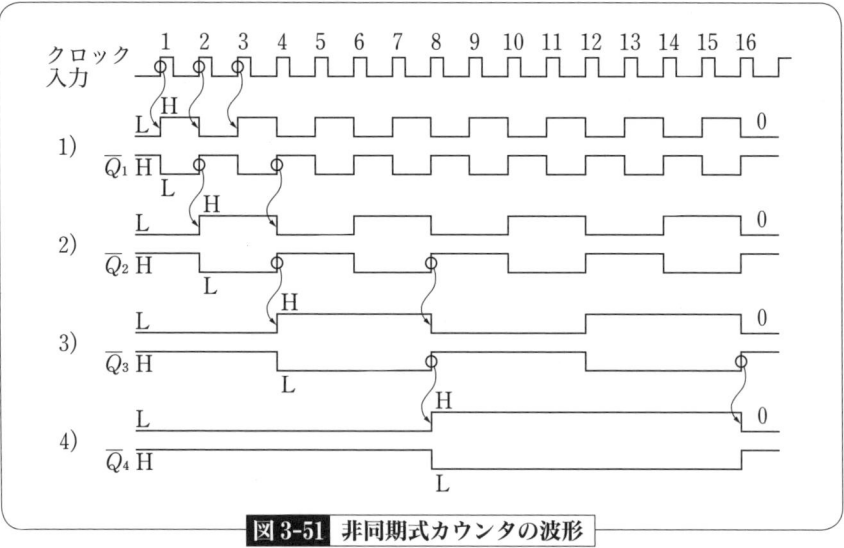

っていることになる。

実際には素子の動作に伝搬遅れがあるから，後段になるほど時間遅れが重畳される。そのためFFの反転のタイミングはクロックと同期しない。したがって，この種の計数回路は非同期カウンタ，あるいはリップルカウンタと呼ばれる。

同期16進バイナリカウンタとしては，4個のJK・FFを内蔵する74LS93がある。2進，8進回路が分離され，1段めの出力Qと2段目のCK入力を接続して16進回路として使用することができる。クロック入力には状態表示記号がついているから立ち下がりで状態が変化する。またリセット信号によって，すべてのFFは計数0の状態にもどる。

(2) 同期式カウンタ（Synchronous Counter）

信号の位相を問題にしない単純なパルスの計数回路では非同期カウンタで充分であるが，コンピュータ回路ではほとんどのタイミングがクロックと同期しているため，同期式カウンタが用いられる。

図3-52は同期形カウンタの原理的なブロックダイアグラムである。各桁のFFは，共通に加えられたクロックと同期して状態が変化する。

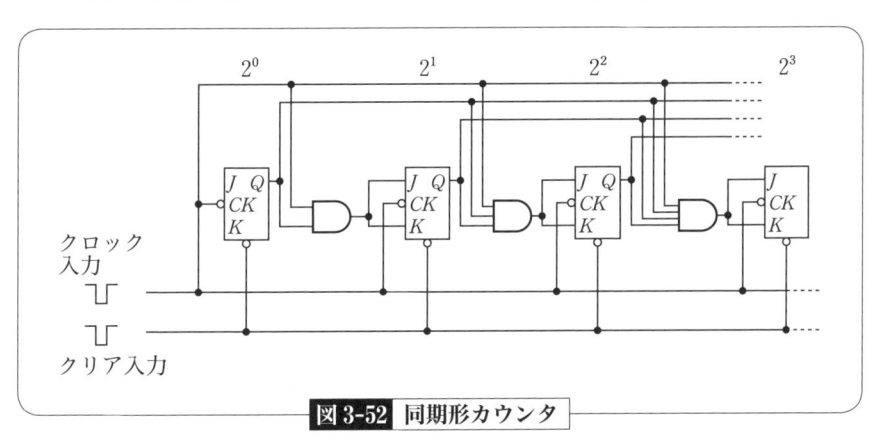

図3-52 同期形カウンタ

(3) N進カウンタ

FFの段数を重ねると2^n進の計数回路となるが，それ以外の10進，12進など任意のN進カウンタを作るにはいくつかの方法がある。

その一つはリセット形で，タイミングチャートから必要な段のFFの出力を取り出し，N番目のタイミングですべてのFFにリセットをかける方法である。**図3-53**に74LS93によるリセット形12進回路を示す。

この形の回路は簡単ではあるが，N番目の反転が行われてから状態を判定するため，**同図**に示すように出力にハザードと呼ばれる不要なパルスを発生し，誤動作の原因となる場合があるから注意が必要である。

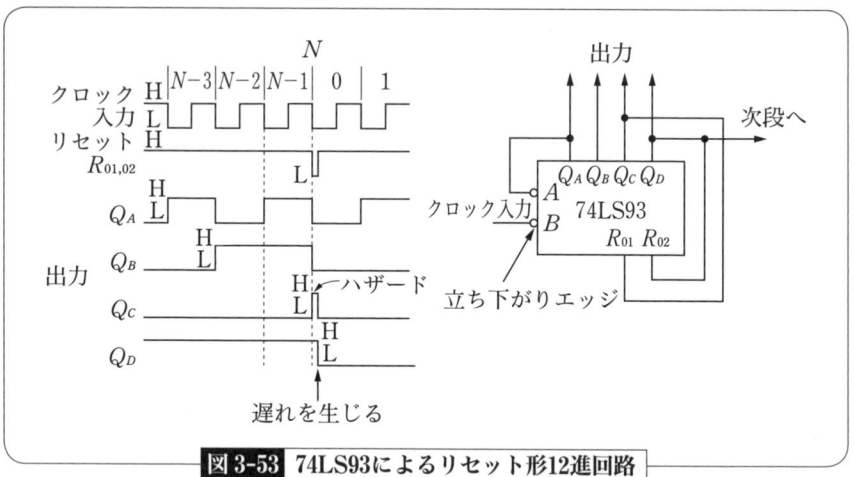

図 3-53 74LS93によるリセット形12進回路

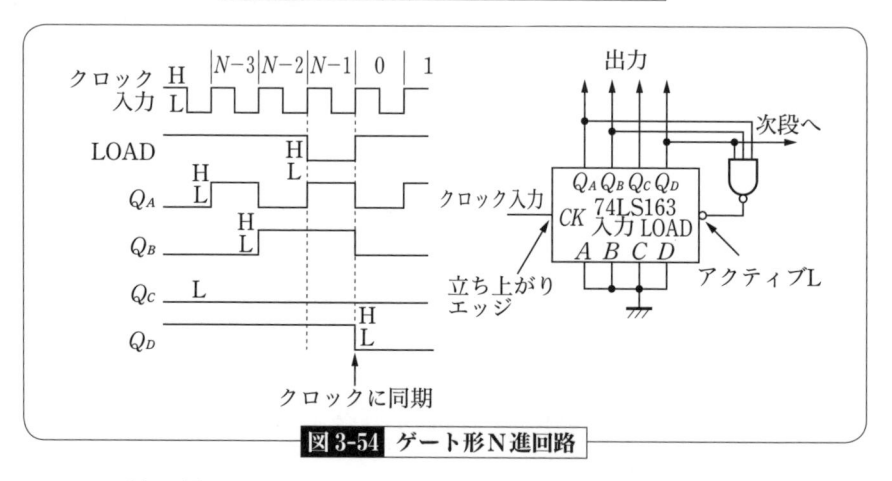

図 3-54 ゲート形N進回路

　これに対し**図 3-54**のゲート形N進回路は，各FFの出力からゲートによって$N-1$の状態を検出，デコードし，その信号ですべてのFFをリセットするやり方である。

　74LS163は，LOAD入力によって，A，B，C，D入力をそれぞれのFFにロードできる機能をもっている。したがってこの回路はNの状態を通過せず，すべてのFFが同時ににロード（リセット）されるので，ハザードは生じない。

　図 3-54の16進バイナリカウンタ74LS163をN進カウンタとして動作させるときは，**表 3-15**を使ってデコーダのゲート入力を選択する。ただし4

表3-15 N進用デコーダ

進数 N	デコード入力 c	b	a	デコード回路
2	—	—	Q_A	
3	—	Q_B	—	
4	—	Q_B	Q_A	
5	Q_C	—	—	
6	Q_C	—	Q_A	
7	Q_C	Q_B	—	
8	Q_C	Q_B	Q_A	$a,b,c \rightarrow$ NAND $\rightarrow$ LOAD
9	—	—	Q_D	
10	—	Q_D	Q_A	
11	Q_D	Q_B	—	
12	Q_D	Q_B	Q_A	
13	Q_C	—	Q_D	
14	Q_C	Q_D	Q_A	
15	Q_C	Q_B	Q_D	
16	デコード不要			

進,8進以下の場合のN進回路は,それぞれFFを2個,3個しか必要としないから,74LS163をそのまま使用すると無駄になる。

10進(2進,5進),12進(2進,6進)カウンタなどは,同期,非同期式とも多くの種類のICがあるので,大いに利用すべきである。

[10] RAM・ROM LSI

大容量の記憶デバイスは,表3-16に示すように,LSIによるRAM,ROMおよびフロッピ,ハードディスクに分類される。

(1) **RAM(Random Access Memory)**

RAMは,主としてプログラム,演算等の実行時に高速の一時記憶としての役割を持ち,名称の通り番地をランダムに指定して,記憶内容を書込み,読出しすることができる。RAMは電池等でバックアップしていない限り,電源が切れると情報は失われる。

第3章
基礎回路技術その2　論理とデジタルIC

表3-16　メモリデバイスの分類

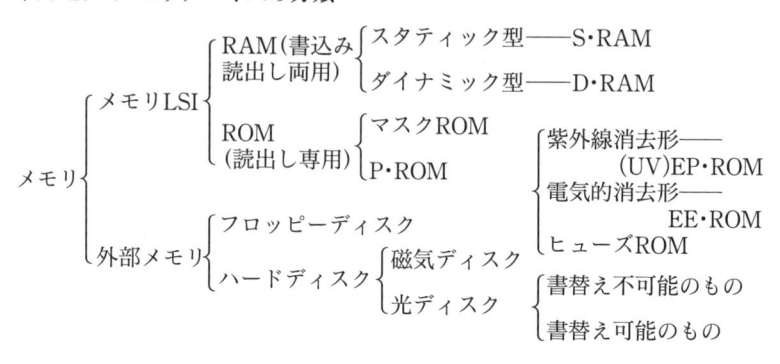

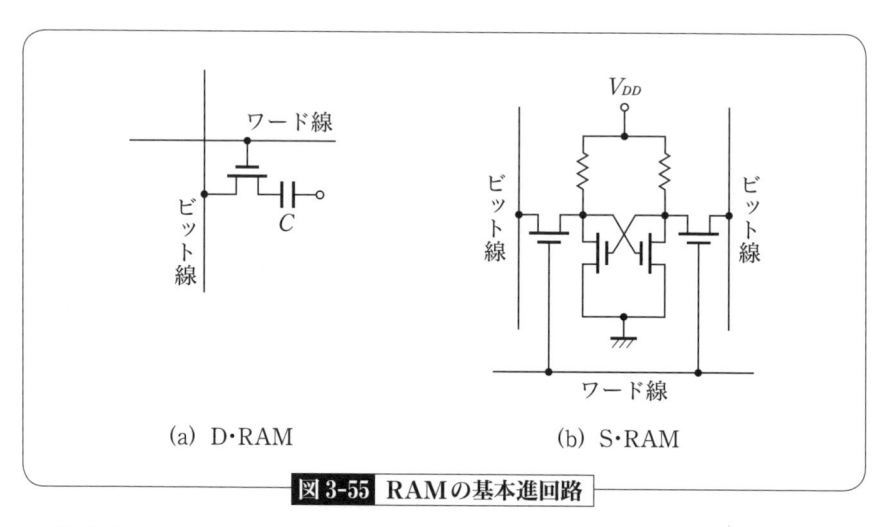

```
              ┌ メモリLSI ┬ RAM(書込み    ┬ スタティック型── S・RAM
              │          │ 読出し両用)   └ ダイナミック型── D・RAM
              │          │
              │          └ ROM          ┬ マスクROM      ┬ 紫外線消去形──
メモリ ┤                     (読出し専用)  └ P・ROM         │           (UV)EP・ROM
              │                                            │ 電気的消去形──
              │                                            │           EE・ROM
              │                                            └ ヒューズROM
              │                                                ┬ 書替え不可能のもの
              └ 外部メモリ ┬ フロッピーディスク              └ 書替え可能のもの
                           └ ハードディスク ┬ 磁気ディスク
                                            └ 光ディスク
```

(a) D・RAM　　　(b) S・RAM

図3-55　RAMの基本諸回路

　大容量のRAMには，D・RAM（Dynamic RAM）とS・RAM（Static RAM）の二種類がある。

　図3-55(a)はD・RAMの基本回路を示した図で，素子の容量Cに蓄積された電荷の有，無を0，1に対応させている。ただしリークする電荷の再充電のため周期的なリフレッシュを行う必要がある。構成が簡単で非常に大容量の記憶デバイスが実用化され，高密度化が日進月歩で進んでいる。

　S・RAMはCMOSのフリップ・フロップが基本回路である。全記憶ビット数が同じでも，同時に書込み，読出しできるブロック数が異なるものがあるから，その構成に注意が必要である。

(2) ROM (Read Only Memory)

ROMは原則として変更しないプログラム，データ等を書き込んでおく読出し専用の記憶デバイスである。

表3-16のマスクROMは，製造過程でデータを書き込んでしまうものである。ワードプロセッサのキャラクタ用ICなどがマスクROMで作られている。

P・ROM (Programmable ROM) は，ユーザーがプログラムを書き込むことができるROMのことをいう。

(UV)EP・ROMは，電気的に書き込み，紫外線の照射で消去可能のP・ROMである。データの書込みには専用の書込み器を使用する。書込み後は紫外線をカットするテープ等を貼って消去事故を防いでおく。紫外線消去器は多くの種類が市販されている。

EE・ROMは電気的に書き込み，電気的に消去できるROMである。

ヒューズROMは，内部回路のヒューズを外部から溶断してデータを書き込むROMである。

システムの設計に当たっては，これらの記憶デバイスの容量，書込み読出し速度，ビット構成，プログラム実行時のメモリの動的なマップ，データファイルの整理，停電時のバックアップ等を充分に考慮しておかなくてはならない。

第3章
基礎回路技術その2　論理とデジタルIC

参考図　トランジスタとIC（アナログICを含む）

モールド形トランジスタ

プラスチックパックIC

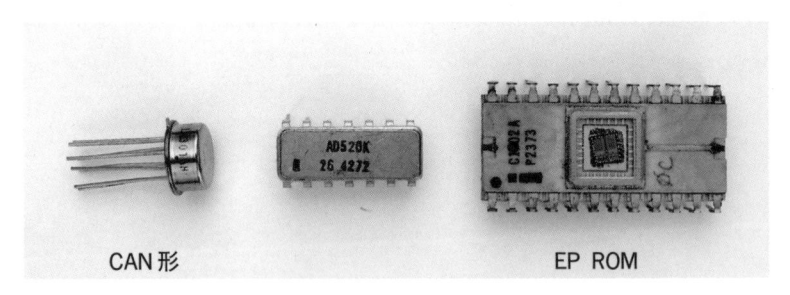

CAN形　　　　　EP ROM

セラミックパックIC

第4章

基礎回路技術 その3
機器の基本構成

　電子装置は部品と回路技術の組み合わせによって実現するが，この章で述べるアナログ，デジタル技術による基本構成が一般的であると思われる。

　すなわちソフトウエアを除き，機器は前置処理，AD-DA変換，電源部，処理出力，機器内外の信号伝送などが主構成要素となっている。

　本章では，プリアンプ，サンプルホールド，マルチプレクサ，などの前置部分と，各種のAD-DA変換の用語，概念，方式，特長，注意点，安定化電源回路の種類，特長と一般事項，ケーブルによる信号伝送とRS-232Cバスライン，回路図上に現われない雑音と対策，また光ファイバケーブルによる信号伝送技術などについて記述した。

第4章
基礎回路技術その3　機器の基本構成回路

多種多様な電子装置の開発に際し，それぞれの構成要素のすべてについて解説することは不可能なので，この章では基礎的な技術項目にかぎって説明を行うことにする。

4.1 A/D，D/A変換器

温度，歪み，圧力などの物理諸量は，各種のセンサによって電圧，電流，抵抗変化等のアナログ電気量に変換される。これらの信号は，加減乗除，微積分演算のアナログ回路で処理されることもあるが，A/D変換器（Analog to Digital Converter）によってデジタル信号に変換され，以後のデジタル系と結合することが多い。

またデジタル系からのデジタル信号は，必要に応じてD/A変換器を用い再びアナログ信号に変換される。

4.1.1 前置処理

アナログ入力信号が，そのままA/D変換器に加えられることは稀で，通常 図4-1 に示すように，増幅器，サンプル・ホールド，アナログ・マルチプレクサ，帯域制限・雑音除去フィルタ等の回路の組合せによる前置処理が行われる。

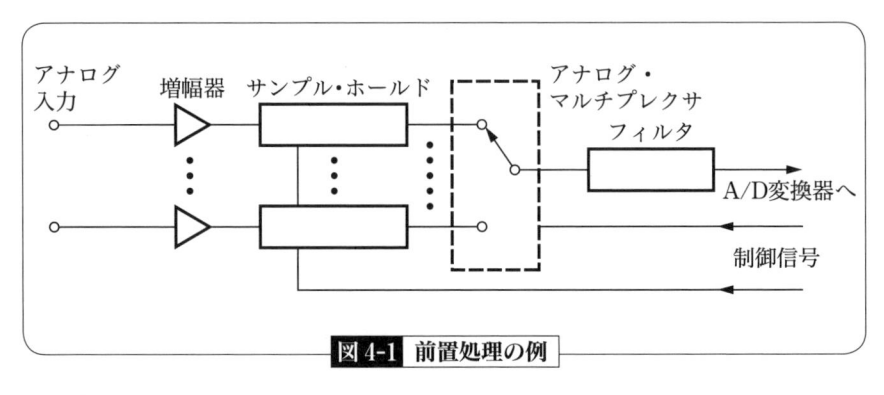

図 4-1　前置処理の例

4.1 A/D，D/A変換器

1 プリアンプ

A/D変換器の入力レベルは±数Vフルスケールと比較的高く，片側接地のシングルエンド入力形式が多いから，低レベルや平衡形入力のアナログ信号に対しては前置増幅器が必要になる。この増幅器には主として前に述べたオペアンプ回路が使用される。

2 サンプル・ホールド

A/D変換器は，量子化やコード化のために一定の変換時間を要するので，入力信号の変化に対して変換速度が遅い場合，正確な変換ができなくなる。この問題は，入力にサンプル・ホールド回路を挿入することによって解決することができる。

サンプル・ホールド回路は図4-2に示すタイミングで，A/D変換に要する時間の間サンプリングした信号電圧を保持する。

図4-3は回路の動作原理図である。低出力インピーダンスのボルテージ・フォロワA_1と高速半導体スイッチSによって，サンプル期間内に入力信号レベルをコンデンサCに充電する。次にスイッチSが開き，Cの両端の電圧がホールドされる。

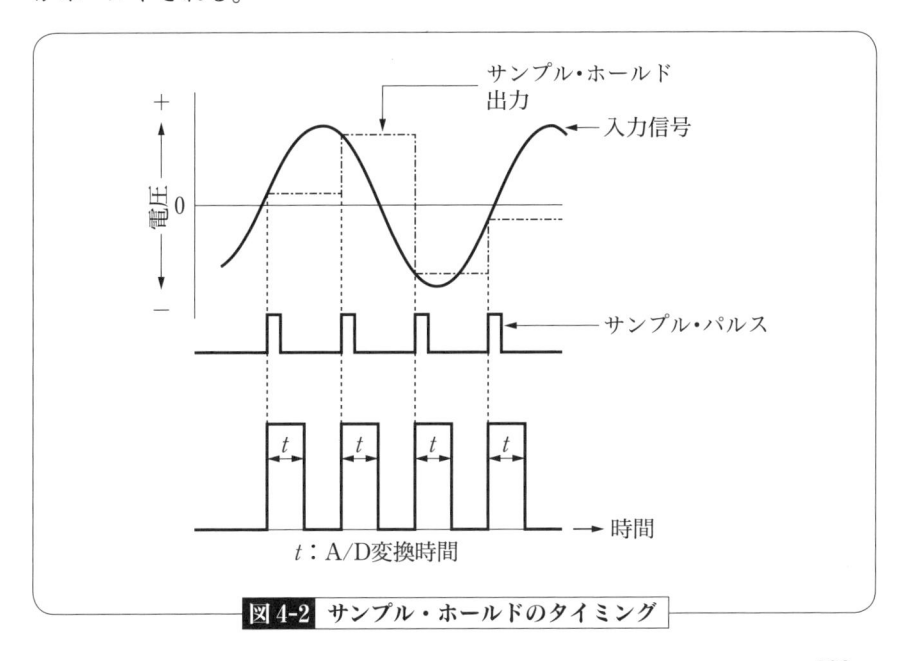

図4-2 サンプル・ホールドのタイミング

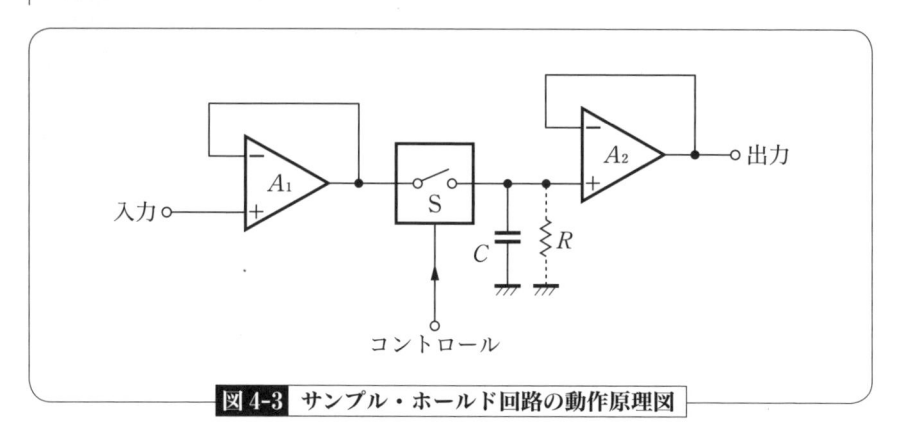

第4章
基礎回路技術その3　機器の基本構成回路

図 4-3 サンプル・ホールド回路の動作原理図

　サンプル時には，充電される C の容量，A_1 の出力インピーダンス，S の ON 抵抗がホールド速度に関係する．ホールド時，C に充電された電荷は，その容量と A_2 の入力インピーダンス，S の OFF インピーダンス等の時定数で放電する．ホールドされた電圧レベルは変換の期間中 A/D 変換器の精度内に保持されるよう，またサンプル・パルスは入力信号に対してデータ処理上適正なタイミングとなるように設計上の注意が必要である．

　サンプル・パルス入力は，通常 TTL レベルで受け渡される．コンデンサ C は外部付加である．サンプル・ホールド回路は，多チャンネルの入力信号を一個の A/D 変換器で時間的に直列に切り替えて変換するとき，それらの入力信号の時間的同時性を保つためにも使用される．

3 入力切り替器（アナログ・マルチプレクサ）

　多数の入力信号が，それぞれ個別の A/D 変換器をもつシステム構成にするとコストアップになることがある．比較的低速の測定，処理系では**図 4-1** のように，半導体或いはリレーのアナログ・マルチプレクサで入力信号を切り替えることも多い．

　半導体アナログ・マルチプレクサは，TTL レベルのコード信号で正負のアナログ信号が選択できる．高精度の信号の切り替えには，速度，ON OFF 抵抗，ドリフト等の特性をよく調べて使用する．

4 フィルタ

　当然のことであるが，A/D 変換器とそれに組み合わせる回路の諸特性は，

図 4-4 フィルタの種類

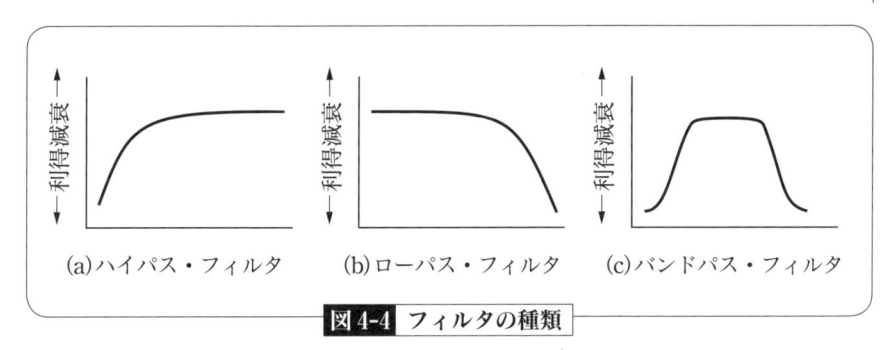

(a)ハイパス・フィルタ　(b)ローパス・フィルタ　(c)バンドパス・フィルタ

処理をするに必要な情報の質に適合していなければならない。たとえば直流分の不要な交流信号を扱う場合，コンデンサ結合回路にすれば直流分カットのフィルタとなり，ドリフト，オフセット等の影響は避けられる。また入力回路が必要以上の周波数帯域巾を持っていると，有害な雑音を拾ったりそのため回路が飽和したりして誤動作の原因となる。A/D変換回路系では，この周波数帯域諸特性は特に重要な項目の一つである。

フィルタには周波数特性から図 4-4 に示すように，(a)ハイパス（ローカット），(b)ローパス（ハイカット），(c)バンドパス，バンドエリミネートの各種類がある。

フィルタの減衰（利得）特性は，「オクターブ（2倍の周波数）何db落ち」といういい方をする。コンデンサのインピーダンスは二倍の周波数で半分になるから，簡単な1段のC，Rによるフィルタは「オクターブ−6db（または6db落ち）」のフィルタとなる。

フィルタは回路の形式によって，(1)L，C，Rの受動素子のみによるパッシブフィルタ，(2)オペアンプと受動素子を組み合わせたアクティブフィルタ，(3)スイッチドキャパシタフィルタに分類される。

フィルタについては多くの参考書があるので，ここでは紹介に止める。

4.1.2　A/D変換器の基本概念

アナログデジタル変換に関して，いくつかの基本的な考え方を解説する。

1　アナログ電圧の量子化とアナログ・コンパレータ

連続したアナログ量を，最小の単位（量子）をもとに細分し数値化する操作を量子化と呼ぶ。アナログ信号の量子化には，アナログ・コンパレータと

第4章
基礎回路技術その3　機器の基本構成回路

図 4-5 アナログ・コンパレータの動作

図 4-6 アナログ・コンパレータ回路

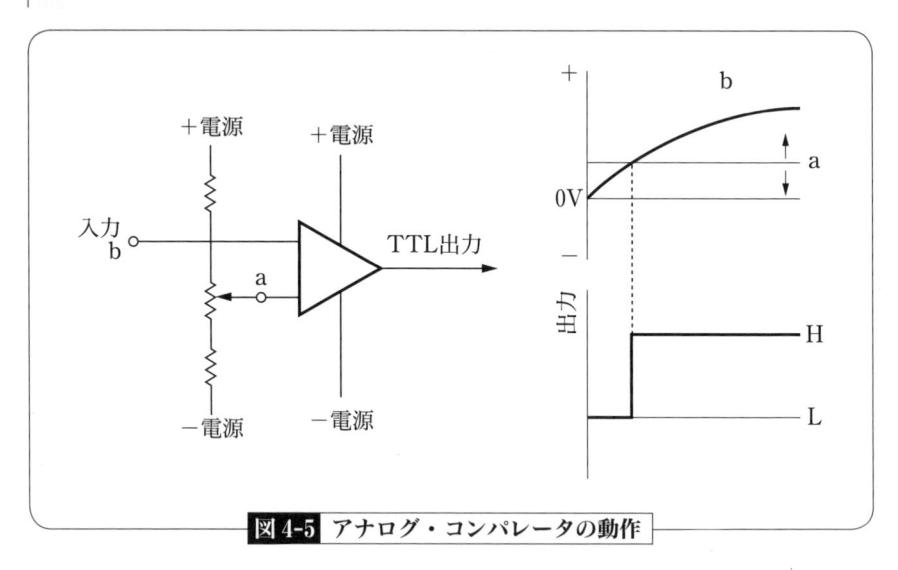

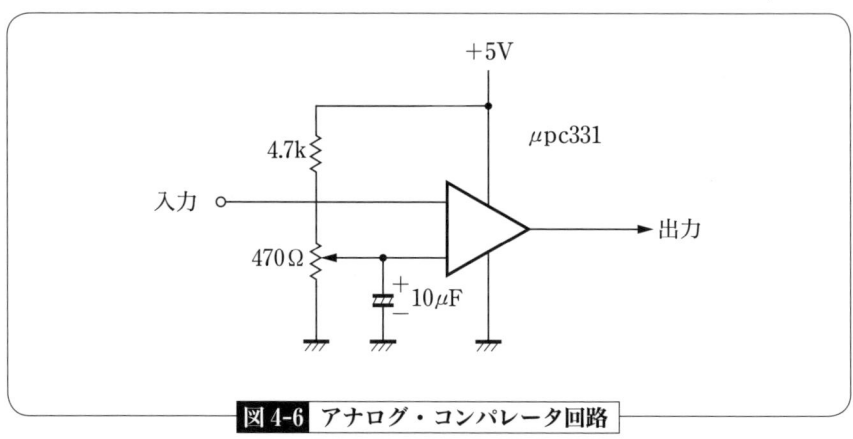

呼ばれる回路素子を使う。

　この素子は**図 4-5**のように，比較入力aとアナログ入力信号bの電圧の大小を比較し，L，Hのレベル判定信号を出力する機能を持っている。すなわちこの回路は，入力アナログ信号「b」が電圧「a」より高いか低いかを判別する最も簡単なA/D変換器ということができる。この図で比較信号「a」を0Vにすると，入力信号の正，負の極性を判別するゼロクロス検出回路となる。

　図 4-6は，0〜+0.5Vのアナログ信号入力電圧の振幅を判定し，結果をL

またはHのTTLレベルで出力するアナログ・コンパレータの例である。

この回路は+5V単電源で動作するが，基準電圧を図のように素子の+電源と共通に使用すると，精度はこの電源の安定度によって左右される。

コンパレータには，二つのコード化された信号の大小を比較するデジタルコンパレータもあるが，ここで説明したアナログ・コンパレータとは全く機能が異なるから，混同してはならない。

2 A/D変換の分解能

A/D変換器はアナログ入力信号をデジタルのコードに変換するわけであるが，この出力のコードは10進（デシマルコード），2進（バイナリコード）またはそれ以外が選定される。コンピュータシステムと直接接続する場合は，主に2進コードが使われる。2進コードの入力信号とA/D変換の分解能を，図4-7で説明しよう。

この場合A/D変換の2進のビット数に対応して，フルスケール入力信号を等分した最小単位（LSB）が最小分解能になる。たとえばこの図で，4ビットのA/D変換器はフルスケールに対し1/16（6.25％）の分解能をもっているわけである。

ただし，この最小1ビット分の分解能を保証するためには，さらにその1/2（LSB）の電圧に対しての分解能が保たれていなければならない。分解能はアナログ信号をどれだけの細かさで分解するかの定義であって，確度と

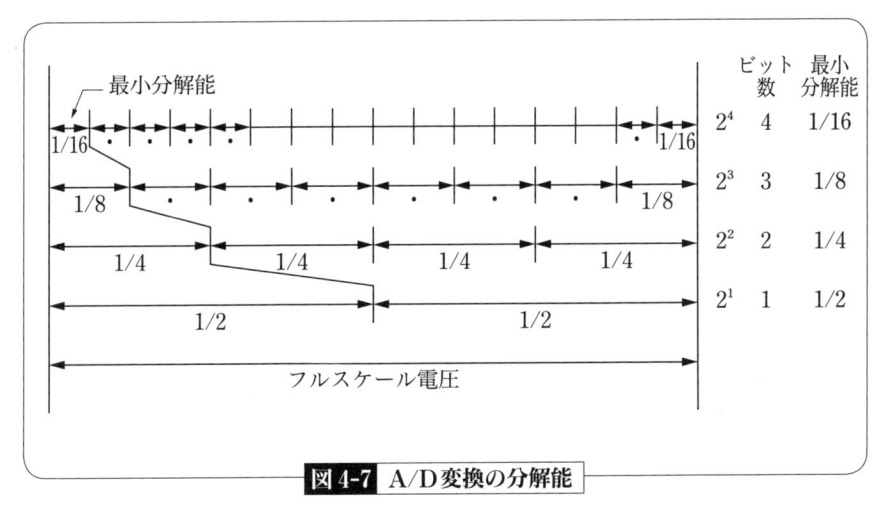

図4-7 A/D変換の分解能

第4章 基礎回路技術その3　機器の基本構成回路

は異なることに注意が必要である。たとえば回路に有害な直流オフセット電圧が加わっていると，入力電圧に対して飽和せずかつ分解能が充分であれば，波形の変化に対しての変換精度は満足するが，変換後の電圧コードの絶対値の確度は保証されず，分解能には関係しない。

ビット対アナログ分解能の対応を表4-1にあげておく。

表4-1　A/D変換のビット数と最小分解能

ビット数	分数	パーセント	ビット数	分数	パーセント
6	1/64	1.563%	12	1/4,096	0.024 %
7	1/128	0.781%	13	1/8,192	0.012 %
8	1/256	0.391%	14	1/16,384	0.006 %
9	1/512	0.195%	15	1/32,768	0.003 %
10	1/1,024	0.098%	16	1/65,536	0.0015%
11	1/2,048	0.049%			

③ ユニポーラ形とバイポーラ形

A/D変換には入力電圧の極性が一方向のユニポーラ形と，正，負の電圧が入力されるバイポーラ形がある。

図4-8は，10mVの入力電圧が最小分解能1ビットに相当するユニポーラA/D変換の動作を示す例で，入力電圧が正の方向に10mV増大するに従い，出力コードは不連続に1ビットずつ増加してゆく。通常の動作は同図(a)であるが，コードの変化が1ビットの幅の中間で生じるよう，図(b)のようにわずかの直流オフセット電圧をかけておくこともある。

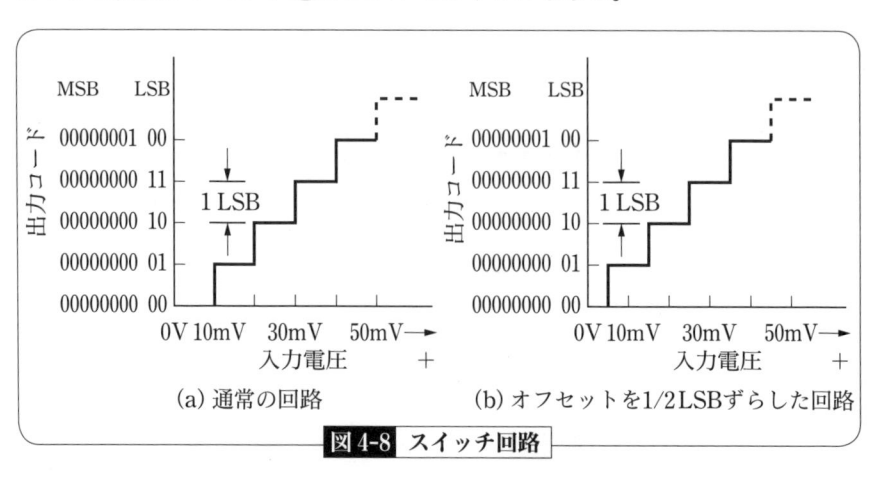

(a) 通常の回路　　(b) オフセットを1/2LSBずらした回路

図4-8　スイッチ回路

4.1 A/D, D/A変換器

図4-9 バイポーラA/D変換

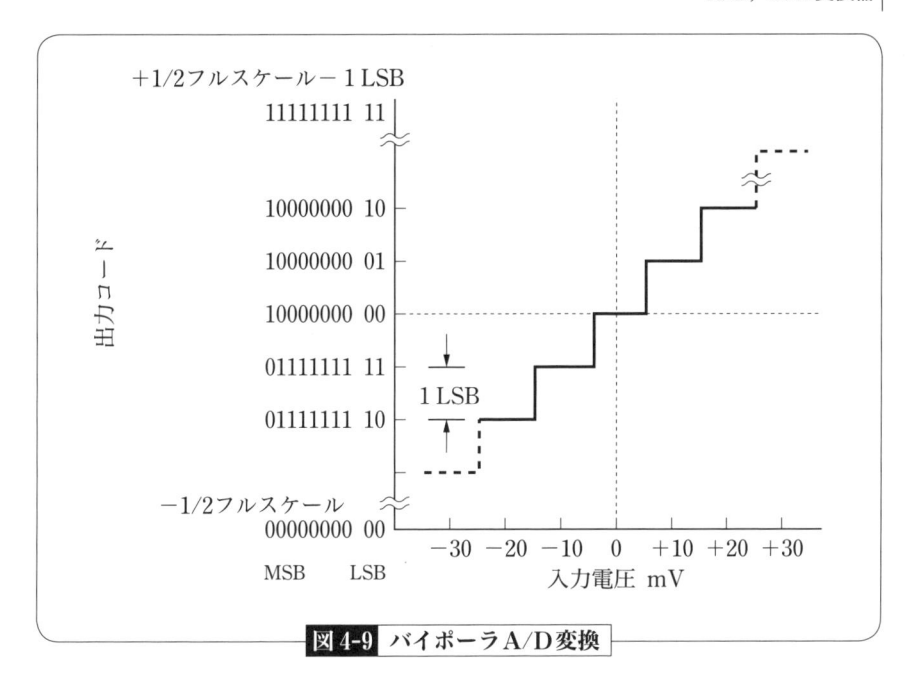

このユニポーラ形の出力コードは、ストレートバイナリと呼ばれる。

これに対し**図4-9**は、正負の入力電圧をデジタルコードに変換するバイポーラ形A/D変換の入力電圧と出力コードの関係を示した図である。

この図で、正、負の入力最大電圧振幅FS（フルスケール）を1とすると、正の最大値は+1/2FS、負の最大値は−1/2FSとなる。図は出力コードが10ビットの変換例である。

−1/2FS時のコード出力は「00000000 00」で、電圧上昇と共に値が1ビットずつ増加する。したがって、入力電圧が0V時のコードは「10000000 00」となり、MSBに負のオフセット分の1が立つ。なおLSB、MSBの判断がしやすいように、LSBの2桁目と3桁目の間にスペースがとってある。

入力電圧が丁度+1/2FSのときの出力コードは、「(1)00000000 00」で、−1/2FSのコードと区別がつかなくなる。そのため−1LSBの「11111111 11」を最大値とする。またアナログ回路部分で、フルスケールを超えないように電圧リミッタをかけておく。

このコードでは、MSBが1で正電圧、0で負電圧を示している。その意味でMSBは、サインビットであるともいえる。

このほかにもA/D変換の出力コードは，2の補数コードなどがある。

4 並列出力，直列出力

A/D変換の出力コードは，2進の信号線が全ビット並列に出力されるもの，時系列的に直列に出力されるもの，また両出力が選択可能のものなどがある。

並列出力形は高速のA/D変換の伝送に適しているが配線数が多く，直列出力形はデータ線が1本で済むが，転送には時間がかかる等の利害得失がある。

5 エリアス (Alias) 現象

アナログ信号をデジタル変換するとき，A/D変換器のサンプリング周波数f_sがアナログ信号に含まれる最大の周波数成分f_mに対して2倍以上でなければ出力に偽（Alias）の信号成分が現われる現象が起こる。いいかえれば，入力信号にA/D変換器のサンプリング周波数の1/2以上の周波数成分があると波形のA/D変換は正確には行われない。

図4-10に示すように，二つの正弦波$A\sin\omega_m t$と$B\sin\omega_s t$との単純な加算を行っても，ω_m，ω_s以外の周波数成分は現われない。

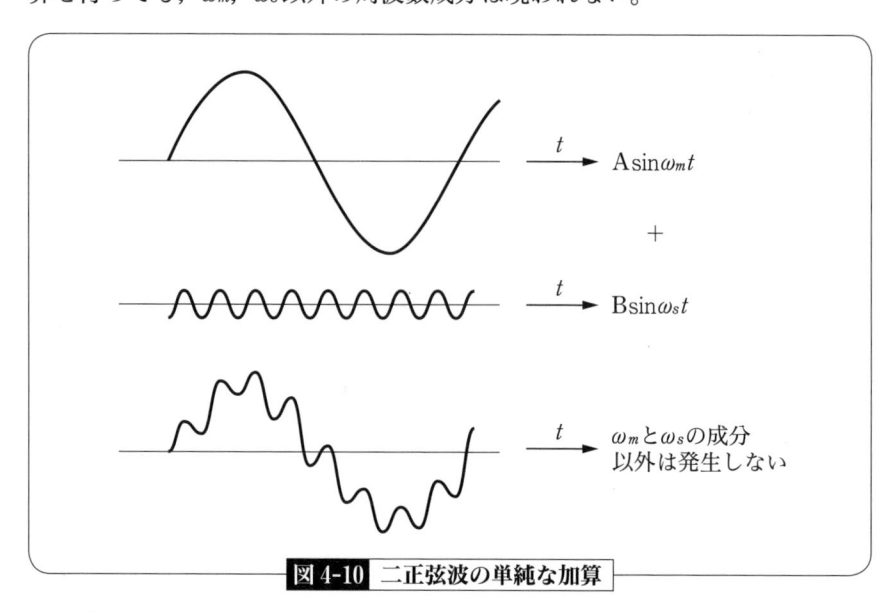

図4-10 二正弦波の単純な加算

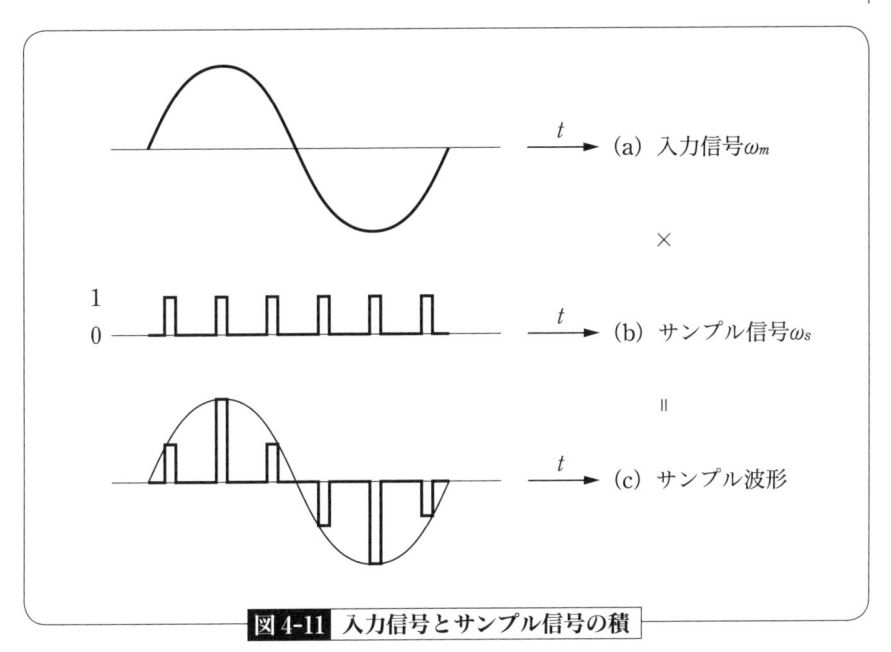

4.1 A/D，D/A変換器

図 4-11 入力信号とサンプル信号の積

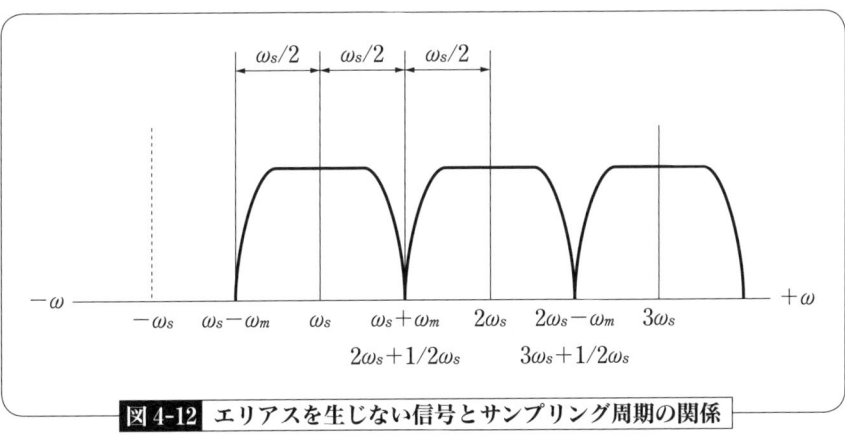

- (a) 入力信号 ω_m
- × (b) サンプル信号 ω_s
- = (c) サンプル波形

図 4-12 エリアスを生じない信号とサンプリング周期の関係

しかしA/D変換動作は，**図 4-11** のように周期 ω_m の入力信号 (**a**) と ω_s のサンプル信号 (**b**) との積であるから，結果は**同図** (**c**) の波形となる．計算を単純化するため ω_m，ω_s を正弦波としたとき，その積は

$$\sin \omega_m t \times \sin \omega_s t = -\frac{1}{2}\{\cos(\omega_m+\omega_s)t - \cos(\omega_m-\omega_s)t\} \quad (4.1)$$

第4章
基礎回路技術その3　機器の基本構成回路

となり，ω_m，ω_sの和と差の成分$\omega_m+\omega_s$，$\omega_m-\omega_s$が生じる。ところが実際には，周期ω_sのサンプル信号は矩形波であるから，ω_sの整数倍の高調波成分$2\omega_s$，$3\omega_s$，…が存在する。

図4-12に示すように，もし被サンプル信号の周期ω_mがサンプル信号の周期ω_sの1/2より大きければ，$\omega_m+\omega_s$，$2\omega_m-\omega_s$が重複し，偽の信号成分がビートとして表われる。

このエリアス現象は，入力信号の最高周波数成分がサンプル周波数の1/2以下になる特性のローパスフィルタを入力回路に挿入することによって防止することができる。このフィルタをアンチエリアシングフィルタと呼ぶ。

4.1.3　A/D変換に関連する用語

A/D変換に関連してしばしば用いられる用語を解説しておこう。

(1) **アクイジション・タイム（Acquisition Time）**

A/D変換器の前段に置かれたサンプル・ホールド回路が，ホールドモードからサンプルモードに切り替わるとき，以前にホールドされた信号電圧の値が新しい値に追従するのに要する時間を指す。

(2) **アパーチャ・タイム（Aperture Time）**

A/D変換の対象となるアナログ信号の変化速度と変換分解能には，重要な関係がある。図4-13に示すような正弦波をA/D変換する場合，時間的変

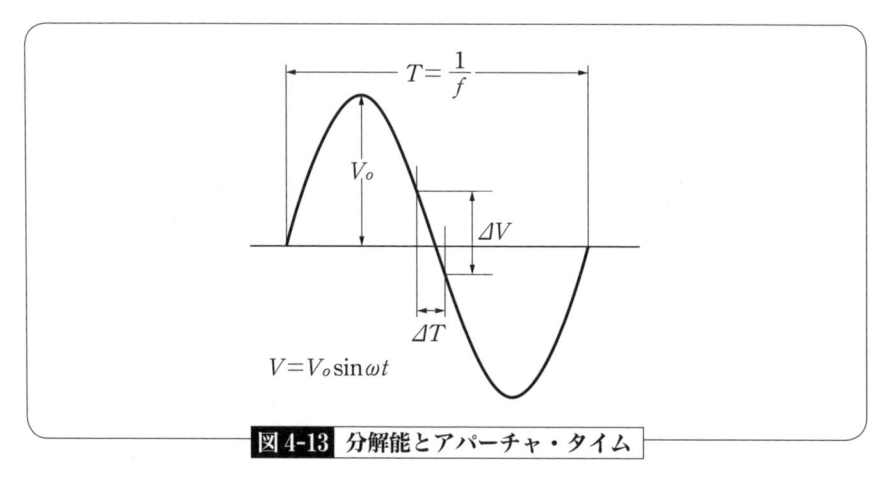

図4-13　分解能とアパーチャ・タイム

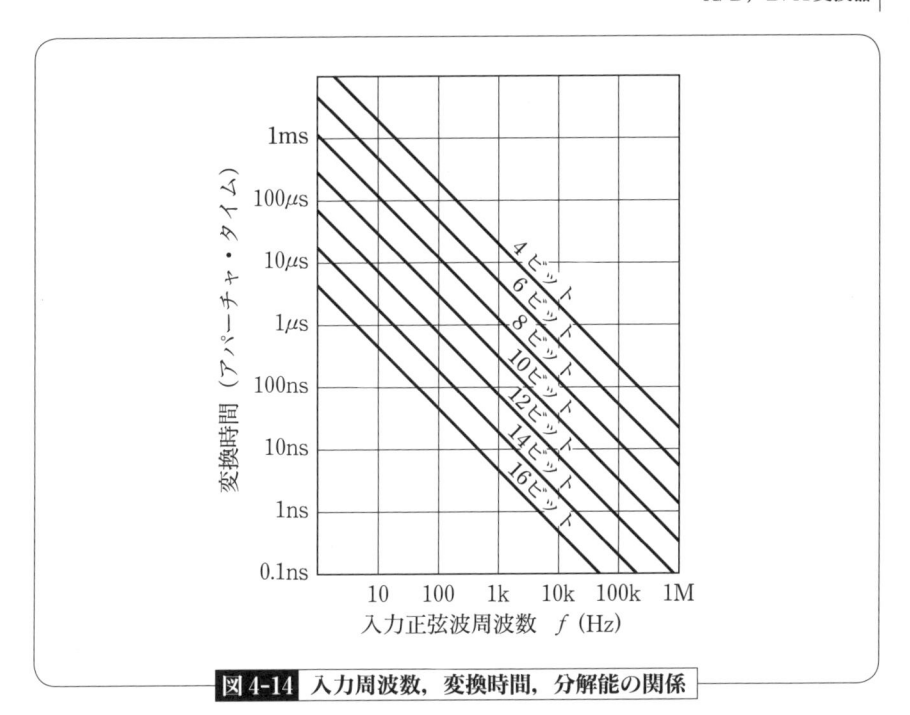

図 4-14 入力周波数，変換時間，分解能の関係

化が最大になるのは波形が 0 をよぎる点である。正確な A/D 変換を行うためには，波形の最大変化時点において，フルスケールに対する最小分解能電圧 ΔV を ΔT の時間内に変換できる速度をもたなければならない。この変換時間 ΔT は，A/D 変換器のアパーチャ・タイムと呼ばれる。

図 4-14 は A/D 変換器の分解能ごとに，周波数 f の正弦波信号を A/D 変換するのに必要なアパーチャ・タイムを示した図である。

(3) 微分直線性

直線的に増加する信号を A/D 変換するとき，図 4-12 上の直線で示す理想変換特性に対し実際の変換特性は量子化誤差を伴う。

隣接する 1LSB ステップの間の直線性を微分直線性と呼ぶ。微分直線性が ±1/2LSB で規定されているときのステップ巾は，理想的な 1LSB の 1/2 から 3/2 の値をとる。

単調性は保たれているが非直線性誤差がある状態や，データ値が逆転している非単調性誤差の場合を図 4-16 に示す。

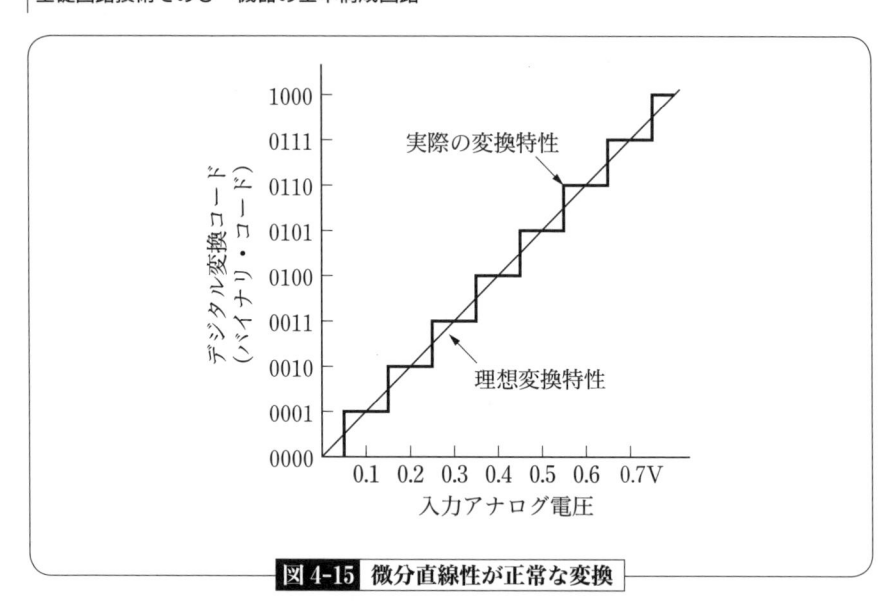

第4章
基礎回路技術その3　機器の基本構成回路

図 4-15　微分直線性が正常な変換

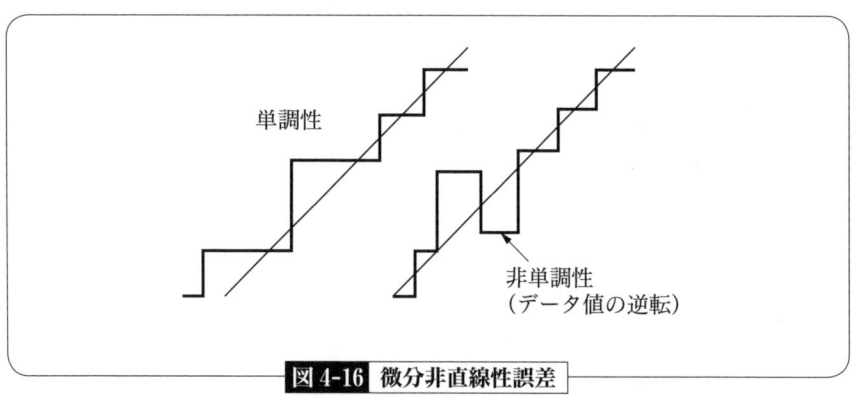

図 4-16　微分非直線性誤差

(4) **積分直線性（直線性）誤差**

　微分非直線性に対し，変換の両終端を結ぶ理想直線と実際の出力との差を，積分直線性或いは単に直線性誤差と呼ぶ．全領域の分解能にわたりこの直線性を維持するためには，誤差は1/2LSB以内でなければならない．

(5) **電源変動除去比**

　電源電圧の変動（%）に対し出力信号が受ける影響の割合（%）をいう．

4.1 A/D, D/A変換器

(6) ドループ・レート（Droop Rate）
サンプル・ホールドされた保持電圧が，時間経過によって低下する割合。単位時間に対する電圧で表わす。

(7) フィード・スルー（Feed Through）
サンプル・ホールド回路がホールドモードのとき，入力信号の変化がホールドされた出力に及ぼす影響をいい，通常dbで表す。

(8) 変換速度
変換開始指令信号（パルス）から変換終了までのA/D変換に要する時間。

(9) ノーミッシング・コード（No Missing Code）
全動作範囲にわたる入力信号変化に対して，出力デジタルコードのコード落ちがないこと。

(10) オフセット誤差
A/D変換器の入力，D/A変換器の出力に重畳する直流誤差電圧。$V-F$変換形では一定周波数のシフトとして現われる。

(11) セトリング・タイム（Settling Time）
入力信号が変化してから，それに追従して出力信号が規定の誤差内に安定するまでに要する時間。

(12) スループット・レート（Throughput Rate）
A/D変換器を含むデータ処理システムは，ある一定時間内に信号を変換できる回数が限られる。これをスループット・レートと呼ぶ。

4.1.4 A/D変換器の種類と特長

最近のA/D変換器は種類も多種多様になり，精度，変換速度等の性能も飛躍的に向上している。たとえばマルチメーターに内蔵される積分型A/D変換器では0.0002％程度の精度をもち，デジタルオシロスコープのサンプリング速度は数GHz以上にも達している。入手できるA/D変換素子の性能

第4章
基礎回路技術その3　機器の基本構成回路

表 4-2　A/D変換器の種類と特長

変換方式		特徴	原理	特長	変換速度	精度	価格	用途
積分形		デュアル・スロープ	コンデンサの充放電時間に変換	ノイズ除去の特性が非常に良い	低速 数ms	12ビット以上高精度	安価	パネル・メータ等
		V-F	電圧を周波数に変換カウンタと組合わせ	〃	1MHz/フルスケール程度	ゲート時間に比例	比較的安価	マルチ・メータ等
比較形		追従比較形	リバーシブル・カウンタ，DA変換器と組合わせ	入力電位差に追従してカウントアップ・ダウン	1μs/ビット程度，入力電位差×クロック	10ビット程度以上	中程度	なだらかな波形の変換
		逐次比較	入力波形をその都度逐次比較して変換	変換時間が一定	比較的高速 0.1μs程度	10ビット程度以上	中程度	波形記憶
		完全並列	コンパレータの比較電圧をカスケードに接続	回路が複雑。コンパレータ数が2^nケ必要（nは分解ビット）	最も高速 10ns以上	8ビット程度	高価，メモリと組合わせる必要あり	波形記憶

も，分解能が12ビット以上のものもある。しかしそれぞれ目的と用途に適した方式の素子を選択しなければA/D変換器の特長は生かせない。代表的なA/D変換の方式と特長を **表 4-2** にあげる（性能については目安）。

1 デュアルスロープ形A/D変換器

このA/D変換器は二重積分形とも呼ばれ，抵抗とコンデンサにより入力電圧を積分してその間の時間を計測，変換を行う方式である。積分形のため変換速度は遅いがノイズに強く，安価で高精度の変換器として最も普及している。**図 4-17** は，デュアルスロープ形A/D変換器のブロック・ダイアグラ

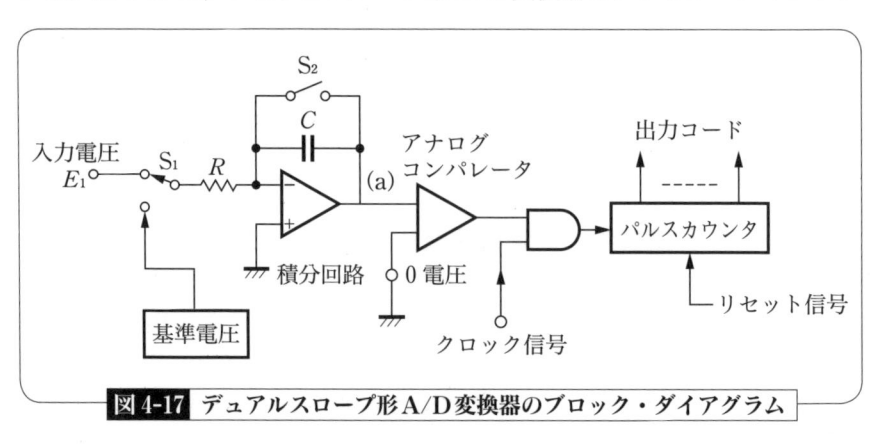

図 4-17　デュアルスロープ形A/D変換器のブロック・ダイアグラム

図4-18 デュアルスロープ形A/D変換器の動作原理図

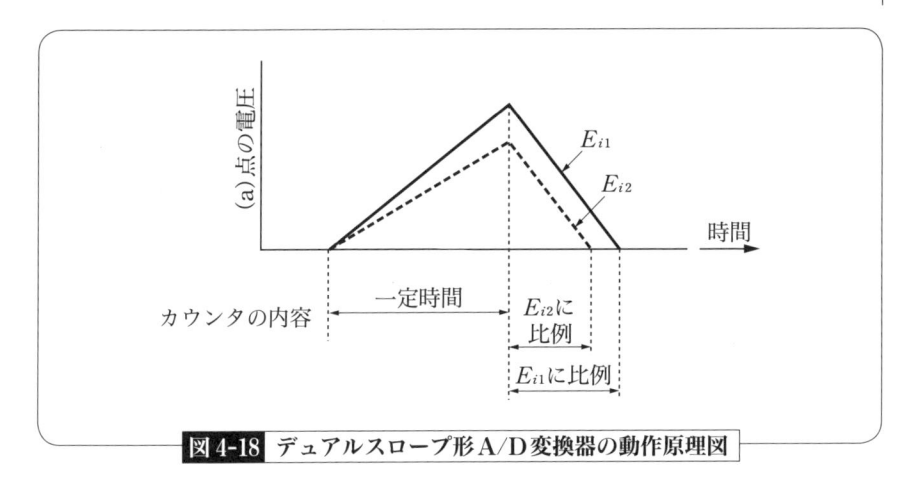

ムである。

　まずリセット信号でパルスカウンタの内容をクリアし，S_2を閉じてコンデンサのチャージを0に放電させる。次にS_1をE_i側に倒し，同時にS_2を開放して一定時間入力を積分する。**図4-18**に示すように，積分回路(a)点のピーク電圧は，入力電圧E_{i1}，E_{i2}の大きさに比例する。

　つぎにS_1を切り替えて，入力と反対の極性の基準電圧を投入すると同時に，カウンタによりクロック信号の計数を開始する。コンデンサの電荷が放電して0になったときこの計数を停止すれば，この値は入力電圧値に正確に比例する。負の入力電圧については極性を判別して基準電圧の極性も反転させる。

　二重積分の意味はこのように変換動作中に入力電圧の積分，基準電圧の積分の二つの積分スロープをもつからである。もし入力信号の積分中にランダムノイズが重畳していても，平均電圧が0であれば相殺されて変換精度には全く影響しない。特にノイズの繰返し周期に対し，積分の周期が一致あるいは整数倍になったときその効果が著しくなる。そのため変換時間を使用商用電源あるいはスイッチング電源に同期させ，電源に関係するノイズを除去する手法をとることもある。

　この積分形A/D変換器は，積分中に入力電圧が変化すると精度が保たれなくなる。したがって積分時間に比べ早く変化する入力信号に対しては，前段にサンプル・ホールド回路を挿入しておく必要がある。

2 電圧－周波数（V－F）変換形A/D変換器

入力電圧に比例して周波数が変化する発振器で，精度のよいVCO（Voltage Controlled Oscillator）ともいえる。この変換器は，正確なゲート時間をもつ周波数カウンタと組み合わせて電圧計を構成することができる。

たとえば1Vフルスケール－1MHzのV－F変換器で，1秒間の計数を行えば，表示は1,000,000Vとなる。二重積分形A/D変換器と同様に，V－F変換の期間中にランダムノイズが混入しても，その積分平均値が0であれば変換精度には全く影響しない。また入力振幅が変動しても積算期間中で平均化される。したがってこのA/D変換器は本質的に平均値電圧を測定するのに適している。

このA/D変換器のもう一つの特長は，積算時間を長くすれば見かけの精度はいくらでも上がることである。上記の例で，積算時間を10秒に取れば，表示精度は1桁上がり10,000,000となる。したがって各部分の精度を落さぬよう注意深く設計すれば，現存のA/D変換器中最も高精度のデジタル電圧計が実現できる。

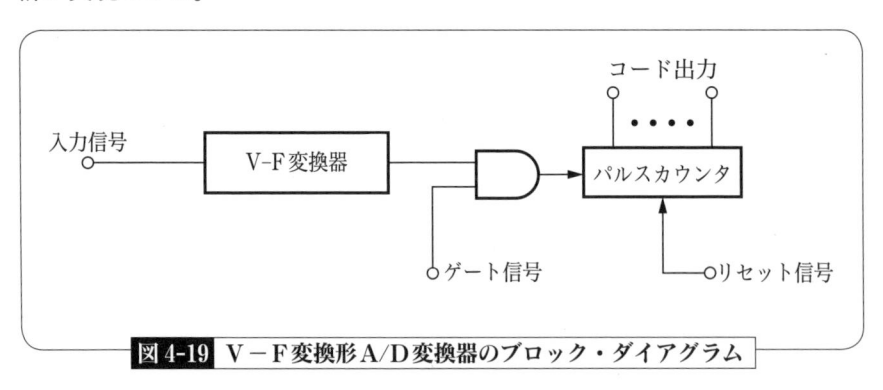

図4-19 V－F変換形A/D変換器のブロック・ダイアグラム

3 追従比較形A/D変換器

追従比較形A/D変換器は，パルス計数内容が増減できるアップダウン（リバーシブル）カウンタとD/A変換器の組み合わせで，**図4-20**の構成となっている。

カウンタの内容はD/A変換器によってアナログ電圧に変換し，コンパレータで入力信号と比較される。コンパレータ出力によって，D/A変換器の

図 4-20 追従比較形 A/D 変換器

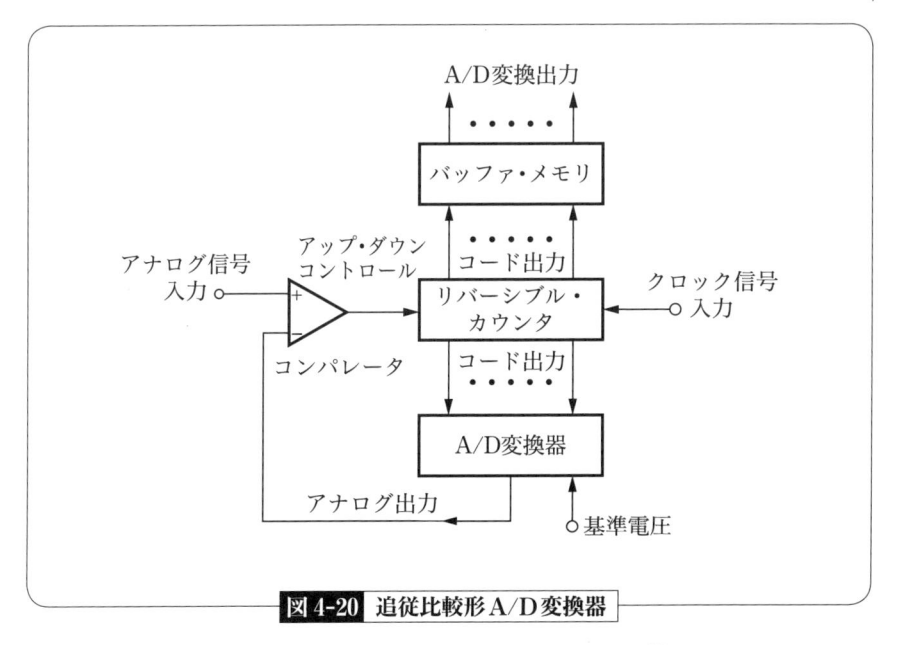

アナログ電圧が入力信号に比べ大きければカウンタは減算にセットされ、クロック発振器のパルスによってその内容が減少（ダウン）する。

D/A 変換器の電圧が入力に比べ小さければカウンタは加算にセットされ、発振器のパルスを加算（アップ）する。電圧変化が小さければ、変換速度は早い。

4 逐次比較形 A/D 変換器

逐次比較形 A/D 変換器は **図 4-21** に示す変換レジスタ、D/A 変換器などの組合せにより構成されている。

図 4-22 によって 8 ビットの A/D 変換の動作を考えてみよう。変換レジスタに変換開始信号 CS が加わると、レジスタの内容を 0 にした後、最初のクロック信号で MSB Q_7 に 1 を立てる。このコードに対応した D/A 変換器のアナログ出力電圧が、コンパレータによって入力信号電圧と比較される。その時入力信号電圧が D/A 変換器出力電圧より大きければ、コンパレータ出力は論理 1、小さければ 0 となり、これをレジスタのデータ入力 D に加える。

次のクロックで、この D 入力に変換レジスタの MSB の内容を D/A 変換す

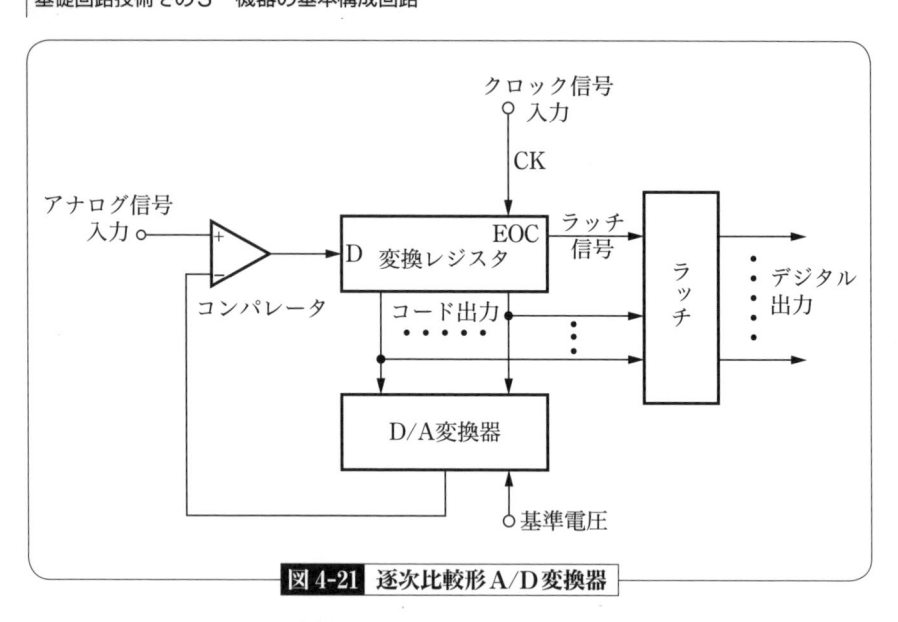

第4章
基礎回路技術その3　機器の基本構成回路

図4-21 逐次比較形A/D変換器

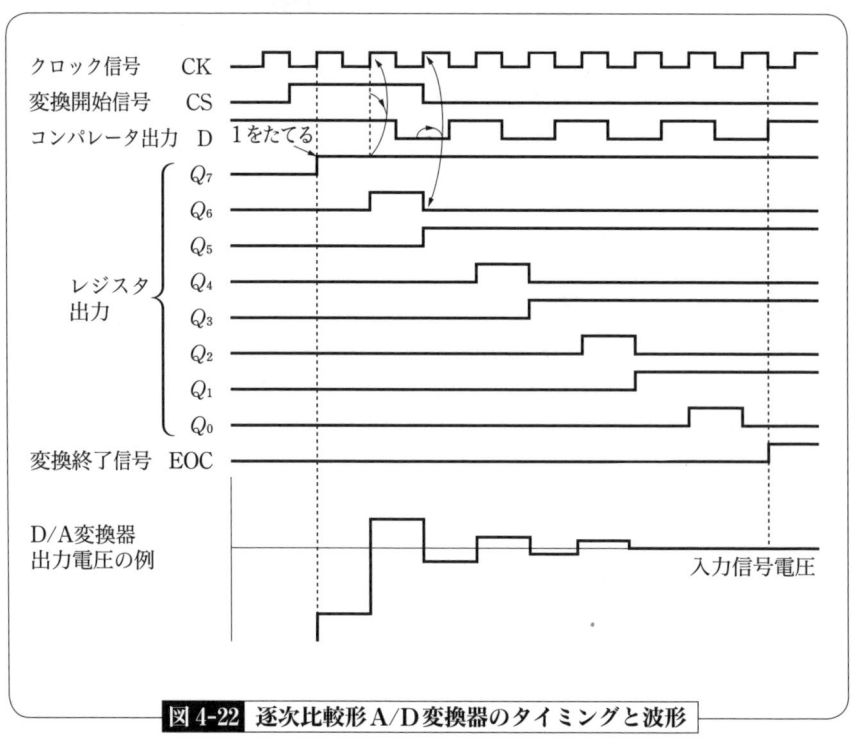

図4-22 逐次比較形A/D変換器のタイミングと波形

ると同時に次のビットに1を立て，上位2ビットの内容をD/A変換して入力信号と比較する。同様の比較操作を逐次最下位ビットまで続ける。

変換が終了すると，変換終了信号EOCによって変換されたデジタルコードをラッチに記憶して出力とする。

以上の説明でわかるように，このA/D変換器の変換時間は，変換精度をNビットとすると（$N+1$）クロック分かかる。また変換中入力信号電圧が変化しないよう，前段にサンプル・ホールド回路が必要である。

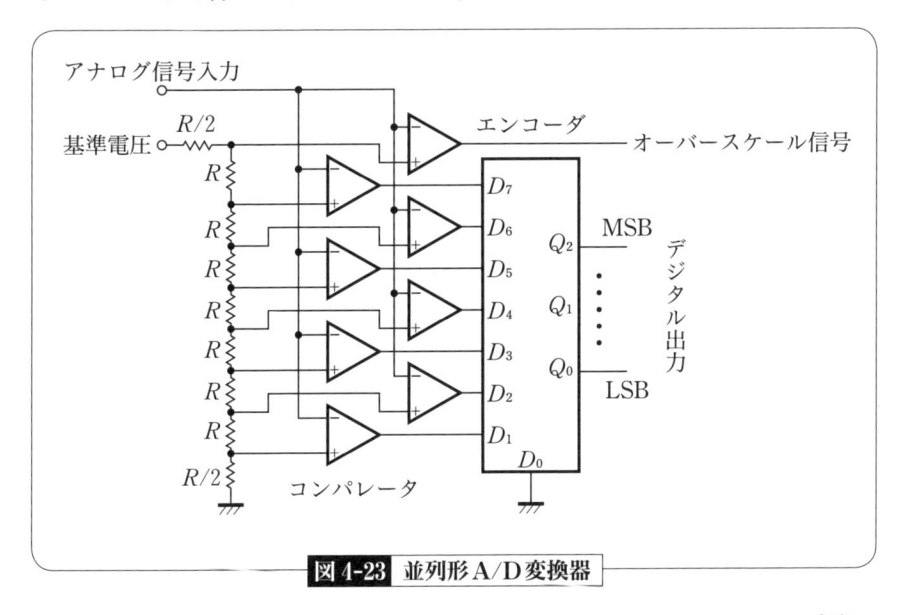

5 並列形A/D変換器

このA/D変換器は，現存する最も高速のA/D変換器の一種である。**図4-23**は8ビットの並列形A/D変換器のブロック・ダイアグラムで，動作は抵抗によって基準電圧を等分に分圧しそれぞれのコンパレータの比較入力に加え，共通に接続した入力アナログ信号と比較する。並列に置かれた各コンパレータによって，変換が一瞬に行われるので別名フラッシュ形A/D変換器とも呼ばれる。

サンプル・ホールド回路は不要であるが，Nビットの変換に対して電圧コンパレータが（2^N-1）個必要で，出力を2進数にするには**表4-3**のようなエンコードを行わなければならない。

図4-23 並列形A/D変換器

第4章 基礎回路技術その3 機器の基本構成回路

表 4-3 並列形 A/D 変換器のエンコード

基準電圧に対するアナログ入力電圧比	D_7	D_6	D_5	D_4	D_3	D_2	D_1	D_0	Q_2	Q_1	Q_0	オーバースケール信号
15/16以上	1	1	1	1	1	1	1	×	1	1	1	1
13/16〜15/16	1	1	1	1	1	1	1	×	1	1	1	0
11/16〜13/16	0	1	1	1	1	1	1	×	1	1	0	0
9/16〜11/16	0	0	1	1	1	1	1	×	1	0	1	0
7/16〜9/16	0	0	0	1	1	1	1	×	1	0	0	0
5/16〜7/16	0	0	0	0	1	1	1	×	0	1	1	0
3/16〜5/16	0	0	0	0	0	1	1	×	0	1	0	0
1/16〜3/16	0	0	0	0	0	0	1	×	0	0	1	0
0〜1/16	0	0	0	0	0	0	0	×	0	0	0	0

並列形 A/D 変換器は多数のコンパレータを必要とするので，入力信号電圧を上位と下位に2分割し，上位の電圧を下位の電圧にフィードバックして変換を行い，高速性を保つと共にコンパレータの数を1/2に節約した直並列複合形 A/D 変換器もある．

4.1.5 A/D 変換器の選択

装置を設計するとき，目的に合致する A/D 変換器の選択は非常に重要な問題である．選択にあたり注意が必要な事項をあげておく．

1 アナログ入力

(1) ユニポーラ，バイポーラの別
(2) 入力信号のレベル
(3) 信号源インピーダンス
(4) 入力インピーダンス
(5) オフセット調整方法
(6) 利得調整方法
(7) サンプル・ホールド回路の要，不要
(8) アンチエリアシング回路の要，不要

2 デジタル出力

(1) シリアル，パラレル，または双方
(2) コードの指定：バイナリ，オフセットバイナリ，2の補数，グレイ，

BCD等

(3) ロジックレベル：TTL (S, 標準, LS, LV TTL, LS, ALS), CMOS, H CMOS, ECL等
(4) 形式：トーテム・ポール, オープン・コレクタ, 3ステート
(5) グリッチ対策の要, 不要

3 一般性能

(1) 変換方式
(2) 分解能
(3) 精度, 確度
(4) クロック：外部供給, 内蔵の別
(5) 基準電圧：外部供給, 内蔵の別
(6) 変換開始のタイミング：外部, 自走の別
(7) 必要電源と安定度
(8) 使用, 保存温度範囲と放熱
(9) ウオームアップ時間
(10) 外部電磁界の影響度
(11) 放射雑音
(12) 大きさと取り付け方法

4 D/A変換器

　デジタル信号に変換されたA/D変換器の出力は，そのままデジタル系の回路に受け渡される場合のほか，D/A変換器によって再びアナログ信号に再変換されることも多い。V－F変換形を除き，デジタルコードをアナログ電圧，電流に変換するためには，通常次に説明するD/A変換器が用いられる。このD/A変換器は，逐次比較，追従比較形A/D変換器の回路構成の一部を受けもつほか，単独には各種の電圧発生器などにも利用されている。

　D/A変換器は，デジタル・デコーダ，エレクトロニック・スイッチ，ラダー（はしご）抵抗，オペアンプ等から構成され，非常に多品種の製品が発売されているので，現在では素子を組み合わせて自作する必要はない。

　出力電圧10V，電流2mA程度が通常の仕様で，オペアンプ，基準電源を外付けにする種類もある。

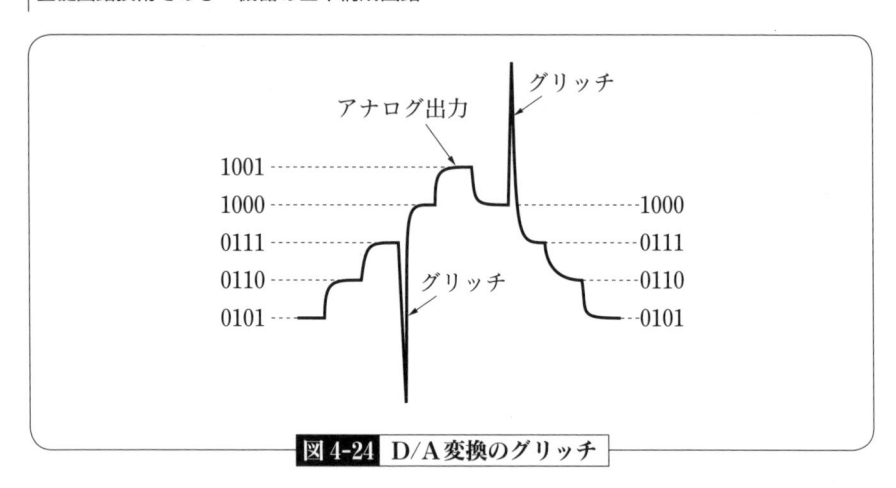

第4章
基礎回路技術その3　機器の基本構成回路

図4-24 D/A変換のグリッチ

　D/A変換器のコード入力は厳密には同じタイミングでなく，内部の電子スイッチ等の動作速度も違うので，コードの変わり目にグリッチと呼ばれる過渡的スパイクが重畳する．

　このグリッチは**図4-24**に示すように，2進数の大きな桁変化時に顕著に発生し，振幅はLSBの数倍以上に達することがある．滑らかなアナログ出力信号が必要な場合は，次の対策を講じグリッチを除去する．

　(1) コード入力にラッチ回路を付加し，タイミングの同時性をとる．
　(2) コードの変化が，どの場合でも1であるグレイコードを使用する．

4.2 電源回路

　電子装置は入力信号を加工して出力とするシステムといえる。これは人間の体の機能に実によく対応している。

　人体は視覚（眼），聴覚（耳），触覚（指，皮膚），味覚（舌），嗅覚（鼻）等のセンサで外界の情報を受取り，神経伝送系で脳細胞に信号を送る。脳細胞はこの情報を処理し，信号出力は音声あるいは手足の動きなどによって出力される。これら情報の認識，処理，伝送や出力には，化学的，物理的エネルギーが消費される。

　人体のシステムを駆動するエネルギーは食物から摂取し，消化器管で体が利用できる形に変換される。そして心臓，循環器（血管）で軀の隅々まで送られる。消化器，循環器の機能は体の各部分の円滑な動作と生命の維持に直接かかわっている。人体では信号の伝送には神経細胞，エネルギーの伝送は血液によって化学的に行われる。

　電子装置の信号，エネルギー伝送は，主として電線により電気的に行われる相違はあるが，同じようにエネルギーを扱う電源系は信号系と同等以上の重要性をもっている。

　電源はいろいろな種類の外部電気エネルギーを必要な形に変換し，装置の

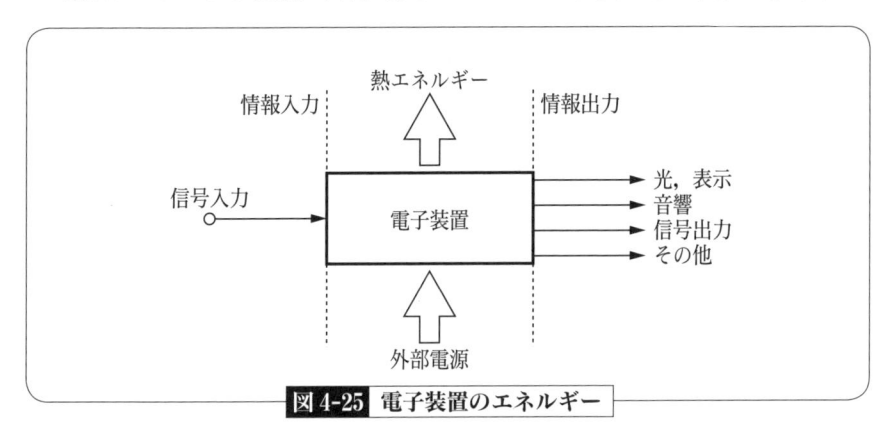

図4-25　電子装置のエネルギー

第4章
基礎回路技術その3　機器の基本構成回路

各部に供給する。これが十分でないと装置の貧血（パワー不足）や病的症状（誤動作）を起こす原因となる。

電子装置をエネルギー授受の観点から見たのが図4-25である。

入力エネルギーは入力信号および外部電源から与えられる。入力信号エネルギーは通常，電源のそれに比べ無視し得るほど小さい。出力エネルギーも信号部分とパワー部分に分けられ，信号のエネルギー出力は小さい。情報処理関係の機器では，電源からのエネルギーのほとんどは熱として外部に放散される。

電子回路が必要とする電源には直流電圧源が多いが，その電圧ラインは回路動作の広範な周波数帯域に対し交流的には0電位（接地）として扱われ，また動作上回路電流が変化しても電圧が一定で内部インピーダンス0の理想電圧源と考えられるよう安定化（レギュレート）してあることが要求される。

交流電源ラインに接続され，負荷回路に安定化直流電力を供給する図4-26の系で，負荷回路は正常であっても安定化電源回路や整流回路から必要な電流，電圧を取り出すことができなければ，全体としての正常な動作は望めない。

たとえばオーディオ増幅装置で，増幅器の出力が十分である設計がなされていても，電源の容量が不足していれば波形歪を生じて満足な動作は得られない。パルス回路を含む高周波回路では，電源インピーダンスが高くインダクタンス分が大きい場合はリンギング，発振等の異常現象の原因になる。

電源電圧にリップルやスイッチング雑音などの有害な成分が重畳していてはならないことはいうまでもないが，それ以外にも短絡時の破損防止，情報保持のための瞬時停電対策など，機器，回路を満足に動作させるための電源に要求される機能と役割は非常に大きい。

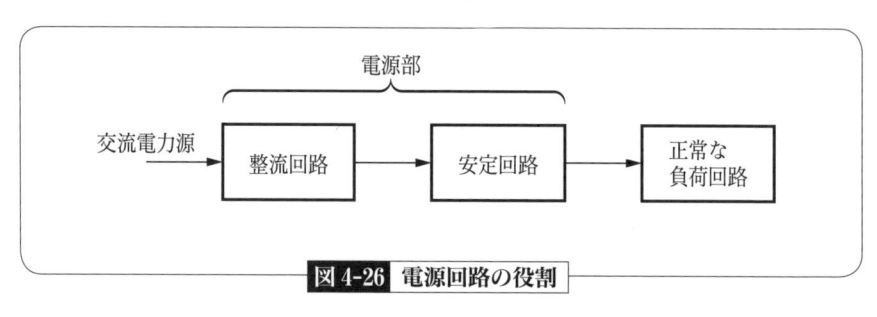

図4-26　電源回路の役割

交流電力源 → 整流回路 → 安定回路 → 正常な負荷回路

（整流回路・安定回路：電源部）

4.2.1 安定化電源の種類

直流安定化電源は，シリーズ・レギュレータ形とスイッチング・レギュレータ形に大別される。

図 4-27(a) は，電池等の非安定な直流電源に直列に安定化回路を挿入し出力としたシリーズ・レギュレータ形直流電源である。この場合一線は入出力とも共通となり，入出力は絶縁されない。

同図 (b) は 図 (a) の直流入力に換えて，交流電力を整流して安定化回路に加えたもので，最も一般的な安定化電源回路である。整流時のリップルもこの安定化回路で除去される。交流入力は通常変圧器で変圧され，直流出力と絶縁される。この方式は変圧器，整流，平滑回路等の部品が大きく，安定化回路の電力損失も大きいが，整流時のリップル以外に雑音の発生源がないので，高精度の直流回路，A/D変換回路の電源に適している。

スイッチング形電源は，基本的には直流入力をトランジスタなどの半導体スイッチ素子を用いて数十KHz以上で開閉し，高周波特性の良いパルストランスで電圧変換を行って整流，安定化し出力とする方式で，小形で効率が非常に良く，通常入出力が直流的に絶縁されている。ただしスイッチング雑音が発生するので，低雑音のアナログ回路や高分解能のA/D，D/A変換回路等に使用するときには，接地の配線方法など雑音防止にかなりの注意が必

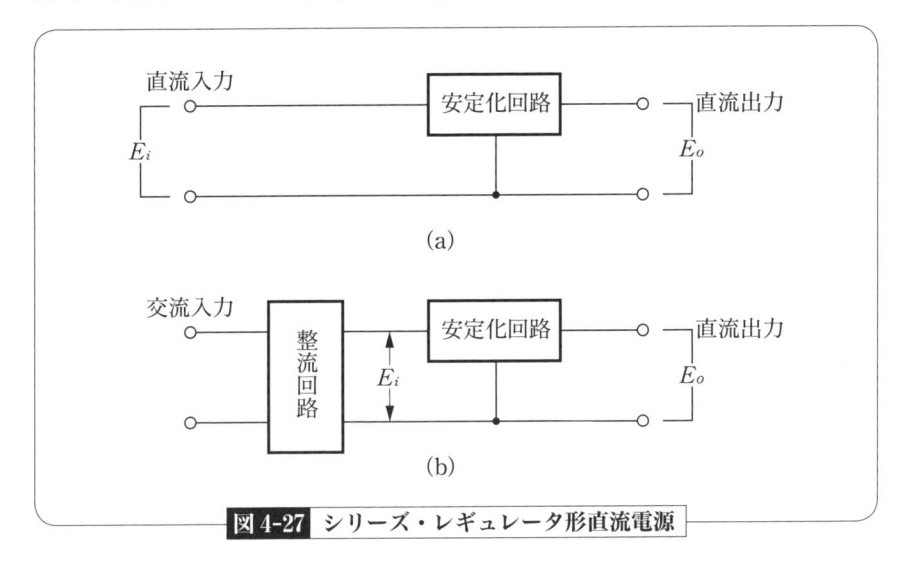

図 4-27　シリーズ・レギュレータ形直流電源

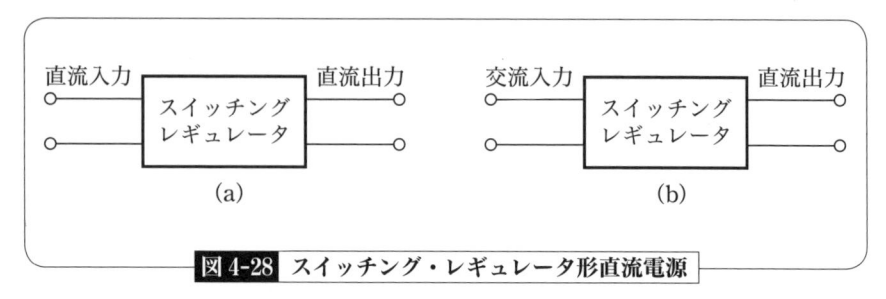

第4章 基礎回路技術その3 機器の基本構成回路

図 4-28 スイッチング・レギュレータ形直流電源

要である。

図 4-28 に示すように，スイッチング・レギュレータ形電源にも直流入力，直流出力の DC－DC コンバータと，商用交流入力，直流出力の電源がある。

スイッチング・レギュレータ形直流電源は，多種多様の定格のユニットが市販されているので，一般のユーザーが部品の組合せで製作することはまずない。

4.2.2 シリーズ・レギュレータ形直流電源

シリーズレギュレータ形電源は最も一般的な直流安定化電源で，入力，出力間に直列に挿入されたトランジスタを制御して出力電圧を安定化するため，シリーズレギュレータと呼ばれる。図 4-29 は，交流入力から＋の安定化電圧源を作るシリーズレギュレータ電源の一般的な形で，変圧器を含む両波整流，平滑，制御，保護回路から構成されている。

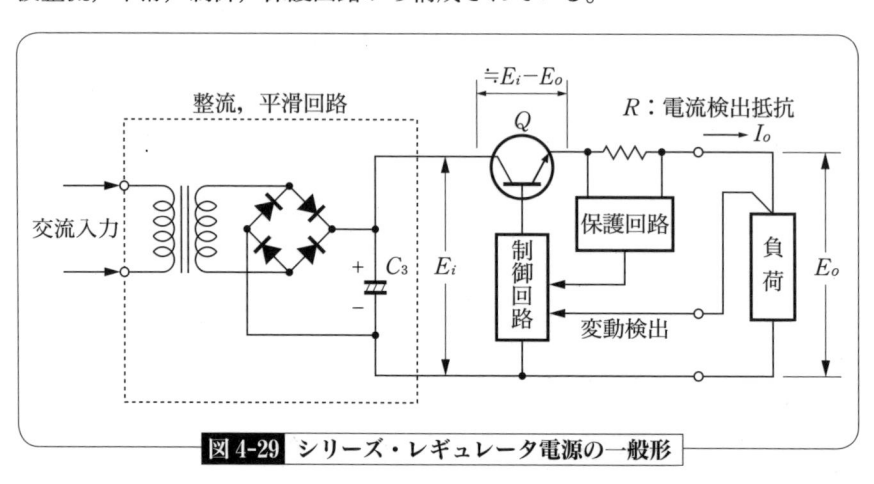

図 4-29 シリーズ・レギュレータ電源の一般形

4.2 電源回路

1 整流回路

商用交流電力は，わが国では原則として 50/60Hz の正弦波であるが，それ以外に 400Hz などの周波数もあり，また波形が正弦波以外の場合もある。整流回路はこれらの交流入力をトランスで変圧したのち，ダイオードとコンデンサで直流に変換，整流する。

(1) 半波整流回路

図 4-30 は，最も簡単な半波整流回路である。図の方向のダイオード接続では，交流電圧 V の正の半サイクルで負荷に電力を供給すると同時に，コンデンサ C が充電される。電圧が低い区間と負の半サイクルでは，負荷には C の電荷による放電電流が流れる。リップル成分は電源周波数と同じ周波数である。

この回路は素子数も少なく非常に簡単であるが，負の半サイクル時ダイオード D に V_0+V の逆電圧がかかる。また負荷電力を正の半サイクルのみで受けもつため，トランスの電流容量，ダイオードの逆耐圧と電流，コンデンサの容量のいずれもが全波整流回路の 2 倍以上の値を要するので，数十 mA 程度以下の小電力回路に用いられる。

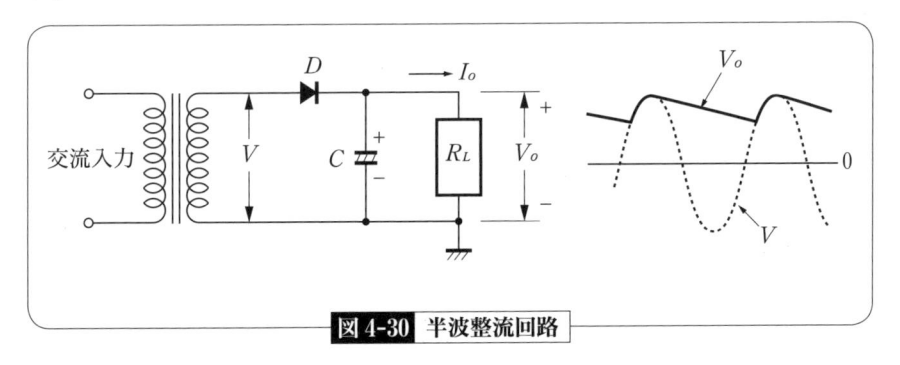

図 4-30 半波整流回路

(2) 全波整流回路

全波整流回路は，図 4-31(a) のセンタタップ付きトランスを使用する回路，同図 (b) ダイオード・ブリッジ回路の二種類がある。波形はいずれも同図 (c) で，リップルの周波数成分は電源周波数の 2 倍となる。

回路(a)では，トランスの巻線数およびダイオードの逆耐圧はそれぞれ 2 倍，トランスの各巻線と個々のダイオードの電流は半サイクルのみ流れる。

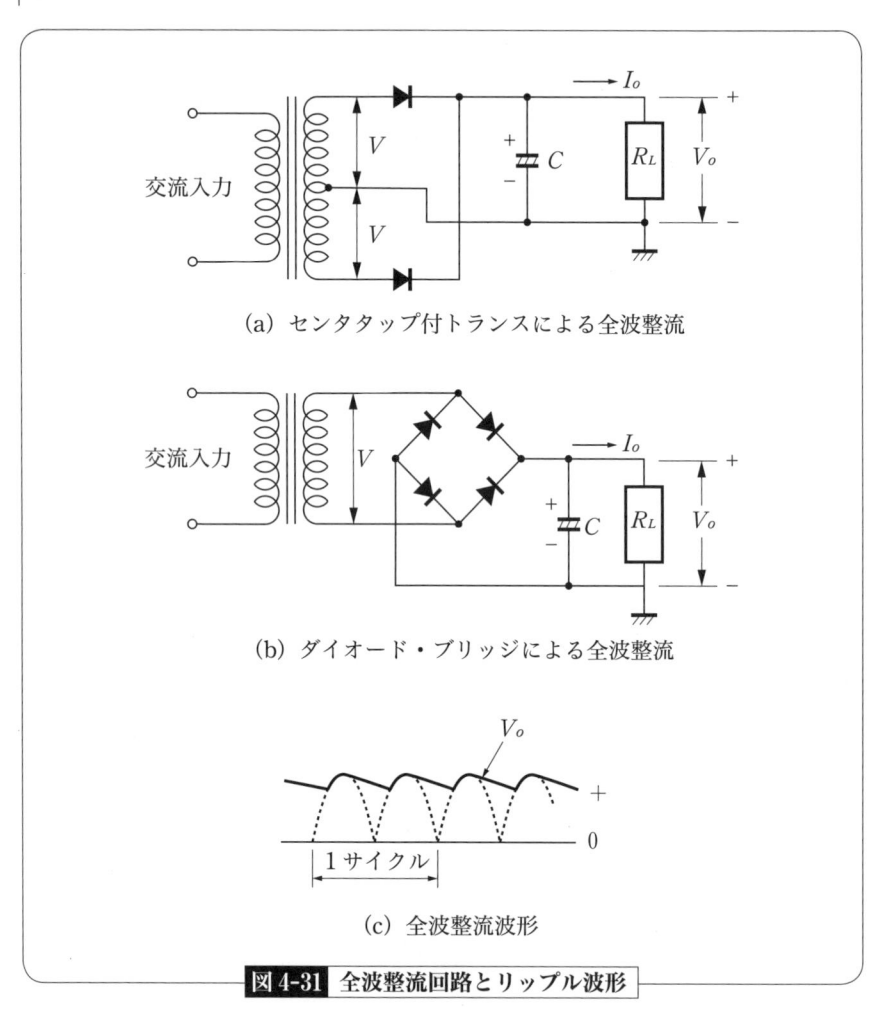

第4章
基礎回路技術その3　機器の基本構成回路

(a) センタタップ付トランスによる全波整流

(b) ダイオード・ブリッジによる全波整流

(c) 全波整流波形

図4-31　全波整流回路とリップル波形

　回路(b)はトランスの効率も良く，最も多く用いられる回路である．各種の定格のブロック・ダイオードが市販されている．

2 平滑回路

　平滑回路は，整流された交流電圧の直流成分のみを通過させるローパスフィルタの一種である．フィルタの素子として，数十mHのインダクタンスをもつ鉄心入りチョークコイルとケミカル・コンデンサを使用するのがチョーク・インプット形の平滑回路である．この回路は損失が少なくフィルタ効果

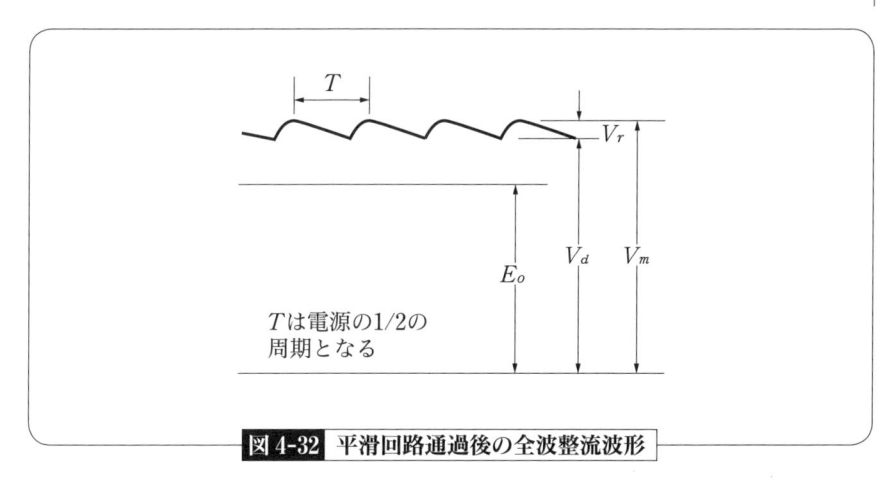

図4-32 平滑回路通過後の全波整流波形

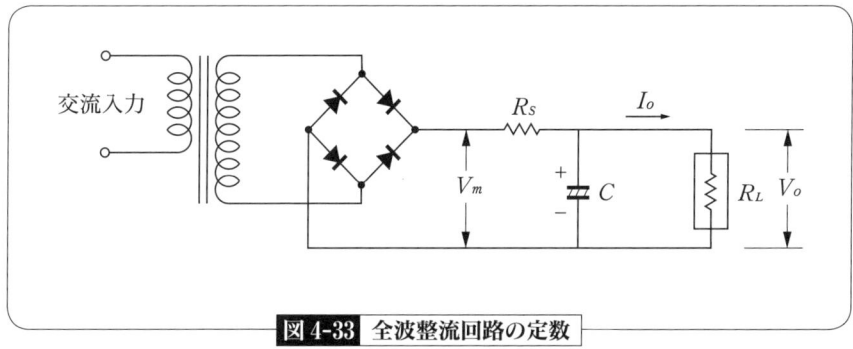

図4-33 全波整流回路の定数

も大きいので，大電流整流平滑回路に使用されるが，チョークコイルが重く，大きく，高価のため，小型の電子装置の平滑回路はコンデンサのみを使用したコンデンサ・インプット回路とするのが普通である。

平滑回路通過後の全波整流波形は，**図4-32**のように直流分V_dにリプル分V_rが重畳した脈流となっている。V_dの最小値は，安定化直流出力電圧E_0よりも安定化回路動作電圧分だけ大きくなければならない。

この図で電圧V_mはトランスの二次電圧Vの最大値で，リプル電圧V_rは平滑コンデンサCの容量と負荷抵抗の値による時定数で決まる。コンデンサ・インプット全波整流平滑回路は，古典的な文献によって解明されている (O. H. Shade, Proc. IRE, Vol.31, p.356, 1943)。

図4-33の全波整流回路で，負荷抵抗をR_L，コンデンサC側から見込んだ入力側の総インピーダンス（抵抗）をR_s，電源角周波数をω（$\omega = 2\pi f$，fは

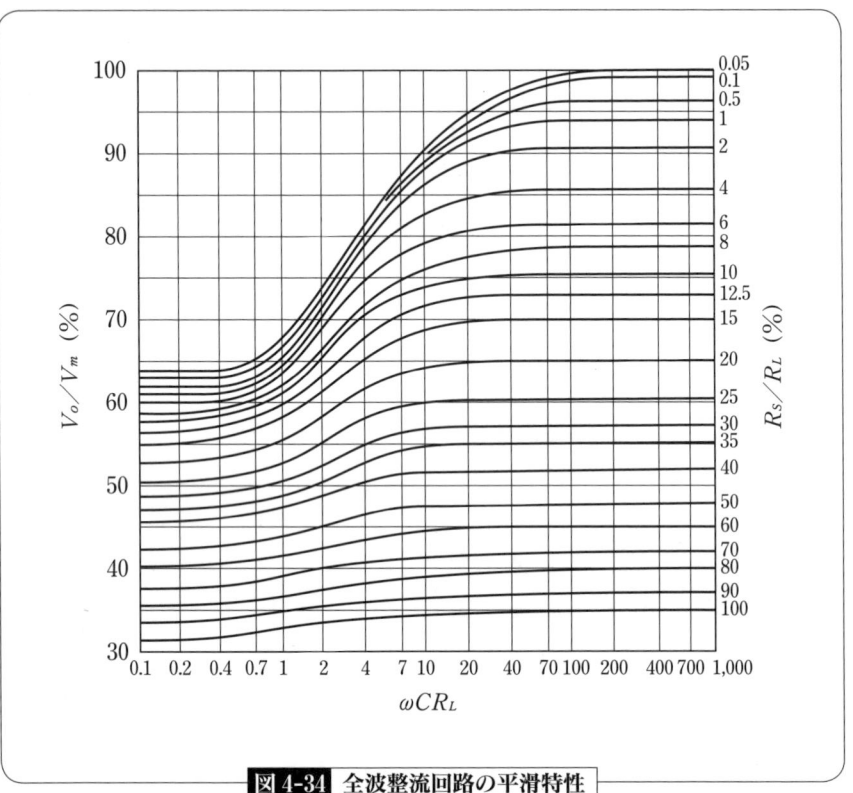

第4章
基礎回路技術その3　機器の基本構成回路

図 4-34 全波整流回路の平滑特性

電源周波数) とすると，回路特性は **図 4-34** のような関係をもつ．

R_S を正確にいうと，ダイオード・ブリッジの電流 I_0 における順方向抵抗，トランスの二次巻線の巻線抵抗，コアの磁気抵抗の換算値，一次巻線抵抗と交流入力回路抵抗の巻線比による二次回路への換算値の総和である．

たとえばこの図を用いて，$R_L = 100\,\Omega$，$R_S = 1\,\Omega$，$V_0/V_m = 90\%$，電源周波数 50Hz のときコンデンサ C の容量を計算すると，$C \fallingdotseq 380\,\mu\mathrm{F}$ となる．

整流，平滑回路の出力直流電力は，必要に応じて安定化して各回路に供給される．

③ 基準電圧

図 4-35(a) はツェナー・ダイオード（ゼナー・ダイオード，ZenerDiode）によるオープン・ループ電圧安定化回路で，シリーズ・レギュレータ回路内

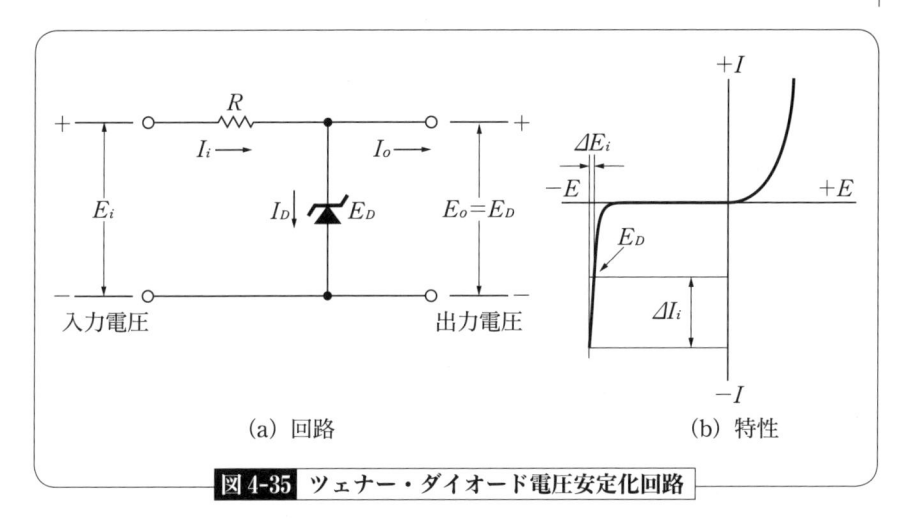

図4-35 ツェナー・ダイオード電圧安定化回路

の基準電圧,電圧標準などに使用される。

この回路の動作は次のようになる。出力電流I_oが0,すなわち出力が無負荷のとき,入力電流I_iはすべてツェナー・ダイオードに流れ込む。

入力電圧をE_i,ツェナー電圧をE_D（$=E_o$）とすると,この電流は

$$I_i = \frac{E_i - E_D}{R} \tag{4.2}$$

となる。ツェナー・ダイオードに消費される電力は,$I_i \times E_D$である。この図(b)で,入力電圧E_iがΔE_i変動すると,入力電流I_iはこのダイオードのツェナー特性曲線に沿ってΔI_i変動する。

$$r = \frac{\Delta E_i}{\Delta I_i} \tag{4.3}$$

上式のrはこの回路の動抵抗で,低いインピーダンス特性を示し,入力電圧の変動に対し出力電圧が安定化される。また出力電流I_oを取り出すと,ツェナー・ダイオードに流れる電流I_Dは$I_D = I_i - I$と減少するが,出力電圧はやはりこの曲線上を移動し,$I_D \fallingdotseq 0$となるまで安定化された電圧の出力電流を取り出すことができる。この動作範囲では,I_iは一定である。

最近では,3端子のシリーズ・レギュレータ素子の安定度が温度補償形ツェナー・ダイオードの特性を上回り,基準電圧も内蔵し出力電圧が可変できるタイプもあることから,半導体メーカーはこのダイオードの生産を中止する傾向にある。

第4章
基礎回路技術その3　機器の基本構成回路

4 制御回路

　制御回路は **図 4-36** のブロック・ダイアグラムに示すように，出力電圧を検出し，基準電圧と比較してその差を増幅，帰還して安定化を行う。

　具体的には **図 4-37** に示すように，誤差増幅オペアンプの（＋）入力に正の基準電圧を加え，出力電圧を抵抗 R_1, R_2 で分割し（－）入力に加える。オペアンプの出力を制御用パワー・トランジスタのベース（FETではゲート）に接続し，エミッタあるいはソースフォロワとして出力を取り出す。負荷の状態によって出力電圧が変動すれば，基準電圧と比較し出力電圧を一定

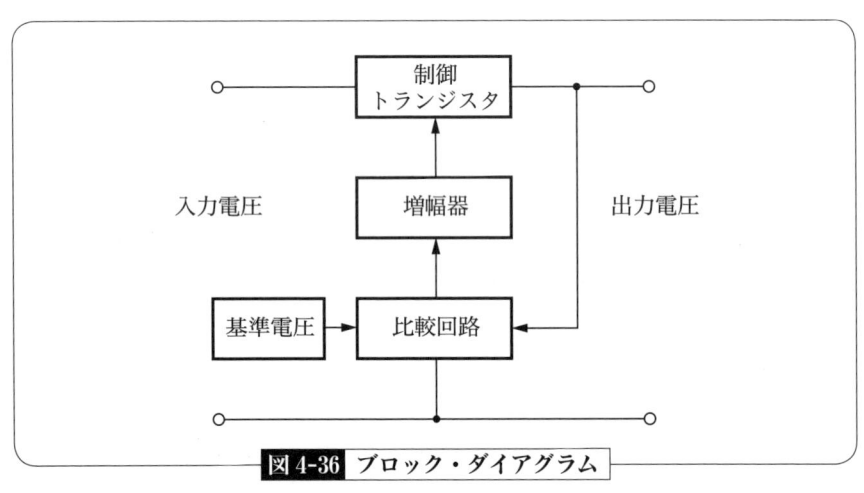

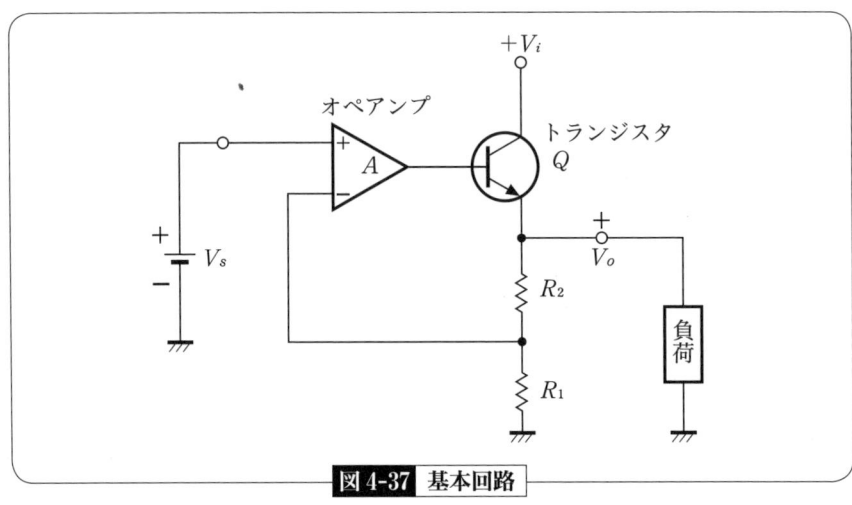

図 4-36　ブロック・ダイアグラム

図 4-37　基本回路

値に引き戻すよう帰還がかかる。

この回路は，オペアンプ応用の好例である。**2.3節**で説明した通り，オペアンプの増幅度Aが充分大きければこの回路の利得Gは

$$G = 1 + \frac{R_2}{R_1} \tag{4.4}$$

入力に基準電圧V_sが加わると出力電圧E_0は

$$E_0 = \left(1 + \frac{R_2}{R_1}\right) \cdot V_s \tag{4.5}$$

となり，安定した出力電圧が得られる。この回路は安定度も良く優れた性能をもっているが，トランジスタQが正常に動作するための十分なエミッタ－コレクタ電圧が必要で，次式による入力直流電圧V_i，出力電圧V_0の差と，出力電流Iの積P_sがこの安定化回路の電力損失になる。

$$P_s = (V_i - V_0) \cdot I \tag{4.6}$$

設計条件にもよるが，この電力損失は負荷に供給する電力に比肩するほど大きく，しかも発熱源が制御トランジスタに集中しているから，放熱には特に注意しなければならない。

図4-38は，フィン付きヒート・シンク（放熱器）の効果を実測した例で

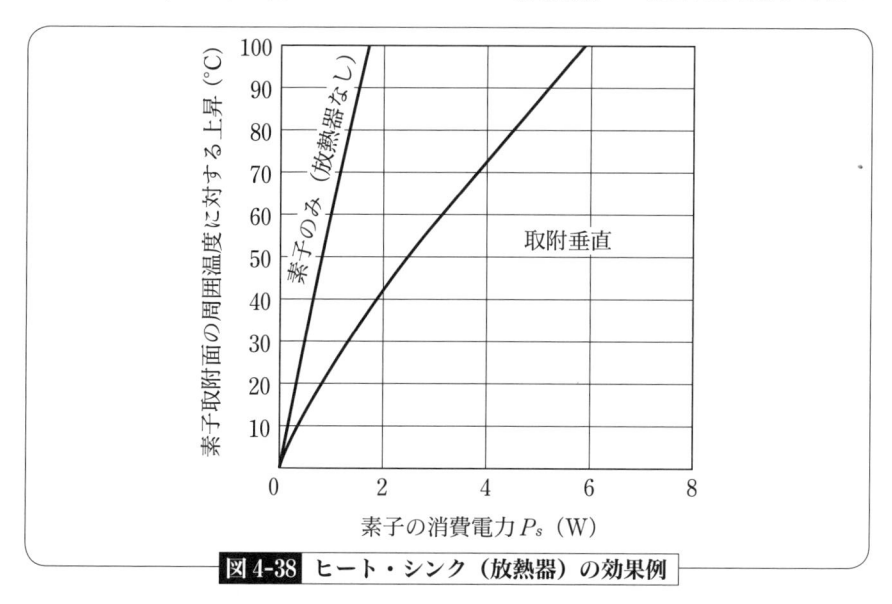

図4-38 ヒート・シンク（放熱器）の効果例

ある．メーカーのカタログには，放熱器の形名ごとに周囲温度に対する素子取り付け面温度上昇のデータが添付してある．

素子の取り付けに当たって，コレクタあるいはドレインがケースに接続してあるものはマイラーシートなどで絶縁し，さらにシリコン・グリースを塗布して熱抵抗を下げる．ヒート・シンクは垂直に立て，フィンの下面の通気障害を避ける．このように素子の実装やヒート・シンクの通風に注意すれば，パワー半導体素子の消費電力を大幅に増加することができる．

5 保護回路

定電圧電源は内部抵抗が低いので，出力を短絡すると大電流が流れ素子を破壊する．そのため出力電流を検出して過電流を制限あるいは出力を遮断するなどの保護回路は必要不可欠である．

最も簡単な保護回路はヒューズ，サーキット・ブレーカなどであるが，応答速度が遅く出力の短絡に対しての保護効果は望めない．やはり電子的な保護回路が適している．保護回路には次の種類がある．

(1) リセット形

出力に過電流が流れると電流を制限あるいは遮断し，リセット操作によって正常な状態に復帰する特性をもつもの．

(2) 垂下特性形

出力の電圧，電流特性が図4-39(a)の特性をもつ保護回路である．出力の短絡時に制御トランジスタがすべての電力消費を受けもつので設計に注意が必要である．

(3) フの字特性形

図4-39(b)のように，電圧・電流がフの字となる特性の回路で，出力の短絡時に制御トランジスタの電力消費が軽減される．但し特性に負抵抗領域があるので，使用条件によっては発振を起すことがある．

(4) 電流制限形

シリーズ・レギュレータICの内部にセンサをもち，温度上昇が定格以上

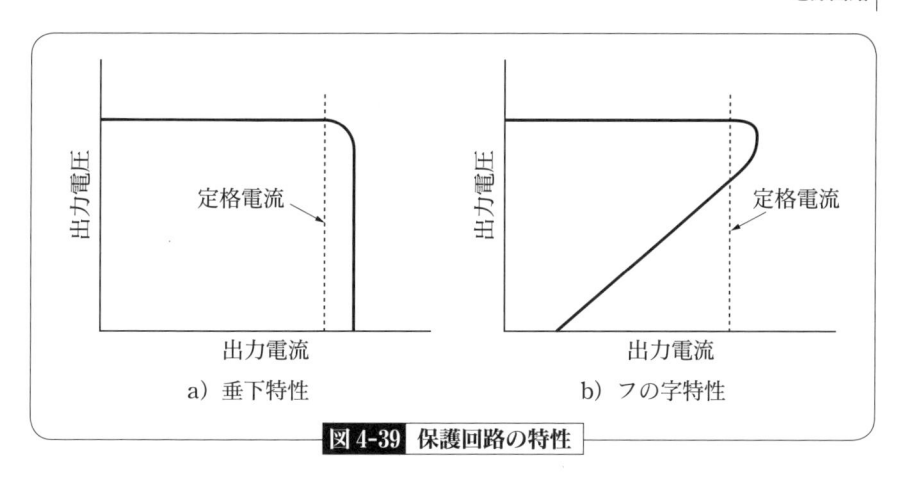

図 4-39 保護回路の特性
a) 垂下特性
b) フの字特性

になると電流を制限するタイプで，三端子レギュレータでは最も一般的に採用されている保護回路である。

6 パワー・トランジスタの熱損失

第 2 章 3.1.2(c)で信号源から取り出す最大パワーについて述べたが，電源装置の観点でいえば，一般に **図 4-40** のように，制御電圧によって内部抵抗が変化する素子と負荷抵抗が，内部インピーダンスの低い電源に対し直列に接続されている回路（通常のトランジスタ，シリーズ・レギュレータ回路など）において，等価内部抵抗が直列抵抗と等しくなったときこの素子の消費電力が最大になり，最も発熱する。

素子の熱損失 P_C は，両端電圧 v と電流 i の積であるから

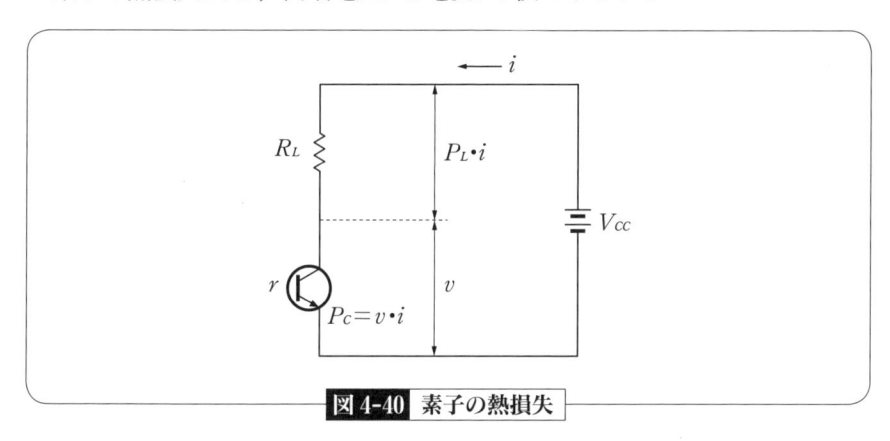

図 4-40 素子の熱損失

第4章
基礎回路技術その3　機器の基本構成回路

$$P_C = v \times i \tag{4.7}$$

$v = V_{CC} - iR_L$, $i = (V_{CC} - v)/R_L$ であるから

$$P_C = v \cdot \frac{V_{CC} - v}{R_L} \tag{4.8}$$

P_C を v について微分すると

$$\frac{dP_C}{dv} = \frac{V_{CC}}{R_L} - \frac{2v}{R_L} \tag{4.9}$$

すなわち損失 P_C は $v=0$ のとき 0 で，v が増加するに従って単調に増大し，$dP_C/dv = 0$ の変曲点で最大値に達したのち，以後単調に減少し $v = V_{CC}$ において再び 0 となる（**図 4-41**）。

$dP_C/dv = 0$ のとき $\frac{V_{CC}}{R_L} = \frac{2v}{R_L}$ から，

$$v = \frac{V_{CC}}{2} \tag{4.10}$$

これを式（2-7）に代入すると，損失の最大値 $P_{C\max}$ は

$$P_{C\max} = \frac{(V_{CC})^2}{4R_L} \tag{4.11}$$

となる。したがってこの値が，放熱器の効果も含む素子の絶対最大定格損失以内であればよい。

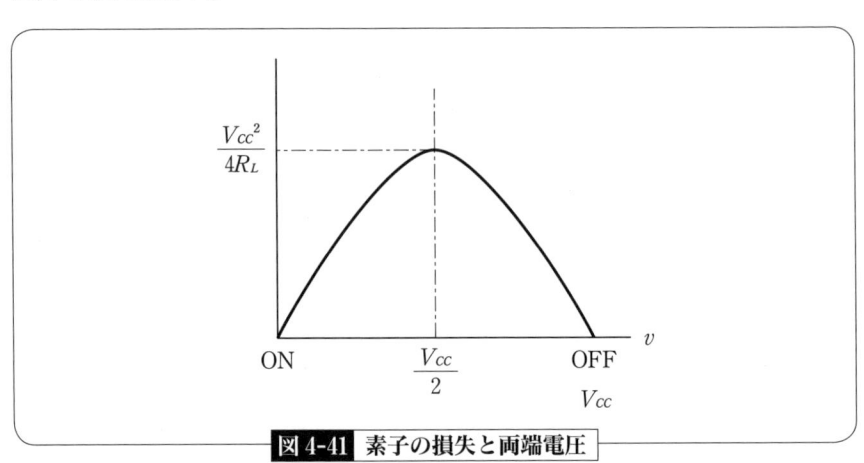

図 4-41 素子の損失と両端電圧

4.2 電源回路

7 設計上の注意

現在，基準電圧，出力素子，保護回路を内蔵したICが市販されていて，この部分を個別部品で自作する必要はほとんどないが，シリーズ・レギュレータ電源を設計する際の一般的留意事項を上げておこう。

(1) 一次入力電圧が定格の最低値で，出力が定格最大電圧かつ最大電流のとき，制御回路が動作する電圧マージンが見込まれているか。

(2) 一次入力電圧が定格の最大値で，出力が定格最小電圧かつ最大電流のとき，制御出力トランジスタの電力損失は保証規格内であるか。

(3) 一次入力電圧が定格の最大値で出力が無負荷のとき，平滑コンデンサの耐圧を超えないか。無負荷の場合は各素子の電圧降下がなく，整流された交流入力の尖頭値がかかるので，コンデンサの端子電圧は予想以上に高くなる。

(4) (3)と同じ条件下で，制御回路の耐圧は規格内か。

(5) 入力電圧の波高値が最大の瞬間に電源スイッチが投入されたとして，大容量の平滑コンデンサに充電するラッシュ電流に整流ダイオードが耐えるか。

4.2.3 スイッチング・レギュレータ形直流電源

交流入力，直流出力のスイッチング電源は，図4-42に示すように一次入

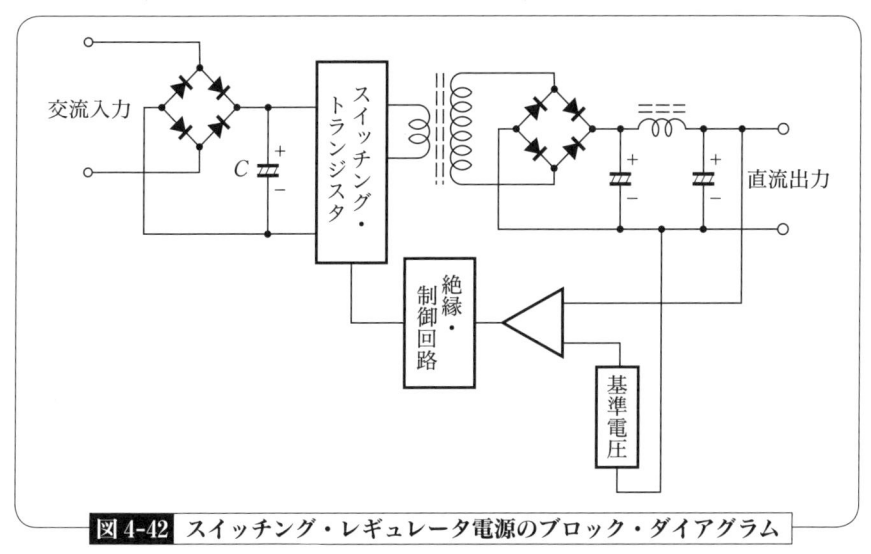

図 4-42 スイッチング・レギュレータ電源のブロック・ダイアグラム

第4章
基礎回路技術その3　機器の基本構成回路

(a) スイッチ波形

(b) 整流波形

図 4-43　スイッチング・レギュレータ電源のスイッチ雑音

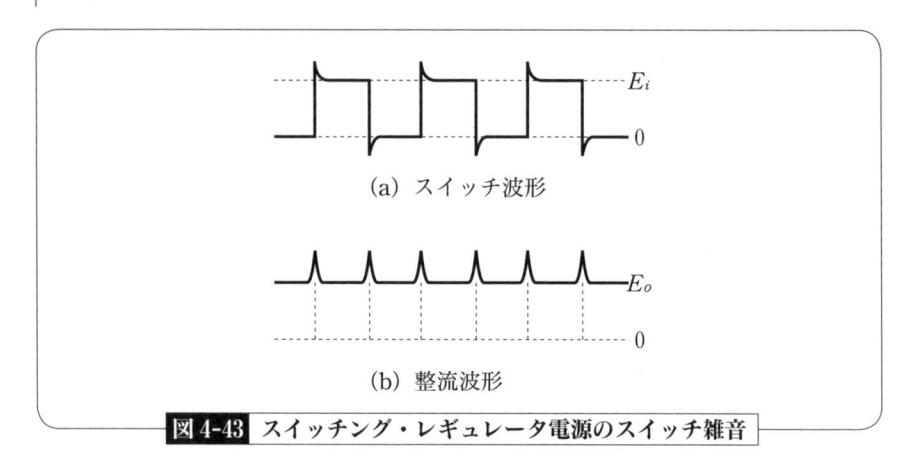

力を直接整流した直流電力をトランジスタで高速に開閉し，パルス・トランスで変圧，再整流して出力とする電源である。

商用電源の一次側の電圧が高いため，平滑コンデンサには大きなエネルギーが蓄積され，高耐圧ではあるが容量は小さくて済む。またスイッチ速度が早いので，トランスも小形である。

図 4-43に示すように，整流されたスイッチ波形は矩形波となるので，全波整流した二次側出力は基本波成分をほとんど含まない。したがって二次側の平滑コンデンサはスイッチング動作による細いスパイク雑音を除くことが主目的のため，容量は小さくてよい。

このようにスイッチング電源は小形軽量で効率も良い利点をもつ反面，回路が複雑で雑音レベルも高く，電源投入時の大きな充電電流に対し電源スイッチの接点保護対策など応用面での工夫も必要である。

それぞれの回路の要求にあわせてシリーズ・レギュレータ電源とスイッチング・レギュレータ電源を使い分けることが大切である。

4.2.4　電源についての一般事項

交流入力，直流出力電源に関連して考慮しておく事項をあげておこう。

1　入力に対する事項
(1) 一次電圧の中心値と変動巾
(2) 入力周波数

(3) 波形（高調波含有率，歪率）
(4) 瞬断の有無
(5) 線路インピーダンス
(6) 重畳ノイズの種類と対策
(7) フローティングか否か，フローティングの場合接地可能かどうか

2 出力に対する事項
(1) 出力電圧の中心値と可変巾
(2) 出力電流
(3) 直流内部抵抗，周波数－インピーダンス特性
(4) 温度安定度，時間安定度，ドリフト
(5) リップル含有率
(6) 負荷の種類
(7) フローティングか否か，極性
(8) 一次側との絶縁度
(9) 短絡保護の形式
(10) 動作温度，保存温度
(11) 瞬断対策

第4章 基礎回路技術その3 機器の基本構成回路

4.3
ケーブルによる信号伝送

電子装置の各部分の信号伝送の方法を決めることは非常に大切な問題である。信号伝送には，ラジオ，TV放送を含む電波を使用した無線通信，マイクロ波のビームによるもの，光ケーブルの多重電話回線，LANなど速度，容量，伝送距離等に応じた多用の方式があるが，ここでは機器内あるいは機

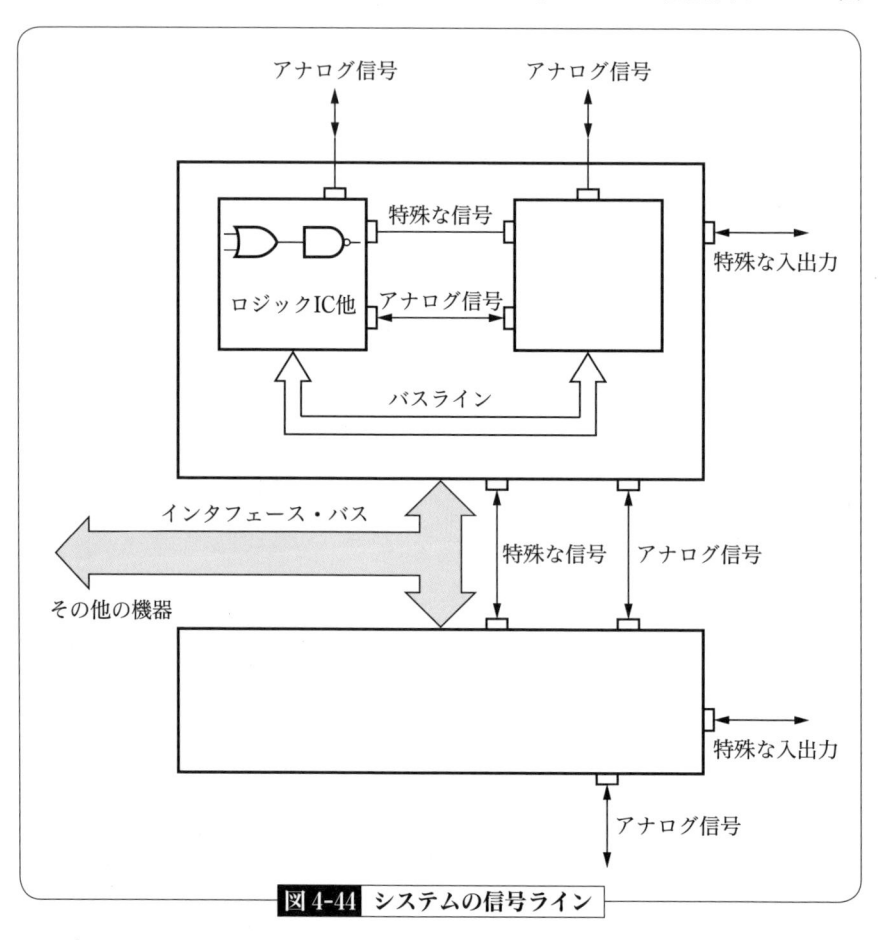

図 4-44 システムの信号ライン

238

器間のケーブルによる伝送について取り上げる。

図 4-44 はシステムの信号ラインの有様を示したものである。アナログ系の信号は一般に線数も少なく，伝送する情報の質も異なるので，単なる被覆線，シールド線，同軸ケーブルなどを使用してそれぞれに適したやり方で伝送され，デジタル系では，性質が同じ多数の信号が各部で送受されるが，基板内・基板間・機器間などの回路毎に伝送の方法が異なる。

マイクロ・プロセッサを中心とした機器内では，MPU，メモリ，入出力ポート等のブロック，プリント基板間のパラレル・バスラインおよび付随する信号の授受はフラット・ケーブル，ツイストペア・ケーブルなどの複合ケーブルが使用される。

4.3.1 機器内の信号伝送

プリント基板間あるいは機器間では，伝送距離，速度，接続するデバイスの種類，雑音の有無などによって伝送や回路形式を選ぶ。

1 シングル・ケーブル

条件にもよるが，同一基板あるいは機器内で，電源が共通のICの入出力を単にシングル・ケーブルで接続すると，図 4-45 に示すようにLS TTLで数10cm，CMOSでは数m程度以上の長さになると，反射，誘導雑音などの原因で信号伝送が正確に行われない可能性がある。

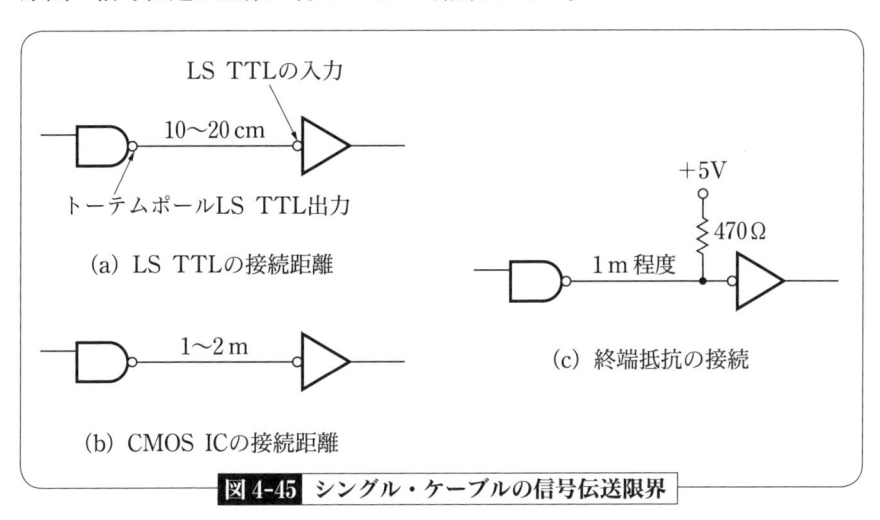

図 4-45 シングル・ケーブルの信号伝送限界

(a) LS TTLの接続距離
(b) CMOS ICの接続距離
(c) 終端抵抗の接続

第4章
基礎回路技術その3　機器の基本構成回路

線路の受端側に終端抵抗をつなぐと，インピーダンスが低下し特性が改善されて，LS TTL間で1m程度の伝送が可能になる．ただしICの入出力電流が定格を超えないように注意が必要である．

2 フラット・ケーブル

図4-46(a)のフラット・ケーブルを使用し，同図(b)に示すように接地と信号を交互に配置した場合，LS TTLでは1m，CMOSでは5m程度の長さまで伝送可能である．

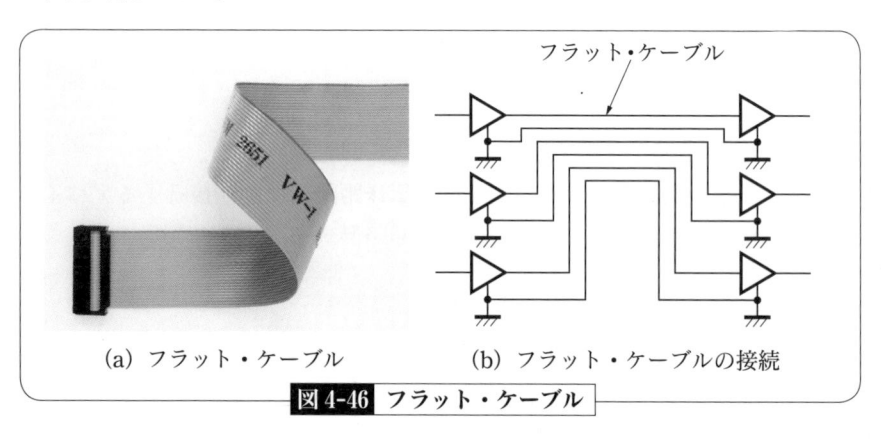

(a) フラット・ケーブル　　(b) フラット・ケーブルの接続

図4-46　フラット・ケーブル

3 ツイストペア・ケーブル

図4-47の写真は，2本の線をより合わせたツイストペア・ケーブルで，擬似平衡回路としてコモンモードの障害電磁波を打ち消すため，フラット・ケーブルより良い伝送特性をもっている．片側を信号線，片側をそのICの接地に接続したとき，LS TTLでは2m程度の長さまで信号の伝送ができる．

数10～数百Ωの整合抵抗を接続すると，10m程度の伝送が可能である．この場合もICの入出力電流定格と受け渡しの電圧レベルに注意が必要である．

図4-47　ツイストペア・ケーブル

コネクタと組み合わせた同軸ケーブルによる信号伝送については，第1章の1.5.4項 ④(3), (4)を参照されたい。

4.3.2 インタフェース・バス

装置をコンピュータなどと組み合わせる場合，システム，装置の性質に合った各種のインタフェース・バス規格がある。これらの規格では，信号レベル，コネクタの形状，専用ケーブルなどハード面の詳細および関連するソフト面の仕様が決められている。相互に接続されたデバイス間の信号メッセージを合理的かつ円滑に転送するには，バスの正しい選択が必要である。そのため，あらかじめそのデバイスが構成するシステムの電気的，機械的，ソフトウェアの仕様について十分な知識をもたなければならない。

システムの高速化によって，これらの伝送バスもより多くのビット数の並列伝送，高速化に向かって新しい方向づけがなされているが，ここでは考え方の基本として，多少古典的な例になるが現在でも使用されている三種のバス規格について概要を述べてみよう。表4-4は，これらのバスを選択するための特長をあげたものである。

表4-4 バスの特長

名称 項目	RS-232C	セントロニクス	GP-IB
ビット数	5, 6, 7, 8	8	8
伝送形式	シリアル	パラレル	パラレル
伝送速度 (ボー)	75, 150, 300, 600, 1200, 2400, 4800, 9600, 19200	—	1Mバイト/秒
方　向	双方向	CPU→受信器への単方向	双方向
主な用途	CPU－CPU CPU－プロッタ 　　　デジタイザ CPU－モデム	CPU－プリンタ 　　　プロッタ	計測制御 データ転送

1 RS-232C

RS-232Cは，データを時系列的に直列伝送する方式で，最も多く使用されるバスの一つである。元来電話回線等の通信回線の信号を，変複調装置(MODEM)を介してデータ端末装置（DTE；Data Terminal Equipment）に接続するためのハードウェアに関する規定であったが，現在では周辺装置

第4章
基礎回路技術その3　機器の基本構成回路

のデータの入出力バスとして重要な役割を果たしている。

このバスは米国電子工業会（EIA）で作成され，国際電信電話諮問委員会（CCITT），国際標準化機構（ISO）でも同じ内容で制定されている。わが国においては「JISX 5101データ回線終端装置とデータ端末装置とのインタフェース（25ピンインタフェース）」として規格化された。

(1) RS-232Cの電気的仕様

RS-232Cに関する一般的な接続回路を，図4-48に示す。

電気的な仕様は次の通りである。

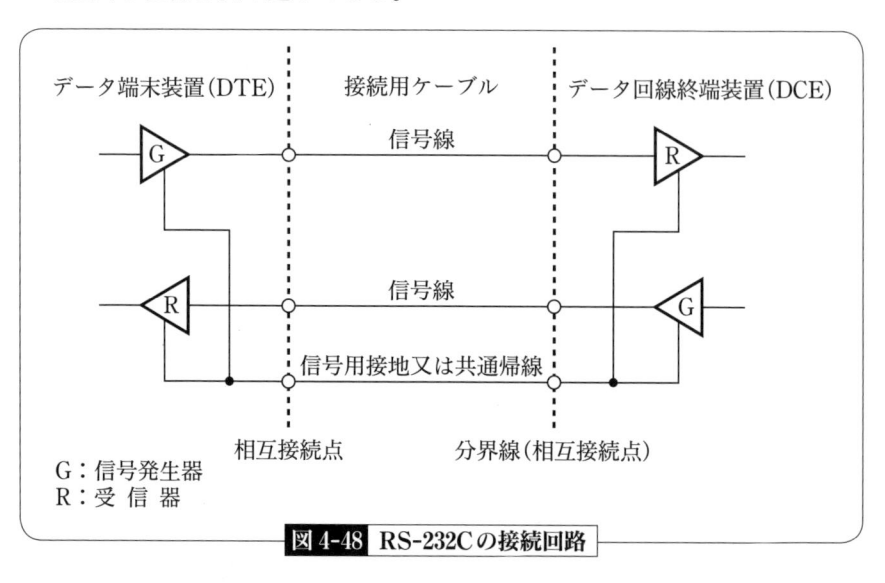

図4-48　RS-232Cの接続回路

（図中）
データ端末装置(DTE)　接続用ケーブル　データ回線終端装置(DCE)
信号線
信号線
信号用接地又は共通帰線
相互接続点　分界線（相互接続点）
G：信号発生器
R：受信器

(a) 受信器側のインピーダンス

　図の分界線から受信器Rまでの受信器側の総インピーダンスは，3V〜15V（正および負）の印加電圧で測定して3kΩ以上，7kΩ以下の直流抵抗とする。またこのインピーダンスは誘導性であってはならず，並列総合実効容量は2,500pF以下であること。

(b) 信号発生器の開放回路電圧

　25V以下であること。

(c) 信号電圧

　分界線における信号発生器Gの信号電圧は，受信器の開放回路電圧が

0V，受信器側のインピーダンスが(a)の状態で 5V〜15V（正および負）とする。
(d) 受信器の開放回路電圧
2V 以下とする。
(e) 信号の識別
受信器は分界線における電圧が，+3V 以上か −3V 以下かによって，表 4-5 のように信号を識別しなければならない。

表 4-5　信号の識別

信号電圧	データ信号	タイミングおよび制御信号	種別
+3V 以上	0	オン	スペース
−3V 以下	1	オフ	マーク

(f) ケーブルの長さ は15m 以内で，電話回線の規格に従うこと。
データ，制御，タイミング等のどの回路信号にも，次の制約がある。
(g) 信号がONからOFFへ，またはOFFからONに変化するとき，0電圧をよぎるチャッタがないこと。
(h) 立ち下がり，立ち下がりの過渡領域で，電圧の方向が変わらないこと。
(i) 立ち下がり，立ち下がり時間は，1ms 以下またはクロック周期の4％以下であること。
(j) 信号の最大瞬間電圧変化（スリューレート）は $30V/\pi s$ 以下であること。

(2) RS-232C のプロトコル

データ通信の信号の送受の方法はプロトコル（伝送手順）と呼ばれ，この手順が送受信双方で同一でなければデータは正しく伝送されない。

信号の伝送速度はボーレートと呼ばれ，1秒間に伝送されるビット数を示している。すなわち4,600ボーといえば，1秒間に4,600ビットの伝送速度で信号が送られることを意味する。プロトコルにおいては，まずこのボーレートが一致していなければならない。

時間的に直列に伝送される信号の1組をキャラクタと呼ぶ。このキャラクタが次々と送られて，データが送受信される。

RS-232Cのように，1本の伝送線で時間的に直列にキャラクタ信号が送られる場合，送信側の伝送開始，終了のタイミングの判定方法が確定してい

第4章
基礎回路技術その3　機器の基本構成回路

ないと，信号そのものの意味が不明になる。このタイミングを決める方式に非同期式，同期式の二種類がある。

(a) 非同期式伝送

　非同期式伝送は調歩同期式とも呼ばれる。この方式は同期信号の伝送線を持たず，一本の伝送線でデータを送り各キャラクタごとにスタート，ストップビットを付加して同期をとる方式である。

　図4-49 は，非同期式伝送の1キャラクタ信号のフォーマットである。

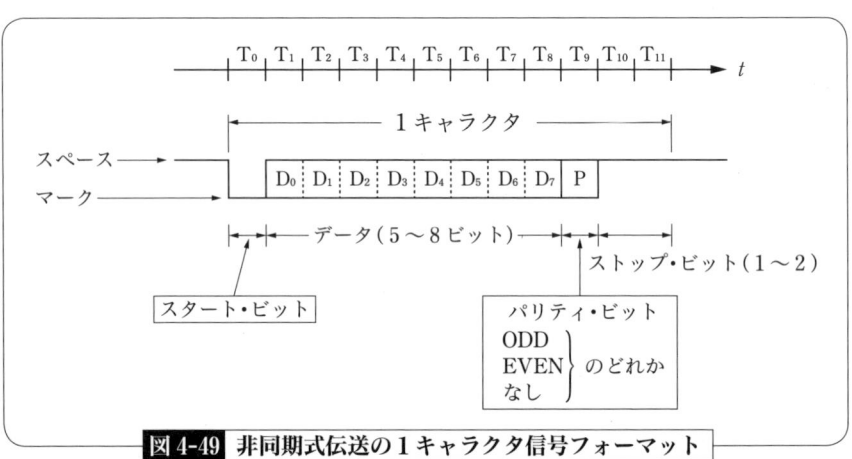

図4-49　非同期式伝送の1キャラクタ信号フォーマット

　まず，キャラクタの先頭に1ビットのスタートビットがくる。次に5～8ビットのデータが続く。次のビットは，奇数（ODD），偶数（EVEN），パリティなしのパリティビットである。

(注)　パリティビットとは，2進信号データの各桁のビットの論理1の総和をとり，どのキャラクタの信号ビットにおいても，その総和が常に奇数（ODD），あるいは偶数（EVEN）になるように調整するビットのことをいう。パリティビットを含んだ信号の奇数，偶数をチェックすれば，データの異常の有無をある確率で判定することができる。たとえば奇数パリティのとき，データが偶数であれば，データ中の2ビット，4ビット…が同時に異常とならない限り，そのデータは誤りを起していることがわかる。各ビットが並列の信号に対しても，勿論パリティチェックは行われるが，このような直列伝送の信号では水平パリティと呼ばれる。
　　キャラクタの終わりのストップビットには，1，1.5，2ビットの場合がある。非同期式伝送方式は，このスタート，ストップビットを判定して，送受信のタイミングをとる。この方式は，1キャラクタに毎回スタート，ストップビットをもつので，その分だけ伝送効率が悪くなる。

(b) 同期式伝送

図 4-50 は同期式伝送のデータのフォーマットを示したものである。

同期式伝送は，同期を取るための同期キャラクタ（SYN）とデータ用の2本の伝送線を使用する。スタート，ストップビットの不要な分，伝送効率が向上する。同期キャラクタは，データの1キャラクタ毎に付加するのでなく，通常安全に同期がとれる最長256バイトまでのデータブロック単位に付加する。データ長がそれ以上の場合，複数ブロックに分けて送信する。

図 4-50 同期式伝送のデータフォーマット

(c) 信号とコネクタピン配列

図 4-51 は，JISX5101に規定されるRS-232Cの接続を改めて示した図である。

コネクタは通常25ピンの，いわゆるDサブコネクタと略称されるものが使用される。データ回線終端装置（DCE）とデータ端末装置（DTE）

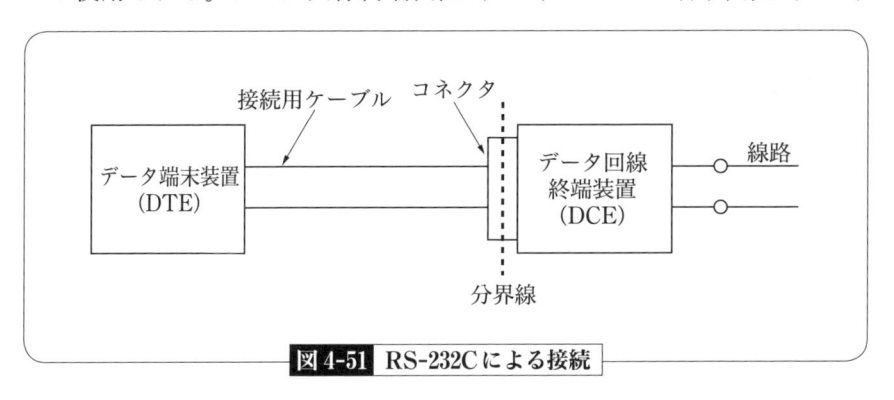

図 4-51 RS-232Cによる接続

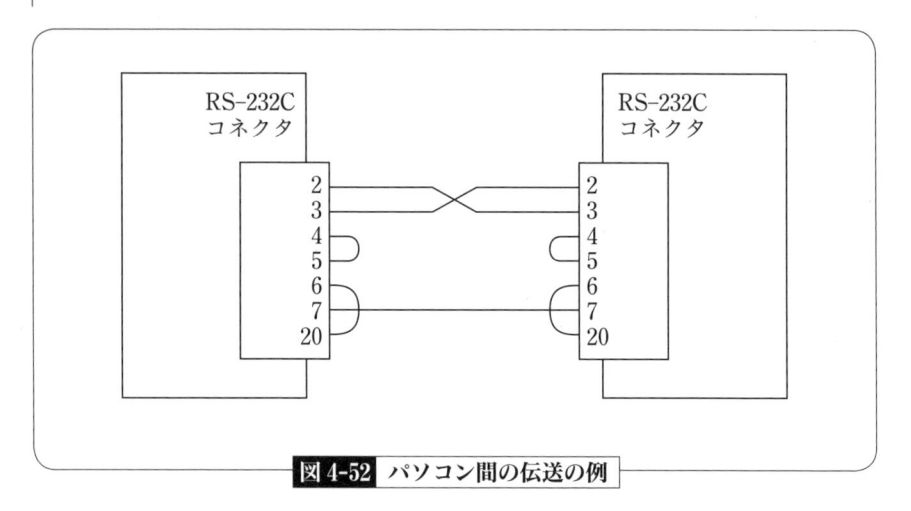

第4章
基礎回路技術その3　機器の基本構成回路

図4-52 パソコン間の伝送の例

に接続するとき，接続ケーブルはDTE側に付属させる．このときDCE側ではピンはメス，シェルはオス形とする．接続ケーブルのコネクタはピンがオス，シェルはメスとなっている．DTE側に対しては，特にコネクタの指定はない．

　DCEのコネクタのピン配列はJIS，EIAで一応決められているが，すべての信号線が使用されるわけではない．**図4-51**の場合には，たとえば送信データは，ケーブルの両端が同じピンにつながっていれば正常に伝送される．ところがパーソナルコンピュータ間などのRS-232Cインタフェースによる信号伝送では，**図4-52**のように一部の信号線を入れ替えなければならない．

　また比較的単機能の周辺機器とコンピュータの接続では，接地線は別として送受信に2線ずつ計4線以外は不要で，ピン数の少ない小形のコネクタが使用される．

　このように，単にRS-232Cといっても，その種類と接続は千差万別であるから注意する必要がある．

2 セントロニクス

　米国セントロニクス社が自社の小形プリンタ用に開発したインタフェースで，標準規格と呼ばれるものはなく各社の社内規格をセントロニクス準拠として対応させている．

4.3 ケーブルによる信号伝送

　このインタフェースは，基本的には8ビットパラレルのデータ信号とBUSY，ACK，STROBEの3本の制御信号から構成されている。データの送信方向は他のインタフェースと異なり，CPUから周辺機器への一方向のみである。

(1) 電気的仕様

　セントロニクスの各信号はTTLレベルで受け渡される。
  (a) データ：8ビット並列，アクティブH
  (b) 制御信号：STROBE，ACK，BUSY，アクティブL

(2) 動作のタイミング

　機器によって多少の相違はあるが，信号伝送は図4-53のタイミングによって行われる。
  (a) 受信側機器のBUSYがL，ACKがHになっていると，CPUは送信可能と判断し，8ビット並列データの送信を開始する。
  (b) 過渡状態が過ぎ，データ信号が安定するタイミングで，CPUはSTROBE信号を送る。
  (c) 受信側はSTROBEの前縁を検出，BUSYをHとし，CPUからのデータを受け取り，印字，プロッティング等の動作を開始する。
  (d) この動作が終了すると，受信側はACKをLに落とし，次にBUSY

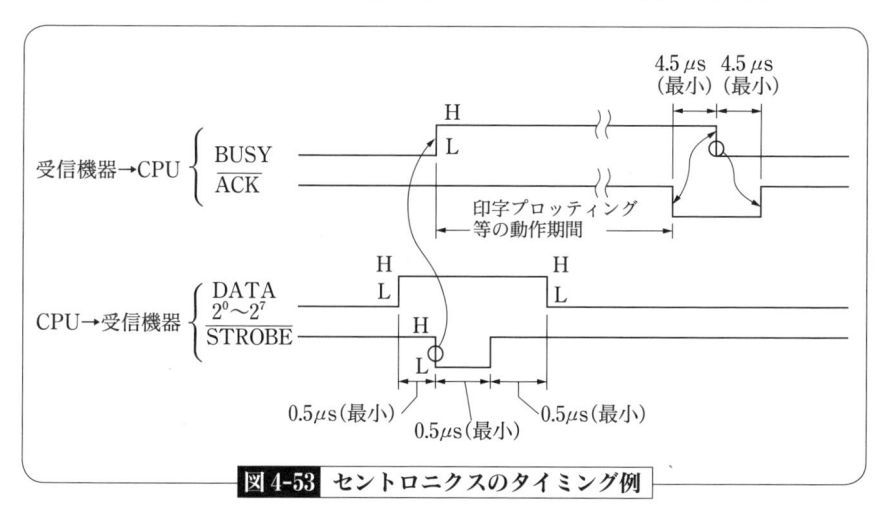

図4-53　セントロニクスのタイミング例

第4章 基礎回路技術その3　機器の基本構成回路

もLに落とす。
　(e) ACKにHを立て，CPUからの次のデータの送信を待つ。
　このように送信，受信側双方で，相手の動作を確認しながらデータのやり取りを行う手法をハンドシェイクと呼ぶ。

3 バス・ドライバ

　線長が長く，多数の受端回路をもつバスラインを駆動するためには，専用のバス・ドライバIC 75450〜75454があり，大きな出力電流が流せる。そのほか片方向の共通バスに対しては，74LS240，241，244が，双方向バス用としては74LS242，243，245などのICが用意されている。

4.4 雑音と対策

　電子回路を満足に動作させるためには，雑音に対する対策が常に重要な問題となる．先にも述べたが，雑音を一般的に定義すると「必要以外のすべてのエネルギー」といえる．

　雑音は，装置の内部・外部を問わずすべて発生源があり，その発生源から種々の伝達系を通して被害側に受信される．雑音が完全に0になることはありえないから，被害側が許容できる信号対雑音比（S/N）が，雑音に対する装置の仕様を決定することになる．

　雑音には，コンピュータのクロック，放送の搬送波などに起因する一定周波数の同期性雑音と，熱雑音，摺動雑音などの非同期性雑音がある．図4-54は雑音と信号の関係を示したものである．

　雑音を抑制するには
　(1) 発生雑音のレベルを下げる
　(2) 伝達関数Kを小さくする
　(3) 入力信号を大きくする

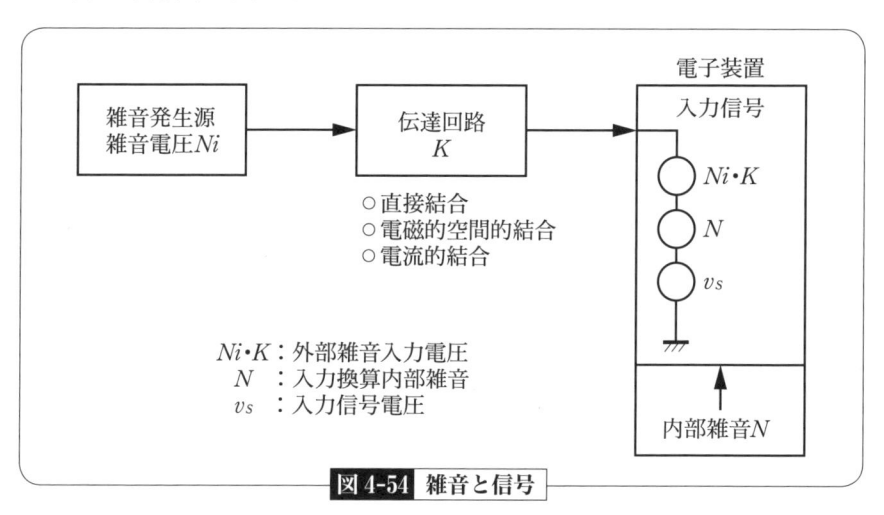

図4-54　雑音と信号

$Ni \cdot K$：外部雑音入力電圧
N　：入力換算内部雑音
v_S　：入力信号電圧

第4章
基礎回路技術その3　機器の基本構成回路

の三方法しかない。すなわち，雑音の原因を確かめてそのレベルを抑え，雑音源と被害回路の結合をできるだけルーズにし，かつ信号レベルを上げる具体的な手法を見つけることである。

その意味で，非同期性雑音は再現性に乏しく，同期性雑音に比べ除去方法が難しいことが多い。また不連続電路の反射による雑音，系の飽和による高調波雑音など，信号そのものが発生源と関係を持つ場合もある。

雑音に関する事項は，各章で随所に触れてあるので，参照しながらその対策を考えてみよう。

4.4.1 信号レベルと雑音

処理系の信号レベルが小さいときには，雑音対策が難しいのは当然である。たとえば**図4-55**のように，入力が1Vフルスケールで10ビット分解能のA/D変換器に60dBの増幅器を前置した回路を考えてみよう。

最近は測定系の要求から，デバイスの動作速度が早く，このレベルのA/D変換器でも，数百kHz以上の変換速度をもつのが普通である。この場合，フルスケール入力信号は1mVとなり，分解能は1/1024であるから，入力信号に対する最小分解能の1LSBは約$1\mu V$となる。

$1\mu V$の電圧は，$1m\Omega$の抵抗に1mAの電流が流れたときに生じる電圧と等しい。このレベルの電流や抵抗は，各周波数帯域にわたって回路のいたるところにあり，それらのすべてが雑音源になりうる可能性を考えると，このレベルでのS/Nを改善することがいかに難しいか想像がつくであろう。

一点アースは，すべての動作周波数の回路について，雑音の抑制に必要な手法である。**図4-56(a)**のように，トランジスタ回路のエミッタとベースの

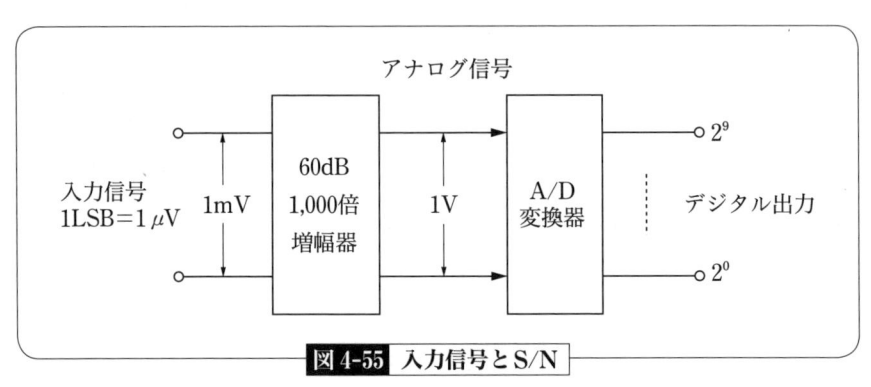

図4-55 入力信号とS/N

入力信号
1LSB=$1\mu V$ ── 1mV ── 60dB 1,000倍増幅器 ── 1V ── A/D変換器 ── デジタル出力 (2^9 … 2^0)

アナログ信号

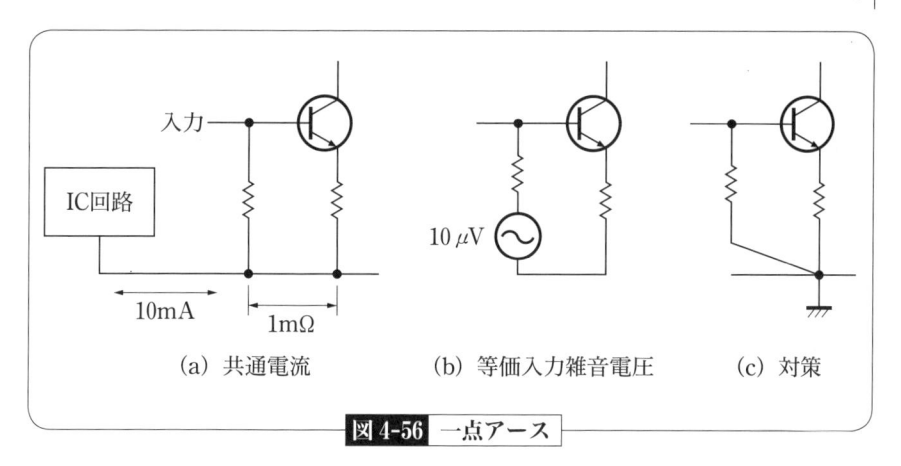

図 4-56 一点アース
(a) 共通電流　(b) 等価入力雑音電圧　(c) 対策

結線が，ほかの回路の電流帰路と共通になっていたとする。

雑音電流 10mA，共通布線抵抗 1mΩ のこの図の状態では，**同図(b)** のように，トランジスタ回路の入力に $10\mu V$ の雑音電圧が重畳されたことになる。この雑音電圧は**同図(c)** のように配線を変えない限り，絶対に除去できない。

電源，信号路の電流路をよく検討，配線し，最後に全回路の雑音が最も少なくなる一点にアースを落すようにする。

増幅器の内部雑音に対しては，**第2章の2.3.1項 4「入力換算雑音」**を参照して設計する。

4.4.2 帯域巾と雑音

デバイスの処理する信号の周波数は，俗に直流，オーディオ，ビデオ，高周波，マイクロ波などの帯域に分類される。

信号に重畳した不要の周波数成分は，それぞれその性質によって，直流回路ではハイカットフィルタを，比較的周波数の低い回路では適当な特性のフィルタなどを使用して，帯域を制限して取り除く。

4.4.3 デジタル回路の雑音

デジタル信号系の雑音の性質は，アナログ系のそれとかなり様子が異なる。

図 4-57(a) は，デルタ関数と呼ばれる巾が 0 振幅が無限大の仮想パルスで

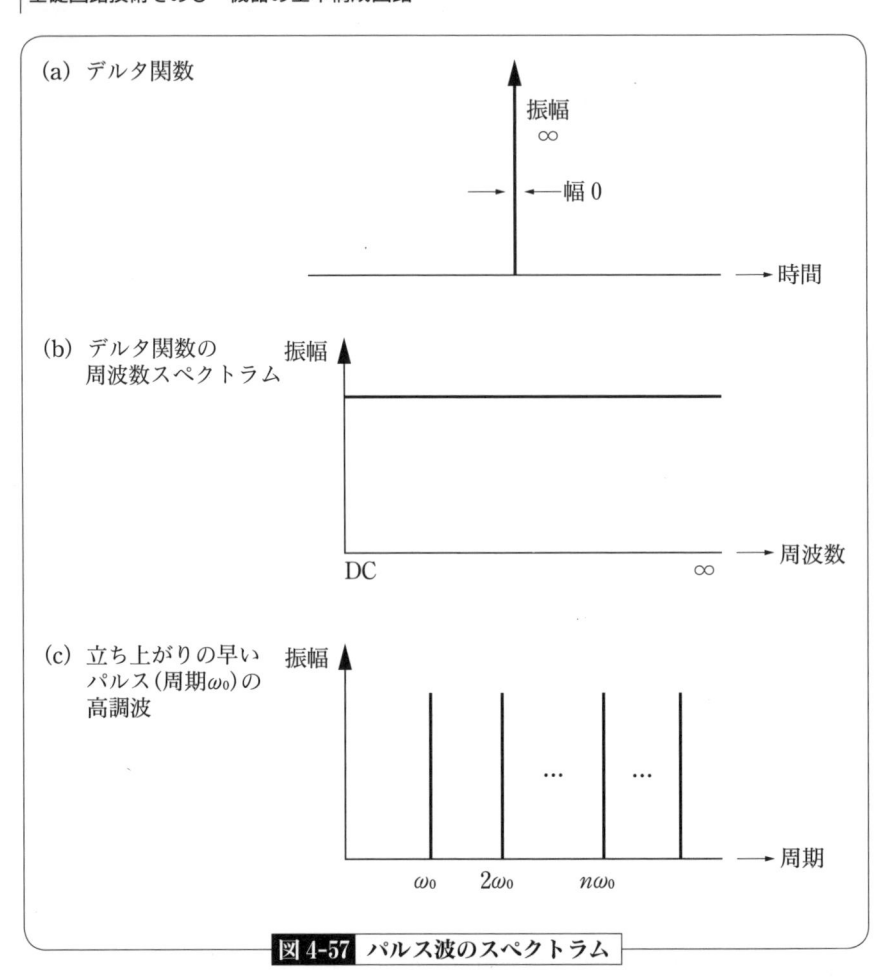

第4章
基礎回路技術その3 機器の基本構成回路

(a) デルタ関数

振幅 ∞
幅 0
→ 時間

(b) デルタ関数の周波数スペクトラム

振幅
DC ∞
→ 周波数

(c) 立ち上がりの早いパルス(周期ω_0)の高調波

振幅
ω_0 $2\omega_0$ $n\omega_0$
→ 周期

図 4-57 パルス波のスペクトラム

あるが，この波形のスペクトラムは，同図(b)のように直流から∞までの周波数成分を含んでいる。

周期がω_0で，立ち上がり，立ち下がりの早いパルスは，同図(c)に示すように，$2\omega_0$，$3\omega_0$…$n\omega_0$とω_0の整数倍の周期のパルス性高調波成分をもっている。たとえば，クロックの基本周波数が約10MHzの機器で，基本波の30倍以上，すなわち300MHz以上のパルス性高調波が発生し，機器内配線をアンテナとして，有害な電波を発射する場合など，そう珍しいことではない。したがって，デジタル回路では，不必要に早い応答速度をもたない素子を選択する方が，外来雑音による誤動作の確率が少なく，発射障害電波の減少に

も有利である。また回路が高周波やマイクロ波の強電界に晒される場合などは，二重シールドの筐体を採用し，絶縁した外側筐体を完全接地するのも有効な手段である。

4.4.4　電源，電力回路の雑音

1　高周波雑音

電源ラインに重畳した高い周波数成分をもつ雑音を一旦筐体内に引き込んでしまうと，その除去は非常に困難になる。数MHzの成分を対象にしたノ

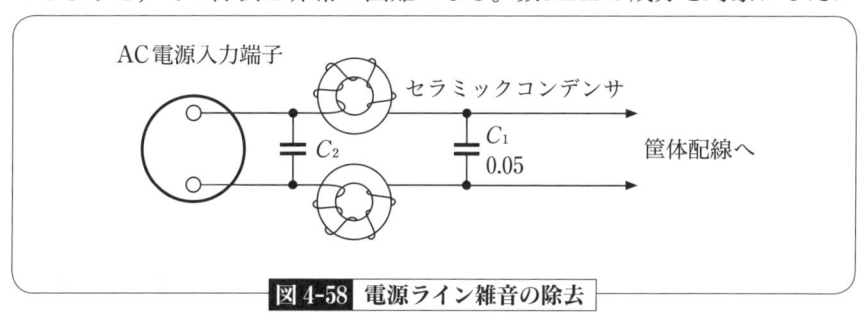

図 4-58　電源ライン雑音の除去

表 4-6　雑音防止用電源トランス

包括的呼称	アイソレーション・トランス (隔離変圧器：Isolation Transformer) 抽象的に考え方を表すときに使われる包括的な呼称。したがって具体的にどのようなものかまでは表現できない。		
基本的な種別	(1)絶縁トランス（絶縁変圧器：Insulating Transformer) トランスが実用化された最初からあるもの。	(2)シールド・トランス（遮蔽変圧器：Electrostatic Shielded Transformer) 古くからスプリアス(不用輻射)防止の目的で，通信関係に使われてきたもの。	(3)ノイズカット・トランス(障害波遮断変圧器：Noise Cutout Transformer) 当初からノイズ防止用に開発された。
構造の相違	一次コイルと二次コイルの間が絶縁されていて，一次側の電圧電流が二次側に直接伝導するのを防いでいる。	絶縁トランスの構造に加えて，コイル間やトランスの外周に静電遮蔽板を巻いて，一次側の電圧電流に含まれる高周波（ノイズ）が，分布静電容量を通して二次側に伝播するのを防いでいる。	絶縁トランスの構造に加えて，コイルやトランスの外周に多重の包覆電磁遮蔽板を設け，さらにコアとコイルの材質と形状を高周波(ノイズ)の磁束がコイル相互に鎖交しないように作って，分布静電容量および電磁誘導によるノイズの電播を防いでいる。
作用効果の相違	①一次・二次間の伝導がない。 ◎低周波のコモンモードノイズならば防止できる。	①一次・二次間の伝導がない。 ②一次・二次間の静電容量結合がない。 ◎低周波と低帯域の高周波のコモンモードノイズを防止できる。	①一次・二次間の伝導がない。 ②一次・二次間の静電容量結合がない。 ③一次・二次間の高周波の電磁誘導がない。 ◎低周波から高周波まで，全てのコモンモードノイズを防止できる。高調波以外のすべてのノーマルモードを防止できる。

第4章 基礎回路技術その3　機器の基本構成回路

イズフィルタはあまり効果がないことが多い。

図4-58のように，トロイダル・コアに10〜20ターン程度の巻線をしたコイルとセラミック・コンデンサを組み合わせたフィルタを，電源コネクタに直接接続する方法が有効である。

一次側の雑音を有効に分離，絶縁する効果をもった電源変圧器がある。表4-6にその種類を示す。

2 平滑回路のリップル電流

電源の整流回路では，平滑コンデンサCにはリップルの大電流が流れるから，図4-59平滑回路A，B間の電路が，信号回路と共通になってはならない。A点とB点を別々のシャーシー上のアースにおとし，配線を省略するなどはもってのほかである。

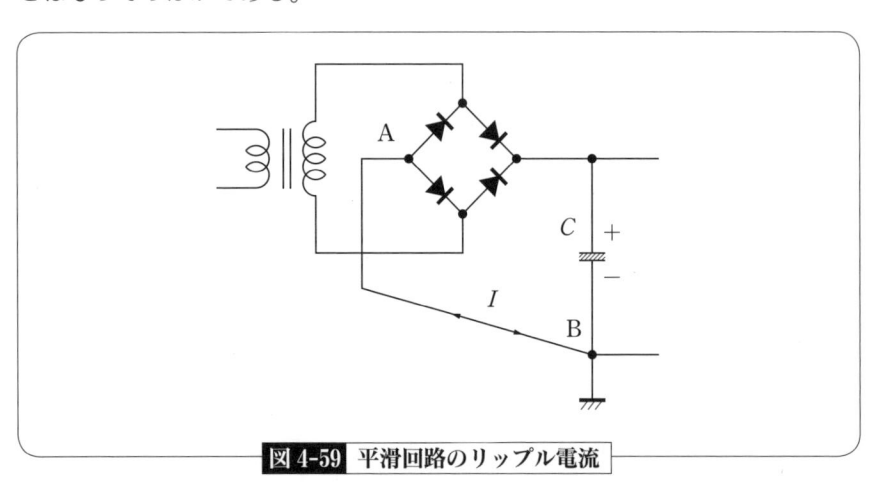

図4-59　平滑回路のリップル電流

備考：プリント基板に部品を実装したとき，電源の共通インピーダンスによる雑音の重畳を防ぐため，電源とアースパターンの間に，必要に応じて10μF程度の電解コンデンサと，0.1μF程度のセラミック・コンデンサを並列に挿入しておくとよい。

4.5 光ファイバによる信号伝送

電線による閉じた伝送と対応するのが光ファイバによる信号伝送で，通常送信側と受信側とが1：1の伝送を行うのに適している。光ファイバでは，光がファイバ内に閉じ込められ，エネルギーの漏洩が少なく守秘性に優れている。同軸ケーブルと光ファイバの伝送特性は，それぞれの種類によって異なるので単純な比較はできない。

4.5.1 光技術の信号伝送への応用

光ファイバケーブルによる通信をはじめとして現在，光伝送技術を応用した分野が拡大している。伝送の高速化，大容量化に伴って，さらに新製品，新規格が次々と生まれているが，とりあえず在来の規格と互換性のある信号伝送関連を合わせて項目をあげておく。

- デジタル信号回線，電話，eメール等の通信回線
- 機器内，機器間伝送用ケーブル
- RS–232Cケーブル
- RS–422ケーブル
- セントロニクス・ケーブル
- LANケーブル
- MIDIケーブル
- デジタルオーディオ・ケーブル
- FA，OA制御用光ケーブル
- 電力線，光ファイバ混在ケーブル
- その他の制御用ケーブル
- 計測，オーディオ，ビデオ等アナログ信号の伝送

4.5.2 関連する光の物性

1 光のスペクトル

　媒質中を伝搬する光の速度は真空より遅く，長波長光は短波長光より速く伝搬する．すなわち赤い光は紫色の光に比べ速い速度をもっているわけである．またそれぞれの波長によって屈折率も違う．したがって**図4-60**のように，いろいろの波長の混じった白色光（たとえば太陽光）を細い隙間を通じてプリズムに入射すると，屈折率の違いにより入射光は波長成分のスペクトルに分光される．

　一般的な発光現象では，発光を励起するエネルギーの与え方，発光に関与する物質によって発生する光のスペクトルが異なる．白熱灯，蛍光灯などは，比較的太陽光に近い広いスペクトルの光を発光する．

　発光ダイオード（LED）は，中心波長の左右に多少のスペクトル巾をもつ狭帯域の発光体である．レーザー・ダイオード（LD）はスペクトル巾が非常に狭く，単一波長の単色光に近い光を発生する．

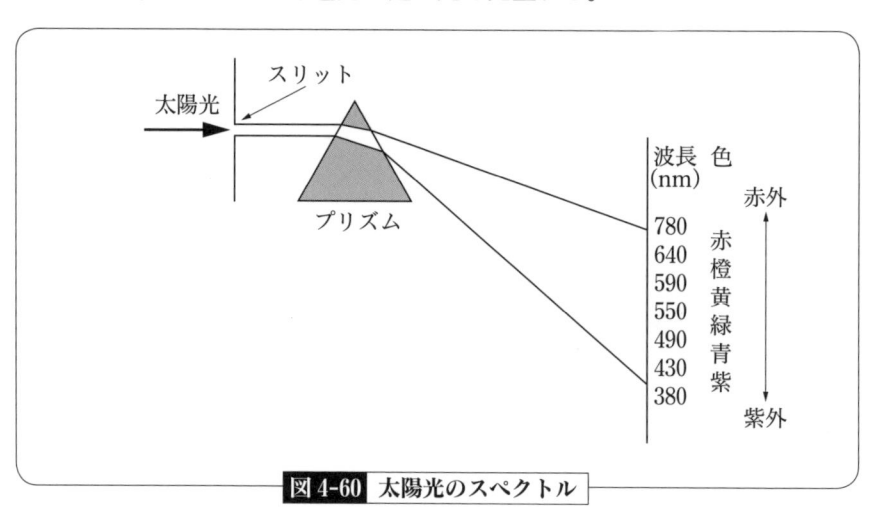

図4-60　太陽光のスペクトル

波長(nm)	色
	赤外
780	赤
640	橙
590	黄
550	緑
490	青
430	紫
380	
	紫外

2 光の伝搬モード

　電磁波の伝搬に際し，その伝搬定数が離散的に異なるいくつかのモードがある．単一の場合をシングルモード（通常最低次のもの），低次から高次の多くのモードを含むものをマルチモードとよび，光ファイバの伝送では重要

4.5 光ファイバによる信号伝送

な要素の一つとなっている。

　光源には蛍光灯のような円筒光源，ELのような面光源，水銀灯，白熱灯などいろいろな種類があるが，信号伝送に適した直接制御性能をもつものとしては，現在LEDやLD等の半導体発光素子が最も優れている。発光面積が小さく，強度が大きいので疑似的な点光源として扱うことができる。

　組み合わせる受光素子としては，フォト・トランジスタやPINフォト・ダイオード等の半導体素子が使いやすく，よい特性をもっている。

③ 屈折と全反射

　真空からある媒質に光が入射する時の屈折率を絶対屈折率，あるいは単に屈折率と呼ぶ。屈折率nの媒質中の光の速さ，波長は真空中の$1/n$になる。屈折率の小さい媒質から大きい媒質に入射するとき，光は境界面の法線に近づくように曲がり，屈折率の大きい媒質から小さい媒質に入射するときには離れるように曲がる。光の屈折の際，速さ，波長は変化するが周波数は変化しない。

　図4-61で$n_1 < n_2$の場合，入射角θ_1を次第に大きくしてゆくと，ある角度θ_rで$\theta_2 = \pi/2$となり，それ以上の入射角では実際の屈折角は存在せず，入射光線はすべて反射する。この現象を全反射，θ_rをその臨界角と呼ぶ。臨界角θ_rは次式で求められる。

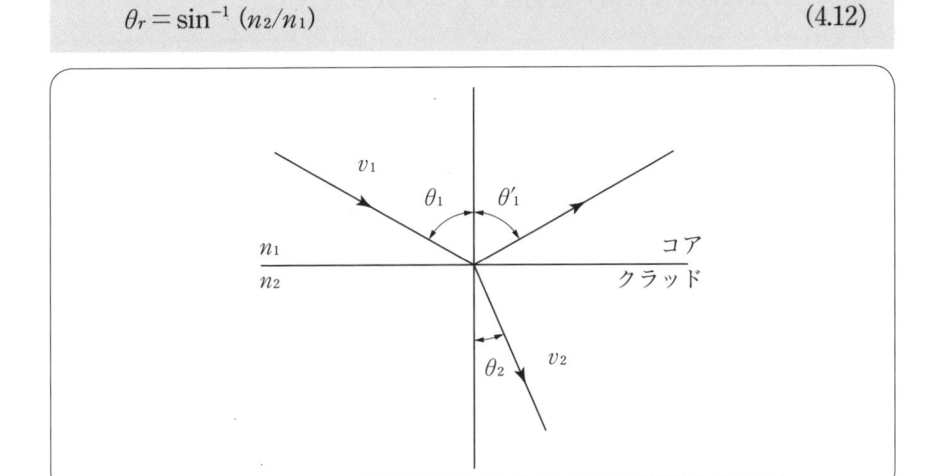

$$\theta_r = \sin^{-1}(n_2/n_1) \tag{4.12}$$

図4-61 異なる屈折率の媒質の境界面における屈折と全反射

第4章
基礎回路技術その3　機器の基本構成回路

　晴天で高温時に低い視点から眺めると，前方の道路に鏡か水溜りがあるように見えることがある。これは地表で熱せられた空気の屈折率が上方の空気の屈折率より小さいため，臨界角を超えた光が全反射する現象である。

　光ファイバ内の光の振舞いも同じ原理で，一端からコアに入射された信号光が，屈折率の異なるコアとクラッドの境界面で全反射を繰り返しながら他端まで伝送される。全反射の条件を満足しない入射角の大きい光は，ファイバの端面で反射されたり，再びファイバ外に放射されたりして伝送損失の原因になる。

4.5.3　信号伝送用光ファイバ・ケーブル（光ケーブル）
1　光伝搬のメカニズム

　光ケーブルは，プラスチックや石英ガラスを素材とし断面が円形の中心材コアの外側に同心円状に屈折率の異なるクラッドを融着したもので，その上を保護材の外被で被覆してケーブルを構成している。

　図4-62のように，光ケーブルの一端からコアに入射された光は，屈折率の異なるコアとクラッドの境界面で全反射を繰り返しながら他端まで伝送される。丁度円形のガラス窓に入射した光が，厚み方向に，ケーブルの長さに相当する数十mから数キロメートル以上の厚さを透過することに相当する。したがってプラスチックにしろガラスにしろ，伝搬の減衰を少なくするためファイバ材質には非常に高い透明度が要求される。

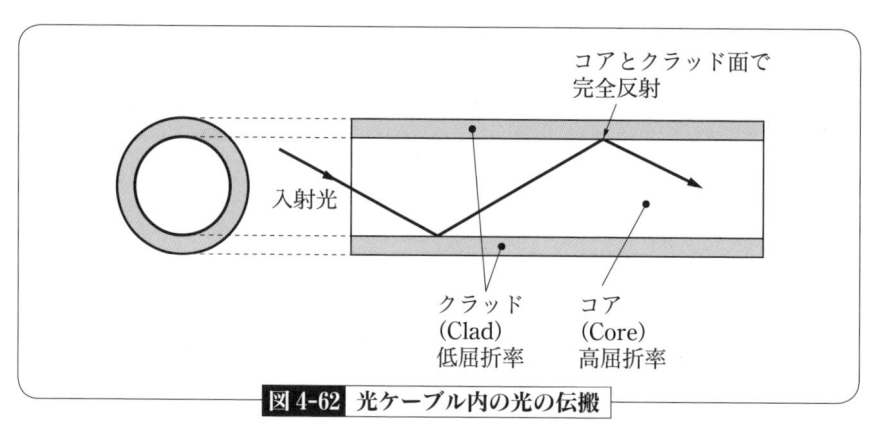

図 4-62　光ケーブル内の光の伝搬

4.5.4 光ケーブルの分類

光ケーブルには，使用する材料や構造によっていろいろな種類があり，伝送モード，損失波長，最大伝送長，伝送帯域巾，外径外装，束線本数等が異なるので，それぞれ用途によって使い分ける。

1 屈折率分布と伝送モードによる分類

図 4-63 は，光ケーブルの屈折率分布と伝搬するモードの種類による分類を示したものである。

(a), (b) のように，コアとクラッドの屈折率が階段状に異なる構造の光ケーブルはステップ・インデックス形（SI）と呼ばれる。これに対し**同図 (c)**

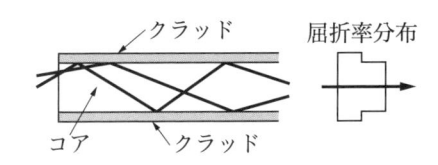

(a) ステップ・インデックス，マルチモード

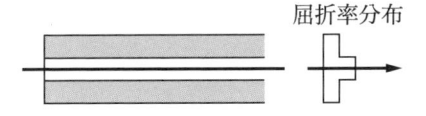

(b) ステップ・インデックス，シングルモード

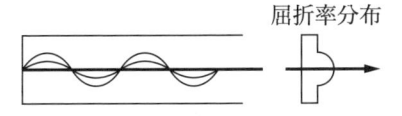

(c) グレーテッド・インデックス，マルチモード

図 4-63 光ケーブルの屈折率分布と伝搬モード

第4章
基礎回路技術その3　機器の基本構成回路

のように，中心から外側へコアとクラッドの屈折率が連続的に変化するケーブルは，グレーテッド・インデックス形（GI）と呼ばれる。またケーブル内を多くのモードの光が伝搬するものをマルチモード形，単一のモードで伝搬するものをシングルモード形と呼ぶ。

(1) SI，マルチモード形ケーブル

APFおよびPCF（プラスチックコート・ガラスファイバ）のほとんどがこの構造になっていて，計測，制御用としてよく使用される。

(2) SI，シングルモード形ケーブル

コア，クラッド共石英ガラスのケーブルで，レーザー・ダイオードと組み合わせ長距離，広帯域伝送に使用される。

(3) GI，マルチモード形ケーブル

(1)，(2)の中間の特性をもつ石英ガラスのケーブルである。

2 構成材によるケーブルの分類

光ケーブルは，コア，クラッドを構成する光ケーブルの材料によって全プラスチック，PCF，石英（ガラス）ケーブルの三種類に大別される。同種のケーブルでも，コア，クラッド径が異なるものがあり，また保護被覆の種類や束線数でケーブルの外径が違ってくるから注意を要する。

一般にクラッド径がファイバの径を指すが，コア，クラッドそれぞれの直径をμmの単位で示し，たとえば〔200/250〕のように表記されることが多い。

(1) APF（オールプラスチック・ケーブル）

図4-64(a)に示すように，このケーブルは高純度メタクリル樹脂のコアを特殊透明フッ素樹脂のクラッドで包んだもので，その上にポリエチレンの被覆をした構造になっている。

コア径980μm（0.98mm），クラッド径1000μm（1mm），すなわち〔980/1000〕で，外径2.2mmのケーブルがよく用いられる。光学面の結合や加工が容易で安価であるが，伝送損失が大きいので，数十m以下の短距離に使用される。

(2) PCF（プラスチッククラッドファイバ）

図(b)のように，純石英ガラスのコアをプラスチック・クラッドで包んだ

4.5 光ファイバによる信号伝送

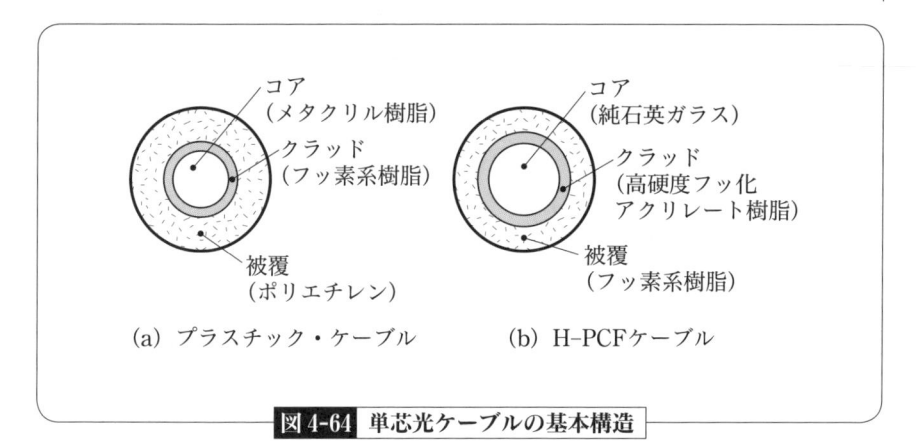

```
        コア                          コア
       (メタクリル樹脂)              (純石英ガラス)
        クラッド                      クラッド
       (フッ素系樹脂)               (高硬度フッ化
                                    アクリレート樹脂)
        被覆                          被覆
       (ポリエチレン)                (フッ素系樹脂)

    (a) プラスチック・ケーブル      (b) H-PCFケーブル
```

図 4-64　単芯光ケーブルの基本構造

構造である。ステップ・インデックス形のほかGI形もあり，比較的使いやすい中距離伝送用ケーブルである。

ケーブル径は〔200/230〕，〔200/300〕などが代表的で，高硬度のクラッド材を採用しH-PCF（ハードクラッドPCF）と呼ばれる種類もある。

(3) 石英ガラスケーブル

コア，クラッドとも石英ガラスのケーブルで，伝送距離が最も長く広い帯域巾を持っている。

〔50/125〕，〔62.5/125〕などの種類があるが，ファイバ径が細く，光軸合わせや切断面の研磨等の加工が難しい。価格も高い。

4.5.5　伝送帯域

ケーブル端に入射した光は，モードの分散が主な原因となって異なった波長の伝搬速度がバラツキ，伝送帯域が制限される。

一般にシングルモード・ステップ・インデックスのケーブルはGHz以上の最も広い帯域巾をもち，マルチモード・グレーテッド・インデックス・ケーブルがこれに次ぎ，マルチモード・ステップ・インデックス・ケーブルが狭いとされている。しかし伝送帯域は，入射光のモードやケーブル長によって大きく影響され，単純な比較はできない。

プラスチック・ケーブルにLDでレーザー光を入射する場合，10m以下の短いケーブルでは数百MHzの帯域があり，数十mの長さでは百数十MHz

まで帯域が落ちる．LEDによるマルチモードの入射光では，長さによる伝送帯域の変化は少ない．

PCFケーブルでLED駆動の場合，ケーブル長が数十mから1kmにかけて伝送帯域は約300MHz～十数MHzと大きく変化する．

ケーブル長が比較的短く，LEDを光源とした数十MHz以下のマルチモードの伝送では，光ファイバの特性よりむしろ発光，受光素子の光変換周波数特性，周辺回路の周波数特性が総合伝送帯域を決める主な要因となる．

4.5.6 減衰，損失

光ファイバ伝送系で考慮しなければならない光の主な減衰，損失には次のものがある．

1 伝搬光の波長と減衰

光ファイバは **図4-65** に示すように，構造材の種類によって伝搬する光の波長減衰率が異なる．したがって発光素子は，発光波長がファイバの低減衰

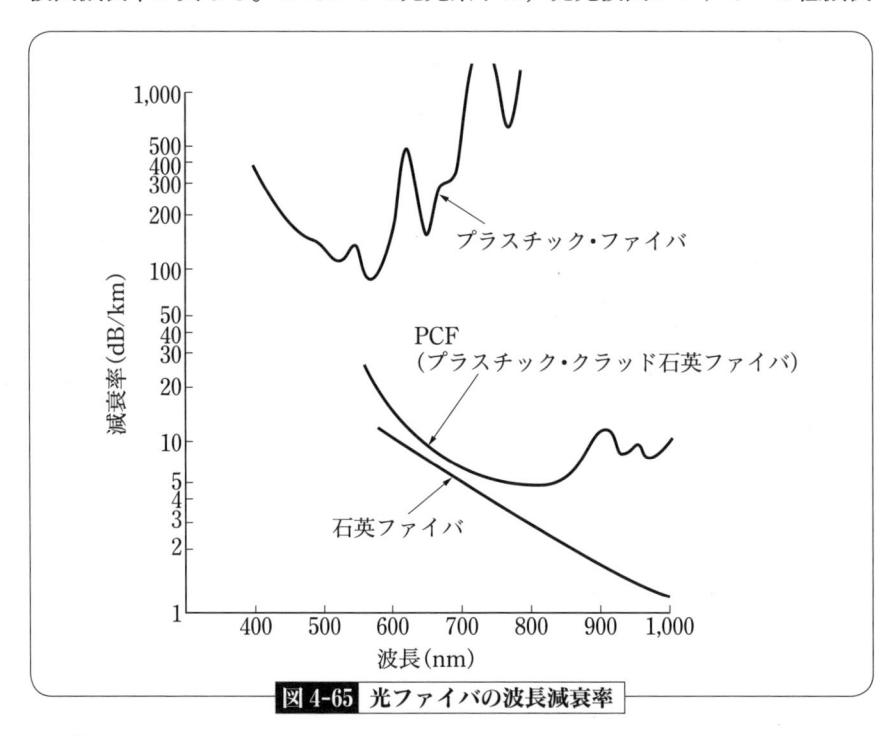

図4-65 光ファイバの波長減衰率

4.5 光ファイバによる信号伝送

波長領域内にあるものを選ぶ必要がある。

プラスチック・ファイバは可視光領域では比較的減衰が少なく，500nm〜600nmの赤色領域に低損失のピークがあり，長波長領域で急激に減衰が大きくなる。減衰量の絶対値も非常に大きい。

PCFファイバでは短波長可視光での減衰は大きくなるが，600nmから赤外光までの範囲で十数dBにとどまっている。

石英のファイバはもともと減衰が少ないが，長波長になるにしたがってさらに減衰が小さくなる。

2 ケーブル長と減衰率

プラスチック・ケーブルの長さと（%）減衰率例を図4-66に，PCFケーブルの（dB）減衰率例を図4-67に示す。プラスチック・ファイバのケーブルは数十m以下，PCFケーブルは1km程度の伝送に適していることがわかる。石英ケーブルでは，1300nmの波長で0.5dB/km以下の減衰特性をもつものもある。

ケーブル長と伝送周波数帯域には密接な関係があるから，採用時にはカタログを参照して選択する必要がある。

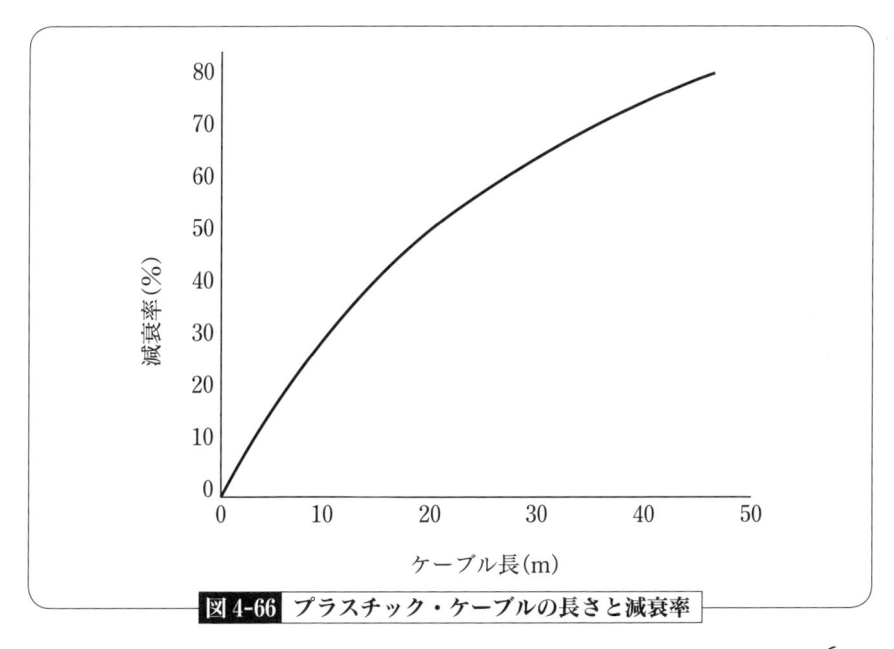

図4-66 プラスチック・ケーブルの長さと減衰率

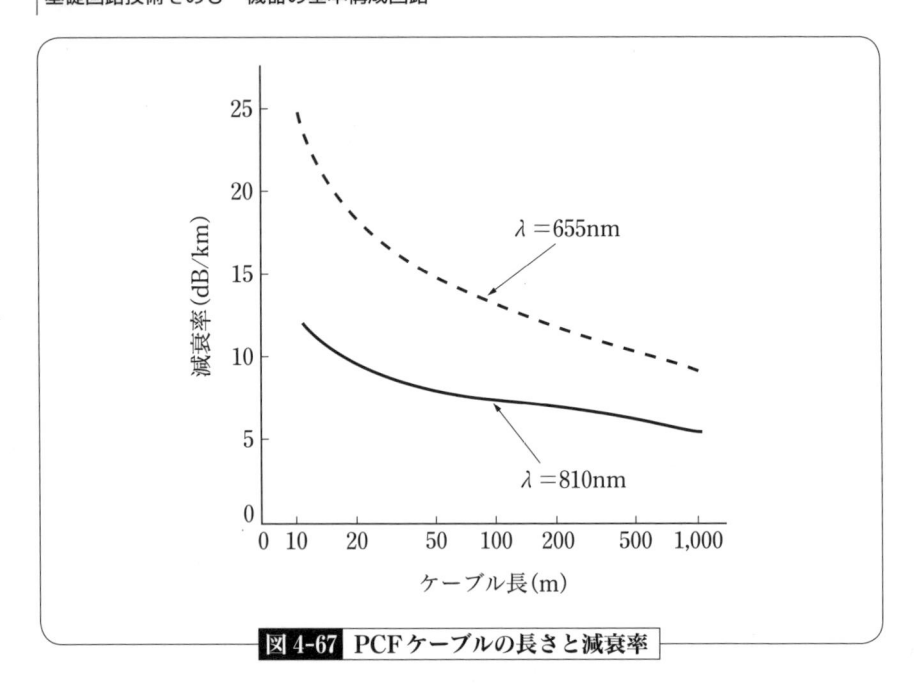

第4章
基礎回路技術その3　機器の基本構成回路

図4-67　PCFケーブルの長さと減衰率

３　屈曲による損失

　光ケーブルを屈曲させた場合，曲率半径が小さくなるとファイバ内の全反射条件が失われ，ファイバ外に光が放散し損失は急激に増加する。

　単芯のプラスチック・ケーブルは，**図4-68**の例に示すような屈曲対損失特性を示す。

　この値はケーブルの種類によりまちまちで，30～40mm以上に指定してあることが多いが，特に曲率半径が小さくても減衰しないものもある。曲げの影響は，厳密には次の区分で考えるべきである。

　(1) 損失が無視できる領域
　(2) 損失を生じるが屈曲を直せば特性が回復する領域
　(3) 損失が残留する領域
　(4) ケーブルが破壊される領域

　可視光領域の伝送でクラッド，コアがむきだしの場合，ファイバを曲げて行くと屈曲点で光が放射し始めるので損失を目視することができる。

　デジタル信号の伝送では，H，L振幅レベル判定の確実性と，立ち上がり，立ち下がりの時間的な偏差が問題となるが，2値レベルの振幅差と時間

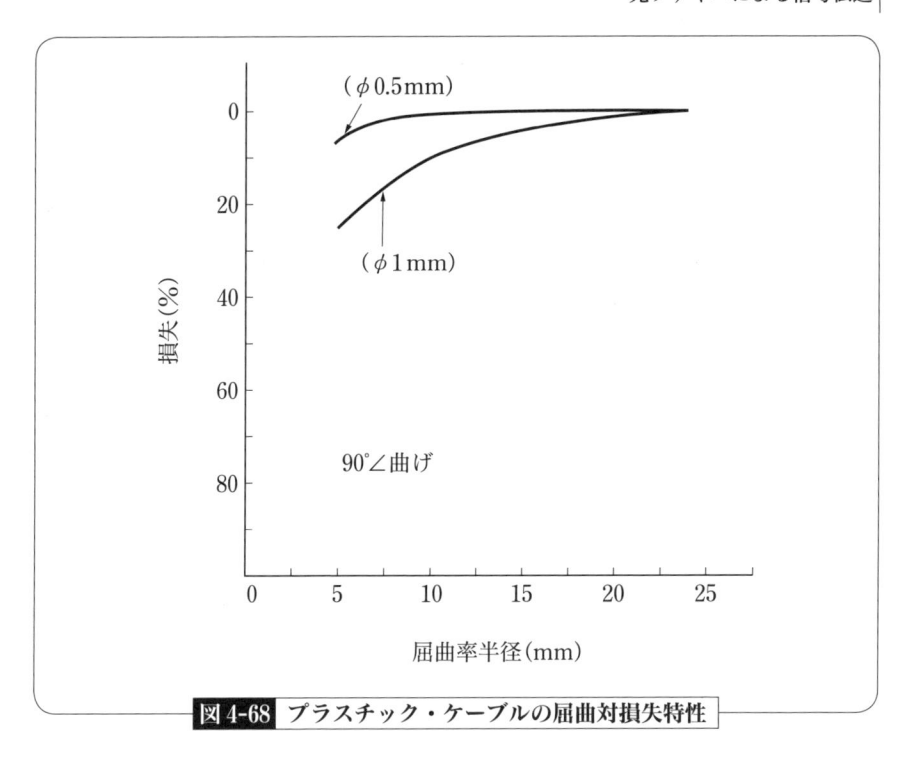

図 4-68 プラスチック・ケーブルの屈曲対損失特性

的偏差の許容範囲内であれば信号の質は損なわれない。しかし波形を伝達するアナログ信号では，伝送路の屈曲等によるレベルの変動は直接伝送精度に影響する。

4 ケーブル端面での損失

　光ケーブルの伝送損失は，光ファイバ自身の特性によるもの以外にケーブルの入出力端面と外部条件に大きく影響される。

(1) 反射による損失

　平面波の反射・屈折の項で説明したように，屈折率の異なる媒質の境界面では光の反射が起きる。ファイバのコアに空気中から光が入射すると，空気の屈折率（≒1.0）とコアの屈折率の差から反射による損失を生ずる。入射，出射の両端面でそれぞれ数％の反射損失がある。

第4章 基礎回路技術その3　機器の基本構成回路

(2) 散乱損失

　光ファイバの端面が不整面になっていると図4-69のように光が散乱し損失を生ずる。

　また端面に異物が付着していると光が吸収されて損失の原因になる。そのため通常ファイバの端面を研磨するが，通常片側5～6％程度の散乱損失を見込まなければならない。

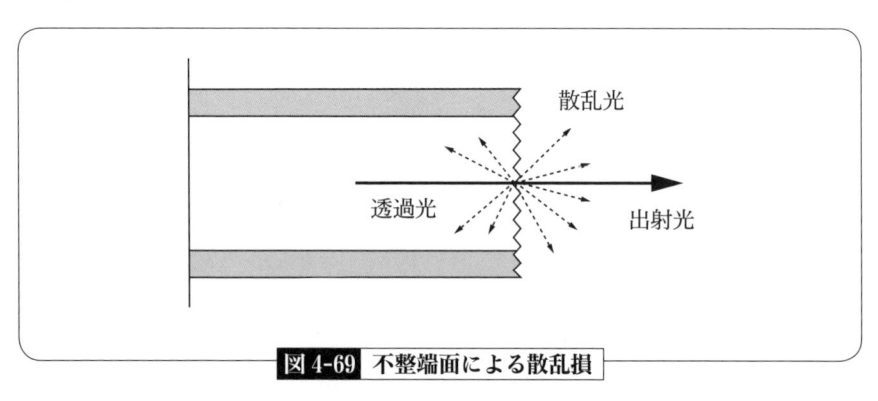

図4-69　不整端面による散乱損

(3) 軸ずれ

　光ケーブルと発光，受光素子と組み合わせる場合，それぞれの光軸がずれたり図4-70の開口数NAがミスマッチしていると大きな損失が生ずる。コ

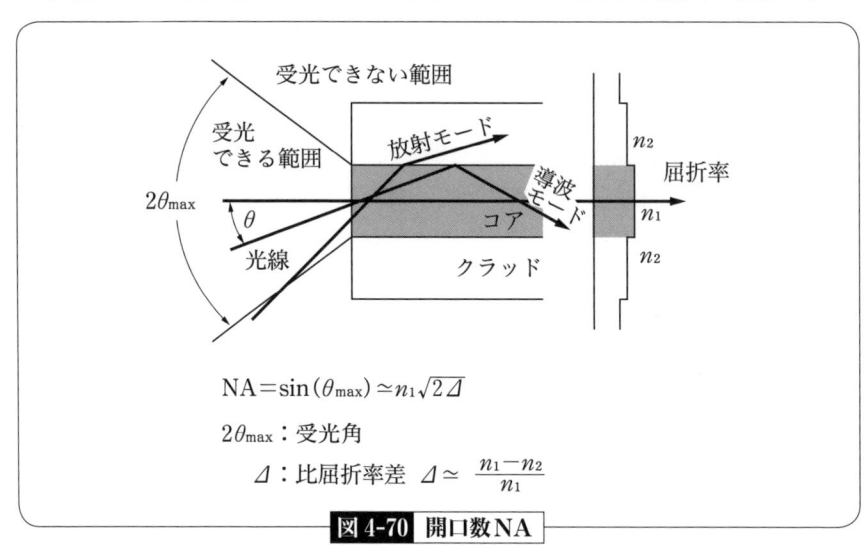

$$NA = \sin(\theta_{max}) \simeq n_1\sqrt{2\varDelta}$$

$2\theta_{max}$：受光角

$\varDelta$：比屈折率差　$\varDelta \simeq \dfrac{n_1 - n_2}{n_1}$

図4-70　開口数NA

ア径が小さい石英系ファイバでは，中継や，発光面積の小さい発光ダイオードとの軸合わせは特に注意が必要である。

4.5.7 その他の特性
1 温度特性
　プラスチック，PCF光ケーブルは+70℃～-20℃の実用使用温度範囲であり，さらに耐熱用プラスチック・ケーブルも発売されている。石英系ファイバは本質的に耐熱，耐寒性に優れている。

　温度による伝送損失の変動は，たとえば長さ10mのプラスチック・ケーブルでは，周囲温度が±70℃変化したとき，20℃を基準とした入射光と出射光の電力比は約±0.17dB変動し，損失は温度に対し負の係数をもつ（温度が上昇すると損失は減少する）。

　PCFケーブルは1kmの長さで，25℃に対し-50℃で2dB程度伝送損失が増加する。

2 耐薬品性
　保護被覆がしてある光ケーブルは，水，ガソリン，エンジンオイル，バッテリー液等の数百時間の浸漬に対して問題となるような物理的，光学的性能の低下を起こすことはない。有機溶剤，アルカリ性溶液中の長時間浸漬には通常の被覆電線と同じ程度の劣化を生じることがある。

4.5.8 光ケーブルの端面処理
　光ケーブルは，切断，研磨，接合，コネクタとの結合等の端面処理を行うが，その場合一般的に次の注意が必要である。

　切断面が平滑で破砕傷が深くならないように切断しないと，研磨しろが大きくなる。できれば専用の工具を用いる。

　クラッドを絶対に傷つけてはならない。プラスチック，石英ファイバともどんなに小さい傷でも，伝送損失が増加するばかりでなく折損事故の原因となる。外被を除去する工程で特に事故が起きやすい。

　細いガラスファイバが皮膚に刺さると，見つけにくく非常に痛い。血管を通じて体内を循環する恐れもある。内側に粘着テープを貼った箱に不要ファイバを捨てるなど，安全対策をとっておいたほうがよい。

第4章
基礎回路技術その3　機器の基本構成回路

　実験的には光ファイバをカッタで切断し，平面度に注意しながら＃8,000以上のサンドペーパーを用いて手加工で研磨することもできる．また発光，受光面の広がりが大きいLED，フォト・ダイオードとプラスチック・ケーブル間は，注意して切断すれば研磨しなくても10％程度の損失増で接合できる．

　各種の光ケーブルに対して，切断，端面加工，コネクタ接合ができる端面処理工具が発売されている．

1 プラスチック・ケーブルの端面処理

　プラスチック・ケーブルの切断や被覆のストリップには，ストリッパカッタが市販されている．またファイバの先端を押しつけ表面を溶かす熱鏡面転写器を使うと簡単に研磨したと同じ鏡面が得られる．これにクランパ，接着剤，コネクタ等をセットした工具キットがあり，コネクタ付きプラスチック・ケーブルを製作することができる．

2 PCF，石英系ケーブルの端面処理

　PCFに対し，ファイバをカットするのみで研磨が不要なコネクタ組立，接続工具も発売されている．ただし加工するケーブル，コネクタの種類が指定され互換性がないことが多い．

　石英系ファイバの端面は，光軸に対し直角面ばかりでなく球面に研磨する場合もある．またケーブルを数本まとめて研磨するものなど，多くの種類の研磨機が市販されている．

　PFC，石英系ケーブルの端面は，光コネクタのフェルールにファイバを固定したのち，同時に研磨するのが普通である．

4.5.9　光コネクタ

　光コネクタは，JISで規格化されている．この規格に準拠するもの以外に，ケーブルの種類，芯数，加工方法に応じて，コネクタメーカーから多種多様の光コネクタが発売されている．発光，受光素子，回路をレセプタクル中に実装したコネクタも多い．

　一般的に，光コネクタのプラグすなわちケーブル側の加工は比較的容易であるが，レセプタクル内の素子の光軸合わせにはかなりの熟練を要する．

4.5.10　発光素子 その1　レーザー・ダイオード(LD；Laser Diode)

半導体発光素子には，レーザー・ダイオード，LEDがあり，光ファイバ伝送，空間伝送などの光通信のほかセンサの発光源などの用途にも応用されている。

レーザー・ダイオードは，数百MHz以上から数GHzと非常に高速で動作する。LEDは取扱いが簡単で，数MHzから数十MHzまでの伝送系に使用される。

1 発光のメカニズムと構造

レーザー（LASER）の名は，Light Amplification by Stimulated Emission of Radiationの頭文字をとったもので，一般にレーザー発振器は，2枚の反射鏡を対向させたファブリペロー共振器と呼ばれる構造をもっている。半導体レーザーは，両端に酸化アルミニウムの反射膜を作って反射鏡の役割をさせている。

レーザー・ダイオードでは，印加された電気的エネルギーによりキャリアが遷移し，発生する自然放出光によって半導体内で共鳴吸収と誘導放出を行うサイクルができる。そして光が反射鏡の間を往復するうちに，構造的な共振モードに一致した誘導放出光の強度が次第に増大してくる。その量が結晶内の吸収や放出される損失より大きくなると発振が起こり，位相がそろった干渉性のある（コヒーレントな）レーザー光を発生する（図4-71参照）。こ

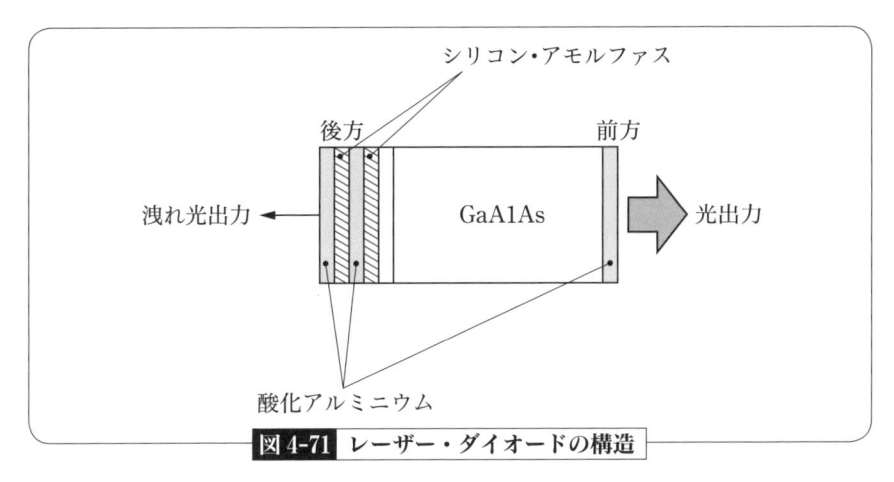

図4-71　レーザー・ダイオードの構造

の光は反射鏡を透過して外部に放射される。通常後面にシリコンアモルファスと酸化アルミニウムの多層高反射膜をおいて，前方への照射効率を上げている。モニタ用フォト・ダイオードを内蔵しているものが多い。

2 発光スペクトル

半導体レーザーの発光スペクトルの波長とモードは，発光出力によって変化する。たとえば5mWの動作時は1波長のシングルモードであるが，低出力になるにつれマルチモードとなる。また高出力になると温度が上昇し，発光波長が長波長に移行することを示している。

3 順電流－電圧特性

GaAlAsレーザー・ダイオードの順方向電流－電圧特性は，シリコン・ダイオードの特性とよく似ているが，0.6V程度高電圧側にシフトしている。

レーザー発振を開始し光出力が現われるときのダイオードの両端電圧を立ち上り電圧と呼ぶ。その後の光出力は電流値にほぼ比例する。電流に対する順方向電圧の傾斜が立っているので，ダイオードの両端電圧がわずかに変化しても順電流は大幅に変化する。

4 逆方向耐圧

シリコン・ダイオードの逆耐圧は通常数十Vあるが，レーザー・ダイオードは数V程度なので，逆電圧が耐圧を超えないよう特に注意が必要である。

5 温度特性

(1) 順方向電圧

順方向電圧は負の温度係数をもち，約－1.5mV/℃，すなわち0℃～50℃の温度変化に対し75mVと非常に大きく変動する。これは発光領域で順方向印加電圧を一定にしたとき約20mAの電流変化に相当する。この点からレーザー・ダイオードは定電流で駆動するのが一般的である。

(2) 光出力

一定順電流における光出力の温度変化もかなり大きい。たとえば50℃，

70mAで2mWの光出力が，25°Cでは約4.5mWと2倍以上も変化する。そのため光出力の温度に対する安定化は重要な問題となる。

モニタ用フォト・ダイオードが内蔵されている場合，このダイオードの光電流は光出力に比例し動作温度範囲内においてほとんど変化しないから，これを利用して駆動電流を制御し光出力を安定化することができる。

(3) 発振開始電流

発振開始電流は温度によって指数関数的に増加する。

(4) 発光波長

発光波長はケースの温度上昇に対し0.23nm/°C程度長波長側にシフトする。この変化は発振モードのジャンプによって不連続に生じるもので，素子の経時変化等にも影響される。発光強度が小さくなると発光スペクトルが複数のマルチモードとなる。

6 劣化防止

半導体レーザーは，素子の微小部分に電気，光学，熱的エネルギーが集中するから物理的な余裕度があまりない。したがって瞬時の電圧，電流でも絶対最大定格を超えるとあっさり劣化，破壊を引き起こすから，次のような諸特性に充分注意する必要がある。

(1) サージ電圧，電流

動作速度が速いということは，高速の外部電圧，電流にも忠実に応答することを意味する。通常の測定器では測定が困難なナノセカンド以下の単発パルスサージ電圧，電流でも，レーザー・ダイオードの事故につながる。これらのサージを発生する原因には，
- 電源スイッチのON OFF
- 動作中のプリント基板，ソケット等の抜差し
- 測定器の接地やプローブの接続
- スイッチによる回路切替え
- 可変抵抗器の摺動
- 放熱版の接地不完全による誘導

などがある。電源回路の一次側には避雷器などのサージ防止器をおき，二次直流側にはゆるやかに定格電圧まで上昇するスロースタータ回路を挿入しておかなければならない。

(2) 静電気対策

作業中に発生する静電気については，CMOS素子以上の対策を講じておく必要がある。素子の収納には導電性ウレタンフォームや導電性ケースを使用し，ハンダごて，作業台等は接地を完全にすると同時に導電性マットの上で作業を行う。また作業者も静電防止靴，着衣，接地リストバンド等を着用して帯電事故を防ぐ。室内に加湿器，イオナイザ等を併用するのも静電事故防止に有効である。

(3) 光学的事項

光学的には，定格を超える光出力によって反射端面が焼損する事故が多い。そのため，電気的に定格内で駆動させていても，半導体レーザー用パワーメータによって実際の光出力レベルを測定しておくべきであろう。

レーザー光は，ダイオードの出射窓のガラスの傷や光路の異物等によって回折や干渉がおき，光出力の低下やパターンの不均一が生じる。丁寧に取扱い，ほこりや指紋等の汚れはエタノールなどの溶剤を使ってよく拭っておく。

光軸調整などの作業では，レーザー光を可視光に変換する螢光板や検出器，赤外カメラを利用すると便利である。

(4) 放熱対策

レーザー・ダイオードはオーバーヒートに弱く，諸特性は温度により大きく変化する。したがって放熱板は不可欠で，必要に応じてペルチエ冷却素子などの放熱対策を講じる。

7 安全対策

半導体レーザーの出射エネルギー総量はそれほど大きいものではなく，放射角が大きい種類のレーザー・ダイオードでは，数mの距離で発光面を直視しても瞳孔に入る光量はわずかである。しかしレンズ等でビームを絞った平行光は非常に危険である。単位面積当たりのエネルギー密度が大きいレー

ザー光が眼球内に照射されると，網膜の蛋白質が瞬間的に凝固，壊死する。波長が830nm以下の赤外光は，可視領域から外れているので特に注意が必要である。鏡や窓ガラスからの反射，眼鏡の内面からの反射など思いがけない原因で事故を起こすことがある。したがってレーザー光を扱うときは，必ず所定の保護眼鏡をかけ，レンズやファイバ経由でも発光面を絶対に直視しない基本的なくせをつけておくべきである。レーザー光の安全に関しては，"JIS C 6801レーザー安全用語，C 6802レーザー製品の放射安全基準"に医学上の考慮，説明ラベルの例，レーザー保護めがね等について詳しく記述されている。

4.5.11　発光素子 その2　発光ダイオード (LED；Light Emitting Diode)

　LEDは構造が簡単でサージ電流にも強く，逆方向耐電圧が数Ｖと低い以外はシリコン・ダイオードとほぼ同等に扱ってよい。発光エネルギーも集中していないから，よほどの近距離で細いビームを直視しない限り安全面で問題になることはない。

　現在可視光領域（緑色，中心波長約555nm〜赤色，中心波長約695nm）から赤外まで多数の製品が市販され，表示用ばかりでなく光通信にごく一般的に用いられる。

1　LEDの発光スペクトル

　LEDの発光は，キャリアが再結合するとき放出する非コヒーレントな自

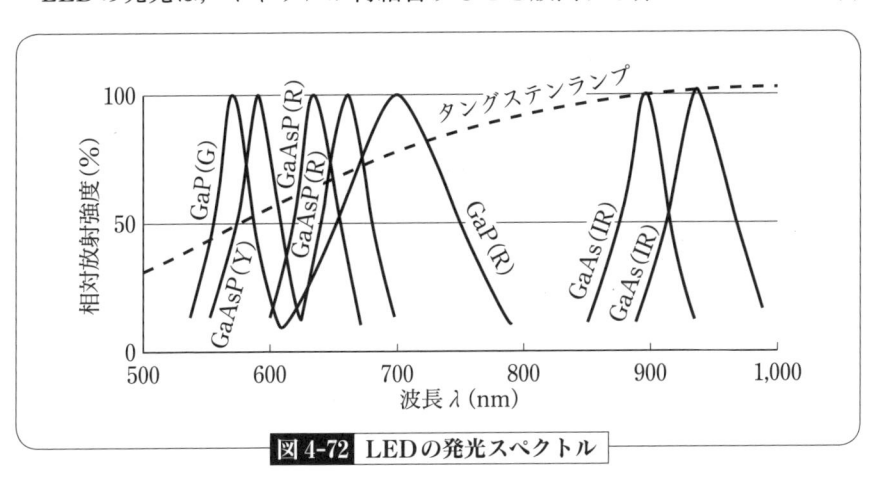

図 4-72　LEDの発光スペクトル

然放出光である。半導体材料により発光スペクトルと特性は異なるが，その例を 図4-72 に示す。

シリコン（Si）やゲルマニウム（Ge）は，キャリアの再結合のとき結晶格子の熱振動を伴う間接遷移形半導体である。これに比べガリウム砒素（GaAs）は，再結合のエネルギー放出が光で行われる直接遷移形のため発光効率が高い。

また発光波長が赤色から赤外領域光にあり，光ファイバの低損失領域やSi受光素子の受光波長と一致するため，組み合わせに都合の良い特性を持っている。

2 外形と構造

LEDの構造はレーザー・ダイオードに比べると，はるかに簡単である。CAN封入形，ステム形，樹脂モールド形などがあり，3.0ϕ〜5.0ϕので前面のガラスまたは樹脂のレンズで指向性をもたせているものも多い。

3 LEDの諸特性，定格

つぎにLEDの主な諸特性，定格を説明しよう。動作時には通常のシリコン・ダイオードと同様，素子が破壊しないために絶対最大定格値に対し充分余裕をとっておく必要がある。

(1) 順電流－周囲温度特性

LEDの最大順電流は周囲温度により制限がある。たとえば，25°C以下で最大電流が50mAのLEDも，60°Cでは約その半分以下の電流しか流せないなど。

(2) 順電流－順電圧特性

LEDの順電流－順電圧特性は，半導体の種類により同一電流で順方向電圧が約1V〜3Vとかなり差がある。赤色発光LEDの特性例では，10mAの順電流時，LEDの端子電圧は約1.7Vである。

順方向電圧は負の温度係数をもち，10°Cの温度上昇に対し，20mV程度低くなる。したがって定電流駆動のほうが安定に動作する。

(3) せん頭順電流－デューティ比

　LEDの最大電流は，主として平均的熱損失による温度上昇できまるので，レーザー・ダイオードと異なり，流しうる瞬間電流は非常に大きい。

　電流が一定周期でパルス的に流れるとき，1周期内電流のON/OFF時間比をデューティ比と呼ぶ。

　図4-73の例で，最大直流電流が50mAのLEDで，デューティ比が1/20程度以下の場合では0.3Aと6倍もの電流を流すことができる。使用周囲温度が高ければ，最大電流値は小さくなる。多数のLEDを使用する表示器などでダイナミック点灯を行えば，駆動回路を大幅に減少することが可能になる。また光伝送系では，パルス点灯で瞬時発光出力を大きくとり伝送距離を大幅に伸ばすことができる。

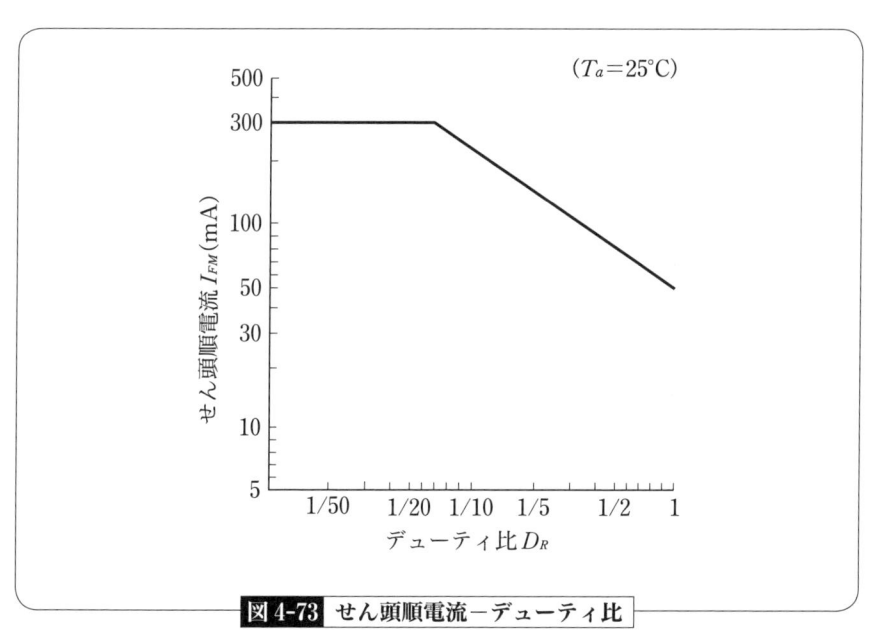

図4-73　せん頭順電流－デューティ比

(4) 順電流－対相対光度

　LEDの発光光度は，図4-74に示すように広い動作領域で電流とほぼ直線関係にあり，電流に比例して光度は高くなる。したがって温度ドリフト等に注意をすれば，電流駆動によって発光強度を変化させてアナログ信号の直接光度変調を行うことができる。

図 4-74 順電流－対相対光度

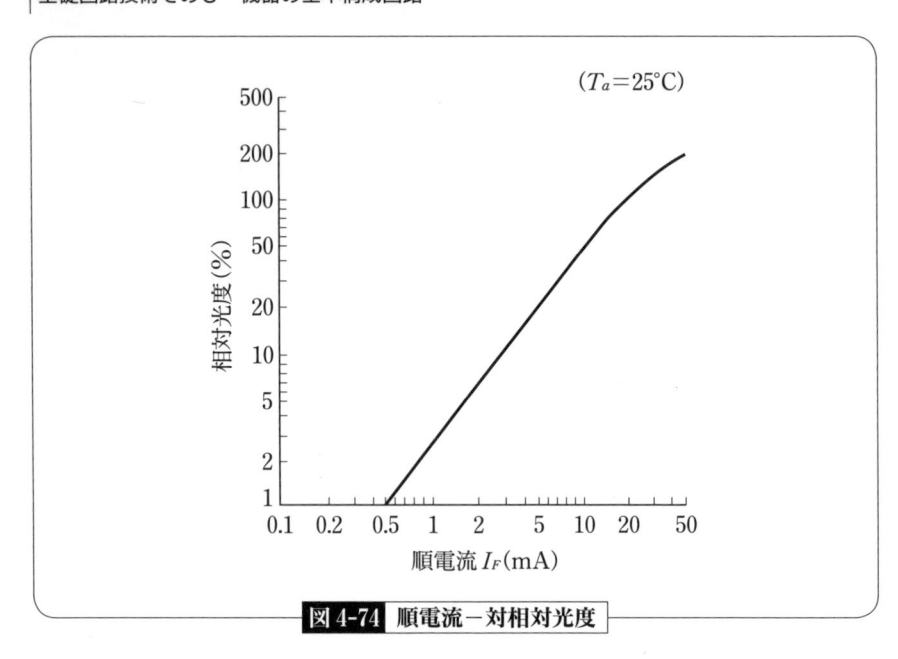

(5) 周囲温度－対相対光度

　LEDの発光光度は，周囲温度に対し約1%/°Cとかなり大きい負の温度勾配をもっている．この温度係数は点灯開始以後，自己発熱のため熱平衡に達するまで光量が減少する傾向がある．表示用として問題はないが，DCを含むアナログ信号の直接伝送には，温度変化に対するドリフトや利得の補正が必要である．

(6) 指向性

　LEDの出射光は，素子の発光部と組み合わされるレンズによって指向性が異なる．開口数NAと関連して，光ファイバの光入射効率はこの指向角により大きく左右される．

(7) 周波数特性

　高速信号伝送用のLEDは数MHz～数十MHz以上の応答速度をもつが，汎用の安価なLEDでも1MHz以下程度の範囲では充分動作する．

4.5 光ファイバによる信号伝送

4 駆動回路

LEDを例にとって駆動回路を説明しよう。LD，LEDとも電気的特性には共通点が多く，基本的な駆動方法は変わらない。発光をデジタル信号でON−OFF制御する基本回路はごく簡単である。

(1) トランジスタ，オープン・コレクタICによるON/OFF駆動

コレクタ耐圧十数V，電流数十mAの汎用npnトランジスタを使って駆動する場合の回路例が図4-75である。

ベース入力にトランジスタがONとなる電流が加えられると，コレクタ電圧が飽和電圧まで低下しLEDが点灯する。

点灯時LEDに流れる電流I_Dは，LEDの順方向電圧をV_F，トランジスタのコレクタエミッタ間の飽和電圧をV_{ce}とすると，

$$I_D = \{V(+) - V_F - V_{ce}\}/R \tag{4.13}$$

となる［第2章の2.1.3項 6 参照］。

オープン・コレクタ出力TTL，CMOS ICでは，内蔵する出力回路のトランジスタによって抵抗器一本でLEDを駆動することができる。計算方法はトランジスタの場合と同じである。

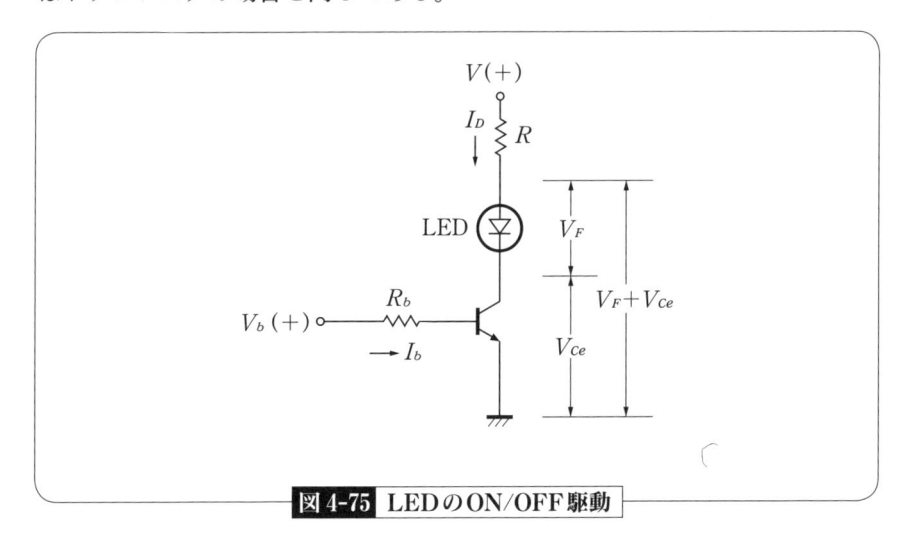

図4-75 LEDのON/OFF駆動

第4章 基礎回路技術その3　機器の基本構成回路

(2) 定電流駆動とアナログ変調

　前にも述べた通りLEDは広い範囲で発光強度と電流は比例関係にある。すなわちLEDを電流源で駆動すると，良い直線性でアナログ信号を変調できることを示している。

　図4-76はLEDの定電流駆動回路の例で，オペアンプの最大出力電流以内でLEDを直接駆動できる。

　実際の回路では，LEDの直線動作範囲の中心に動作点を置くよう，信号入力に＋のバイアスを重畳させる。

　直流分をもつアナログ信号の伝送には，LEDの動作温度変化によるドリフトの補正に注意が必要である。

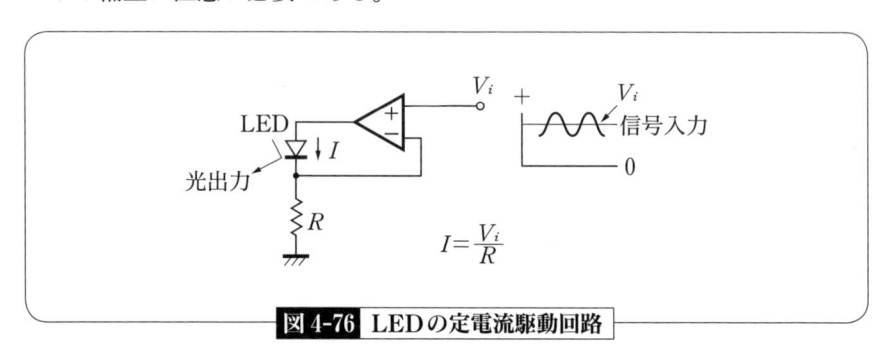

$$I = \frac{V_i}{R}$$

図4-76 LEDの定電流駆動回路

4.5.12　受光素子 その1　フォト・トランジスタ

　光通信の受光端の光－電変換には，主としてフォト・トランジスタ，フォト・ダイオードなどの半導体受光素子が用いられる。受光回路の設計には，受光素子の受光波長特性，スイッチまたはリニア動作の速度に関連する周波数特性，光－電気変換効率，指向特性などを考慮して素子を選択する。

　低速度光信号の受光には，感度も良く出力も大きいフォト・トランジスタが適している。

　フォト・トランジスタはNPNトランジスタと類似の構造をもち，接合面のベース領域に広い面積をとり受光面としている。バイポーラ・トランジスタでは，エミッタに注入されたキャリアをベース電流で制御しコレクタ電流Icを変化させるが，フォト・トランジスタでは光入力によってコレクタ電流を制御する。

　パッケージは，発光素子とほぼ同じ外形をしている。性能上では普通形，

ダーリントン回路を内蔵した高感度形，ベース電極をもっているものなどの種類がある．

1 定格と特性

フォト・トランジスタの電気的諸定格の表記は，トランジスタのそれとほぼ同じである．ここでは主として光学的特性を説明しよう．

(1) 波長感度特性（分光感度特性）

シリコン・フォト・トランジスタのピーク感度波長は800nm付近にある．発光素子の発光波長や，光ファイバの低損失波長がこれに一致していれば伝送効率がよくなる．

しかし図4-77の波長特性が示す通り，50％相対感度の波長巾が広くかつ高感度であることから，これらの波長適合にあまり神経質になる必要はない．

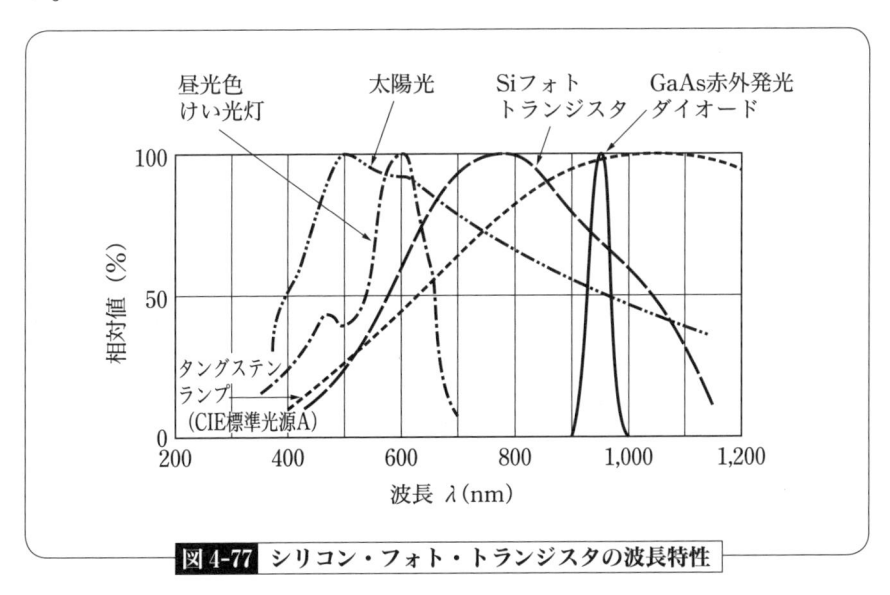

図4-77 シリコン・フォト・トランジスタの波長特性

(2) 光電流－放射照度特性

ベース領域に光が入射すると，入射照度に比例した光電流が流れる．この感度はフォト・トランジスタの種類によって大きな差がある（図4-78）．

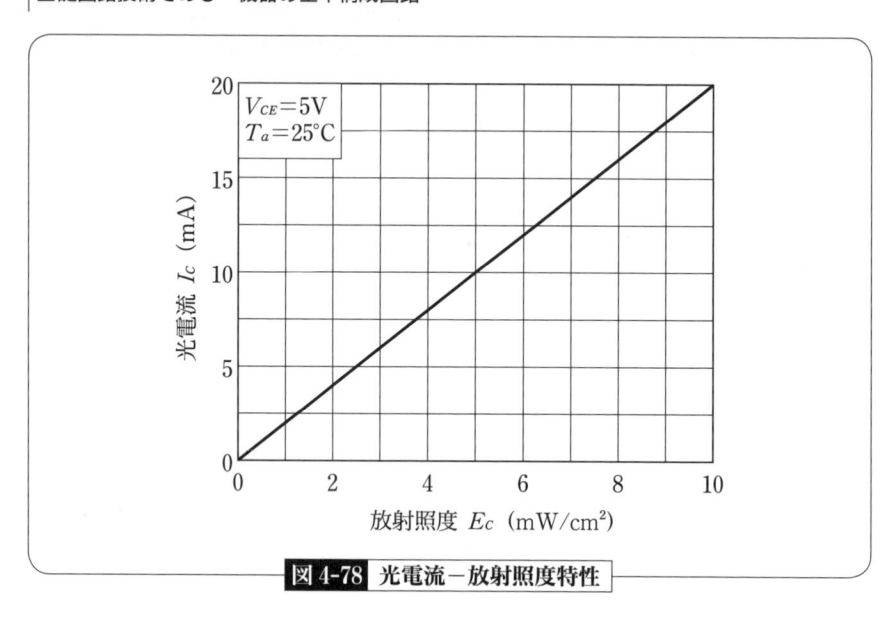

第4章
基礎回路技術その3　機器の基本構成回路

図4-78　光電流－放射照度特性

(3) 光電流と暗電流の温度特性

図4-79に示すように，相対光電流は正の温度係数で20℃の温度変化に対して10%以上変動する。

光入力がないときの暗電流は正の温度係数をもち，25℃～50℃の温度変化に対して$0.02\mu A \sim 0.2\mu A$と一桁程度変動するが，絶対値が小さいのでデジ

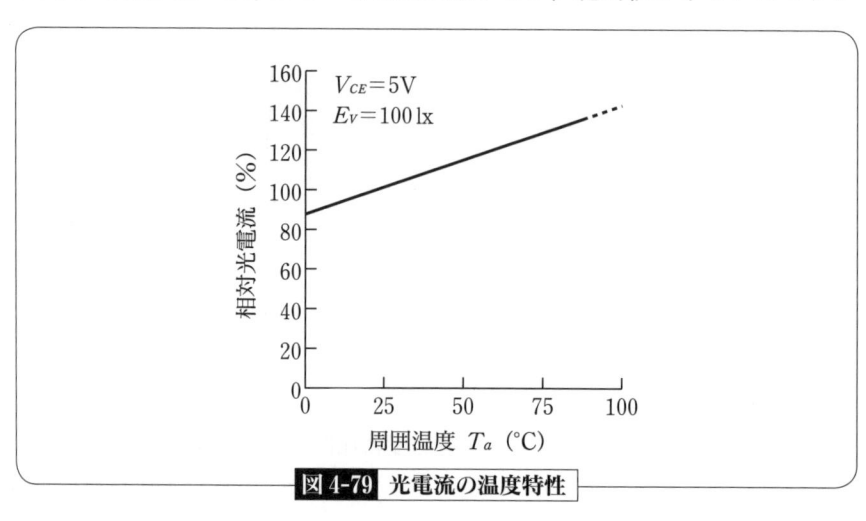

図4-79　光電流の温度特性

タル回路に使用する場合問題にはならない。

(4) 応答特性

　応答特性は通常光ON/OFFスイッチ動作時，振幅10%～90%間の立ち上がり，立ち下がり時間t_r，t_fで表される。単一素子のシングル・フォト・トランジスタで実測した応答時間の例が図4-80である。t_r，t_fいずれも負荷抵抗の値で大きく異なる。

　これに比べて，電流増幅回路を内蔵するダーリントン形は照射光に対する感度は良いが，応答速度は1kΩの負荷の場合300μsと非常に遅い。

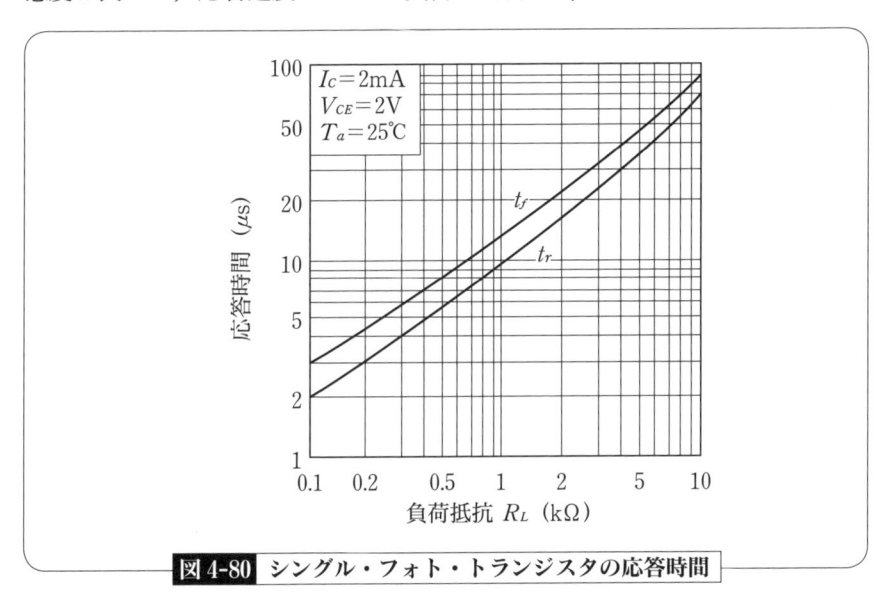

図4-80　シングル・フォト・トランジスタの応答時間

(5) 指向特性

　入射光に対する指向特性は，LEDの場合と同様レンズとの組み合わせで狭，広の特性をもたせている。

2 フォト・トランジスタのスイッチ動作

　フォト・トランジスタと負荷抵抗R_Lのみの，ごく簡単回路についてスイッチ動作を調べてみよう。図4-81のフォト・トランジスタにパルス光が入射すると，同図(a)の回路では接地電位を基準にして正のパルス電圧が，同

第4章
基礎回路技術その3　機器の基本構成回路

図 4-81 フォト・トランジスタ回路

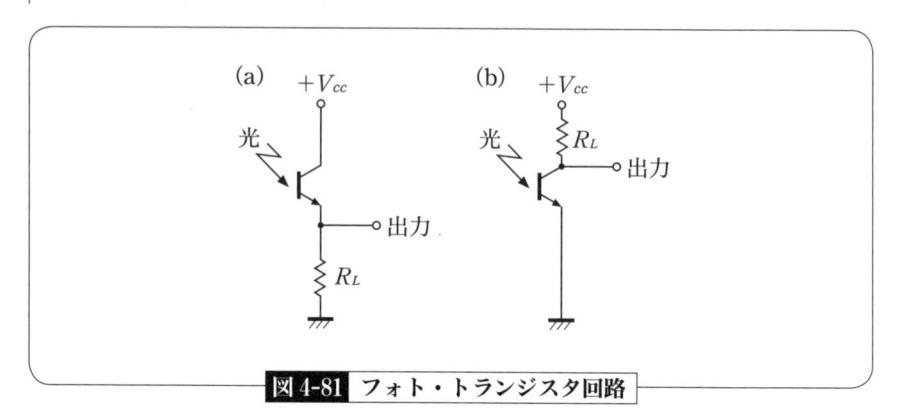

図(b)では$+V_{cc}$を基準として負のパルス電圧が出力に現われる。

フォト・トランジスタにおいて光の入射がないとき，暗電流I_{CEO}は非常に小さいから消費電力P_cは

$$P_c = V_c \times I_{CEO}(\fallingdotseq 0) \fallingdotseq 0 \tag{4.14}$$

光が入射してフォト・トランジスタが飽和すると，飽和電圧は小さいから

$$P_c = V_{CE}(\text{sat})(\fallingdotseq 0) \times I_c \fallingdotseq 0 \tag{4.15}$$

すなわちON，OFFいずれの場合も，このフォト・トランジスタはほとんど発熱しないことになる。ON時には$I_c \fallingdotseq V_{cc}/R_L$の電流が流れるが，飽和電圧$V_{CE}(\text{sat})$が小さいので，この電力は大部分直列負荷抵抗によって消費される。

スイッチ速度が速く，立ち上がり，立ち下がり時間と同程度以上とか，光入力が不足していたり，バイアスをかけたアナログ回路などの場合，**式(4.14)，(4.15)の条件を満足しなくなり，素子は発熱する。**

数ms以下の遅いスイッチ動作では，最大電圧と最大電流が絶対最大定格内にあることのみ注意をすればよい。

インダクタンス負荷のように，回路条件によって，エミッタ・コレクタに逆電圧がかかる場合，過渡的であっても逆耐圧の絶対最大定格を超えないように考慮する必要がある。

入射光が完全に遮断されたとき，フォト・トランジスタのコレクタエミッタ間にはV_{cc}がほぼそのまま印加される。したがってV_{cc}は，このトランジ

4.5 光ファイバによる信号伝送

スタのコレクタエミッタ間耐圧以下でなければならない。

4.5.13 受光素子 その2 フォト・ダイオード

フォト・ダイオードは，光入力によって起電力が生じ，入射された光エネルギーを電気エネルギーに変換する一種の太陽電池としての動作もする。

フォト・ダイオードのPN接合部に光が照射されると，結晶内で電子－正孔対が生じ，エネルギー・ギャップを越えて電子はN層，正孔はP層に流入する。そのため接合の他端が開放されていると起電力が生じ，負荷を接続すればPN接合の逆方向に電流が流れ電圧あるいは電流を取り出すことができる。

フォト・ダイオードの中でもPIN接合形は，PN接合内部にI層とよばれる高比抵抗領域があり，接合容量が小さいため高周波特性も良い。受光感度も高く，現在光通信用のフォト・ダイオードのほとんどがこの形になっている。特性が安定で直線性，温度特性に優れているため，光帰還用のPINフォト・ダイオードを，LD，LEDの発光部に封入した複合素子も市販されている。ここではフォト・ダイオードとPINフォト・ダイオードの両者を特に区別しないで扱うことにする。

フォト・ダイオードの形状は，LEDやフォト・トランジスタと同様CANタイプのほか，3mm，5mmϕなどのプラスチックモールド形があり，光ファイバと接合する場合発光端と同じ加工方法で光リンクを構成することができる。

1 定格と特性

(1) 分光感度特性

標準的なシリコン・フォト・ダイオードは通常，図4-82のような分光感度特性をもち，赤外から紫外光にわたる受光素子として使用される。受光部に光学的フィルタをかけて波長に選択性をもたせたり，可視光をカットしたものもあるから用途により適当なものをえらぶ。

(2) 短絡電流－照度特性

入射照度に対する短絡電流の関係例が図4-83である。広いダイナミック・レンジにわたり，よい直線性をもっていることがわかる。

第4章
基礎回路技術その3　機器の基本構成回路

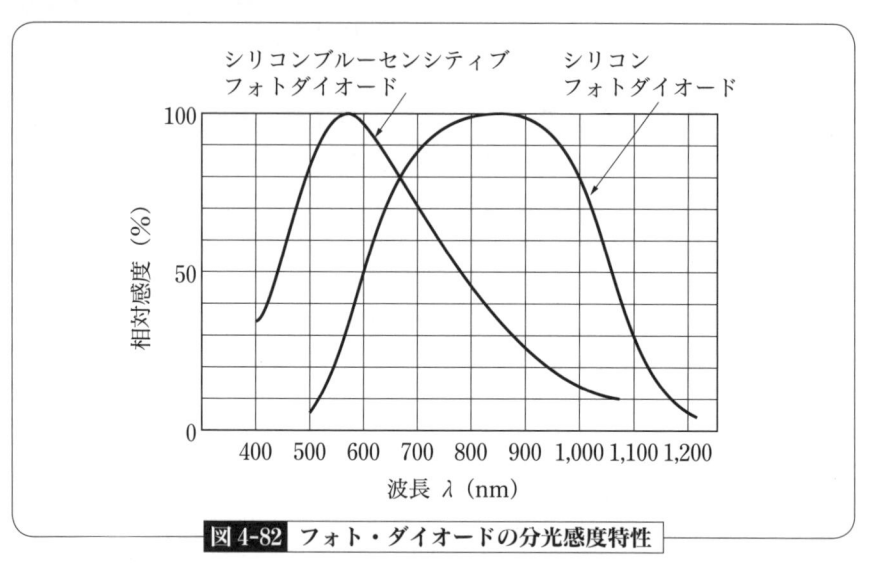

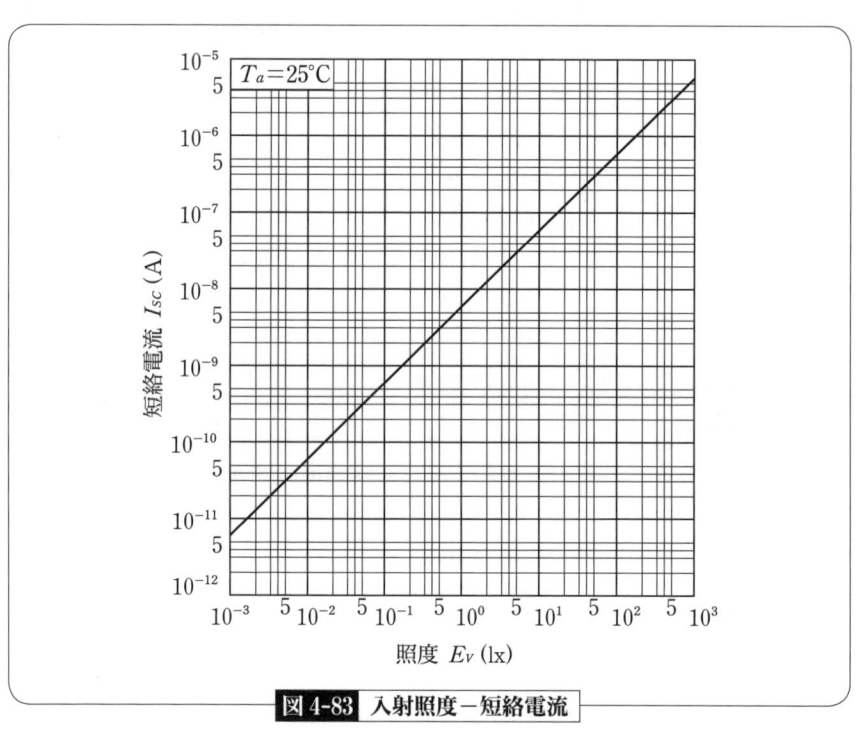

図 4-82 フォト・ダイオードの分光感度特性

（縦軸：相対感度（%）、横軸：波長 λ (nm)）
シリコンブルーセンシティブフォトダイオード／シリコンフォトダイオード

図 4-83 入射照度－短絡電流

$T_a = 25°C$
（縦軸：短絡電流 I_{sc} (A)、横軸：照度 E_v (lx)）

この例のフォト・ダイオードは，100lxの入力照度に対し$3\mu A$の短絡電流が流れる．前出のフォト・トランジスタは増幅作用があり，同じ条件で$200\mu A$の光電流が流れるから感度差は非常に大きい．

(3) **暗電流**

光入力がないときフォト・ダイオードに逆電圧を印加した暗電流は，温度と電圧値によって大きく変動する．しかし電圧が10Vで10^{-8}程度と絶対値が非常に小さく，通常の動作範囲の光電流に比べほぼ4桁も差があるので，実用的にはほとんど問題にならない．

(4) **応答時間**

フォト・ダイオードの等価回路は，理想ダイオードと並列に電流源と接合容量が接続された **図 4-84** として表される．

一般に半導体の接合容量は印加される逆電圧が高くなると減少する．したがって負荷抵抗を小さく，逆電圧を高くすれば応答速度は速くなる．フォト・ダイオードに逆電圧を印加せず，光入力によって発生する起電力をそのまま信号源として取り出す場合，応答速度は数倍遅くなる．

図 4-85(a) の応答時間測定回路でフォト・ダイオードにパルス光を入射したとき，線形動作範囲内の回路の時定数は，ほぼ接合容量C_jと負荷抵抗R_Lの積となる．応答時間t_r, t_fと負荷抵抗特性の具体例が **同図(b)** である．この応答時間は，フォト・トランジスタよりもはるかに小さい．

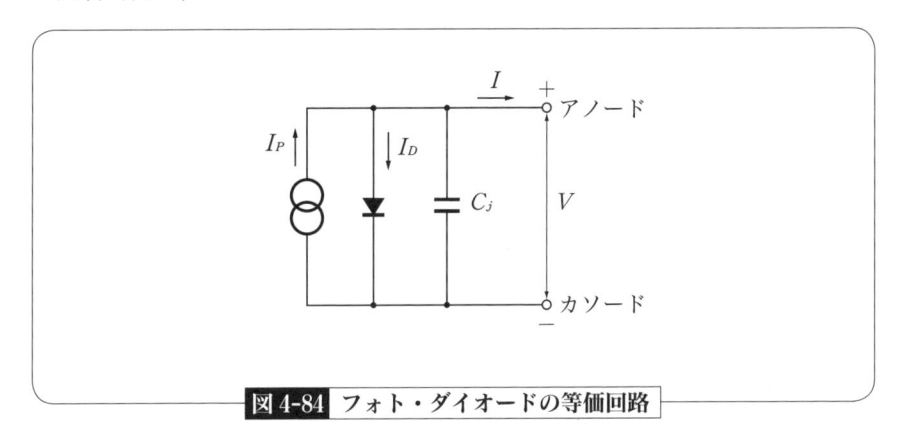

図 4-84 フォト・ダイオードの等価回路

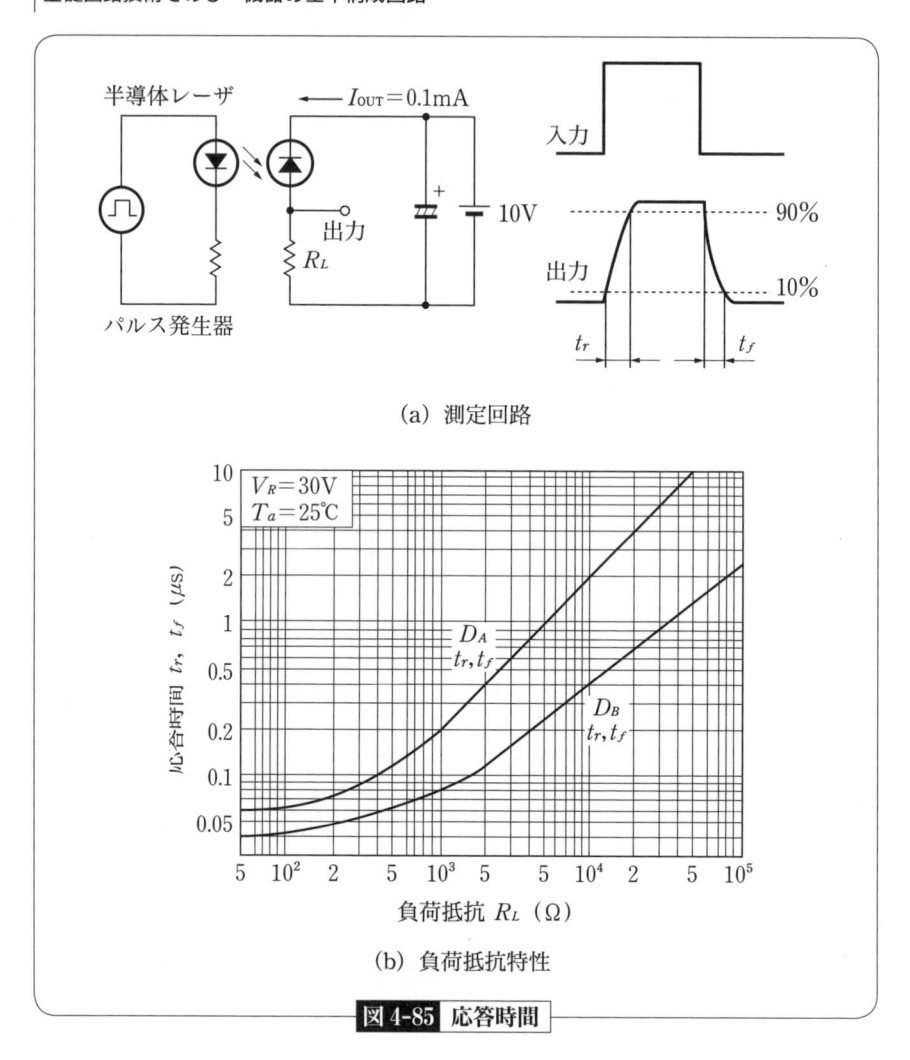

第4章
基礎回路技術その3　機器の基本構成回路

図4-85　応答時間

(a) 測定回路

(b) 負荷抵抗特性

(5) 指向性

フォト・ダイオードの入射光に対する指向特性は，発光素子やフォト・トランジスタと類似のものが用意されている．

2 受光回路

フォト・ダイオードに電圧を印加したときの電圧－電流特性は，ほぼ通常のダイオードと同じであるが出力の取り出しには次のような形がある．

4.5 光ファイバによる信号伝送

(1) 光起電力出力

図 4-86 はフォト・ダイオードを光電池として考えたもので，同図(a)は電流出力，同図(b)は電圧出力形である。

電圧出力 V_0 は，$V_0 = I_d \cdot R_L$ となり，接続によって出力の極性が変わる。

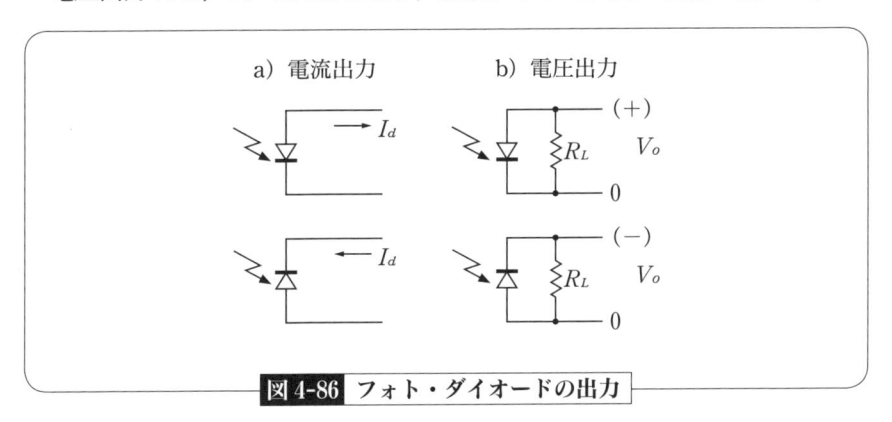

図 4-86　フォト・ダイオードの出力

a) 電流出力　　b) 電圧出力

(2) 逆電圧の印加

応答速度を上げるため，フォト・ダイオードに逆電圧を印加したときの電圧出力回路が 図 4-87 である。

ダイオードおよび印加電圧の極性によって，出力電圧の極性も反転する。

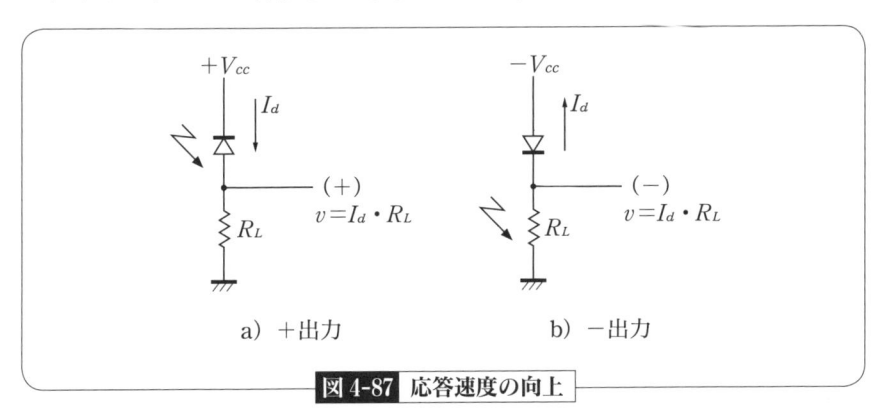

a) ＋出力　　b) －出力

図 4-87　応答速度の向上

4.5.14　光リンクの基本構成

光ケーブルによる信号伝送は光リンクによって行われ，基本的には図 4-88 の構成となっている。

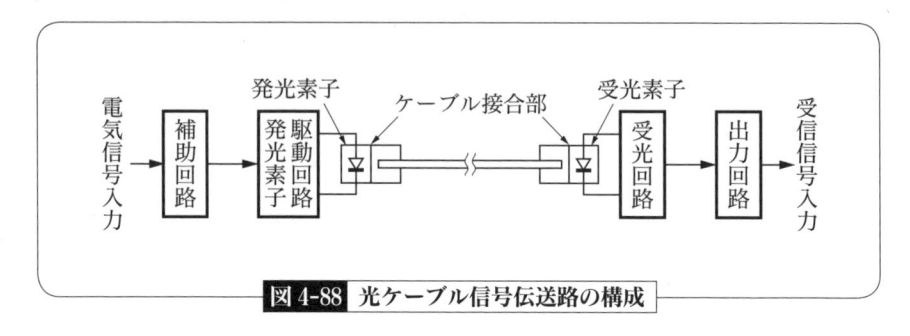

第4章
基礎回路技術その3　機器の基本構成回路

図4-88　光ケーブル信号伝送路の構成

　入力の電気信号は，発光素子とその駆動回路とによって光信号に変換され，光学的に結合された光ケーブルの一端に送り込まれる．ケーブルで伝送された光信号は，他端で受光素子によって電気信号に変換され出力信号となる．入力電気信号と発光素子駆動回路，受光素子と出力回路の間には，それぞれ必要に応じて補助的な電気回路が置かれる．

　送信側では発光素子が電－光変換器として使用され，電気信号入力が光変調されて光ケーブルに注入され，受信側に伝送される．

　受信側ではケーブルからの信号光を受光素子が光－電変換，電気信号に復調して取り出される．この仕組みと具体的な応用技術が，これまでの説明を通じて理解されたと思う．

4.5.15　光ノイズ

　光伝送系では，伝送路に入射する外部光を充分遮蔽しなければならない．伝送光路に混入する外部光は，そのまま伝送信号に重畳して有害なノイズ成分となる．特にセンサの受光部では信号光のレベルが小さく影響を受けやすい．光に関係する要素は通常電気系では無視されているので，原因を発見するのが困難なことが多い．たとえば照明用蛍光灯からの電源と同周期の光，24時間を周期とする直射日光などが身近なノイズ源となる．赤外，遠赤外領域では，人体の熱線放射も影響することがある．

4.5.16　各種の光リンク

　光コネクタのレセプタクルに発光・受光素子を実装し，光ケーブルと接続すれば基本的な光リンクを構成することができる．発光・受光素子とファイバを直接接合するリンク用の部品も各社から市販されている．

4.5 光ファイバによる信号伝送

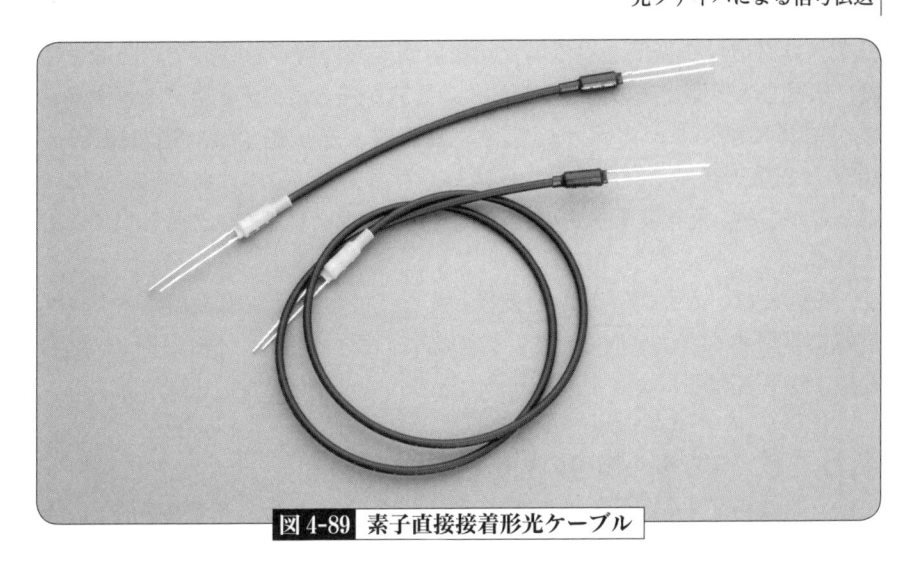

図4-89 素子直接接着形光ケーブル

　また光ファイバと素子を直接接着，一体化した光ケーブルが製品化されている。
　この光リンクは光コネクタを使用せず端末部分も超小形であるため，回路に直接ハンダづけしたり，通常の電気信号用コネクタケース内に収納して多チャンネル光ケーブルを構成することが可能になる。このような素子と光ケーブルのみのリンクは，発光・受光素子の特性がそのまま入出力特性として現われるので，外部回路と組み合わせてアナログ，デジタルの多様な伝送路に応用できる。
　さらに発光（送信）部，受光（受信）部のそれぞれの素子と周辺回路を集積化し，コネクタを実装した各種の光リンク用モジュールが市販されている。これらのモジュールと光ケーブルの組み合わせによって，所定の特性をもつ光リンクを構成することができる。その場合光ケーブルは，種類，長さ，外被の仕様およびコネクタ等を指定して端末の研磨が行われたものを購入することが多い。

4.5.17　アナログ信号の光伝送

　アナログ信号の光ケーブルによる伝送では，ワイヤを光ケーブルに置き換えることによって雑音の軽減や送受信系の絶縁に対して従来のシステムよりもはるかに優れた特性をもつものが実現できる。

第4章
基礎回路技術その3　機器の基本構成回路

アナログ信号を光伝送する場合，送信側の入力信号で直接発光素子を変調，伝送し受信側でその信号を復調する方式がある．ビデオ用アナログリンクがそれに該当し，ビデオの映像，音声信号を伝送する．通常10Hz～10MHz程度の帯域の交流信号を伝送し，音声チャンネルは別系統にしているものが多い．直接変調伝送の特性限界から，主としてモニタ用として使用される．

一般的には，入力信号をA/D変換し光伝送ののちD/A変換器でアナログ信号に復調する方法が取られる．この方式の総合性能は，先に述べたA/D変換，D/A変換器によって決まり，伝送方式は光デジタル伝送に帰着する．

4.5.18　デジタル信号の光伝送

機器間のデジタル信号伝送を光ファイバで行うことは，アナログ信号の光伝送と同様雑音の抑制や長距離伝送の手段として非常に有効である．そのため単チャンネルばかりでなく，多チャンネル光伝送，光インタフェース・バスが実用化されている．これらは本来電気信号による伝送であるため，ワイヤの場合と同じ規格がそのまま適用される．汎用のデジタル・バスには多くの種類があるが，測定器に関連が深いので次の章で説明を行うことにする．

4.5.19　センサへの応用

光源と受光部の中間に遮蔽物や被測定物を置き，透過光量の変化を検出すれば，遮光形のデジタル・センサや，物性を計るアナログ・センサになる．

これは光リンクの伝送路の一部が空間伝送におきかわり，光ケーブルが光源およびセンサのライトガイドとなったものといえる．この場合，センシング部分に電力を供給する必要がなく，耐環境性に優れた超小型のセンシングシステムが実現できる．

光ケーブルを応用した光電スイッチ，センサ等は，反射形，透過形など多くの種類が市販されているが，これらの製品の大部分は所定のコネクタで光接続を行い，送信，受信に専用の回路を使用している．そのため光ケーブルの途中を切断するような変則的な動作に対する保証はなく，特性についてのデータもない．またほとんどがデジタル信号伝送用であって，アナログ回路には応用できない．

しかしこれまで述べたように特性がはっきりしている発光，受光素子とケ

ーブルを接続したリンクを応用して，新しいセンサを開発することができるであろう。

第4章
基礎回路技術その3　機器の基本構成回路

付表　光コネクタ性能一覧表

項目＼形式	F01	F02	F03	F04	F05	F06	F07	F08	F09	F10
心数	1	1	1	1	1	1	2	2	1	1
主な用途										
光伝送幹線	○									
一般光回線		○								
機器装置ショートリンク			○							
中距離伝送				○						
機器，装置，フロア					○					
機器，装置，フロア，構内						○			○	
装置内，装置間，フロア							○			
装置間，フロア間，構内								○		
機器内，装置内実装										○
適合光ファイバ										
SSM-10/125	○	○		○						○
SGI-50/125	○	○	○						○	○
RSI-200/300					○		○			
PSI-980/1000					○	○		○		
CSI-200/250						○		○		
光学結合										
光ファイバ突合せ	○	○	○							
バットジョイント				○	○	○	○	○	○	○
フェルール										
ϕ2.5 mm	○			○	○	○	○	○		
ϕ2.0 mm		○	○							○
結合構造										
M 8×0.75　ねじ	○	○								
M 5×0.5　ねじ			○							
プッシュオンスライドロック				○						
プッシュオンレバーロック						○	○	○		
フリクションロック						○	○	○		
バヨネット									○	○

全形式共通事項
　機械結合　　プラグ-アダプタ-プラグ
　整列部形状　プラグ：M，アダプタ：F-F

第5章

測定と測定器

　電子応用機器では，製作の過程においても測定と不可分の関係にある。測定とは，被測定量の質と量を定量化する作業をいい，「質」は「単位」を，量はその大きさを数値で表す。測定結果の数値化された量は必ず単位が伴う。

　この章では，単位とその定義，デシベルの種類，測定対象とセンサ，受動部品定数の測定，トランジスタ等の能動部品の測定，電圧，電流，電力，周波数，波形，タイミング等の諸元と，それらに対する具体的な測定器と測定手法，測定手法の構築と関連するGP-IBバス ラインについて解説してある。

第5章
測定と測定器

5.1 単位と定義

単位については，従来測定対象のディメンション（たとえば周波数はc/s, サイクル/秒）等の表記がなされていたが，現在ではすべて人名をもとにして単位名を付けている（周波数はヘルツ，電流はアンペア，電圧はボルタなど）。

5.1.1 SI（国際単位，Systeme International d'Unites）

SIは，電気，物理，化学等の諸量の単位を世界的に統一した単位系で，どの国家の言語体系においても，すべて共通に「SI」と表記することになっている。表5-1はSIの構成である。

表5-1 SIの構成

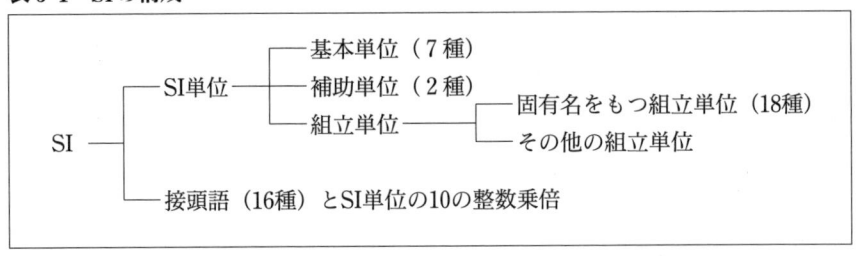

```
              ┌─ 基本単位（7種）
      ┌ SI単位 ┼─ 補助単位（2種）
      │       └─ 組立単位 ┬─ 固有名をもつ組立単位（18種）
  SI ─┤                  └─ その他の組立単位
      │
      └ 接頭語（16種）とSI単位の10の整数乗倍
```

1 基本，補助，組立単位，接頭語

(1) 基本単位

自然科学の各分野で使用される「単位」の種類は非常に多くまた相互に重複する場合もあるので，SIではこれらの中から表5-2に示すように独立の7種を選んで基本単位としている。

(2) 補助単位

このほかには，補助単位二種を採用している（表5-3）。

5.1 単位と定義

表5-2 基本単位

量	単位	単位記号	記
時 間	秒 (second)	s	^{133}Cs原子の基底状態の二つの超微細準位（F＝4，M＝0およびF＝3，M＝0）の間の遷移に対応する放射の9192631700周期の継続時間。
長 さ	メートル (metre)	m	光が真空中で1/299792458の間に進む距離。
質 量	キログラム (kilogram)	kg	国際キログラム原器の質量。
電 流	アンペア (ampere)	A	真空中に1mの間隔で平行に置かれた，無限に小さい円断面積を有する，無限に長い2本の直線状導体のそれぞれを流れ，これらの導体の長さ1m毎に2×10^{-7}Nの力を及ぼし合う一定の電流。
温 度	ケルビン (kelvin)	k	水の三重点の熱力学的温度の1/273.16。
物質量	モル (mole)	mol	0.012kgの^{12}Cに含まれる原子と等しい数（アボガドロ数）の構成要素を含む素の物質量。
光 度	カンデラ (candela)	cd	周波数540×10^{12}Hzの単色放射を放出し，所定の方向の放射強度が$1/683w\cdot sr^{-1}$である光源の，その方向における光度。

表5-3 補助単位

量	単位	単位記号	記
平面角	ラジアン (radian)	rad	円の周上で，その半径の長さに等しい長さの弧を切り取る2本の半径の間に含まれる平面角。
立体角	ステラジアン (steradian)	sr	球の中心を頂点とし，その球の半径を一辺とする正方形に等しい面積を球の表面上で切り取る立体角。

(3) 組立単位

　組み立て単位とは基本単位と補助単位の乗除で表される単位で，そのうちSIで規定され固有の名称を持つ組立単位は18種ある（**表5-4**）。
　表5-5はその他の組立単位である。

(4) 数値の桁を示す10の累乗

　SIでは，数値に乗じて桁をきめる接頭語としての10の累乗（整数倍）の用語を **表5-6** のように定めている。
　10の累乗10^1（十，ten），10^2（百，hundred），10^3（千，thousand）まで

第5章
測定と測定器

表 5-4 組立単位

量	単位	単位記号	他のSI単位による表わし方	SI基本単位による表わし方
周波数	ヘルツ（hertz）	Hz		s^{-1}
力	ニュートン（newton）	N	J/m	$m \cdot kg \cdot s^{-2}$
圧力，応力	パスカル（pascal）	Pa	N/m^2	$m^{-1} \cdot kg \cdot s^{-2}$
エネルギー，仕事，熱量	ジュール（joule）	J	N・m	$m^2 \cdot kg \cdot s^{-2}$
仕事率，電力	ワット（watt）	W	J/s	$m^2 \cdot kg \cdot s^{-3}$
電気量，電荷	クーロン（coulomb）	C	A・s	s・A
電圧，電位	ボルト（volt）	V	J/C	$m^2 \cdot kg \cdot s^{-3} \cdot A^{-1}$
静電容量	ファラド（farad）	F	C/V	$m^{-2} \cdot kg^{-1} \cdot s^4 \cdot A^2$
電気抵抗	オーム（ohm）	Ω	V/A	$m^2 \cdot kg \cdot s^{-3} \cdot A^{-2}$
コンダクタンス	ジーメンス（siemens）	S	A/V	$m^{-2} \cdot kg^{-1} \cdot s^3 \cdot A^2$
磁束	ウェーバ（weber）	Wb	V・s	$m^2 \cdot kg \cdot s^{-2} \cdot A^{-1}$
磁束密度	テスラ（tesla）	T	Wb/m^2	$kg \cdot s^{-2} \cdot A^{-1}$
インダクタンス	ヘンリー（henry）	H	Wb/A	$m^2 \cdot kg \cdot s^{-2} \cdot A^{-2}$
光束	ルーメン（lumen）[1]	lm	cd・sr	
照度	ルクス（lux）[2]	lx	lm/m^2	
放射能	ベクレル（becquerel）[3]	Bq		s^{-1}
吸収線量	グレイ（gray）[4]	Gy	J/kg	$m^2 \cdot s^{-2}$
線量当量	シーベルト（sievert）	Sv	J/kg	$m^2 \cdot s^{-2}$

注1） 1lm＝等方性の光度1cdの点光源から1srの立体角内に放射される光束。
注2） 1lx＝$1m^2$の面を，1lmの光束で一様に照したときの照度。
注3） 1Bq＝1sの間に1個の原子崩壊を起こす放射能。
注4） 1Gy＝放射線のイオン化作用によって，1kgの物質に1Jのエネルギーを与える吸収線量。

は，洋の東西を問わず，それぞれの桁に対応する単位名がある。ところがそれ以上の桁になると，東洋では10^4毎（億，兆，京）に単位名が変わるのに対し，西洋では10^3毎に単位名が当てはめられている（**表 5-7**）。

そのため，位取りの理解が多少煩雑になっていることは衆知の通りである。

両者の単位が同時に変わるのは，べきが3×4＝12（兆）となったときである。

表5-5 その他の組立単位

量	単位	単位記号	SI基本単位による表わし方
面積	平方メートル	m^2	
体積	立方メートル	m^3	
密度	キログラム/立方メートル	kg/m^3	
速度, 速さ	メートル/秒	m/s	
加速度	メートル/(秒)^2	m/s^2	
角速度	ラジアン/秒	rad/s	
力のモーメント	ニュートン・メートル	$N \cdot m$	$m^2 \cdot kg \cdot s^{-2}$
表面張力	ニュートン/メートル	N/m	$kg \cdot s^{-2}$
粘度[1]	パスカル・秒	$Pa \cdot s$	$m^{-1} \cdot kg \cdot s^{-1}$
動粘度[1]	平方メートル/秒	m^2/s	
熱流密度 放射照度	ワット/平方メートル	W/m^2	$kg \cdot s^{-3}$
熱容量 エントロピー	ジュール/ケルビン	J/K	$m^2 \cdot kg \cdot s^{-2} \cdot K^{-1}$
比熱 質量エントロピー	ジュール/(キログラム・ケルビン)	$J \cdot kg^{-1} \cdot K^{-1}$	$m^2 \cdot s^{-2} \cdot K^{-1}$
熱伝導率[2]	ワット/(メートル・ケルビン)	$W \cdot m^{-1} \cdot K^{-1}$	$m \cdot kg \cdot s^{-3} \cdot A^{-1}$
電界の強さ	ボルト/メートル	V/m	$m \cdot kg \cdot s^{-3} \cdot A^{-1}$
電束密度 電気変位	クーロン/平方メートル	C/m^2	$m^{-2} \cdot s \cdot A$
誘電率	ファラド/メートル	F/m	$m^{-3} \cdot kg^{-1} \cdot s^4 \cdot A^2$
電流密度	アンペア/平方メートル	A/m^2	
磁界の強さ	アンペア/メートル	A/m	
透磁率	ヘンリー/メートル	H/m	$m \cdot kg \cdot s^{-2} \cdot A^{-2}$
起磁力, 磁位差	アンペア	A	
モル濃度	モル/立方メートル	mol/m^3	
輝度[3]	カンデラ/平方メートル	cd/m^2	
波数	1/メートル	m^{-1}	

注1) 流体が層状に流れているとき,液体の中に流線に平行にとった面を境として両側の物体が互いに作用する内部摩擦力は,この面の面積と,面に垂直な方向の速度勾配との積に比例し,その比例定数 η をこの流体の粘度という.
注2) 物体中の等温面を通って,垂直方向に流れる熱流密度と,その方向の温度勾配の比.
注3) 物体を一定方向から見たとき,その方向に垂直な単位面積当たりの光度.

表5-6 10の整数乗倍の接頭語

名　称		記　号	大きさ	名　称		記　号	大きさ
エクサ	(exa)	E	10^{18}	デ　シ	(deci)	d	10^{-1}
ペ　タ	(peta)	P	10^{15}	センチ	(centi)	c	10^{-2}
テ　ラ	(tera)	T	10^{12}	ミ　リ	(milli)	m	10^{-3}
ギ　ガ	(giga)	G	10^{9}	マイクロ	(micro)	μ	10^{-6}
メ　ガ	(mega)	M	10^{6}	ナ　ノ	(nano)	n	10^{-9}
キ　ロ	(kilo)	k	10^{3}	ピ　コ	(pico)	p	10^{-12}
ヘクト	(hecto)	h	10^{2}	フェムト	(femto)	f	10^{-15}
デ　カ	(deca)	da	10	ア　ト	(atto)	a	10^{-18}

(注) 合成した接頭語は用いない。

表5-7 10のべき名東西

ten	10^{1}	十
hundred	10^{2}	百
thousand	10^{3}	千
10 thousand	10^{4}	万
100 thousand	10^{5}	10万
million	10^{6}	100万
10 million	10^{7}	1000万
100 million	10^{8}	億
billion	10^{9}	10億
10 billion	10^{10}	100億
100 billion	10^{11}	1000億
trillion	10^{12}	兆

2 表記上の注意と原則

(a) SIでは，一つの量に対して原則として一つの単位のみ対応させる。但し温度に関しては，絶対温度°K，摂氏°Cの例外を認めている。

(b) これらの基本単位は，自然科学の法則に基づき明確に定義され，その数値は高精度で実証，再現可能である。

(c) 基本単位から導入されるすべての組立単位について，数値的関係に1以外の系数は現われない。

5.1 単位と定義

（たとえば，$1V = 1W/A = 1 \cdot kg \cdot m^2 \cdot s^{-3} \cdot A^{-1}$）

単位表記上の読み方，書き方についての注意と原則を **表5-8** に，また実用上用いられる単位と桁を組み合わせた記号の一覧を **表5-9** に示す。

単位に関連してギリシャ文字，特にその小文字は数学，物理，電気などの各分野で頻繁に用いられる。たとえば

放射線　α；ヘリウムの原子核，β；電子線，γ；γ波長領域の電磁波
δ；損失角

表5-8 単位表記上の注意と原則

注意・原則	不可の例	望ましい表わし方
接頭語は重ねて用いない	$10^{-3}\mu m \cdots m\mu m$（ミリマイクロメートル） $10^{-6}\mu F \cdots \mu\mu F$（マイクロマイクロファラド）	$10^{-9}m \cdots nm$（ナノメートル） $10^{-12}F \cdots pF$（ピコファラド）
組立単位には接頭語を1個だけ用い，先頭につける	$\Omega \cdot mm$（オームミリメートル） $kV \cdot kA$（キロボルトキロアンペア）	$k\Omega \cdot m$（キロオームメートル） $MV \cdot A$（メガボルトアンペア）
接頭語をもつ単位はなるべく分母に置かない（kgは例外：J/kg etc）	g/cm^3（密度） g/km（線密度）	Mg/m^3 mg/m
接頭語と基本単位はくっつけて一体として取り扱う（そのべき乗にかっこは不要）	m m $(cm)^2$ $(\mu s)^{-1}$	mm cm^2 μs^{-1}
単位の積または商は誤解のないよう明記する ①中黒丸を用いる ②斜線を用いる（斜線を二つ以上重ねない） ③分数形で表わす	Nm（ニュートンメートル） ms^{-1}（メートル毎秒）注2 $g/cm \cdot s$, $g/cm/s$	$N \cdot m$（誤りの可能性なければNmでもよい）注1 $m \cdot s^{-1}$, m/s, $\dfrac{m}{s}$ $g/(cm \cdot s)$, $g \cdot cm^{-1} \cdot s^{-1}$
固有名のない組立単位には接頭語はつけない	$0.01m^2$を1センチ平方メートルとよんだり$1cm^2$と書いてはいけない 同様に$1000m^3$は1キロ立方メートルと呼んではいけない	$0.01m^2 = 0.01 \times (100cm)^2$ $= 100cm^3$
単位記号の大小，つづりは規定通りに記す	グラム gr, grs キログラム Kg, KG 秒 sec, 分 m, 時間 hr アンペア amp., Amp	g kg s, min, h A
単位記号は ①直立体を用いる ②複数形にしない ③ピリオドをつけない ④数字との間を1/2〜1字幅あける	μg（マイクログラム） 5cms 5cm. 5cm	μg 5cm

注1）mのように接頭記号と単位記号が同一の場合は混同を避けるため注意が必要である。
　　Nm（ニュートンメートル）仕事の単位
　　mN（ミリニュートン）力の単位

注2）ms^{-1}と書くと$\dfrac{1}{ms}$の意味になる。

第5章
測定と測定器

表5-9 実用上用いられる単位と記号

	単位(呼称) 単位記号 乗数	小さい値の単位			基本単位	大きい値の単位			
電圧			ナノボルト nV 1×10^{-9}	マイクロボルト μV 1×10^{-6}	ミリボルト mV 1×10^{-3}	ボルト V 1	キロボルト KV 1×10^{3}	メガボルト MV 1×10^{6}		
電流	〃	ピコアンペア pA 1×10^{-12}	ナノアンペア nA 1×10^{-9}	マイクロアンペア μA 1×10^{-6}	ミリアンペア mA 1×10^{-3}	アンペア A 1	キロアンペア kA 1×10^{3}	メガアンペア MA 1×10^{6}	
抵抗	〃			マイクロオーム $\mu\Omega$ 1×10^{-6}	ミリオーム mΩ 1×10^{-3}	オーム Ω	キロオーム kΩ 1×10^{3}	メガオーム MΩ 1×10^{6}	ギガオーム GΩ 1×10^{9}	テラオーム TΩ 1×10^{12}
静電容量	〃			ピコファラド pF 1×10^{-12}	マイクロファラド μF 1×10^{-6}	ファラド F 1			
周期	〃	ピコセカンド ps 1×10^{-12}	ナノセカンド ns 1×10^{-9}	マイクロセカンド μs	ミリセカンド ms 1×10^{-3}	セカンド s 1	ミニッツ(分) min 注1 6×10	アワー(時) h 注1 3.6×10^{3}	ディ(日) d 注1 8.64×10^{4}
周波数	〃				ミリヘルツ mHz 1×10^{-3}	ヘルツ Hz 1	キロヘルツ kHz 1×10^{3}	メガヘルツ MHz 1×10^{6}	ギガヘルツ GHz 1×10^{9}	テラヘルツ THz 1×10^{12}
電力	〃		ナノワット nW 1×10^{-9}	マイクロワット μW	ミリワット mW 1×10^{-3}	ワット W 1	キロワット kW 1×10^{3}	メガワット MW 1×10^{6}	
電力量	〃				ミリワット時 mWh 1×10^{-3}	ワット時 Wh 1	キロワット時 kWh 1×10^{3}		
皮相電力	〃					ボルトアンペア VA 1	キロボルトアンペア kVA 1×10^{3}		
磁束	〃					ウェーバ Wb 1			
インダクタンス	〃			マイクロヘンリー μH 1×10^{-6}	ミリヘンリー mH 1×10^{-3}	ヘンリー H 1			
光束	〃					ルーメン lm 1			
光度	〃				ミリカンデラ mkd 1×10^{-3}	カンデラ cd 1			
照度	〃					ルクス lx 1			
抵抗率	〃			マイクロオームメートル $\mu\Omega$m 1×10^{-6}		オームメートル Ωm 1			
電荷量	〃					クーロン C 1			
重さ	〃			マイクログラム μg 1×10^{-6}	ミリグラム mg 1×10^{-3}	グラム g 1	キログラム kg 1×10^{3}	トン t 注1 1×10^{6}	
長さ	〃		nm 注2 1×10^{-9}	μm 1×10^{-6}	mm 1×10^{-3}	cm 1×10^{-2}	メートル m 1	キロメートル km 1×10^{3}	

注1) 実用上の重要さからSIと併用してもよい単位。
注2) Å (オングストローム) 10^{-10}mはできるだけ用いない。

ε；誘電率
θ；角度
λ；波長
μ；透磁率
π；円周率
ω；各速度　　等々

ギリシャ文字のアルファベットを **表5-10**にあげる。

表5-10 ギリシャ文字のアルファベット

大文字	小文字	名称	大文字	小文字	名称
A	α	Alpha（アルファ）	N	ν	Nu（ニュー）
B	β	Beta（ベータ）	Ξ	ξ	Xi（クシイ）
Γ	γ	Gamma（ガンマ）	O	o	Omicron（オミクロン）
Δ	δ	Delta（デルタ）	Π	π	Pi（パイ）
E	ε	Epsilon（イプシロン）	P	ρ	Rho（ロー）
Z	ζ	Zeta（ツェータ）	Σ	σ	Sigma（シグマ）
H	η	Eta（イータ）	T	τ	Tau（タウ）
Θ	θ	Theta（シータ）	Υ	υ	Upsilon（ウプシロン）
I	ι	Iota（イオタ）	Φ	φ, ϕ	Phi（ファイ）
K	κ	Kappa（カッパ）	X	χ	Chi（カイ）
Λ	λ	Lambda（ラムダ）	Ψ	ψ	Psi（プシー）
M	μ	Mu（ミュー）	Ω	ω	Omega（オメガ）

5.1.2 対数とデシベル

1 対数目盛のグラフ

　二つの量を縦軸，横軸に取ってその関係をグラフで表す場合，それらの軸は長さに比例する直線目盛とすることが多い。ところが次のような理由でこのスケールを対数に変換して扱うと便利なことがある。簡単な例を挙げて説明しよう。

(1) 扱う量の桁が大きいとき（レンジが広いとき）

　1Ωの抵抗の両端に電圧Vを加え，電流Iとの関係を直線目盛のグラフで

第5章
測定と測定器

図5-1 直線目盛のグラフ

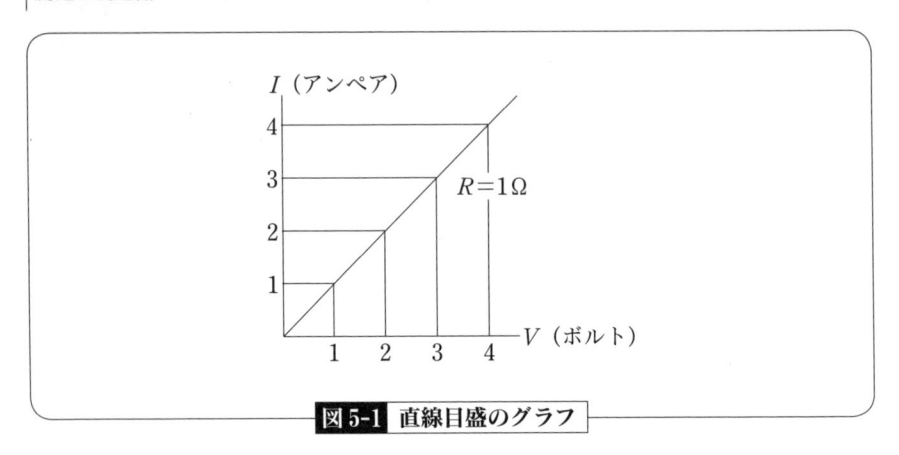

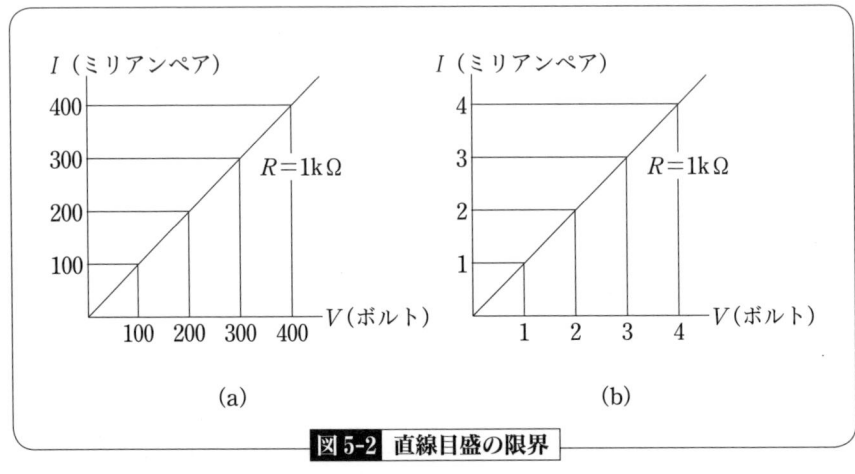

図5-2 直線目盛の限界

示せば **図5-1** の直線となる（オームの法則 $R=V/I$）。

　ところが一般的に扱う諸量の数値の桁はきわめて広く，たとえば電圧が数 μV から数 KV，電流も数 μA から数 A など 10^{-6}〜10^3 と 10^9 桁以上の広範囲にわたることも稀ではない。

　たとえば1kΩの抵抗に数百Vの電圧を印加したとき，**図5-2(a)** によって電圧，電流関係の全体像はつかめるが，数Vの低電圧部分の関係はわからない。一方 **同図(b)** のスケールでは，大きな部分ははみ出してしまう。

　しかし **図5-3** の対数目盛でグラフを書けば，この不便さは解消する。縦軸，横軸とも対数のとき関係の直線性はそのまま保たれる。そのため，ダイナミックレンジの広い入出力の特性を表す場合，両対数のグラフ用紙がしば

図 5-3 両対数目盛のグラフ

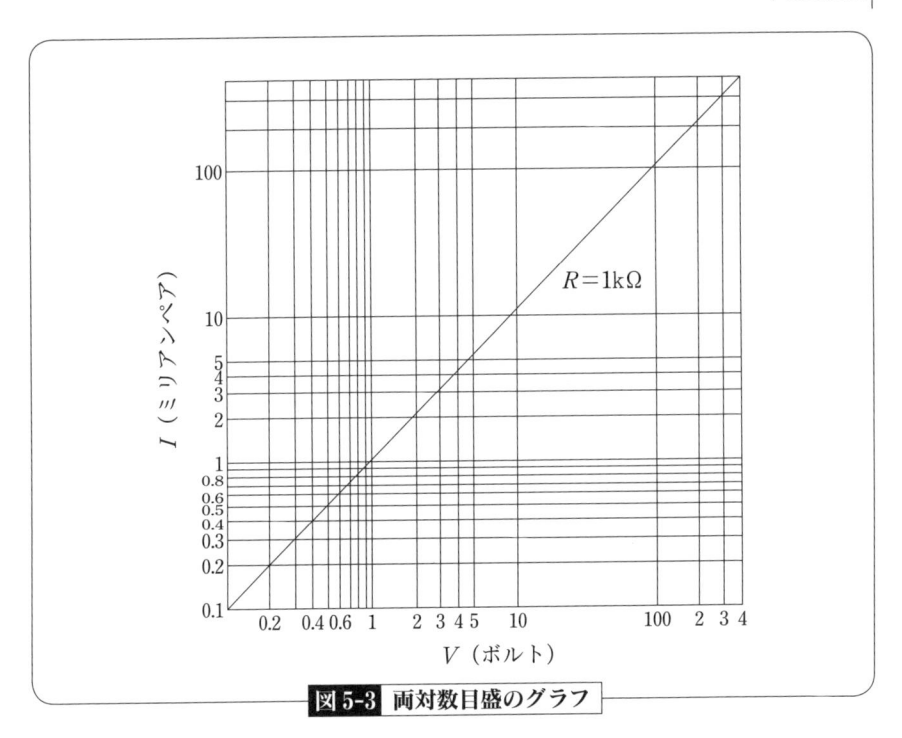

しば使用される。

(2) 感覚との対応

　生物の外部からの刺激に対する受容反応，感覚は相対的なものである。たとえば音，光などの外部刺激に対する反応の大きさ Δx は，その絶対値に対してではなく，その背景（バックグラウンド）レベル X との比較になる。背景音が大きければ，大声を上げなければ聞き取れない。すなわち $\Delta x/X$ に比例する性質をもつ。

　刺激に対する反応は，数学的にはその積分で表わすことができるから

$$反応 P = \lim_{\Delta x \to 0} \sum_{x_i=1}^{\infty} \frac{\Delta x}{x_i} \int \frac{1}{x} dx = \log x + C \tag{5.1}$$

この式は，対数的な関係と一致することを示している。

　人間の耳の「音」に対する受容の周波数特性は，ほぼ 20Hz～20kHz とされている。そのためオーディオ関係の周波数特性を表すグラフには，対数目盛の用紙がよく使用される。

第5章
測定と測定器

図 5-4 オーディオ関係の周波数特性グラフ例

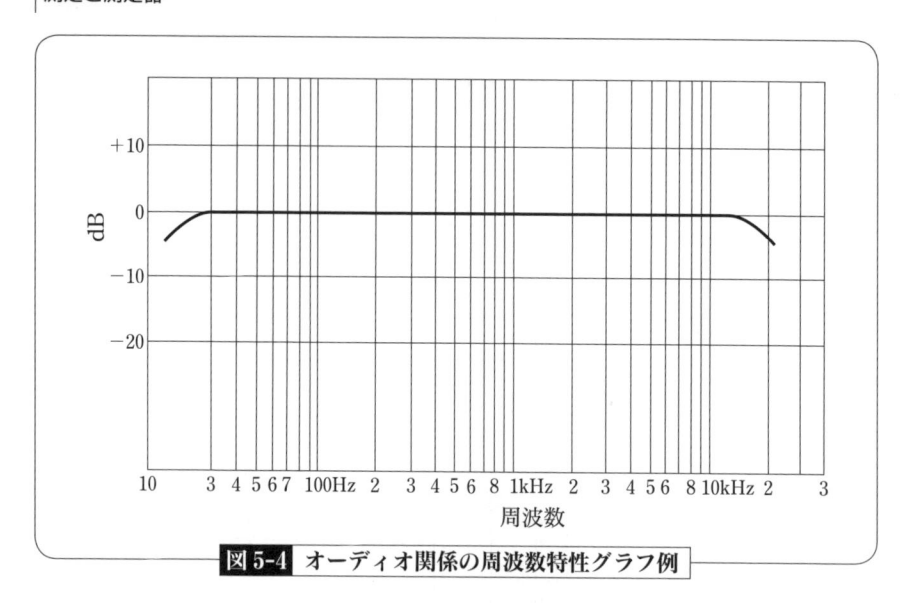

図5-4に示すように，通常横軸には対数目盛で周波数をとり，レベルに対応する縦軸は単位がデシベルのような対数関数であれば直線目盛の片対数用紙，単位が直線関数の場合は両目盛を対数用紙を用いる。

2 デシベルの定義

初歩的な対数の公式

$$\log(A \times B) = \log A + \log B \tag{5.2}$$

$$\log(A \div B) = \log A - \log B \tag{5.3}$$

でわかる通り，乗算，除算は対数変換によりそれぞれ加算，減算に置き換えられ，逆変換で結果が求められる。このため前節で述べた利点のほか，対数の量相互については計算が簡略になる。

(1) 電力増幅率のデシベル（dB）表示

二つの電力量 P_1 と P_2 の比の常用対数

$$P\,(\mathrm{dB}) = \log_{10}(P_2/P_1) \tag{5.4}$$

で表したPを「ベル」と定義する。実用的にはこの数値を10倍し

$$P \text{ (dB)} = 10 \log_{10}(P_2/P_1) \tag{5.5}$$

デシベル（ベルの10倍の意味），dBとして用いる。

たとえばある電力増幅器の入力電力が$P_i=1\text{W}$のとき，出力電力$P_o=10\text{W}$，すなわち入出力の電力比が10倍であれば，デシベルで表したこの増幅器の電力増幅率A（dB）は

$$A \text{ (dB)} = 10 \log_{10} 10\text{W}/1\text{W} = 10 \text{ (dB)} \tag{5.6}$$

(2) 電流増幅率のデシベル表示

入力電流I_i，出力電流I_oである電流増幅器の電流増幅率A_i（dB）は

$$A_i \text{ (dB)} = 20 \log_{10} I_o/I_i \tag{5.7}$$

(3) 電圧増幅率のデシベル表示

同様に入力電圧V_i，出力電圧V_oである増幅器の電圧増幅率A_v（dB）は

$$A_v \text{ (dB)} = 20 \log_{10} V_o/V_i \tag{5.8}$$

注：電圧V，電流Iについて増幅率のデシベル表示は，電力との関係式

$$P = V^2/R = I^2 \cdot R \tag{5.9}$$

と式（5.4）から求められる。

$$\begin{aligned} 10 \log_{10}(P_o/P_i) &= 10 \log_{10}(I_o^2 \cdot R/I_i^2 \cdot R) \\ &= 20 \log_{10}(I_o/I_i) \end{aligned} \tag{5.10}$$

同様に

$$\begin{aligned} 10 \log_{10}(P_o/P_i) &= 10 \log_{10}(V_o^2/R)/(V_i^2/R) \\ &= 20 \log_{10}(V_o/V_i) \end{aligned} \tag{5.11}$$

底が10の常用対数のほか，底がeの自然対数を用いたネーパ（Neper）の単位もあるがあまり使用されない。

表5-11は，電流，電圧のデシベルの換算表である。電力の換算はこの表のdB値を1/2に読み替える。

表5-11 電流,電圧のデシベル換算表

倍数	+dB	分数	dB
1	0	1	-0
1.1	0.83	1/1.1	-0.83
$\sqrt{2}$	3	$1/\sqrt{2}$	-3
2	6	1/2	-6
4	12	1/4	-12
8	18	1/8	-18
10	20	1/10	-20
11	10.83	1/11	-10.83
20	26	1/20	-26
40	32	1/40	-32
80	38	1/80	-38
100	40	1/100	-40
200	46	1/200	-46
400	52	1/400	-52
800	58	1/800	-58
1,000	60	1/1,000	-60
2,000	66	1/2,000	-66
4,000	72	1/4,000	-72
8,000	78	1/8,000	-78
10,000	80	1/10,000	-80
20,000	86	1/20,000	-86

3 0デシベルの種類

デシベルは相対値に対する定義であるから,デシベルで絶対値を表すには基準になる数値を0dBとして規定し,その値との比によって絶対値を示すことになる。主な基準0dBには次の種類があり,末尾に添字を付けて区別する。

(1) dBm

主として電話,搬送,音響関連機器の基準として使用され,1mWの電力を0dBとし,0dBmと表記する。たとえば10mWは10dBmである。

(2) dBs

600Ωの抵抗が1mWの電力を消費するとき,両端電圧は0.775Vとなる。この電圧をインピーダンスと無関係に0dBsと定義する。

(3) dBv

インピーダンスと無関係に1Vの電圧を0dBvと定義する。たとえば20Vの電圧は26dBvである。

(4) dBμ

高周波信号を扱う場合に使用される電圧の基準で,$1\mu V$を$0\,\mathrm{dB}\mu$とする。

4 増幅,減衰の計算

図5-5(a)で,増幅率が2倍の電圧増幅器Aと,20倍のBを直列に接続して入力電圧E_iを加えると,出力電圧E_oは

$$E_o = E_i \times A \times B = 1\mathrm{V} \times 2 \times 20 = 40\mathrm{V}$$

となる。

この電圧,増幅率を後述するデシベルで表せば,**同図(b)**のように

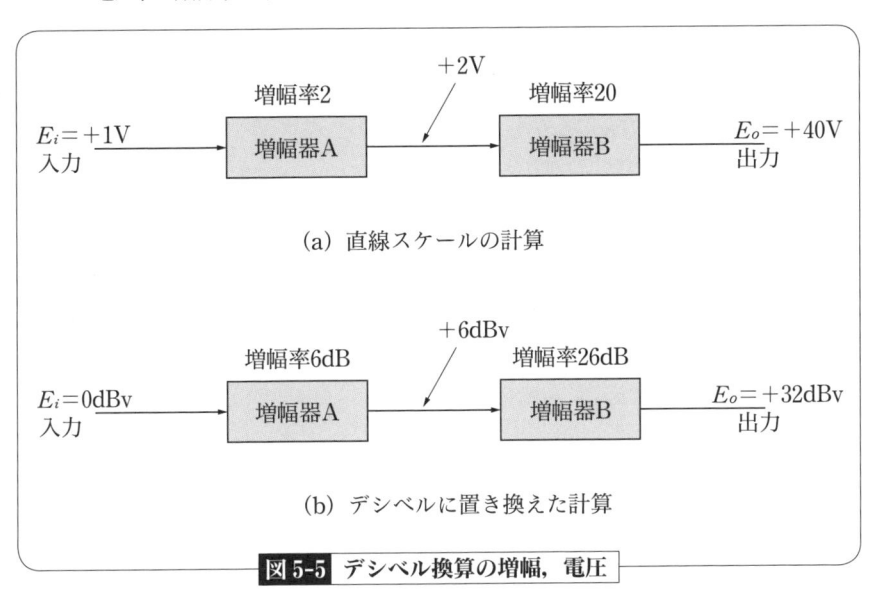

```
      +2V
増幅率2       増幅率20
Ei=+1V →[増幅器A]→ →[増幅器B]→ Eo=+40V
入力                           出力
       (a) 直線スケールの計算

      +6dBv
増幅率6dB     増幅率26dB
Ei=0dBv →[増幅器A]→ →[増幅器B]→ Eo=+32dBv
入力                           出力
       (b) デシベルに置き換えた計算
```

図5-5 デシベル換算の増幅,電圧

第5章
測定と測定器

```
                    +0.5V
        増幅率1/2    ↓      増幅率20倍
Eᵢ=+1V  ┌─────┐         ┌─────┐   Eₒ=+10V
入力 ───→│減衰器│────────→│増幅器│──→ 出力
        └─────┘         └─────┘


                    -6dBv
        増幅率-6dB   ↓      増幅率26dB
Eᵢ=0dBv ┌─────┐         ┌─────┐   Eₒ=+20dBv
入力 ───→│減衰器│────────→│増幅器│──→ 出力
        └─────┘         └─────┘
```

図 5-6 減衰と増幅のデシベル計算

$$E_o (\text{dBv}) = 0\text{dBv} + 6\text{dB} + 26\text{dB} = 32\text{dBv}$$
$$(1\text{V} \times 2 \times 20 = 40\text{V})$$

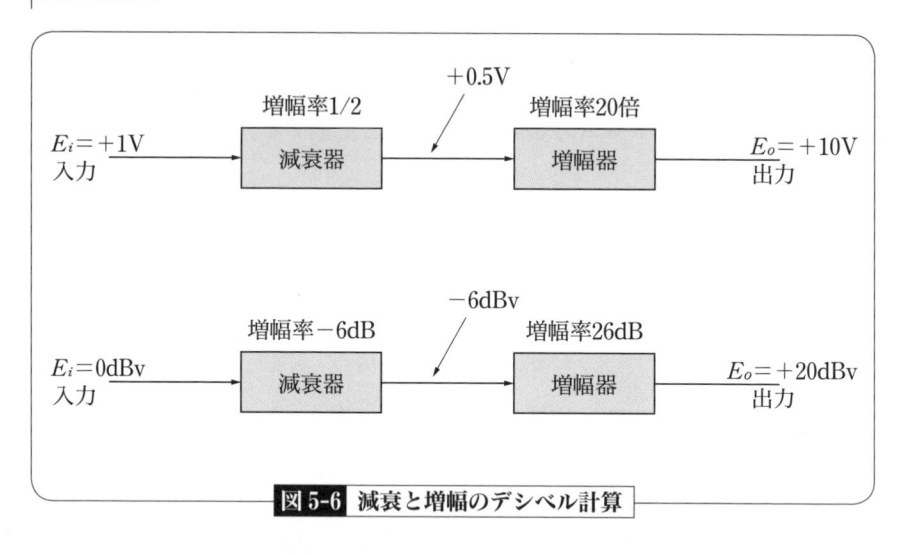

と単純な加算で出力電圧が計算できる。

減衰器（アッテネータ）が回路に挿入された場合，出力電圧は減衰は除算，増幅は乗算となる。

結果は次式で求められる。

$$E_o (\text{dBv}) = 0\text{dBv} - 6\text{dB} + 26\text{dB} = 20\text{dBv}$$
$$(1\text{V} \div 2 \times 20 = 10\text{V})$$

5.2 測定対象

5.2.1 対象と分類

測定の対象は広範なあらゆる分野にわたっている。その主なものを分類し，表 5-12 にあげておく。

表 5-12 対象と分類

分類	対象
機械	長さ，厚み，変位，液面，速度，加速度，回転角，回転数，質量，重量，力，圧力，真空度，モーメント，回転力，風速，流速，流量，振動
音響	音圧，騒音
周波数	周波数，時間
電気	電流，電圧，電位，電力，電荷，インピーダンス，抵抗，容量，インダクタンス，電磁波
磁気	磁束，磁界
温度	温度，熱量，比熱
光	照度，光度，色，紫外線，赤外線，光変位
放射線	照射線量，線量率
湿度	湿度，水分
化学	純度，濃度，成分，pH，粘度，粒度，密度，比重，気・液・固体分析
生体	心音，血圧，血液，脳波，血液衝撃，血液酸素飽和度，血液ガス分圧，気流量，速度，体温，心電図，脳波，筋電図，網膜電図，心磁図
情報	アナログ・デジタル量，演算，伝送，相関

5.2.2 測定原理，センサ

電気量を直接入力とする場合以外，測定にはセンサが必要である。センサとは，JISZ 8103，3103で「対象の状態に関する測定量を，信号に変換する最初の要素」と定義されている。

通常のセンサはこの対象量を電気信号に変換するものが大部分で，この意味では「物理，化学等の自然量を電気量に変換するデバイス」と狭義に解釈されることが多い。

第5章
測定と測定器

広範囲, 多種類の対象を電気信号に変換する手段として, 種々の手法が用いられている. JEIDA (日本電子工業振興協会) によるセンサの測定対象と測定原理, 名称が **表 5-13** である.

表 5-13 センサの測定対象, 測定原理, 名称

測定対象	測定原理	センサ名称
A 光強度 光 束 赤外光	1. 光電効果	光電管, 光電子倍増管, 撮像管
	2. 光起電力	フォトダイオード, フォトトランジスタ, フォトサイリスタ
	3. 光導電効果	光導電セル, 量子形赤外線センサ
	4. 焦電効果	焦電形赤外センサ
	5. 固体撮像素子	CCD イメージセンサ
	6. その他	
B 放射線	1. 気体電離電荷	電離箱, 比例計数管, GM 計数管
	2. 固体の電離	半導体放射線センサ
	3. 二次電子放射	エキゾ電子検出センサ
	4. 蛍光体発光 (常温)	シンチレータ, 蛍光ガラスセンサ
	5. 蛍光体発光 (過熱)	熱ルミネッセンス
	6. チェレンコフ効果	チェレンコフ・センサ
	7. 化学反応	ガラス線量計センサ, 鉄線量計センサ, セリウム線量計センサ
	8. フォトクロミック効果	光ファイバ放射線センサ
	9. 発熱	熱量計センサ
	10. 核反応	核反応計数管センサ
	11. その他	
C 音 超音波	1. 圧電・電歪効果	クリスタルマイク, セラミックマイク, セラミック超音波センサ
	2. 電磁誘導	マグネチックマイクロフォン, リボンマイクロフォン
	3. 静電効果	コンデンサマイクロフォン
	4. 磁歪	フェライト超音波センサ
	5. その他	
D 磁 界 磁 束	1. ファラデ効果	光ファイバ磁界センサ, ファラデ素子
	2. 磁気抵抗	磁気抵抗式磁界センサ
	3. ホール効果	ホール素子形磁界センサ, ホール IC 形磁界センサ, 磁気ダイオード
	4. ジョセフソン効果	SQUID 高感度磁束センサ
	5. 変化磁束誘起電流	強磁性体磁束センサ, 磁気ヘッド
	6. その他	
E 力 重 量	1. 磁歪	磁歪形ロードセル, 磁歪式トルクセンサ
	2. 圧電効果	圧電形ロードセル
	3. 歪ゲージ	歪ゲージ式ロードセル, 歪ゲージ式トルクセンサ
	4. トルク吸収	差動変圧器式トルクセンサ
	5. 電磁結合	電磁式トルクセンサ
	6. 導電率	シート板力センサ
	7. その他	
F 位 置 変 位 角 度	1. 電磁誘導	差動変圧器, レゾルバ, 近接スイッチ
	2. 電気抵抗変化	ポテンショメータ
	3. 歪ゲージ	ストレインゲージ
	4. 光線, 赤外線	ロータリエンコーダ, ホログラムスケール, リニアエンコーダ, 光電スイッチ, 光ファイバ光電スイッチ
	5. ホール効果, 磁気抵抗	リードスイッチ, マグネスケール

次頁につづく➡

5.2 測定対象

		6.音波	超音波スイッチ
		7.機械的変位	マイクロスイッチ，リミットスイッチ
		8.ジャイロスコープ	ジャイロ式位置センサ
		9.その他	
G	圧　力	1.圧電効果	セラミック圧力センサ，振動式圧力センサ，水晶式圧力センサ，圧電シート
		2.抵抗変化	ストレインゲージ圧力センサ，薄膜形圧力センサ，シリコン圧力センサ，感圧ダイオード
		3.光弾性効果	光ファイバ圧力センサ
		4.静電効果	静電容量式圧力センサ
		5.力平衡	力（電流）平衡形圧力センサ
		6.電離・励起	電離真空センサ
		7.熱伝導率	熱電対真空センサ，サーミスタ真空センサ
		8.磁気歪	磁気歪式圧力センサ
		9.レゾナントワイヤ	レゾナントワイヤ式圧力センサ
		10.ホール効果	ホール素子形圧力センサ
		11.その他	
H	温　度	1.熱起電力	熱電対，サーモパイル
		2.抵抗の温度変化	測温抵抗体，サーミスタ(NTC, PTC, CTR)，ボロメータ，感温サイリスタ
		3.焦電効果	焦電形温度センサ，エレクトレット温度センサ
		4.誘電率	セラミック温度センサ，強誘電体温度センサ，静電容量式温度センサ
		5.光学特性	光温度センサ，赤外線温度センサ
		6.熱膨張	液体封入式温度センサ，バイメタル
		7.半導体特性	トランジスタ温度センサ，光ファイバ半導体温度センサ
		8.色	色温度センサ，2色温度センサ，液晶温度センサ
		9.熱放射	放射温度センサ，光ファイバ放射温度センサ，圧電式放射温度センサ，ゴーレイセル
		10.核極共鳴吸収	NQR温度センサ
		11.磁気特性	磁気式温度センサ，感温フェライト
		12.発振周波数変化	水晶温度センサ
		13.その他	
I	ガ　ス湿　度	1.電気抵抗(導電度)変化	ボロメータ，電気抵抗式ガスセンサ（厚膜式，薄膜式など），接触燃焼式ガスセンサ，熱伝導率ガスセンサ，溶液導電率式ガスセンサ，バルク制御形半導体式湿度センサ，サーミスタ式湿度センサ，抵抗温度計式湿度センサ
		2.ゲート電界効果	FETガスセンサ，FET湿度センサ
		3.静電容量変化	金属－MOS形ガスセンサ，静電容量式湿度センサ
		4.電池起電力	ジルコニヤ固体電解質ガスセンサ
		5.電極電位	イオン電極式ガスセンサ
		6.電解電流	定電位電解式ガスセンサ，電量式ガスセンサ，五酸化リン水分センサ
		7.イオン化電流	イオン化センサ
		8.光電効果	紫外・赤外線吸収式ガスセンサ，化学発光式ガスセンサ
		9.熱起電力	熱電式赤外線ガスセンサ
		10.光起電力	量子形赤外線ガスセンサ
		11.焦電効果	焦電形赤外線ガスセンサ
		12.膨張	コンデンサマイクロフォン形赤外線ガスセンサ
		13.電池電流	ガルバニックセルガスセンサ
		14.振動子共振周波数	水晶振動式ガスセンサ，水晶振動式湿度センサ
		15.露点	露点湿度センサ
		16.その他	

次頁につづく➡

第5章
測定と測定器

J 溶液成分	1.膜電位	ガラスイオン電極，固体膜イオン電極，液体膜イオン電極，ISFET
	2.電解電流	ポーラログラフ式クロマトセンサ
	3.光電効果	示差屈折率式クロマトセンサ，蛍光光度式クロマトセンサ，比色センサ
	4.核磁気共鳴	核磁気共鳴センサ
	5.電気抵抗	導電率式クロマトセンサ
	6.赤外，紫外線吸収	紫外線吸収式クロマトセンサ
	7.音叉発振	音叉式密度センサ
	8.放射線	放射線式密度センサ
	9.その他	
K 流量流速	1.電磁誘導	電磁式流量センサ
	2.超音波	超音波式流量センサ
	3.カルマン渦	渦式流量センサ
	4.相関	相関流量センサ
	5.回転数	容積式流量センサ，タービン式流量センサ
	6.熱伝導	熱線式流量式センサ
	7.光吸収・反射	レーザドップラ式流量センサ，光ファイバ・レーザドップラ血流センサ
	8.圧力	差圧式流量センサ
	9.その他	
L レベル	1.静電誘導	静電容量式レベルセンサ，誘電率式レベルセンサ
	2.超音波	超音波式レベルセンサ
	3.光特性	光ファイバ液位センサ
	4.マイクロ波	マイクロウェーブ式レベルセンサ
	5.歪ゲージ	半導体ゲージ式レベルセンサ
	6.サーミスタ	サーミスタ式レベルセンサ
	7.圧力	圧力式レベルセンサ
	8.変位・落体・浮子	ディスプレスメント式レベルセンサ，浮子式レベルセンサ
	9.過電流	過電流式レベルセンサ
	10.電磁誘導	電磁式レベルセンサ
	11.放射線	放射線レベルセンサ
	12.その他	
M 振動	1.電磁誘導	ノックセンサ，振動計センサ
	2.圧電誘導	血圧計用K音センサ，振動加速度センサ
	3.その他	
N 速度回転数	1.電磁誘導	タコゼネレータ・シンクロ
	2.光電特性	光電式回転速度センサ
	3.その他	
O その他		物体センサ，バーコードリーダ，加速度センサ，地震計センサ，超音波探触子，電界強度センサ，風向風速計センサ，雨量センサ，日照計センサ，IDカードセンサ，パターンセンサ，複合センサ

5.2.3 概略特性

1 各種センサ

測定対象に応じた各種センサの種類，計測範囲，入出力条件等の概略特性を **表 5-14** にあげておく。

表 5-14 各種センサの概略特性

種類		計測範囲	入力条件	出力条件
温度センサ	熱電対	$-240 \sim 1200°C$	温度基準点が必要	電圧 $0°C-0mV/100°C-5mV$
	白金抵抗測温体	$-200 \sim 640°C$	$0°C-100\Omega$ ブリッジ計測	抵抗 $3.9 \times 10^{-3}/°C$
	サーミスタ	$-50 \sim 350°C$	定電圧 リニアライズ補正	抵抗 $0.1 \sim$ 数 $k\Omega$
	測温IC	$-50 \sim 150°C$	定電圧 $+4 \sim +30V$	電流 $1\mu A/K$
	pn接合	$20 \sim 100°C$	定電流 $1mA$	電圧 $-2mV/°C$
	赤外線測温体	$100 \sim 500°C$	定電圧 $+12V$	電圧 $1V+1mV/mW$
	ポジスタ	$60 \sim 120°C$	最大 $DC+16V$, $0.1A$	抵抗 $80°C$ で1000倍
	温度ヒューズ	$70 \sim 230°C$	$AC, DC 250V-10A$	一定温度で回路遮断
光センサ	フォトダイオード	$0.1 \sim 30klx$	逆バイアス電圧	$0 \sim 1mA$ 光量に比例
	フォトトランジスタ		電圧 $DC-30V$	電流 $0.5mA \sim 30mA$
	フォトサイリスタ		交流電圧 $max400V$	電流 $max10A$
	CdS	$500nm \sim 15\mu m$		抵抗 $1 \sim 100k\Omega$ に変化
	カラーセンサ	ⓇⒼⒷ三色分解	オペアンプへ接続	
	赤外線センサ	$0.8 \sim 20\mu m$	$DC\ 5 \sim 20V$	電圧 $1 \sim 50mV$
	ラインセンサ	$256 \sim 5k$画素/インチ	二相クロック $1MHz$	電圧 $0.1 \sim 10mV$
磁気センサ	ホール素子	$0 \sim 10kG$	定電流 数mA	差動電圧 数mV
	磁気ヘッド	動磁場	ACバイアス電流	AC電圧
	リードスイッチ		AC, DC 共用	一定磁力で回路遮断
荷重、圧力センサ	ホイルゲージ	ひずみ率 0.1%	定電圧	差動電流 $GF=2.1$
	半導体ゲージ	ひずみ率 0.4%	定電圧	差動電流 $GF=120$
	圧力センサ	$0.35 \sim 2Kg/cm^2$	定電圧 $+5V$	電圧 $100mV-$フルレンジ
	荷重センサ	$5kg \sim 10ton$	定電圧 ブリッジ	
	加速度センサ	$\pm 5G \sim \pm 1kG$	定電圧 $10V$ ブリッジ	電圧 $0.1 \sim 10mV$
	衝撃センサ	$1G \sim 10G$		発電形 $10 \sim 500mV$
変位センサ	ポテンショメータ	$\sim 750mm$	定電圧 $10V$	抵抗分割電圧 $0 \sim 10V$
	リニア光エンコーダ	$\sim 1000mm$	$DC\ 5 \sim 12V$	$5 \sim 10\mu m/1pulse$ のパルス出力
	磁気形エンコーダ	$\sim 2000mm$	交流バイアス	二相正弦波
	電子マイクロメータ	$\sim 150mm$		10進 $4 \sim 6$ 桁コード
回転センサ	ポテンショメータ	多回転形あり	定電圧 $10V$	抵抗分割電圧 $0 \sim 10V$
	ロータリエンコーダ		定電圧 $5V$	二相パルス出力
	タコジェネレータ			交流, 直流電圧
湿度センサ		$15 \sim 100\%RH$	$AC\ 10V$ 以下	抵抗値変化
露結センサ		100%湿度	$DC\ 0.8V$ 以下	抵抗値変化
ガスセンサ		CO, プロパンなど	$AC, DC\ max100V$	抵抗値変化 $10k\Omega \rightarrow 50k\Omega$
超音波マイクロホン		$20 \sim 40kHz$	$DC\ 12V(RL=4k\Omega)$	電圧 $1 \sim 5mV_{P-P}$
pHセンサ		$pH0 \sim pH10$	$AC\ 100V$	電圧 $4 \sim 20mA$
近接センサ		$0.1 \sim 10mm$	$DC\ 12 \sim 24V$	二相電圧
傾斜センサ		$\pm 60°$	$DC\ \pm 10 \sim 12V$	電圧出力 $\pm 3V max$
直線速度センサ		$0 \sim 25m/sec$	—	電圧 $18mV/mm/sec$
角加速度センサ		$0 \sim 200G$	$DC\ \pm 15V$	電圧 $max \pm 10V$
非接触変位センサ		$0 \sim 30mm$	$DC\ \pm 12V$	電圧 $0 \sim 1V$

2 温度センサ

温度センサの特性を **表 5-15** に示す。

表 5-15　温度センサの特性

原理			種類	測温範囲 (℃) 0　　1000　　2000	分解能 (℃) 10^{-3}　10^{-2}　10^{-1}　10^{0}　10^{1}
接触形温度センサ	電気抵抗	測温抵抗	白金	←――――→	←―――――――――→
			タングステン	←―――――→	←→
			白金・コバルト	↔	←→
		サーミスタ	NTC	←―――→	←―――――――――→
			CTR	↔	←→
			PTC	↔	↔
	熱起電力	熱電対	PR	←―――→	←→
			CA	←――→	←→
			CC	←→	←→
			W.Wレニウム	←―――――→	←→
	半導体	pn接合	トランジスタ	↔	←→
			IC	↔	←→
			サイリスタ	↔	←→
	弾性	振動	水晶振動子	←→	←→
			SAW	←→	←→
	磁性	透磁率	フェライト	↔	←→
			アモルファス	↔	←→
	諸物性		NQR温度計	↔	↔
			液晶温度計	↔	←→
			形状記憶合金	↔	↔
非接触形	赤外放射	熱形	サーモパイル	←―――――→	←→
			パイロ	←―――――→	←→
		量子型	半導体	←―――――→	←→

3 ひずみゲージ

ひずみゲージの特性を **表 5-16** に示す。

表 5-16 ひずみゲージの特性

品名	抵抗素子	ベース材料	使用温度範囲 (℃)	ひずみ限度 (%)	疲労限度 適用ひずみ ($\times 10^{-6}$)	繰り返し回数
ポリイミド 箔ひずみゲージ	箔 CuNi	ポリイミド	−70〜200	3mm 以上 4〜5 3mm 未満 2〜3	±2,000 ±1,500	10^5 10^7
フェノールグラス 箔ひずみゲージ	箔 CuNi	フェノールグラス	−70〜230	2	±2,000 ±1,500	10^5 10^7
ビニールコード付 箔ひずみゲージ	箔 CuNi	ポリイミドまたはフェノールグラス	−50〜70	2〜5	±2,000 ±1,500	10^5 10^7
防水形 箔ひずみゲージ	箔 CuNi	エポキシ	0〜80	2〜5	±2,000 ±1,500	10^4 10^6
ペーパーゲージ	線 CuNi	ニトロセルローズ樹脂含浸紙	−50〜70	2〜3	±1,500	10^6
半導体ゲージ	Si	エポキシ樹脂フィルム	−10〜70	0.3	±500	10^7
大ひずみ（塑性域）ゲージ	線 CuNi	ニトロセルローズ樹脂含浸紙	5〜60	5〜8	±1,500	10^6
抗磁性ゲージ	線 NiCr	ニトロセルローズ樹脂含浸紙	−50〜70	1.5〜2	±1,500	10^6
測温ゲージ	線 Pt	ニトロセルローズ樹脂含浸紙またはプラスチックフィルム	S21PT −180〜60 Q0516PT −50〜200	—	—	—
高温用・低温用 箔ひずみゲージ	箔 STABILOY	ポリイミドグラス	−270〜315	1.5	±2,000	10^7
高温用フリーフィラメントゲージ HT800	線 KARMA	テフロングラス（仮ベース）	−270〜315	0.5% (セラミック)	—	—
高温用フリーフィラメントゲージ HT1200	線 PtW	テフロングラス（仮ベース）	−270〜650	1% (ローカイド)	—	—
大ひずみゲージ	線 CuNi	ニトロセルローズ樹脂含浸紙	10〜70	4〜10	±1,500	10^6
埋込形ゲージ	CuNi	ポリカーボネート	−100〜120	—	—	—
溶接形ゲージ	箔 CuNi NiCr	スポット溶接可能な金属材	−270〜530 形式により異なる	—	±1,500	10^6

第5章
測定と測定器

5.3 測 定

5.3.1 概説

この章では，センサ等の変換器で測定対象が電気量に変換される測定について一般論を述べる。

1 精度

IEC，ISOでは，精度を測定値と真値の間の誤差としている。またJISZ 8103計測用語によれば，計測器が表す値または測定結果の正確さと精密さを含めた総合的な良さと定義している。すなわち測定器によって標準器の真値と対象物の測定値を比較し，その差を誤差として％(1/100)あるいはppm ($1/10^6$) 等で表すわけである。

このような比較測定においては，高価な標準器を多数用意し精度を維持，管理する必要がある。しかし現在ではほとんどの計測機器が標準器を内蔵し，絶対値を読み取る機能をもっている。こうした測定器は，必ず定期的に校正し精度を維持しておくべきである。

2 測定系の影響

被測定系は計測時，程度の差こそあれ測定器の影響を受け誤差の原因となる。たとえば温度計測では，センサの接触によって被測定体の温度が変化する。電圧測定では電圧計に流れる電流で測定電圧が低下し，電流測定では電流計の内部抵抗が回路に直列に挿入され電流値が低下する。このような影響は極力避けなければならない。

5.3.2 基本測定器

電気，電子関係の計測に使用される基本的な測定器について説明しよう。
一般的な測定対象は，受動部品，定常現象，準定常現象，過渡現象に分類することができる。これらの測定に対する測定器としては，個別のメータ以

表 5-17 測定器と測定対象

		テスタ	インピーダンスメータ	デジタルマルチメータ	オシロスコープ	直流電源	信号発生器
受動部品	抵抗	○	○	○			
	コンデンサ	△	○				
	インダクタンス		○				
	インピーダンス		○				
半導体	Hfe	△					
	良否	○		△			
定常現象	直流電圧	○		○	○	○	
	直流電流	○		○		○	
準定常現象	交流電圧	○		○	○		○
	交流電流			○	○		○
	位相		△		○		○
	周波数			○	○		
過渡現象	波形				○		○

○ 測定可能,使用する補助機器
△ 簡単な工夫,あるいはアダプタを使用して測定可能

外に複合の機能をもつ各種のテスタ,インピーダンス・メータ,マルチ・メータ,オシロスコープ等があり,それらのもつ機能が必要に応じて使用される。

また調整時に入力模擬信号源として,直流電源,低周波高周波信号発生器,関数発生器などが補助機器として使用される(**表 5-17**)。

1 指針形アナログテスタ

テスタは,**図 5-7** に示すようなマニュアル切換えの指針形アナログテスタが最も普及している。測定範囲や精度は限定されるが小形,軽量,安価で電池電源を内蔵し,交流電圧,抵抗値,直流電圧・電流など多様な項目が計測できる便利な測定器である。高圧電圧,静電容量,低周波信号レベルdB表示などの機能をもつものもある(SANWA SH-88TR)。

このテスタの測定範囲と性能を **表 5-18** にあげておく。

テスタの測定前後には,次の注意を払っておく。

第5章
測定と測定器

図5-7 指針形アナログテスタ

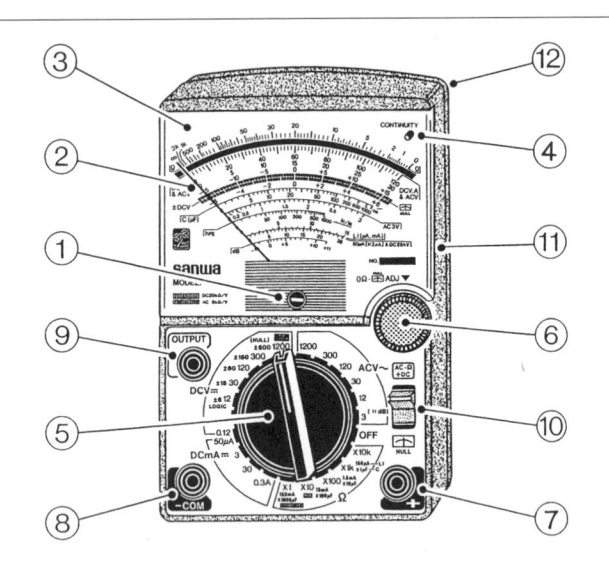

① 指示計零位調整器
② 指示計指針
③ 指示計目盛板
④ 導通表示用LED（CONTINUITY）
⑤ レンジ切換えスイッチ
⑥ 零オーム調整器（0Ω ADJ）兼センタ零指針調整器
⑦ 測定端子＋
⑧ 測定端子－COM（－共通）
⑨ 直列コンデンサ端子（OUTPUT）
⑩ 極性切換えスイッチ（センタ零切換えスイッチ）
⑪ パネル
⑫ リアケース

(1) ミラー付メータの読取り

　目盛りを読み取るとき，ミラー上の指針像と指針が重なるようにして視角誤差を防ぐ。

(2) 測定前の零調整

　無入力時，指針の機械的0調整を行う（図5-7①）。抵抗測定以外では，測定入力リードを短絡しこの調整を行うことが望ましい。

(3) 測定後の破損防止

　測定終了時には切り換えスイッチをOFFにするか，交流の最高レンジ位

表 5-18 テスタの測定範囲と性能例

測定種類	測定範囲	確度	備考
直流電圧 DCV	0−0.12V −3V −12V −30V −120V −300V −1200V −(25kV) 25kV は別売 HV プローブによる	最大目盛値 の±2.5% (1200V以下)	内部抵抗 20kΩ/V
直流電圧 ±DCV	±0−6V −15V −60V −150V −600V	DCVと同じ	センタ零メータ式内部抵抗 40kΩ/V
直流電流 DCmA	0−50μA −3mA −0.3A (50μAはDC0.12Vレンジと共通)	最大目盛値 の±2.5%	端子電圧降下300mV (分流器分)
交流電圧 ACV	0−3V −12V −30V −120V −300V −1200V 30Hz〜100kHz ±1dB ⎫ 40Hz〜30kHz ±3% ⎭ 30V以下	最大目盛値 の±3% 3Vのみ ±5%	内部抵抗 9kΩ/V
容量 C	レンジ表示　　最小値　　　最大値 ×1000μF …… 1000μF 　　1F ×100μF …… 100μF 　　0.1F ×10μF …… 10μF 　　0.01F ×1μF …… 1μF 　　1000μF	目盛長の ±6%	C充電電流 による最大 振れ指示
低周波出力 dB	−10dB〜+11dB(AC3Vレンジ)〜+63dB 0dB=0.775V(1mW), 600Ωインピーダンス回路	ACVと同じ	ACVと同じ
抵抗 Ω 導通表示 LED付き	レンジ表示　×1　×10　×100　×1k　×10k 最大値　　3kΩ　30kΩ　300kΩ　3MΩ　30MΩ 中心値　　20Ω　200Ω　2kΩ　20kΩ　200kΩ 最小値　　0.2Ω　2Ω　20Ω　200Ω　2kΩ 導通表示LED　×1レンジにて（10Ω以下発光）	目盛長の ±3%	内蔵電池 SUM.3(1.5V) ×2 006P(9V) ×1
ロジック用 パルスイン ジケータ	LED表示 ⎰ 0.8V_{p−p}以上 (PAT. PEND) ⎱ 最小パルス幅17nsec. 　　　　　　最大周波数 30MHz		別売ロジック プローブ使用 (LG-5)
漏洩電流 (I_{CEO}) LI	0− 150μA ……… ×1kΩレンジ 0− 1.5mA ……… ×100Ωレンジ 0− 15mA ……… ×10Ωレンジ 0− 150mA ……… ×1Ωレンジ	目盛長の ±5%	被測定物測定中+、−COMを流れる端子間電流
直流電流 増幅率 h_{FE}	トランジスタ h_{FE}：0〜1000（×10Ωレンジにて）	目盛長の ±3%	別売 h_{FE} コネクタ使用

置にセットしておく．低レンジの電流や抵抗測定の位置で，次の測定時の不用意な破損事故を防ぐ．

2 デジタルマルチメータ

基本測定機能は指針形テスタとほぼ同じであるが，測定レンジが広くかつ高精度で，測定結果はデジタルで表示される．さらに次のような機能をもつことが多い．

(a) 周波数，周期測定
(b) 自動レンジ切替
(c) セルフテスト機能内蔵
(d) RS-232，GP-IB等のバスラインにより外部制御可能
(e) プリンタ出力

3 オシロスコープ

オシロスコープは，従来CRT（Cathode Ray Tube）内の真空中でカソードから放射された電子流を加速し$X-Y$対向電極で偏向，管面の蛍光物質を励起しその発光で波形を観測するリアルタイムアナログ方式が一般的であった．

反復波形に対しては，信号と周期を一致させた掃引を繰り返し，静止像として表示できるが，高速単発現象の観測には蛍光面に蓄光性をもたせ，その残像を利用するメモリスコープが用いられてきた．しかし輝度が低い，蛍光面の焼付きがはなはだしい，データの再読出しができないなどの不便さから，広く普及することはなかった．

1970年代に，数十nsのサンプリング速度をもつA/D変換器と大容量半導体メモリが実用化され，高速の単発波形を容易に記憶，再生することが可能になり，トランジェントメモリ等の名称でアナログ信号のデジタル波形記憶装置が商品化された．当時はその出力をCRTで表示，観測するのが通例であったが，やがて両者を一体化したリアルタイムデジタルオシロスコープが登場した．

現在このタイプのオシロスコープは，実用機で最高サンプルレート5GS/s，周波数帯域500Mzに達する波形観測性能をもち，高分解能カラー液晶による表示が主流になっている．A/D変換器，記憶素子をはじめとし

て回路技術の飛躍的な高性能化と共に，主回路構成がデジタル化されたため，従来のアナログCRT方式では不可能であった多彩な機能をもつ測定器として生まれ変わっている。その主な機能例を列挙してみよう（Tektronix TDS3000B）。

(a) 一般機能
- 小型軽量
- 自己校正機能
- 日付，時刻の設定

(b) 波形取り込み機能
- プレトリガ：トリガ点より前の波形取り込み
- 遅延取込み：トリガ点から遅れをもたせて波形取り込み

(c) 信号処理
- アベレージ：繰り返し信号に含まれる相関性のない雑音をキャンセルする
- エンベロープ：信号の最大振幅変動を表示
- 波形演算：2波形の加減乗除，差分や実効電力波形など

(d) 表示
- カラー液晶
- デジタルフォスファ：輝度変調
- プレビュー：単発波形のプレ取り込み設定

(e) 測定機能
- カーソル測定：2本のカーソルを移動して，電圧，時間，周波数を測定
- 自動測定：波形の測定パラメータを選択して自動測定
- $X-Y$：2入力$X-Y$波形のカーソル測定

(f) その他
- フロッピーディスク：波形，測定条件の設定などをバックアップ保存
- 多国言語ユーザーに対応
- インタフェースモジュール：RS-232，GP-IB，VGA等に対応バッテリ駆動
- プラグインプリンタ

5.3.3 受動部品の測定

前に述べたように,部品としてのL,C,R単体はその本来の役割であるインダクタンス,キャパシタンス,レジスタンス等の定数以外に複合的なインピーダンス成分をもっていて,周波数領域によっては複雑な等価回路になる。

このような場合には,印加周波数などのパラメータを変化させてインピーダンス特性を調べる機能をもつなど,かなり高性能な測定器が必要になる。ことにインダクタンスの測定では,使用条件に合致した計測法をとらないと測定値は無意味に近い。

しかしここで説明するように,通常の抵抗やコンデンサで定格値の確認とか数パーセント程度の誤差が許される範囲の測定では,図 5-7 に例示した指針形アナログテスタによる測定が簡便で有用である。

テスタで測定精度が不十分の場合は,デジタルマルチメータを使用すればよい。マルチメータによる測定の手法は,テスタの場合と大差はない。

1 抵抗値の測定

テスタによる抵抗測定時には,計測対象に 3〜12V 程度の電圧が印加され,低レンジで最大 150mA 程度の電流が流れる(表 5-19)。

そのため小電流のデバイス,フューズ等の測定で,切り替えスイッチの位置によっては被測定物を破損することがある。

表 5-19 抵抗測定時,各レンジでの電流,電圧

スイッチ位置	最大消費電流	最大端子間電圧
×1	150mA	3V
×10	15mA	3V
×100	1.5mA	3V
×1k	150μA	3V
×10k	(60μA)	12V

(1) 0Ω 調整

抵抗値の測定では,まずレンジ切換えの都度入力リードを短絡しながら 0Ω を調整する(図 5-7 ⑥)。

内蔵電池の消耗や測定針の錆などがあると,×1 などの低レンジで指示の

漸減やふらつきによって正確な 0 Ω 調整ができない。

(2) 人体のリーク

高抵抗のレンジで抵抗やリード棒を素手で接触すると，人体の抵抗が並列に接続された形になり，リーク電流が重畳して実際の抵抗値より低く表示される。

2 半導体の良否判定

テスタ，マルチメータ等の抵抗値測定機能を，半導体の良否判定に利用することができる。

(1) ダイオード

図 5-8 は抵抗測定のスイッチ位置で，リード端子「−COM」，「＋」間にダイオードを順方向につないだとき，テスタの内部回路を含む良否判定の原理図である。

抵抗測定の各レンジでは，電流，電圧測定の場合と反対に「−COM」端子に正の電圧が，「＋」端子には負電圧が現れる。ダイオードには順電流 I_F が流れるが，この値が最大定格電流を超えないよう，**表** 5-19 を参考にレンジスイッチを選択する。

ダイオードの順電流は特性上，印加電圧に大きく左右されるので，この測定で順方向の抵抗値を云々することはあまり意味がない。

順方向で数 kΩ 程度以下の抵抗値が表示され，リードの極性を反転させ同

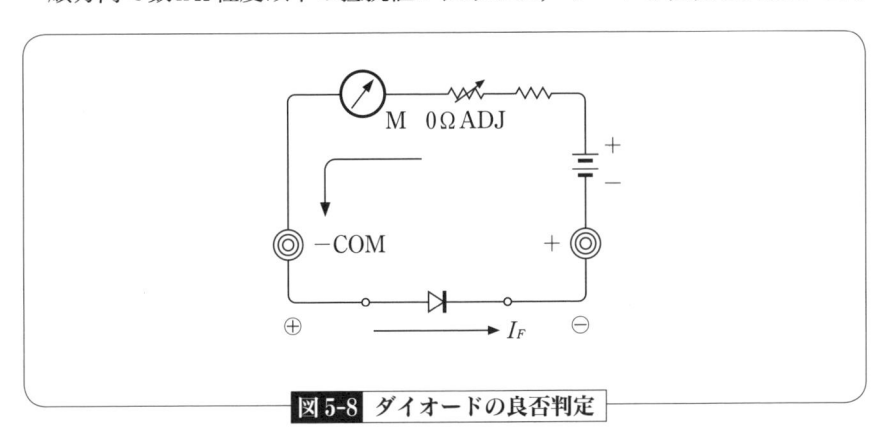

図 5-8 ダイオードの良否判定

様の測定をしたとき，逆方向抵抗が開放に近い大きな抵抗値を示せば，このダイオードは良品と判定してよい．

パワー，信号用ダイオード，LEDなど，ほとんどのダイオードの良否がこの方法で判定できる．

(2) トランジスタ

npn，pnpトランジスタは，直流的には図5-9に示すように等価ダイオードで構成されている．

(a) npnトランジスタ

正常なnpnトランジスタでは，ベースを「－COM」端子につなぎ，それぞれエミッタEおよびコレクタCに「＋」端子を当てたとき，ダイオードの順方向として低い抵抗値を示し，「－COM」，「＋」端子をそれと反対に接続したとき高い逆方向抵抗値となる．

さらにベースBが無接続の時，C－E間の抵抗値がテスタの端子を入れ変えても充分大きい値を示せば，このトランジスタはパンチスルー（コレクタ，エミッタ短絡）がない良品と考えられる．

測定レンジは×100以上とし，ベース過電流による破損を防ぐ．

(b) pnpトランジスタ

テスタの「－COM」と「＋」端子を入れ替えて，印加する電圧の極性を反対にすれば，npnトランジスタと全く同じ方法で良否の判定ができる．

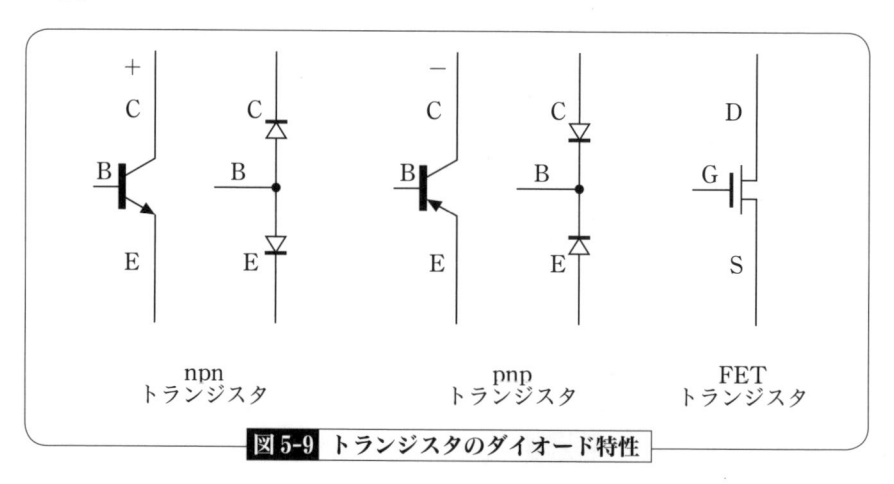

図 5-9 トランジスタのダイオード特性

(c) FETトランジスタ

FETトランジスタは，ゲートGがソースS，ドレインD電極と絶縁されているので，正常であればゲートとソース，ドレインそれぞれに極性を変えて測定しても，抵抗値はほぼ∞を示し，ソース，ドレイン間も，高い抵抗値となる．

3 コンデンサ容量の測定

コンデンサの容量も，テスタの抵抗レンジを利用して測定が可能である．ただし $1\mu f$ 以下の小容量測定には向かない．測定の一般的な手法は次の通りである．

まず測定前にコンデンサの端子間を短絡して初期電荷を 0 としておく．大容量のケミコンなどで残留電荷が大きいときには，導線などで短絡すると電極に大きなひずみがかかり破損することがある．この場合には，適当な時定数の抵抗を選んで放電させる．

次にテスタの端子あるいはリードに被測定コンデンサを接触させ，そのまま維持する．指針が振れ最大値に達した後，徐々に 0 に向け低下する．このときの最大値を手早く読み取ると，この目盛りの値が容量を示している．

初期電荷 0 のコンデンサの電極は，電圧が印加された瞬間では短絡状態にあるが，**図 5-8** で，ダイオードの代わりにコンデンサが接続されたとき，テスタの電圧源からこのコンデンサに流れ込む電流は指数関数的に減少する．このときのメータの機械的慣性や時定数との兼ね合いで，容量値が目盛られているわけである．

電解コンデンサは電解液中のイオンの振舞いから，電極の極性が決まっている．端子の接続を誤ると，正常な静電容量を示さないばかりか，長期的には絶縁酸化被膜の厚さが減少し，破損事故の原因となる．テスタによる電解コンデンサの容量測定では，「−COM」はケミコンの＋端子に，「＋」は−端子に接続しなければならない．

5.3.4 定常，準定常現象

測定の対象になる電気量には，時間的に変化のない直流電圧，電流等の定常状態があり，テスタ，マルチメータ等で直接測定可能である．

交流電圧，電流など周期的に繰り返される準定常現象は，テスタ，マルチ

メータなどで定量化が可能であるが，実効値，電力，位相などに関してオシロスコープによる波形の観測が必要になることが多い。

定常，準定常状態と思われていても系に能動回路などがある場合，発振等テスタ，マルチメータの測定値に表れない現象が潜在している可能性があるので，測定時のオシロスコープによる同時波形観測は欠かすことができない。

5.3.5 オシロスコープによる波形測定

定常，準定常現象や過渡，単発波形などほとんどの測定には，デジタルストレージオシロスコープを欠かすことができない。

1 プローブの補正

オシロスコープによる波形の観測にあたっては，まずプローブの補正を行なわなければならない。プローブ補正とは，オシロスコープの入力にプローブを装着したとき，正しい波形を観測するための整合を取ることを云う。図 5-10 はプローブとオシロスコープ入力回路を示したものである。

C_1，R_1はプローブの補正用トリマ・コンデンサとインピーダンス変換抵抗，C_2，R_2はオシロスコープの全キャパシタンスと入力抵抗で，全体でブリッジ回路を構成している。通常R_1は 10MΩ，R_2は 1MΩ となっている。

この図で，プローブのインピーダンスが被測定回路のインピーダンスに比べ無視しうるほど高く，かつ$C_1 \cdot R_1 = C_2 \cdot R_2$の条件が満足すると，オシロスコープの入力点ではキャパシタンスの影響がキャンセルされ，全帯域にわたって周波数特性が平坦になる。

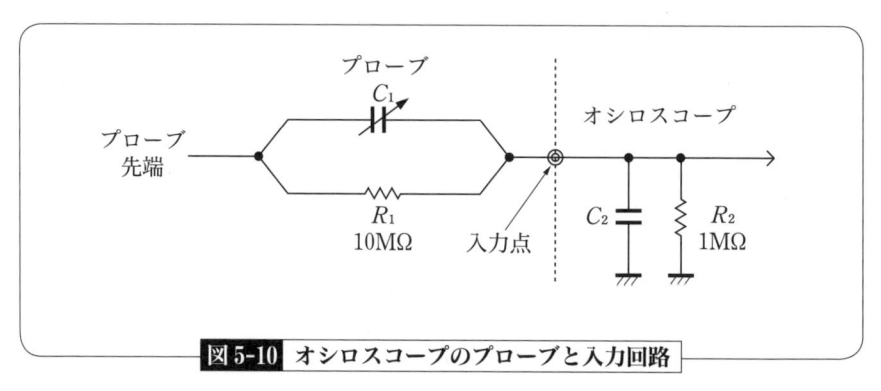

図 5-10 オシロスコープのプローブと入力回路

図 5-11 プローブの補正

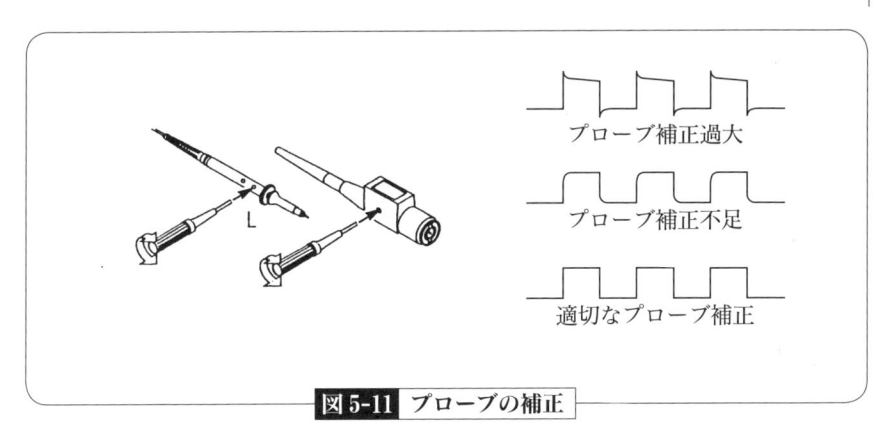

ほとんどのオシロスコープには，補正用方形波信号が表面パネルに用意されているので，図 5-11 に示すように波形を観測し，表示される方形波の水平部が平坦になるようマイナス・ドライバで補正用トリマを調整する。

この補正は，入力チャンネルやプローブを変えたりする都度行わなければならない。

2 波形測定

デジタル・ストレージ・オシロスコープで可能な波形測定には，**表 5-20** のような項目がある。

表 5-20 オシロスコープによる波形測定

測定項目		定　義
	振幅	振幅＝ハイ(100%)－ロー(100%)
	バースト幅	バースト区間の時間。
	サイクル平均値	1 周期の平均電圧。
	サイクル実効値	1 周期の実効電圧。
	立ち下がり時間	90%振幅から10%振幅に要する立ち下がり時間。
	遅延時間	二つの異なる波形の指定されたMidRefポイント間の時間差またはゲートで領域指定された範囲におけるMidRefポイント間の時間差。
	周波数	1/周期。単位はHz。

次頁につづく➡

⎍⎍	ハイ	100％振幅として使用される値。ヒストグラム法とMin－Max法により解釈が異なる。
⎍⎍	ロー	0％振幅として使用される値。ヒストグラム法とMin－Max法により解釈が異なる。
⎍⎍	最大値	最大振幅電圧。
∿	平均値	平均電圧値。
⎍⎍	最小値	最小振幅電圧。
⎍	負のデューティ比	1周期に含まれる，負極性パルス幅の比をパーセントで表示する。負のデューティ比＝$\frac{負のパルス幅}{周期}×100\%$
⎍	負のオーバシュート	負のオーバシュート＝$\frac{ロー－最小値}{振幅}×100\%$
⎍	負のパルス幅	50％振幅における負のパルス幅。
⎍⎍	ピーク・ピーク	ピーク・ピーク電圧＝最大値－最小値
⎍	周期	1サイクルに要する時間。単位は秒。
∿	位相	二つの異なった波形間の位相測定。波形の1サイクルを360°として°(度)で表示。
⎍	正のデューティ比	1周期に含まれる，正極性パルス幅の比をパーセントで表示する。正のデューティ比＝$\frac{正のパルス幅}{周期}×100\%$
⎍	正のオーバシュート	正のオーバシュート＝$\frac{最大値－ハイ}{振幅}×100\%$
⎍	正のパルス幅	50％振幅における正のパルス幅。
⌐	立ち上がり時間	10％振幅から90％振幅に要する立ち上がり時間。
∿	実効値	実効値電圧。

5.3.6 仕事量

エネルギー（仕事量，熱量）は，仕事率（動力，電力W）の時間についての積分値であって，図5-12の斜線の面積で表され，単位はジュール（J）である。仕事率としての電力は，定常状態であれば単なる電流と電圧の積となる。

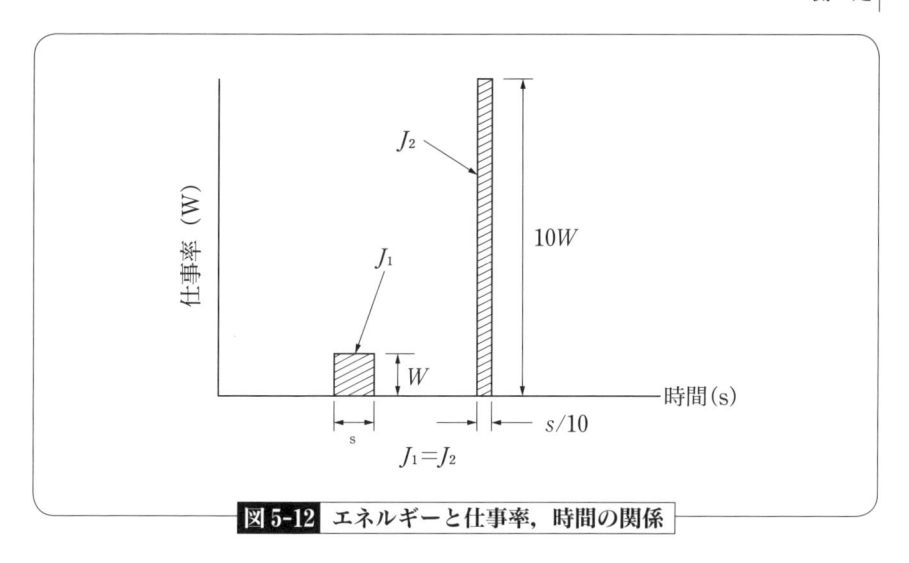

図 5-12 エネルギーと仕事率，時間の関係

　エネルギー（J）は仕事率（W），時間（s）の積であるから，Jを一定とすれば，時間（s）が短いほど仕事（W）は大きい。たとえば1ジュールのエネルギーは，電気的にはわれわれが日常扱うレベルの電圧1V×電流1A×1秒の量である。しかし，この1Jのエネルギーが$1\mu s$（100万分の1秒）で作用したときの瞬間電力は1000kWもの値となる（**表 5-21** 参照）。

　自然界における瞬間的なエネルギー放出の例は「雷」である。地表と雷雲または雷雲間に蓄積された電気的エネルギーが瞬間的に放電され雷となる。瞬間電力は巨大であるが，エネルギーの絶対値は地震，台風などに比べるとそれほど大きなものではない。

表5-21　エネルギーと電力

エネルギー	持続時間	出力
1ジュール (J)	1 sec 1 msec 1 μsec 1 nsec 1 psec	1 W 1 kW 1000kW 10^9 W 10^{12} W
1ミリジュール (1mJ)	1 sec 1 msec 1 μsec 1 nsec 1 psec	1 mW 1 W 1000W 10^6 W 10^9 W

第5章
測定と測定器

5.4 測定システムの構築

5.4.1 概要

諸量の測定とデータ処理に際しては，まず**表5-22**に示すような処理要求の内容に応じて構築するシステムの構成機器を決めなければならない。

汎用のCPUを中心に据える場合，**表5-23**の機器一覧例などから最初に入力機器を選択，次に目的に合致したCPUおよびその関連補助機器を決定

表5-22　信号の処理例

処理名	可能な方式	
	アナログ	デジタル
1) 変換	○	
電流−電圧	○	
抵抗−電圧	○	
2) サンプル・ホールド	○	
3) 増幅，減衰	○	
4) 検波（同期検波）	○	
5) 定数演算（加減乗除）	○	○
6) 補正	○	○
7) 補間	○	○
8) 折線近似	○	○
9) べき乗	○	○
10) 開平	○	○
11) 平均		○
12) 平均加算		○
13) 微分，積分	○	○
14) フィルタ	○	○
（ローパス, ハイパス, バンドパス他）		
15) A/D，D/A変換		○
16) アンチエリアジング処理	○	○
17) 波形記憶		○
18) 相関（自己，相互）		○
19) 伝達関数演算		○
20) FET		○
21) ラプラス変換		○
22) 対数	○	○
23) $\sqrt{T}$		○

5.4 測定システムの構築

表5-23 システム構成機器の例

入力機器	
プロセス入力機器	マウス
入力増幅器	ディジタイザ
ディジタル・マルチメータ	歪率計
ディジタル・カウンタ	ワウフラッタ・メータ
波形記憶装置	
コンピュータ関連機器	
本体	ディスプレイ
増設ROMユニット	キーボード，テンキー・ボード
増設RAMユニット	ハードディスク
コ・プロセッサ	フロッピーディスク
	拡張バス
出力機器	
ハードコピー装置	プリンタ
データレコーダ	プロッタ
プロセス出力装置	
その他	

し，最後に出力関係のデバイスを選定する。

これらの機器は，専用機では相互に個別のバスをもつことも多いが，汎用機では一般的なバスラインポートを通じて相互に制御，データのやりとりをする方法をとる。それほど高速性を必要としない計測，測定システムにおいては，遠距離ではRS-232，近距離では計測用のGP-IB双方向バスが現在でもよく使用されている。RS-232バスはすでにインタフェースの項で述べてあるので，ここではGP-IBについて説明する。

5.4.2 GP-IBバス (General Purpose Interface Bus)

GP-IB（JIS，C1901計測器用インタフェース・システム）は，最初米国ヒューレット・パッカード社が開発し，後に米国電気電子技術者協会（IEEE）がIEEE STD488として正式に規格化した，主として計測システムに用いられる8ビットの双方向パラレル・インタフェースである。

GP-IBは，規格で定められたインタフェース，コネクタ，ケーブルを使用することによって，ハードウェアの増設なしで，最大15台の機器が共通バス上に接続できるため，計測システムが容易に構築可能である。

図5-13でわかるように，機器の接続はコネクタを積み重ねる構造である。GP-IBはRS-232Cと同様，ハード的に接続はできても，データ伝送や制御を行うには，それぞれの機器に決められた手順に従ってソフトウェアを

第5章
測定と測定器

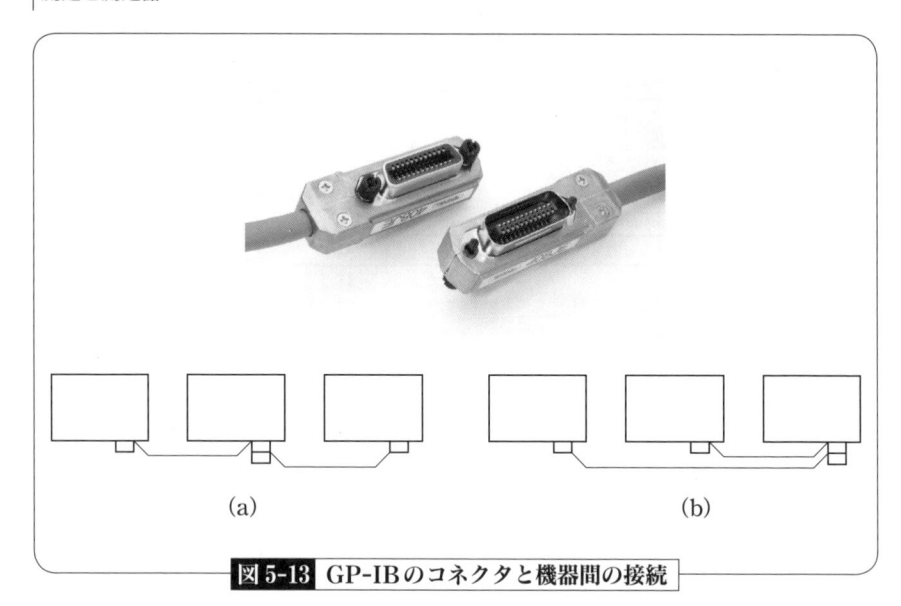

図 5-13 GP-IBのコネクタと機器間の接続

作らなければならない。

1 電気的仕様

(a) 最大接続数：15

(b) 接続ケーブル長：各装置間最大 4 m

　　装置数が11台以上の場合総合計20m以内

　　装置数が10台以下の場合総合計装置数×2 (m) 以内

(c) 転送速度：1Mバイト/秒以内

(d) 信号の形式

　　データ転送：8ビットパラレル

　　レベル：TTL, アクティブL

　　　NRFD, NDAC, SRQはオープン・コレクタ

　　　その他のバスラインは3ステートまたはオープン・コレクタ

(e) 信号線

　　データ：DIO1〜DIO8　　　8

　　コントロール　　　　　　8

　　接地線　　　　　　　　　8

(f) 伝送形式：3線ハンドシェイク

5.4 測定システムの構築

2 機能と構造

GP-IBを装備した機器は，トーカ，リスナ，コントローラ等の機能を単独，あるいは合わせもつ．

図5-14は，GP-IBによる機器のシステム構成の一例である．この図に対

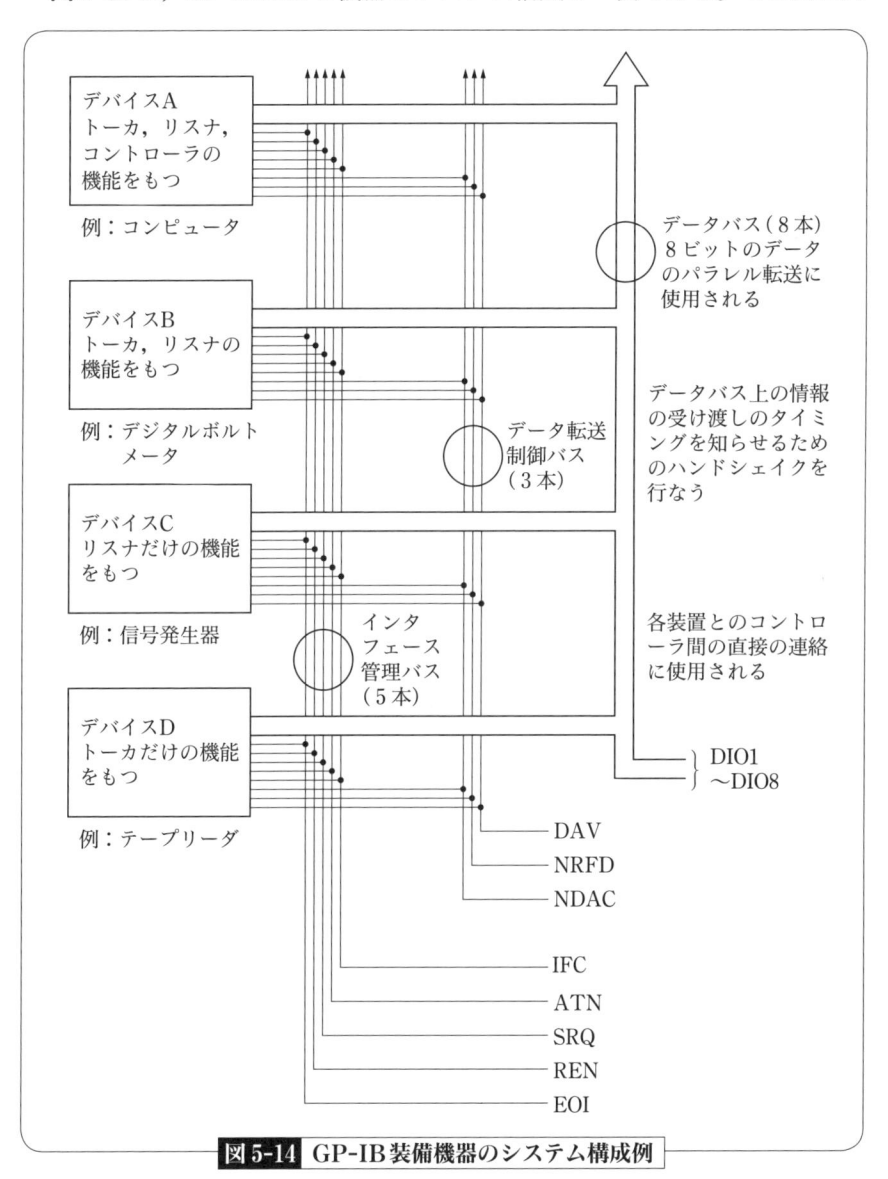

```
デバイスA
トーカ，リスナ，
コントローラの
機能をもつ
例：コンピュータ

デバイスB
トーカ，リスナの
機能をもつ
例：デジタルボルト
　　メータ

デバイスC
リスナだけの機能
をもつ
例：信号発生器

デバイスD
トーカだけの機能
をもつ
例：テープリーダ
```

- データバス（8本）8ビットのデータのパラレル転送に使用される
- データ転送制御バス（3本）：データバス上の情報の受け渡しのタイミングを知らせるためのハンドシェイクを行なう
- インタフェース管理バス（5本）：各装置とのコントローラ間の直接の連絡に使用される

DIO1～DIO8
DAV
NRFD
NDAC
IFC
ATN
SRQ
REN
EOI

図5-14 GP-IB装備機器のシステム構成例

第5章
測定と測定器

表 5-24 各信号線の機能

信 号 線		機 能	
データ・バス	DIO₁ (Data Input/Output 1) DIO₂ (Data Input/Output 2) DIO₃ (Data Input/Output 3)	データの伝達 （データ例）	
	DIO₄ (Data Input/Output 4) DIO₅ (Data Input/Output 5) DIO₆ (Data Input/Output 6) DIO₇ (Data Input/Output 7) DIO₈ (Data Input/Output 8)	コマンド アドレス 測定データ ステータス	
伝送制御バス	DAV (Data Vaild) NRFD (Not Ready For Data) NDAC (Not Data Accepted)	データ有効 受信準備完了（NRFD＝0の時） 受信完了（NDAC＝0の時）	ハンドシェイクを行う
インタフェース管理バス	ATN (Attention) IFC (Interface Clear) SRQ (Service Request) REN (Remote Enable) EOI (End or Identify)	データの区別をする $\begin{pmatrix}1：インタフェース・メッセージ\\0：デバイス・メッセージ\end{pmatrix}$ インタフェースを初期化する サービス要求 リモート／ローカル切換え データの最終バイトを示す 　（ATN＝0の時） パラレル・ポートの実行を示す 　（ATN＝1の時）	

（注）バスはすべて負論理。0＝"H"，1＝"L" レベル

応する各信号線の機能が 表 5-24 に示してある。

(1) **トーカ（Talker）**

　トーカはデータの送信のみを行うデバイスである。バス上に複数のトーカを接続することはできるが，送信は一度に1デバイスに限られる。

(2) **リスナ（Listener）**

　リスナはデータの受信のみを行う機器である。トーカ同様，バス上に複数のトーカを接続することができる。複数のデバイスで，同時の受信も可能である。

5.4 測定システムの構築

⑶ コントローラ（Controller）

バスに接続されている機器の制御を行うデバイスである．コンピュータがコントローラとなることが多い．

⑷ データバス（8線）

このDIO1〜DIO8バスは，データの入出力に用いる．ATNがLのときはアドレス，コマンド情報を送受信するバスになる．

⑸ データ転送制御バス（3線）

非同期3線式ハンドシェイクと呼ばれるGP-IB特有の方式により，トーカ，リスナ，コントローラのデータ転送を制御する．

　DAV：トーカまたはコントローラからデータバスへ送られた信号が有効であることを示す信号

　NRFD：リスナが，データバスの信号を受信可能であることを示す信号

　NDAC：リスナがデータを受信したことを示す信号

⑹ インタフェース管理バス（5線）

データバスを介せず，各デバイスを直接管理するバス．

　ATN：データバス上の信号が，データかアドレスあるいはコマンド情報かを指定するコントローラからの信号

　IFC：各デバイスのインタフェースをクリアする，コントローラからの信号

　SRQ：トーカまたはリスナからコントローラを呼び出す信号

　REN：各デバイスの制御モード（リモート／ローカル）を切替えるためのコントローラからの信号

　EOI：トーカからのデータ終了信号

3 動作のタイミング

これら各信号によるGP-IBの動作タイミングと概略の説明を，図5-15に示す．

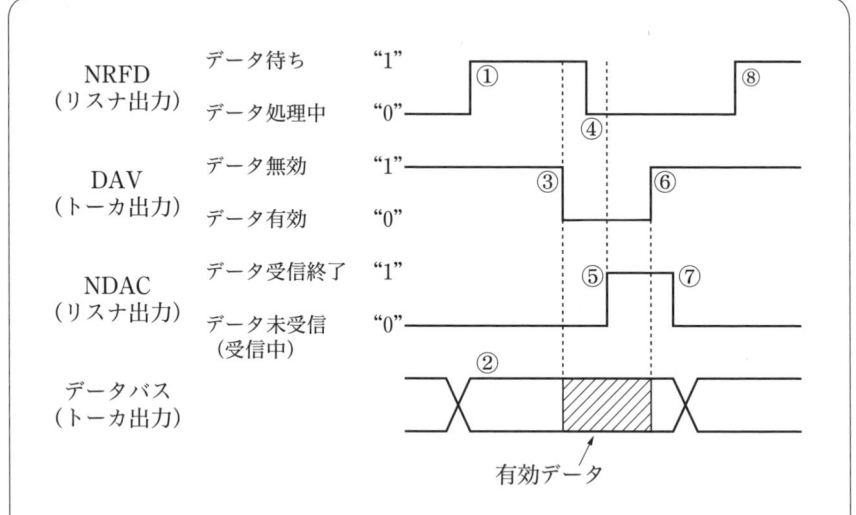

第5章
測定と測定器

```
NRFD       データ待ち      "1"         ①              ⑧
(リスナ出力)  データ処理中    "0"              ④

DAV        データ無効      "1"              ③    ⑥
(トーカ出力)  データ有効      "0"

NDAC       データ受信終了   "1"                 ⑤  ⑦
(リスナ出力)  データ未受信    "0"
             (受信中)

データバス                              ②
(トーカ出力)
                                          有効データ
```

①すべてのリスナがデータ待ちであることを示す。
②トーカは送信するデータをデータバスへ出力する。これは①以前でもよい。
③トーカはNRFDをチェックして，もしNRFDが"1"ならばDAVを"0"にして，データが有効であることをリスナに知らせる。
④リスナはDAVが"0"になるとデータを読込み，NRFDを"0"にしてデータ処理中であることをトーカに知らせる。各リスナはデータ入力完了後NDACを"1"にする。バス上のNDACは各リスナのNDACのOR出力。
⑤すべてのリスナがデータを受信完了すると，NDACが"1"(OR出力の結果)になり，データ受信完了をトーカに知らせる。
⑥トーカはDAVを"1"にして，データバスが有効データでないことをリスナに知らせる。
⑦リスナはDAVが"1"になったことを調べてNDACを"0"にし，データ未受信状態でハンドシェイク動作を完了する。
⑧すべてのリスナがデータ処理を完了して，次のデータ待ちであることを示す。

図5-15 GP-IBの動作タイミングと概略の説明

5.4 測定システムの構築

4 コネクタとピン配列

表 5-25 は，GP-IB に使用されるコネクタのピン番号と信号の対応を示したものである。

図 5-16 にピン配列を，図 5-17 に GP-IB による計測システムの例をあげておく。

表 5-25　コネクタのピン番号と信号名

1	DIO1	13	DIO5
2	DIO2	14	DIO6
3	DIO3	15	DIO7
4	DIO4	16	DIO8
5	EOI(24)	17	REN(24)
6	DAV	18	Gnd, (6)
7	NRFD	19	Gnd, (7)
8	NDAC	20	Gnd, (8)
9	IFC	21	Gnd, (9)
10	SRQ	22	Gnd, (10)
11	ATN	23	Gnd, (11)
12	SHIELD	24	Gnd, LOGIC

備考　Gnd, (*n*) は，括弧内の数字で示した信号線のリターン用グランドであることを示している。また，EOI と REN のリターン用グランドは 24 番ピンである。

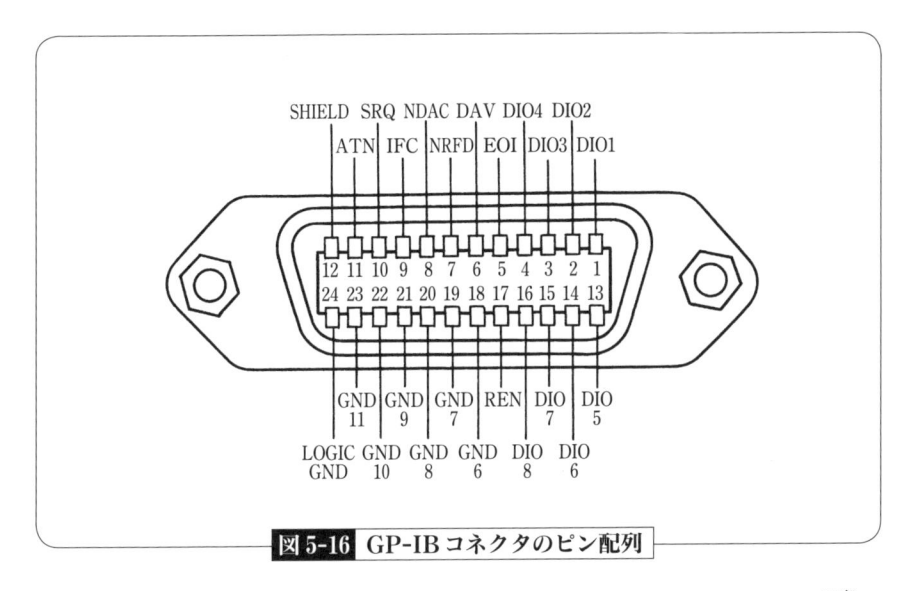

図 5-16　GP-IB コネクタのピン配列

第5章
測定と測定器

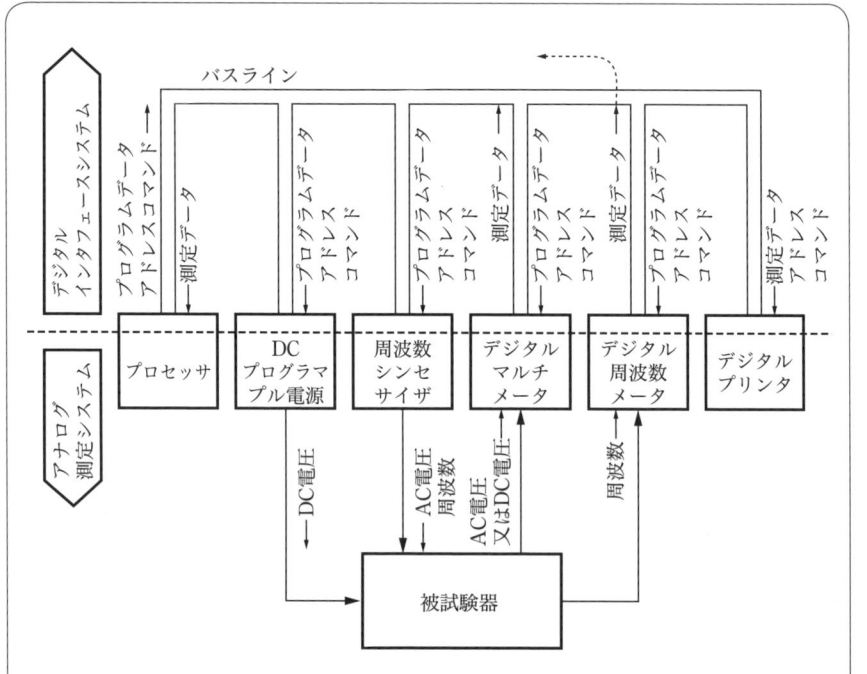

[図: GP-IBによる計測システムの構成図。バスラインに接続されたプロセッサ、DCプログラマブル電源、周波数シンセサイザ、デジタルマルチメータ、デジタル周波数メータ、デジタルプリンタと、被試験器への接続を示す。デジタルインタフェースシステムとアナログ測定システムに分かれている。]

- シーケンス（測定結果をプロセッサに戻す）
① プロセッサはIFCメッセージを送信して，インタフェースシステムを初期状態にセットする。
② プロセッサはDCLメッセージを送信して，すべてのデバイスを初期状態（またはプリセット状態）にセットする。
③ プロセッサはDCプログラマブル電源のリスナアドレスを送信し，次にDC電源に対する設定値を送る。
④ プロセッサはUNL命令を送信し，次に③と同様にして別のデバイスをリスナに指定する。
⑤ 試験に必要なすべてのデバイスを設定するまで，④を繰り返す。そしてUNL命令を送信する。
⑥ プロセッサは測定デバイス（例：デジタル周波数メータ）のリスナアドレスを送信する。そして測定条件（例：レンジ等）をコード化したデータを送る。
⑦ プロセッサはUNL命令を送信し，次に自分をリスナに指定し，測定デバイスのトーカアドレスを送信する。
⑧ 測定デバイスは一連の測定を終了すると，その結果をリスナ（プロセッサ）に送信する。

図5-17 GP-IBによる計測システムの例

第6章

開発, 設計, 製造実務

　締めくくりとして，この章は電子応用機器の開発，製造において，計画（または受注）から終了（または納入，検収完了，保守）に至るまでの作業に必要な事項とフォーマットを作業の流れに沿って説明している。

　見積から始まって，仕様書の形式と作成，製造実務における細目と諸管理を電気と機構の両面にわたって設計から品質管理，試験からメンテナンスに至るまでの要点が内容となっている。

第6章
開発，設計，製造実務

6.1 概説

　電子応用機器の電子回路に対しては，これまで述べた部品や基礎回路技術の知識以外に実際の開発と製造に当たって実務的な知識と作業が必要になる。

　電子応用機器は，個別の用途に使用されるスタンドアロン機器と，複雑かつ高度の計測，制御，データ処理を目的とした電子応用システムに大別される。

　前者は通常機器のスケールがさほど大きくなく機能が限定され，MPUとファームウェアによって内蔵するハードウェアを制御する構成をとることが多い。

　後者では要求される性能が高度かつ複雑で，スタンドアロン機器では実現が困難な場合，中心に汎用のコンピュータ（パソコン等）を置き，要求性能に合致する汎用の入出力個別機器と組み合わせ，さらに必要であればニーズに対応する専用機器を製作して，それらの総合性能をもとにソフトウェアで対応することが通常の手法となっている。

　そのため実務についての説明は，スタンドアロン機器よりもシステム機器について行ったほうが包括的で一般性があると思われる。

6.1.1 作業の流れ

　機器の開発，製造は実務は，要求サイドによって二つのケースがある。その一つは製品を受注し製造する場合，他の一つは自社独自の新製品を開発する場合である。さらに開発対象が少量生産品か大量生産品か，独立に使用される機器かシステム機器かなどの条件によって，開発コスト，体制が大幅に異ってくる。

　開発着手から完成までの作業の流れをまとめたのが図6-1である。この図では受注と自社開発の場合を分けてあるが，直接受注に結びついた作業は，自社開発のプロセスに必要な事項をほぼすべて含む上，それ以後の運用

6.1 概説

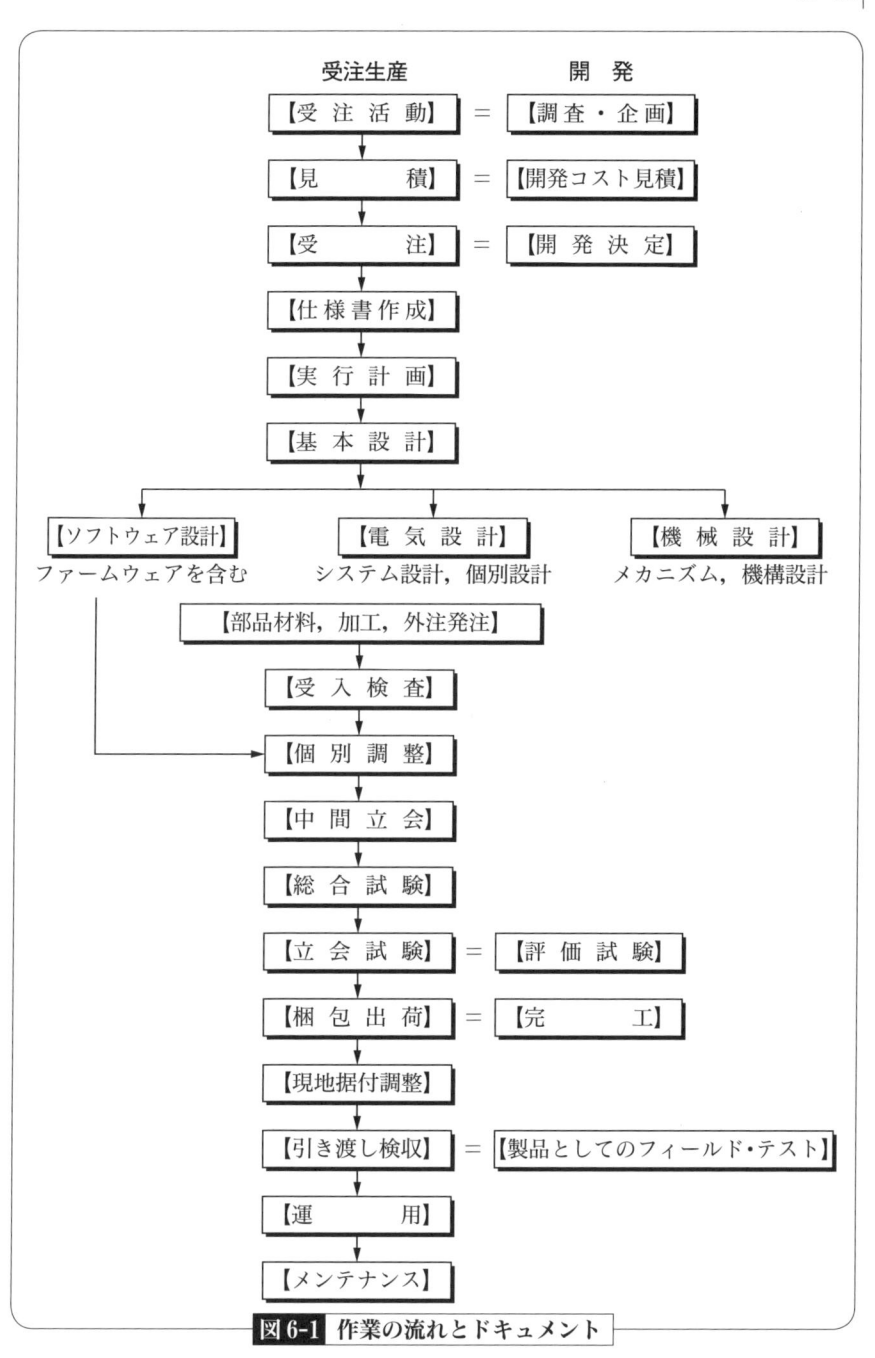

```
        受注生産              開 発
      【受 注 活 動】  =  【調査・企画】
            ↓
      【見    積】    =  【開発コスト見積】
            ↓
      【受    注】    =  【開 発 決 定】
            ↓
      【仕 様 書 作 成】
            ↓
      【実 行 計 画】
            ↓
      【基 本 設 計】
            ↓
   ┌────────┼────────┐
【ソフトウェア設計】【電 気 設 計】【機 械 設 計】
ファームウェアを含む システム設計,個別設計 メカニズム,機構設計
            
      【部品材料,加工,外注発注】
            ↓
      【受 入 検 査】
            ↓
      【個 別 調 整】
            ↓
      【中 間 立 会】
            ↓
      【総 合 試 験】
            ↓
      【立 会 試 験】 = 【評 価 試 験】
            ↓
      【梱 包 出 荷】 = 【完    工】
            ↓
      【現地据付調整】
            ↓
      【引き渡し検収】 = 【製品としてのフィールド・テスト】
            ↓
      【運    用】
            ↓
      【メンテナンス】
```

図 6-1 作業の流れとドキュメント

からメンテナンスに至るまでより厳しい内容をもっている。

このような観点から，ここでは電子応用システムを受注した想定で製造実務の記述を行うことにする。

6.1.2 着手の前に

装置の性能に対する要求を最終的に満足させようとするには，初期の段階から，完工にわたる手落ちのない検討が必須である。

電子応用機器の開発に当たって，まず重要な事は開発責任者の選定である。システムの構築に当たっては，通常センシング，増幅器，A/D変換器，入出力機器，コンピュータのハードウェア，ソフトウェア等アナログ，デジタルの多岐にわたる技術が関係し，さらに資材や製造関係の担当者が協同して作業を進めるのが通常の手法である。

要求元を納得させながら，これら扱いにくいスタッフをまとめ，最も経済的でバランスのとれた装置を納期内で完成させるにはかなりの手腕，忍耐力と手練手管を要する。選任された責任者は社内，社外作業の進行中，常に工程を管理修正し，致命的な問題を生じないよう大局的な見地で諸般の処理をしなければならない。

それでは計画の遂行に際し，責任者は最初にどのような考慮を払うべきであろうか，次に注意事項をあげてみよう。

1 システムの使用目的

往々にして要求元の機能的仕様のみで製作に取りかかる事がある。実績のある装置の繰返し生産なら別として，担当者が最終使用目的を充分理解していないと，出来上がりがピント外れの製品にもなりかねない。

2 装置のスケール

コンピュータには，速度，メモリ容量，処理能力などに自から制限がある。ソフトウェアでカバーできることを当てにして仕様をあいまいなままにしておくと，後から後から要求が膨らみ，ハード面でパンクしてしまい，コンピュータとその周辺機器までランクが違う上位機種に置き換えざるをえない破目になる。最初から物理的なデメンション，処理上限など，要するにシステムスケールのコンセンサスを充分にとっておくべきである。

6.1 概説

3 既存技術の利用

　社内外の既存のハードウェア，ソフトウェア，人的資源を最大限に利用する。いうまでもなく汎用のコンピュータには，多種多様なソフトウェアと，スロットあるいは拡張バスに装着できるハードウェア・モジュールが販売されている。これらを活用するとコスト，納期，品質等の面で非常に効果がある。また組合せ可能な端末機器，単能機器の採用によって，本当に必要な部分のみの開発に的を絞ることができる。そのために常に資料，情報の蒐集，整理を心がけ，いつでも利用可能にしておく。知識不足のために，本来振り向けるべきパワーを分散させることのないようにする。

4 規制，規格，特許等

　技術面での仕様以外の見落としは以外に多いものである。たとえばCISPR，FCC，VCCI等の電波障害に対する諸規制，その他防災安全面の各種規制が適用されるかどうかなど，さらに特許，実用新案，意匠登録など工業所有権関連なども見落としがないか調べておくべき事項であろう。

5 打合せ議事録の重要性

　要求元，製作側の打合せに基づいて作業が進行してゆくわけであるが，立場の相違による食違いはどうしても避けられない。

　要求側は通常完成した装置を使用する対象についての専門家ではあるが，電子工学の分野にも明るいとは限らない。同様に製作側も使用目的を知悉しているとは限らない。しかし最終的には満足な動作をしなければならぬから，製作側は要請される仕様を常に相手の立場に立って理解するよう努めるべきであろう。だがこのことは，無理な要求まで無条件に受け入れることを意味するものではない。コスト，納期，技術的限界など電子工学の専門家として明確に要求元に説明し納得させなければならない。

　工程の初期段階での多少の変更は影響が少ないが，基本設計終了以後の変更は納期，コストの再検討を要する。これらを通じてすべてに優先するのは打合せ議事録である。打合せ時には必ず議事録を取り，保留，決定事項を明記して関係者の確認印を押し配布しておくべきである。後日重大な意見の相違が問題になったときなどに護身の盾となる可能性が大きい。議事録は契約書の一部と認識すべきである。

第6章
開発，設計，製造実務

6 コンピュータの選択基準

主な選択の基準として次の事項が考えられる。
- 計測制御用として充分な品質が保証出来るか？
- 広範かつ迅速なサービス態勢がとれるか？
- 長期に渡って安定な供給が保証されるか？
- 必要な技術情報が提供されるか？
- バージョンアップ時適切な処理がされるか？　またなされたか？
- 中心のMPUの性能は目的の用途に十分か？
  16ビット？　32ビット？
  処理速度は？
- RAM，ROMの最大搭載容量は？
- ユーザーズエリアは？
- ハードデスク，フロッピーデスク等の外部記憶装置は？　またその容量は？
- 内蔵バスとその形式は？
- OSは？
- 使用言語は？
- システムの拡張性は？
- 拡張スロットの数は？　など

6.1.3　ドキュメント

作業のプロセスにおいて，要求元，製作側にそれぞれ必要なドキュメントが項目別に分けて **表 6-1** にリストアップしてある。
内容は各章で述べるので，このリストはチェック用としても活用していただきたい。

表6-1 作業の流れとドキュメント

作業の流れ	要求元作成ドキュメント	製作者作成ドキュメント	記
受注活動		■システム提案書 ■関連製品のカタログ，仕様書，説明書，価格表，納入実績表等 ■標準規格部分のカタログ等の諸資料	
概算見積	■計画概要 処理対象，用途，設置場所，予算，希望納期等 ■概略仕様書 入力仕様，方式，処理速度，マン・マシンインタフェース，出力仕様，適用規格等	■概算見積書 ■概算見積仕様書 特徴，構成図，構成品表，電気・機械・機械性能概要，見積範囲 ■検討資料 ■諸提案	必要な概略設計を行って概算見積書を作成
正式見積	■仕様書 適用範囲，納入範囲，構成，入出力仕様明細，機能明細，周囲条件，電源条件，アラーム処理，ソフトウェア関連，メンテナンス関連，ペナルティ条項　その他	■見積書 見積金額，見積有効期間，支払条件，見積諸条件，納期，役務範囲，保証，免責条項，運搬設置費用，試験検査費用の負担範囲，付帯工事，有償無償支給品，その他 ■見積仕様書	製作を前提とし，概算部分を確定させたもの 見積費用を請求できる場合もある 目標スペックがある場合は明記
受注	■仕様書 ■購入契約書 ■稼働予定	■仕様書 ■工程表	
実行計画		■分担表 システム関係 機械，機構関係 ハードウェア関係 ソフトウェア関係 ファームウェア関係 その他 ■分担別進度管理表	
設計		■仕様書，打合せ議事録による製作承認図 ■外注仕様書	
受入検査		■個別検査基準	

次頁につづく➡

第6章
開発，設計，製造実務

個別調整		■調整手順書 ■調整基準 ■チェック・リスト ■データ・リスト	
中間立会	■変更指図書	■中間立会要領書 ■変更承認図	変更がある場合，見積金額，納期を再検討する
総合試験		■試験成績書	
立会試験	■立会試験項目書 ■試験機要項		
梱包，出荷		■梱包図 ■取扱説明書 ■メンテナンス・マニュアル ■付属品，予備品リスト ■保証書	
現地据付調整		■据付工事要領書 ■作業指示書 ■工事スケジュール表 ■人員計画	
引渡，検収	■改善要望書（もしあれば）	■作業完了報告書 ■納品書 ■請求書	改善要望は有償，無償に注意
運用，定期メンテナンス		■メンテナンス契約書 ■定期メンテナンス要項	

6.2 見積と契約

6.2.1 受注活動
1 受注活動の要点

　電子応用機器のシステムでは，その構成要素のすべてを新規設計する場合は稀である。多少の冗長はあっても，要求元の了解を得た上で，自社製，他社製を問わずできるだけ標準品部分比率を大きくしたほうがコスト，品質，納期の点で有利である。関連システム，製品のカタログ，仕様書，説明資料，価格表等を充分に用意し納得するまで説明すべきである。とはいっても，相手の考えを曲げさせ既製の標準システムを押しつけて受注しても，あとあとトラブルが多く発生するであろう。

　スタンドアロン製品と異なり，システム製品は必ずといえるほど特注部分を含む。**図 6-2** で要求側の考えている機能，予算を100としよう。（たとえば性能A，予算100万円）これに対し製作側で，たまたま要求性能Aに80％合致する部分A′と，不要と考えられる部分Bが40％で合計120（価格は，たとえば120万円）の製品があったとする。

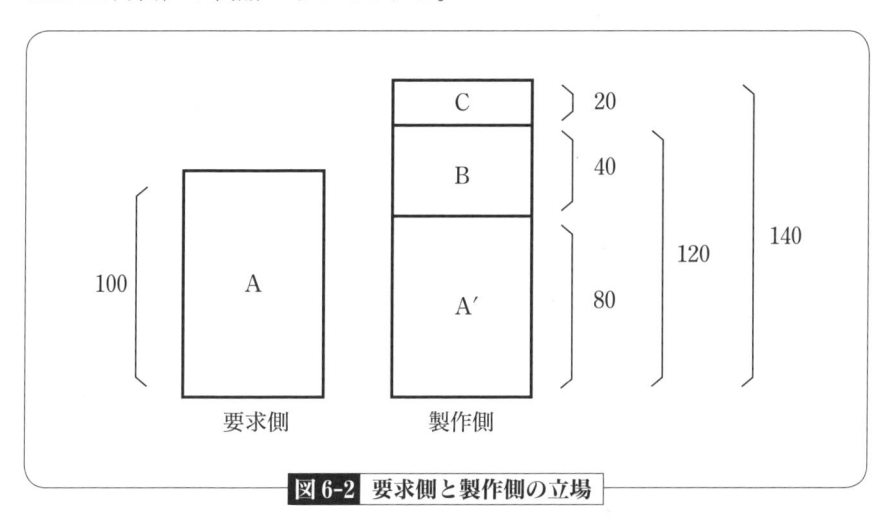

図 6-2 要求側と製作側の立場

第6章
開発，設計，製造実務

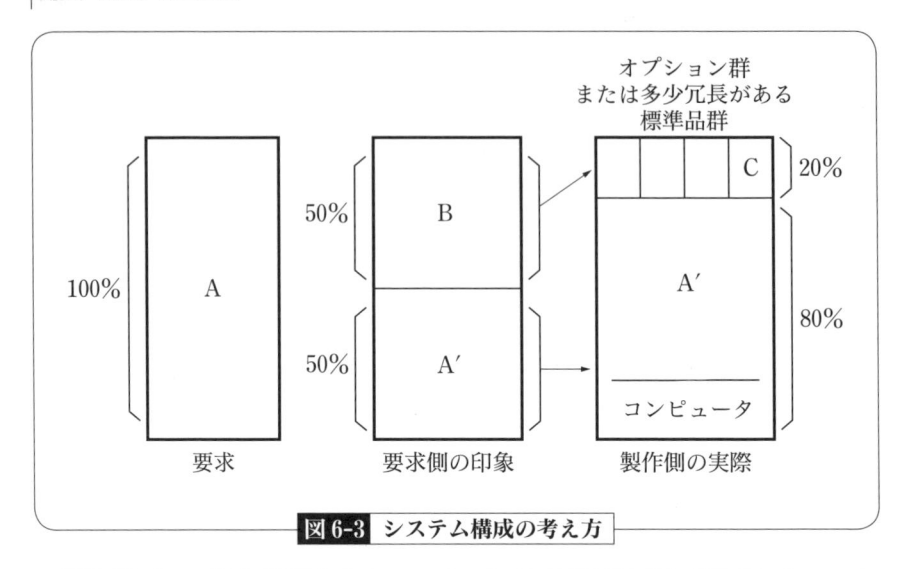

図6-3 システム構成の考え方

製作側（この場合営業も含むメーカー）は当然120万円で販売したい。ところが要求側にしてみれば，この製品は必要な機能を80％しか満足しない未完成品で，冗長部分B（40万円）を評価するどころか，さらに特注部分C（たとえば20％，20万円）を付加しなければ使いものにならない。たとえメーカーがA′のみの販売価格でもやむを得ないと考え，B部分の40％を値引きしたとしても手がかかる事実には変わりない。メーカーの担当者も，客先と基本的に40％もの価格の食違いがあり，その上さらに20％の特注分を性能に上乗せしなければならないとあれば，引き下がらざるを得なかろう。

　実はこの例は，システム製品の開発に重要な示唆を含んでいる。同一筐体内にハードウェアが組み込まれているスタンドアロン機器では，最初の構成から想定されていない限り一部分を抜き取ったり追加変更することはまず不可能であるか，コスト的に引き合わないことが多い。ところがシステム機器は，もともと特注部分があることが前提になっているから，そのような配慮は当初からなされているはずである。機器の開発に当たって，この相違をまず明確にしておく必要がある。

　要求側は機能100に対し，標準部分，特注部分の比率を半々に予想していたとする。これはかなり現実的な数字である。ところがそのマーケットの要求が良く理解されていて，製品の実際の構成が標準化A′部分が80％を占め，残りの20％の大部分も組合せが可能なオプションとして用意されている

とすれば，ごく僅かのＣ部分のみの新規製作でシステムは完成する。

2 開発利点，特徴の定量化

顧客が実績のない新製品を購入，あるいは自社で開発する意志決定には，かなりの厳しさと慎重さが伴うのは当然である。もし稼働中の機器が満足できるレベルであれば，ニーズは差し迫ったものではないであろう。自社開発では既存の製品が陳腐化し，開発の遅れが，売り上げや技術力の低下など将来起り得る要素も考慮しないわけにはゆかない。しかも新機種の開発，発注（製作側では受注）はリスキーな面も少なくない。こうした環境のもとで，受注あるいは開発の決定に結びつけるためには，開発製品の必要性，特徴と導入の利点が定量化されなくてはならない。

定量化の要点には次の事項が考えられる。

- この機器あるいはシステムが導入された部門で，の稼働率を何％と見込むかをはっきりさせる。
- 在来の類似規模，生産数量ラインに比べ，いくら作業工数の減少が図れるか？
- 熟練作業者が単純作業者に置き換えられるか？
- 償却を見込んでも原価低減にどれだけ寄与するか？
- 品質向上によるロスの低減がいくらになるか？
- ランニングコストは？
- また立ち上げの期間は？
- 他社での稼働実績と効果は（もしあれば）？

たとえばこのシステムが，工程前後のセッテング，定期不定期メンテナンス時間を考慮に入れて，実稼働率50％（4時間／日）を見込めるとき，
(1) この実働時間で4倍の生産量が可能
(2) 計測技術者がパートタイマに置き換えられる
(3) 不良率が2％から1％に低減される，
などとメリットが定量化されれば，5年の減価償却と金利を計算に入れて，1千万円の設備購入をしても充分な導入の効果がある，などと説得力のある提案を行うことができる。

第6章 開発，設計，製造実務

3 システム機器の特徴

新規システム機器の導入は，発注側（要求側）と受注側（製作側）においてスタンドアロン機器とかなり異なる関係にある。

代理店経由で販売されたスタンドアロン製品の場合，製作者が最終ユーザーを知らないこともままあるが，特注部分を含むシステム製品ではこの様なことはまずあり得ない。システム機器は代理店にせよメーカーにせよ，会社と人に対する信頼と長期にわたるつながりのもとで，計画の実行が実現することが多い。なぜなら，要求元の開発計画，生産規模，品質など重要な守秘事項に直接関係する率が高いので当然ともいえる。そのため一旦受注，開発に成功すると，関連機器に拡大して意外に大きなマーケットが開拓される可能性を秘めている。

一般的に生産設備関連は受注しやすく，検査機器の受注は時間がかかるようである。

6.2.2 見 積

要求側の構想がまとまれば，見積とそれに基づく予算化などの具体的な作業に入る。

要求元から必要な計画概要，予算，希望納期あるいは概略仕様書などが提示され，製作側は担当の技術者をきめて概略設計を行い概算見積書を作成する。

要求元での仕様の内容が明確であれば，此等のドキュメントは見積仕様書として製作側でまとめる場合もあるが，少なくとも**表 6-1** に示す最低限の事項は記載しておかねばならない。

この段階では，要求側が複数の製作者に相見積のため概算見積提出を求めていることも予想される。また正式受注になれば，この概算見積の各条項が有効になるのも当然である。概算見積であっても要求元は計画の全貌をかなり詳細に現わすわけである。一方製作側でも見積時，優れた方式，ノーハウやアイデアを盛り込んでいることが多い。したがって双方とも守秘事項は誠実に尊重しなければならない。

以前，音声分析システム関連装置の計画時に，解析情報をICメモリに落す替わりにエンドレステープを利用しデータ処理を行う方式を開発し，競合他社の約五分の一の価格で見積を出したところ，要求元が他社にそのままそ

の方式を提示して，受注を横取りされたことがある．

少量のシステム受注においては，特許等の工業所有権による有効な防衛は非常に困難と考えておくべきである．

1 コスト

コストの計算は概略の設計が済まなければ困難であるが，とりあえず考え方を述べてみよう．算定方式が確定されている場合，それに従うのは当然である．

コストの検討に当ってまず最終品質と数量のイメージを確定する．先にも触れたが，開発製作の流れによって品質，コストに大差がある．たとえばプリント基板一枚の製作にしても，汎用基板に手配線で部材を実装する場合と，基板の版を起こし，インサータで挿入し自動ハンダ槽でハンダ上げをし，カッター，洗滌の工程を踏む場合を比較すれば，回路設計，部品選定，以後の検査調整，アフタサービスまでを考慮に入れると，到底同次元で論ずることができないのは明らかであろう．電気，機構，筐体などのハードウェア部分はもちろんのこと，それ以外のソフトウェア，ファームウェアについても同様のことがいえる．

発注側は往々繰り返し発注や数量増をほのめかして，これらのイニシャルコストをうやむやにしがちであるが，発注契約とその数量が確定せぬ限り必ずその受注内で採算がとれる計算の上に立った見積をしなければならない．

コストの内容は直接コストと間接コストに大別することができる．直接コストとは，設計費，材料費，外注加工費，調整検査費等その製品に直接必要とする費用をいい，間接コストは会社や工場を運営するのに必要な間接的な費用，すなわち営業費，設備償却費，利益，公租公課，その他の諸経費などをいう．

経理上の正確な定義とは言い難いが，項目を列挙してみよう．

直接コスト
　(1) 仕様書作成費
　(2) 設計費；システム，電気，機械，機構，ソフトウェア等
　(3) 電気部品
　(4) 機構部品
　(5) 組立配線費

第6章
開発，設計，製造実務

 (6) 外注加工費
 (7) 試験調整費
 (8) 立会い費用
 (9) 梱包運搬費
 (10) 完成書類作成費（日本語以外の場合特に注意）
 (11) 現地据付調整費（旅費，滞在費）
 (12) 無償保証期間内のメンテナンス費用

　これらの直接コストのうち，(1)仕様書作成費，(2)設計費，(5)組立配線費，(7)総合調整を含む試験調整費，(10)取扱説明書，メンテナンスマニュアルなどの完成書類作成費，(11)現地据付調整費など工数に関係する項目は，見積工数にそれぞれ部門によって異なる工数単価を掛けて算出する。
　間接コストは会社規模，製造形態により千差万別であるが，簡便な方法として上記の直接コストにある比率を掛け，加算することが多い。
　この場合は間接コスト項目を
 (a) 工場間接費
 (b) 営業費
 (c) 利益

と単純化し，直接費に対しそれぞれ工場間接費30〜50％，営業費10〜20％を乗せ，さらにこれらの総計の10〜15％程度の利益を加えて計算する。支払条件が悪いときは金利負担分も加算しておかなければならない。
　システム構成品中，コンピュータ，ソフトウェア，計測機器等の完成購入品の比率が大きいときこの計算方法をとると，最終見積価格が異常に高くなる。その時は，これらの機器の一般市販価格，OEM入手価格，組合せ工数，代行メンテナンスコストなどを充分考慮した上で別扱いにするなど，現実的な対処が必要となるであろう。
　また指定事項にMIL，NDS，BTSなどの規格の適用があると，部品材料の価格が大幅に異なる。予備品，付属品，取扱説明書など添付書類の数量も最終コストに影響が大きいから注意する。
　着手前に調査，実験などの費用がかかるときは別途の見積としておく。
　要求元と製作側間に販売代理店等が介在するときは製作側見積にそのマージンが上乗せされる。高額のシステム製品の場合，代理店の果たす役割によ

って，マージン率は一定ではない。

　これらの諸条件を見込んだ上で，特に大きなミス，変更のない限り，概算見積はほぼ上下20%程度の精度に納めるべきであろう。ただ一度提示した見積は，たとえ概算見積であっても増額は困難であることが多い。

　見積書には正式受注後の納期，見積書の有効期限，支払い条件，受け渡し場所等曖昧にしておくとトラブルを起こしそうな恐れのある項目を明記しておく必要がある。

2 納期

　ハードウェアに対する納期は比較的把握しやすいが，ソフトウェアがからむシステムについては非常に納期管理が難しい。工程の末期になるほど並列作業が困難でかつ個人依存の形にならざるを得ないから，希望的観測に基づいた甘い納期見積をしてはならない。

　発注元の生産に関係するシステムで，装置の完工予定が生産のスケジュールにつながっているような場合，納期遅延に対し補償問題にまで生じかねない。そのようなおそれがあるときは，あらかじめ充分打合せを行い，先方に迷惑のかからぬ納期設定をすると同時に書面で免責条項を確認しておくべきである。残業，休日出勤等を見込んだ工程による納期など問題外である。

　一般的に納期に余裕があるとむしろ着手が遅れ，結果的に工程がきつくなる傾向がある。油断は禁物といえよう。

3 見積仕様書

　見積書には見積仕様書を添付する。見積仕様書は，次節で説明する仕様書の各項目と内容を参考にして作成する。

6.2.3 契　約

　以上のプロセスを経て受注あるいは開発が決定する。社内の開発でなく，会社間の取引として正式契約をする場合，次の書類を取り交わしておいた方が安全である。取引内容に食い違いがあった場合の優先順位は
- 互いに確認した打合せ議事録
- 個別契約書または覚書
- 取引基本契約書

第6章
開発，設計，製造実務

となる。

1 取引基本契約書

会社間取引の一般事項に対する取り決めが取引基本契約書である。契約書は発注側（要求元），受注側（製作側）間の書類であるが，個別契約書，注文書，注文請書と共に，外注，協力会社との契約書も同じ形式をとる。

内容，項目の参考のため，書式の雛形をあげておこう。この契約書は，ブランクの部分を埋めればすぐに使用できるよう考えてある。

取引基本契約書

この取引基本契約書は，＿＿＿＿＿＿＿＿＿＿会社（以下甲という）と ＿＿＿＿＿＿＿＿＿＿会社（以下乙という）と ＿＿＿＿＿＿＿＿＿＿業務の契約に関して，相互の利益と取引の円滑のため，共通に適用される事項を規定する。

第1条「適用」
 1）書面により双方で取り交わした別途の個別契約書・覚書以外の事項については，本取引基本契約書の条項を適用する。
 2）個々の取引については，その都度発注条件を記載した注文書を甲から乙に交付し，乙がこれを受託して取引が成立するものとする。

第2条「価格」
 1）新規契約の場合，ならびに継続契約においても，甲の要請があるときは，乙は甲の要求事項を記入した見積書を提出する。
 2）納入価格は，甲乙協議の上決定する。

第3条「異議・変更」
 1）甲が乙に交付した注文書の条件に対して，乙に支障または異議がある場合，乙は注文書受領後5日以内に甲に申し出，双方協議して決定する。
 2）甲のやむを得ない事由により，納入指定日・納入数量等の発注内

容の変更を要する場合は，甲は速やかに乙にその旨を通知し，甲乙協議の上これを決定する。

第4条「報告」
　乙は，次の事項が発生した場合には，ただちに甲に報告し，その処置について甲と協議する。
　1）品質異常，その他やむを得ない理由により，指定日に納入が困難と予想されたとき。
　2）乙の必要により受注品の仕様を変更したいとき。
　3）その他工程，加工方法等に重大な変更を要するとき。

第5条「納品」
　1）乙は，受注品を，甲の指定する日時・場所に，定められた荷姿で規定の納品書を添付し納入する。
　2）甲は原則として納入品の受領後，＿＿＿＿＿日以内に検収を行い，その結果を乙に通知する。

第6条「品質」
　1）乙は，甲に納入する受注品の品質に責任を持ち，指定された仕様に適合することを保証する。また納入後においても，納入品の品質につきその責任を負う。
　2）甲の受入れ検査の結果，不合格となったときには，乙は速やかにその代替品を納入するか，または甲の指示した処置をとる。
　3）乙は，納入後発見された乙の責めに帰すべき理由による不良品に対して，甲の指示した処置をとる。
　4）甲は必要に応じて，乙の事業場において，発注品の検査及び作業状況を調査し，品質保証について要望または指導することができる。
　5）乙は，甲に納入するに製品の，乙における責任者を甲に登録する。

第7条「材料」
　1）甲は，原則として乙に必要な受注品の材料を支給する。

2）価格・調達・加工法等の理由により，甲が品質保証・仕様を満足すると認めた部品材料にかぎり，乙は自主調達をすることができる。

3）材料の支給は，原則として乙の要求する時期・量に応じて実施する。

4）材料支給に要する運搬費その他のすべての費用は，乙がこれを負担する。

5）乙は，支給材料の品質・数量等につき責任を持って管理し，甲に納入する受注品以外に，これを流用あるいは処分を行わない。また毎月末現在の棚卸在庫を甲に報告する。なお甲は，必要に応じて実地棚卸調査を行うことができる。

6）特に指定する甲の支給材料については，乙は甲を受取人とする火災保険を付保し，その保険証券を甲が保管する。

7）乙が受注品の総量を完納した後，甲から支給された材料に剰余があった場合には，その数量を確認し，甲の指示に従って処理する。

第8条「支払」

1）乙から納入される受注品は，検収終了をもって甲の支払対象とする。

2）検収済納品は毎月＿＿＿日に締切り，乙は請求書を当月＿＿＿日までに甲に送付する。

3）甲は債務総額を翌月＿＿＿日までに乙に支払う。支払方法は原則として現金とし，配分・期間等は別途打合せにより定める。

第9条「権利・義務の譲渡」

1）乙は，甲の書面による承諾を得ないかぎり，甲に対する債権を第三者に譲渡することはできない。

2）乙が本契約業務の遂行にあたり，その全部または一部を第三者に委託する場合，または第7条第2項に該当する材料の調達を行う場合は，その内容，委託先をあらかじめ甲に連絡し，その承認を要することとする。変更の場合またこれに同じ。

第10条「図面等の管理」
　1）乙は本契約に関連して，甲から貸与された資料・図面・仕様書・見本等を滅失しないよう善意をもって管理し，またこれを他に漏洩または流用しない。
　2）生産の終了・中止・変更等の場合，乙は前項の物件を速やかに甲に返却する。

第11条「測定器・機械工具等の貸与」
　1）乙が，測定器・機械工具等の貸与を受ける場合は，甲の所定の借用手続きにより，借用証を差し入れ，これを行う。貸与の際に発生する運搬費その他の諸費用は，すべて乙がこれを負担する。
　2）乙は甲の書面による承諾なしにこれらの貸与品の現状に変更を加えない。
　3）乙は，甲からの受注品生産以外の用途に使用せず，また甲の所有権を侵害する転貸等の行為を一切行わない。
　4）乙は，責任をもってこれらの貸与品の保全管理を行うとともに，定期的に校正・検査を実施し，異常を認めたときは直ちに甲に報告し，双方協議の上処置を決める。
　5）生産遂行上，通常必要な維持・補修費，消耗品等の補充・交換ならびに乙の都合により，あらかじめ甲の承諾を受けて行う改造に要する費用は，原則として乙が負担する。
　6）乙は，甲の決算日現在において，甲から借用したこれらの物品について，甲の指定する一覧表を作成し，甲の決算日より＿＿＿日以内に甲に提出する。なお甲は，必要に応じて実地棚卸調査を行うことができる。
　7）乙は，甲から貸与品の返還を求められたときは，原則として原態に修復し，すみやかにこれを返還する。
　8）貸与品返還の際に発生する運搬費その他の諸費用は，すべて乙がこれを負担する。

第12条「機密保持」
　1）甲および乙は，この取引を通じて知り得た，相手方に対する経営

上・営業上・技術上等の一切の情報を第三者に漏洩しないことは勿論，その内部においても機密保持に関し，万全の措置を講ずる。
2）機密保持を要する情報の定義その他の細目は，必要に応じ別途これを定める。

第13条「工業所有権」
1）乙が甲に納入する受注品について，甲から指定された個所を除き，乙は加工法その他，第三者の工業所有権に抵触しないよう留意し，問題が発生した場合は直ちに甲に通知するとともに，乙が責任を持って解決する。
2）この契約に関連して発生した特許・実用新案・意匠登録等の工業所有権は，原則として甲に帰属する。

第14条「契約の解除」
1）次の各号の一つに該当する場合は，甲は事前に通知・催告等何らの手続きをすることなく，本契約および関連する個別契約の全部あるいは一部を解除することができる。
　イ）本契約または関連する個別契約の条項に違反したとき。
　ロ）乙またはその代理人，または契約に関連する第三者に不正または不当の行為があり，甲に著しい不利益をもたらす恐れがあるとき。
　ハ）乙が破産・会社更生・会社整理・仮差押・仮処分・差押・競売または強制執行の申立を受けるか，その申立をしたとき。
　ニ）解散，または他の会社との合併の決議をしたとき。
　ホ）乙の発行した小切手・手形が不渡りとなったとき，あるいは銀行取引停止処分を受けたとき。
　ヘ）乙が，災害その他やむを得ない事由により，契約の履行が困難になると甲が認めたとき。
2）前項に該当して，本契約が解除された際，乙は甲よりの支給品・貸与品を直ちに甲に返還することは勿論，乙が甲に負う債務があるときは，乙は期限の利益を失い，直ちに債務を優先弁済する。

第15条「協議」
　本契約，個別契約に定めない事項，または解釈に疑義を生じた場合は，甲乙善意と誠意をもって協議し，これを取り決める。

第16条「有効期限」
　本契約の有効期限は，契約締結後1ヶ年とする。ただし期間満了前1ヶ月までに，甲・乙いずれからも書面による別段の意思表示のないときは，本契約をさらに1ヶ年継続するものとし，以降この例による。

　本契約の成立を証するため，本書を2通作成し，両者記名捺印の上，甲・乙各1通を保有する。
　　　＿＿＿年＿＿月＿＿日
　　　　甲　　　　会社　住所＿＿＿＿＿＿＿＿＿＿＿＿
　　　　　　　　　　　　会社名＿＿＿＿＿＿＿＿＿＿＿＿
　　　　　　　　代表者役職および氏名＿＿＿＿＿＿＿＿＿＿　印
　　　　乙　　　　会社　住所＿＿＿＿＿＿＿＿＿＿＿＿
　　　　　　　　　　　　会社名＿＿＿＿＿＿＿＿＿＿＿＿
　　　　　　　　代表者役職および氏名＿＿＿＿＿＿＿＿＿＿　印

2 個別契約書または覚書

　開発，新規設計システムでは，基本契約書以外に仕様書に基づき個別契約書または覚書を取り交わすことがある。
　事情によって取引条件が基本契約書の内容と異なるとき，また契約に具体的事項を追加したいとき，その案件に限って個別契約書または覚書が優先する。

3 注文書，注文請書

　契約がまとまれば，発注側は注文書，受注側は注文請書を発行する。注文書，注文請書交換後は，発注取消，受注辞退については違約金や損害賠償，仕様変更等については見積金額，納期の変更など，重要な問題を生じるから常に慎重な対応し，不用意な処理をしてはならない。

第6章
開発，設計，製造実務

6.3 仕 様 書

製作が確定すれば設計の第一段階として，個別の回路，機構設計が可能になる細目を網羅した仕様書を作成する。この仕様書は社内の製作仕様書，発注元あるいは要求元に提出する承認図や取扱説明書の一部ともなる。

以降，項目を追って必要な内容を説明する。

6.3.1 概 要

「概要」では，ブロック・ダイアグラム，動作のフローチャート，外観図などと共にこのシステムの使用目的，主な機能とその特徴などを把握することができるよう要領良く説明する。

また特に適用される規格や，図面に使用する記号の指定があれば記載する。

6.3.2 構 成

本装置はつぎの各部により構成される…などの書き出しで，ブロック・ダイアグラムに対応させたシステム構成部分の名称と数量を箇条書きする。

単一の筐体にデバイスを収納したスタンドアロン機器では，この構成ブロックは入力部，変換部，演算部，記憶部，制御部，表示部，出力部，電源部などとする。

複数の機器から成るシステムでは，機器の一覧表を作成し，スタンドアロンの場合と同様機器別に構成を記載する。

ファームウェア，ソフトウェアについて書き落としがないよう注意すること。

6.3.3 定 格

定格は構成品それぞれでなく，システム全体としてのそれをいう。したがって総合定格は構成機器中の一番弱い部分で規定される。たとえば記憶装置の使用温度範囲が+5℃から+35℃であれば，他の機器の使用温度範囲がいかに広かろうとも，このシステムとしての定格動作温度は+5℃から+35℃

になる.その他の定格についても同様である.
　定格の一般的な内容には次の項目がある.

1 電　源

　装置に供給される電源の種類,電圧とその変動率,消費電流,消費電力等の仕様を規定する.

(1) **直流電源**

　◪電圧と変動率,電流

　　　　　例　DC +24V ±10%,約1A

　直流電源は電圧が低く電流が大きい.そのため無負荷の電圧が規格内であっても,最大負荷時,供給電源の内部抵抗,電源ケーブルの直流抵抗,コネクタの接触抵抗等による電圧低下が大きく,回路動作に影響することがある.直流電源では電力を表示しないことが多い.

　◪雑音の重畳

　通常直流電源は,回路に直接あるいはレギュレータを介して電流を供給するが,パルス性の雑音が重畳して回路が誤動作することがある.有害雑音が予測されるときは,できればその振幅,極性,立ち上がり,立ち下がり,パルス巾に対する耐性を仕様化しておき,設計の際フィルタを挿入するなどの対策を立てる.

　◪フローティング

　供給電源がフローティングか否かも定格事項である.片側が接地されている場合,他の機器と共通の電流帰路があると,雑音誘導などの問題を起こすことがある.また機器の信号入出力の極性にも関係し,場合によってはDC-DC変換器を使用し供給電源と機器内の電源を絶縁する必要も生じる.

　◪停電対策

　停電の有無あるいは停電のモードを把握しておき,処置,あるいはバッ

クアップ機能の有無を仕様化しておく。ことにデジタル機器では，瞬時停電などで思わぬ誤動作をする場合がある。

(2) 交流電源

◨電圧と変動率，電力

例　AC100V±10%，約50VA

交流電源は主として商用電源から供給され，電圧が正弦波の実効値，電力はVAで表示する。電力に関しては，実効電力のワットで表す場合もある。単三，三相（スター，デルタ）の別に注意を要する。

通常電源変圧器で一次商用電源から変圧するため，二次回路電源はフローティングされる。また整流，平滑，安定化する過程で雑音が除去される。そのため特に指定がなければ，ノイズの条件と対策は仕様に記載しないことが多いが，電源にノイズが重畳する恐れがあるときはフィルタを入れておく。

◨周波数と波形

商用電源では50/60Hzの正弦波で，波形が矩形波，周波数が400Hzなどの場合もある。

2 周囲条件

(1) 周囲温度

精度，確度，動作などの性能が保証できる周囲温度の項である。他の諸条件がすべて最も厳しいとき（たとえば電源電圧，周囲温度が規格内最高値で長時間使用後など）でも，厳密にいえば定格性能は守られなければならない。一般産業機器では，通常動作温度は0°Cから+40°C乃至45°Cである。

周囲温度が一定であっても，機器の筐体内温度は通常電源印加から平衡に達するまで数十分以上を要する。したがって熱平衡以後で精度，確度を保証する場合は，仕様にウォームアップ時間を明記しておく必要がある。

(2) 保存温度

保存温度は使用部品に示されている規格を準用すればよいが，航空機輸送

時極寒条件下におかれたときの非回復性機能低下，機構部品の凍結による破損，船舶輸送時熱帯地域通過の船倉の温度上昇など，予期しない異常環境に曝される可能性も考慮しておかねばならない。通常保存温度は－55℃から＋70℃程度とする。

(3) 湿　度

湿度が問題となるのは，特に結露が生じる場合である。低温下に置かれていた機器の周囲温度が急激に上昇すると，大気中の水蒸気圧が相対的に飽和し水滴を生じる。そのため，コネクタ，プリント基板などの絶縁不良や錆を生じる原因になったりする。

湿度の定格の表示では，たとえば相対湿度80％以下，ただし結露を生じない条件下であること……と記述しておく。

(4) 雰囲気

電子機器は，測定質室，計算機室など雰囲気が良く管理された環境に置かれるとは限らない。塵埃，油末，腐食性ガス等に曝される工場内に設置されることも当然ありうる。

フェライト工場に納品した装置が，一日でコネクタの絶縁劣化で動作不良を起こしたり，雰囲気に亜硫酸ガスを含む製鉄関連の工場で納品1カ月後ほとんどすべてのスイッチの接点が不良になったり，苦い経験は枚挙にいとまがない。ことに雰囲気中に爆発性のガスが含まれているときは，スイッチのスパークでも大事故のもとになる。

このような雰囲気中で使用される装置は，筐体構造を完全密閉形にしたり，エアパージ（別の清浄な空気源から供給し，筐体内の気圧を高め有害ガスの侵入を防ぐ構造）方式を採用するなどの仕様にする。

雰囲気に関する事項は打合せ洩れになりがちであるが，防塵，防爆，防水，防滴，エアパージなどの構造は，本体内の電子，機械部分よりもコストがかかることがあるので，仕様書に欠かせない項目である。

このような懸念のない雰囲気中で使用される場合は，「機器の寿命，性能に影響を及ぼす塵埃，腐食性のガス等を含まぬ一気圧の大気中」…などと規定する。

3 運　転

　測定装置などの電子機器の稼働時間は，通常24時間を周期とする断続運転で休止の期間もあり，部品寿命に関係する実動作時間は比較的少ない。しかしオンラインで使用する機器は文字通り昼夜連続運転で，定期点検時以外通電を停止しないことが多い。衛星システム，計時システムなど，起動時から寿命にいたるまで連続運転となることすらある。

　こうした連続運転格の仕様では，信頼性の高い部品を充分なデレーティングのもとに使用するのは当然であるが，発熱する部品，すなわちパワートランジスタ，電源回路の抵抗，変圧器等は特に余裕をもたせ放熱に注意する。また配置構造も保守点検が容易で，万一事故が生じたときは迅速に修理，部品交換が可能な配慮をしておかねばならない。

　過酷な運転定格を要求されない時は「定時作業を周期とする断続定格」などとし，不用意に「運転．．．．連続」と書かないようにする。

6.3.4　電気的性能

　この項では，基本性能を現わすブロック・ダイアグラム，フローチャートに基き，入出力信号とその処理，装置の操作，表示，作表，記録等の仕様を記載する。

　性能の細目については設計が進まないと確定できない部分が多いが，仕様書作成の段階でも外部機器と授受する入出力信号，バスライン，操作上の機能にたいする記載は不可欠である。

1 入力信号

　入力信号は，センサからのアナログ信号，A/D変換されたデジタル信号，コントロール信号などがアナログ，デジタル，接点などの形で与えられる。信号の詳細については，すでにそれぞれの部，章で述べてあるので，ここでは考えられる仕様書上項目の列記に止める。

(1) **アナログ入力信号**
- フルスケール電圧，電流：過大入力に対する絶対最大定格
- 精度，確度：フルスケールに対する％，ppm等の表示を指定
- 信号対雑音比：絶対値あるいはdB

- 平衡，不平衡：フローティングか否か，片側接地可，不可の別
- オフセット可変：要，不要，要する場合，可変範囲，操作（パネル面，機器内部半反固定等）指定
- レンジ切り替え：要，不要，要する場合，可変範囲，操作（パネル面，機器内部半反固定等）指定
- 入力インピーダンス：マッチングの要，不要
- 対象：センサ，信号源の種類等
- 接栓：形式と設置パネル（リア，フロント）

(2) デジタル入力信号
- 論理：正，負，RZ，NRZの別
- コード：BC，BCD，10ワイヤ，その他
- 応答速度：立ち上がり，立ち下がり：
- 受け渡し：S，LS，ALS，LVTTL，ECL，CMOS，その他トーテム・ポール，オープン・コレクタ，フォトカプラ，接点など

2 出力信号

　入力信号とほぼ同項目で，アナログ，デジタル，接点出力信号等の仕様を規定する。

6.3.5　機械的性能

　本書では機器あるいは装置に組み合わせる機構部分については触れない。したがってここでは機械的性能といっても，電子装置の筐体構造，寸法等の記述に止める。

　雰囲気の項で述べたように，周囲条件によって筐体は防塵，防滴，エアパージによる防爆，完全密閉の構造を採用する。しかし機器の構成によってそれが不可能な場合には，要求を満足させるためシステム全体をチェンバーに収納するなどの手段が必要になる。

　構造仕様の一つに据置か車載かの別もある。車載の仕様では，振動，加速度に耐え得る構造でなくてはならない。

　また卓上形（ベンチタイプ），ラック取り付け形（ミリサイズ，インチサイズがある）の別も仕様の記載事項である。仕様書には外観図によって，こ

れらの点を明記しておく。幅，高さ，奥行き，取り付け寸法と，ゴム足，把手，ノブやコネクタの張出し寸法も記入する。もし仕様の段階で不明確な点があれば，"約"とか"以下"などの付記をしておく。その他，塗装色，表面処理，彫刻文字の字体と大きさ等も記載する。

6.3.6 付属品，予備品

付属品，予備品として，次のような品目と数量を明記しておく。

(1) **ケーブル類**

構成品表に入れない付属ケーブル，たとえば電源，入出力，接続，延長ケーブル等，長さ，線種，両端接栓の規格

(2) **消耗品類**

フロッピーディスク，プリンタ用紙，インク，インクリボン，ヒューズなど使用量を考慮して付属の量を決める。

(3) **特殊工具**

入手困難な特殊工具，たとえば六角レンチ，調整用特殊ドライバなど。

(4) **取扱説明書，試験成績表，サービスマニュアル等は部数にも注意する。**

6.3.7 メンテナンスと保証

定期点検，保守作業が規定通り行われることを前提に，製造上の問題により生じた故障に対しては，通常納入後一年程度の無償保証期間とする。

海外などの遠隔地のメンテナンス，修理に対しては無償保証期間内であっても，旅費，交通費実費を請求できるようにしておく。また納入した装置の事故，取扱に起因する二次的損害に対して免責とする条項をいれる。

自社以外の機器と組合せたシステムの扱いが最も難しい。頻度の少ないトラブル等は往々特定に多大の工数がかかり，原因が判明しても費用分担でもめることが多い。可能性をできるだけ想定し責任範囲の限界を文書化しておく。

6.3.8 支給品，貸与品

支給品，貸与品があるときは，有償，無償の別を明記する。

6.4 製造実務

6.4.1 実行計画

製造実務については，各社において所定の形式があると思われるが，参考として一応書き上げておこう。

1 担 当

システムの規模が大きいときには，この表は必要となる。**表6-2**に示すように総括責任者，各部門の担当者の一覧表を作成する。

2 工程管理

工程管理についてたとえば**表6-3**を用い，個別担当者がまず工程計画を記入する。総括責任者は，個別担当者とすり合わせを行い総合工程表を作成する。作業が開始されれば，担当書は月次（必要に応じ単位期間を変更）に進捗実績を記入，総括責任者に提出する。

総括責任者は，この工程表，進捗度表に基づき常に進捗度を把握，問題に対し速やかに対処する。

3 工数管理

開発，試作または少量生産品では，作業に要した工数が原価に占める割合は非常に大きい。繰り返し生産あるいは量産に移行するとこの状況は一変するが，それ以前に生じた工数を含む生産原価と諸経費は原価計算に計上，消却しなければならない。そのため担当者は，たとえば**表6-4**に示す工数実績表を作業中定期的に提出し，管理部門はそれを集計して工事完了時に見積と比較，損益を計算する必要がある。製品の原価は，この値により大きく左右される。

第6章
開発，設計，製造実務

表6-2 担当者一覧表

工事番号_____	工事名_____				No.____	
部門_____	作成者_____		作成___年___月___日			
番号	担当項目	所 属	氏 名	専任	併任	連絡先(Tel等)
	総括責任					
	営業，渉外					
	工程管理					
	システム設計					
	ハードウェア(電気)					
	設　計					
	調　達					
	組　配					
	調　整					
	検　査					
	機構，筐体					
	設　計					
	調　達					
	組　立					
	調　整					
	検　査					
	総合組立配線					
	総　合　調　整					
	総　合　試　験					
	立　会　検　査					
	出　　　荷					
	諸　書　類					

表 6-3　総合工程表（兼個別工程，進捗度表）

番号	項　　目	(月)	(月)	(月)	(月)	(月)	(月)	前月末の進捗度(%)
	総合ミーティング							
	システム設計							
	ハードウェア（電気）							
	設　計							
	調　達							
	組　配							
	調　整							
	検　査							
	機構，筐体							
	設　計							
	調　達							
	組　立							
	調　整							
	検　査							
	総合組立配線							
	総　合　調　整							
	総　合　試　験							
	立　会　検　査							
	出　　　荷							
	諸　書　類							

工事番号＿＿＿＿＿　工事名＿＿＿＿＿＿＿＿＿＿＿＿　No.＿＿＿

部門＿＿＿＿＿　記入者＿＿＿＿＿＿＿＿　作成＿＿年＿＿月＿＿日

特に注意を要する問題点

第6章
開発，設計，製造実務

表6-4 工数実績表

工 数 実 績 表

＿＿＿＿＿＿部＿＿＿＿＿＿課

氏名＿＿＿＿＿＿＿＿＿＿　　　　　年　　月　　日

　　　　　　　　　　　　　　　　〜　年　　月　　日

工事番号		
工 事 名		

月日	作業内容		打合	電設	機設	組配	調整	検査	他	合計
／月										
／火										
／水										
／木										
／金										
／土										
合計										

	予定							
	実績							
	残							

＊時間は0.5H単位，実作業時間を記入すること。

本人	課長	部長

6.4.2 一般注意事項

製造過程のすべての段階で，次の事項を常に注意する。

(1) 分解可能の作業は並列進行を原則とする。

並列に作業が可能であるにもかかわらず，これが終了してから次というように直列に作業を進めると，納期はいくらあっても足りなくなる。またトラブルが生じると，それ以上一歩も工程が進まなくなる恐れがある。

(2) 手抜きをしない，手抜きの癖をつけない。ことに設計時に手抜きをしてはならない。

たとえば，ある回路部分を見くびって，ICが簡単に追加できるから後から変更，付加すればいい，などとの手抜きをすることがよくある。幸い大事に至らなかったときは，一見合理的に工程が進んだように見えるが，このような悪癖が習慣になると，時によって収集のつかない混乱を引き起こす。

(3) 工程の前後も自分の守備責任範囲である。

設計部門を例にとれば，受注が不成功に終われば，営業のみならずその責任の一半は設計部門にもあるのは当然のことといえる。

また資材の調達が遅れれば，入手困難な部品を採用しなかったか？　適切な先発発注を行ったか？　等の反省をすべきである。

資材部門は，単に部品表に基づき機械的，事務的に発注をかけるばかりでなく，部品，材料を扱う専門家として判断したとき，事前に部品変更，規格の再検討などのアドバイスを前工程としての設計にすべきである。

6.4.3 設　計

電子装置の設計は，システム設計，ハードウェア設計，ソフトウェア設計（ファームウェア設計を含む），メカニズム，機構設計等に分けることができる。しかし設計部門は本来の設計業務は勿論，設計部門は当初の見積作業から，調整，検査，立会試験，梱包，出荷，据付調整等の実作業のほか，取扱仕様書，諸マニュアルの作成に至る最終作業まで一貫して関係する場合が多

第6章
開発，設計，製造実務

い。そのことを考慮しながら作業を進めてゆく。

設計作業の手順は次のように進めてゆく。

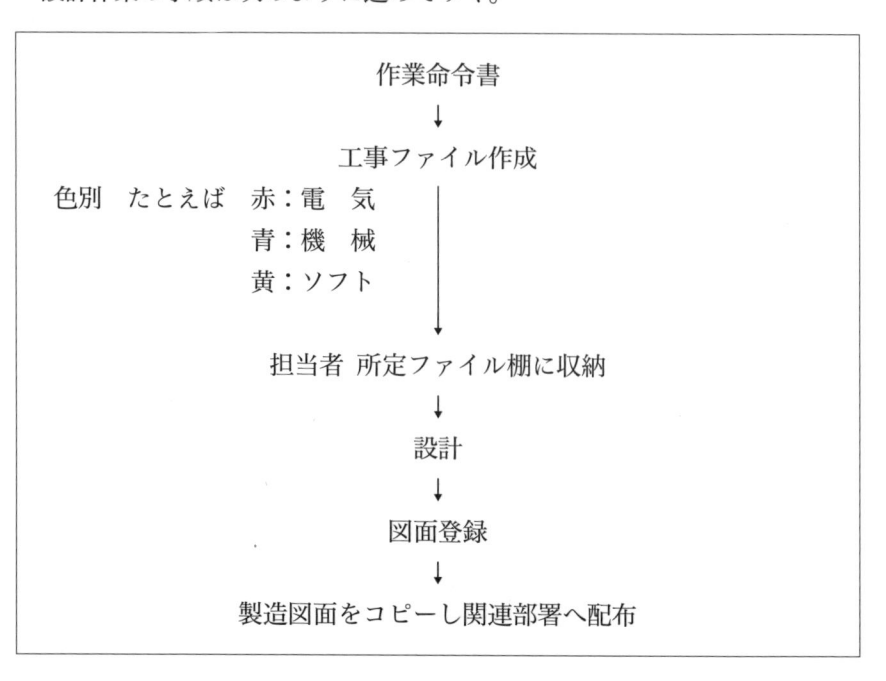

```
                          作業命令書
                             ↓
                        工事ファイル作成
  色別   たとえば  赤：電  気    ↑
                  青：機  械
                  黄：ソフト
                             ↓
                  担当者 所定ファイル棚に収納
                             ↓
                           設計
                             ↓
                         図面登録
                             ↓
               製造図面をコピーし関連部署へ配布
```

1 図面管理

　実行が決定されると工事番号を決め，作業命令書の発行と同時に工事ファイルを起こす。見積から完工まで，関連するすべての図面は図面台帳に図番を登録，コピーをこのファイルに収納する。原図は担当者の引き出しなどに入れず，すべて図面管理部門に保管されねばならない。図面管理の規定がなければ，**表 6-5** の要領で管理規定を作る。

　工事ファイルの見開き頁には，**表 6-6** の図番表を綴じ込んでおき，工程の進捗に従って登録，ファイルした図面の番号を記入してゆく。

　作業進行中，図面の変更，訂正は工事ファイル内のコピー図面上で行い，修正は図面管理室より所定の手続を経て原図を借り出し，一括してこれを行う。図面の訂正には必ず訂正番号，訂正日時，訂正者サインを記入しておく。

6.4 製造実務

表 6-5　図面管理規定

```
                            図面管理規定

    台帳記載事項
```

図　番	
図　名	
年 月 日	
登録者名	
部　署	
備　考	

1　図番は台帳別にA4，A3，A2，A1，B4，B5と分けて登録する。
2　図番はすべて通し番号とし，機械，電気図面等の内容による分類はしない。
3　ヘッディングはまずA，B版のアルファベットとし，次に続けて通し番号を打つ。　　　　　　Ex.　A41，A42,,,,
4　多ページにわたる取説等は表紙を一図番とし，一括し内容の修正時に図番を取り直す。
5　図面の修正は，修正欄と図面内の当該部分に三角記号で所定の取り決めにて行う。
　　改訂した図面は，図番を取り直し，そのむね原図番の備考欄に記入する。
　　図番末尾の追い番は禁止する。
6　未トレース　フリーハンドを問わず，製造図面はすべて登録し，個人保管はこれを厳禁する。
7　図面台帳の訂正は，消去せず記録を残すような方法をとること。

☆　常用原図の保管は原則として5年とする。
☆　不要原図の破棄は原則として10年後とする。但し工事ファイルに当該原図のコピーが保存されてある事を前提とする。
☆　工事ファイルの保存は無期限とする。

　　　　　　　　　　本規定は　　　年　　　月　　　日　より施行する。

第6章
開発，設計，製造実務

表6-6 図番表

<table>
<tr><th colspan="3">図　番　表</th></tr>
<tr><td colspan="3">工事番号_____　品名_____　客先_____</td></tr>
<tr><td colspan="3">起工　____年___月___日　　完工　____年___月___日</td></tr>
<tr><td colspan="3">担当者 所属_____　氏名_____　　　検印 □</td></tr>
<tr><th>図　名</th><th>図　番</th><th>記</th></tr>
<tr><td>仕　様　書</td><td></td><td></td></tr>
<tr><td>ブロック・ダイアグラム</td><td></td><td></td></tr>
<tr><td>フローチャート</td><td></td><td></td></tr>
<tr><td>回　路　図</td><td></td><td></td></tr>
<tr><td>機　構　図</td><td></td><td></td></tr>
<tr><td>ソフトウェア</td><td></td><td></td></tr>
<tr><td>部品表　電　気</td><td></td><td></td></tr>
<tr><td>機　構</td><td></td><td></td></tr>
<tr><td>盤間結線図</td><td></td><td></td></tr>
<tr><td>ケーブル表</td><td></td><td></td></tr>
<tr><td>取扱説明書</td><td></td><td></td></tr>
<tr><td>試験成績書</td><td></td><td></td></tr>
<tr><td>梱　包　仕　様</td><td></td><td></td></tr>
<tr><td>メンテナンスマニュアル</td><td></td><td></td></tr>
<tr><td></td><td></td><td></td></tr>
</table>

図面数の多いときは，本表を個別図番表索引のまとめ表として用いる。

2 デビエーションリスト

デビエーションリストは，作業の進行に伴い必然的に発生する仕様書の解釈の相違，要求仕様に対する製作側の提示製作仕様との調整，あるいは改善提案等の内容に対する打合せ議事録等を次のように項目別に分類，明確にしてトラブルの発生を未然に防ぐものである。

(1) 提示仕様書の内容と製作仕様書の相違
要求仕様に対し技術的に対応できない事項が判明したときは，その理由と代案。
(2) 上記の対応に関して，見積時の価格，納期に変更を生じたときは，その具体的内容と合議の結果
(3) 誤解されやすい仕様内容，用語の定義と解釈の確認

3 フローチャート

入力信号から始まって最終のデータ処理までの流れは，フローチャートによって把握される。したがって，ハード面でのブロック・ダイアグラムに対応する重要な文書である。フローチャートは別図面として添付されるのが普通である。

一般的な注意事項を述べておこう。

(1) メインルーチンとサブルーチンをはっきり区別する。
(2) ブロック・ダイアグラムなどの図面との対応は，くどい程注意して書き込んでおく。
(3) 多チャンネル信号処理ではサンプリング周期に注意する。
(4) タイミングチャートは必ず作成する。
(5) 割込み条件，割込みレベルは余裕を充分にとり，一覧表によってその都度確認する。
(6) 各ブロック毎の信号のレベルチャートを，フローチャートにあわせて作成しておくと便利である。

4 マン・マシン・インタフェース

処理の中心にコンピュータを据えた場合，機能の設定，選択，動作指令等はキーボードによって行える。ディスプレイ，ディスク，プリンタ等の出力装置も標準装備されているので，諸機能はほとんどソフトウェアのプログラ

第6章
開発,設計,製造実務

ムで構築したキーボードの操作に集約される。

スタンドアロン機器あるいはコンピュータ周辺の付属装置以外に新規製作するハードウェアでは,操作パネル,表示,機構等がマン・マシン・インタフェースとして密接に関連する。

(1) 操作

操作パネルの構成部品と配置は,操作性の観点からパネルのレイアウト図を早い段階で作成し,製作着手前に承認を求めておく。操作パネルの構成部品と指定事項には次のものがある。

(2) 表示

アナログ表示：代表的な指針形メーターについていえば,丸形,角形などの形状と大きさ,色,指針の形,精度,確度,目盛の指定,ミラーの有無等。

デジタル表示：表示素子としてはLCD,LED,EL,プラズマ等が選択される。また7セグメント,ドット方式,表示の大きさ,色,桁数,小数点の有無（固定,移動の指定を含む）数字以外の記号など。

(3) パイロットランプ

LED,ネオン,白熱灯の指定,丸形,角形の別,大きさ,色等。

(4) 数値,機能設定,選択

ロータリースイッチについては,つまみの形状,色,サミールスイッチ,デジスイッチについては大きさ,BC,BCDの別など。

(5) 機能設定部品

機能設定に使用するトグル,スライド,プッシュスイッチ類も上記と同様な扱いをする。これらのスイッチ類にはキー付き,ロック機構,照光など特殊な組合せも多い。

5 構造設計の要件

(1) 筐体

　　材質：鉄，アルミ等
　　表面処理：塗装，下地処理の有無，色見本の有無，指定色等
　　　　　　　艶，半艶，艶消，縮み，ハンマートーン，ハンマースキン
　　　　　　　焼き付け，吹き付け，塗装以外の表面処理

(2) フロントパネル

　　材質：鉄，アルミ等
　　表面処理：筐体に準ずる
　　塗装以外の表面処理：ヘアライン横，縦，本数，その他

(3) 文字（原則として字高，幅，太さ等を指定した彫刻図による）

　　種別：印刷，彫刻，捺印
　　字体：丸ゴチック，角ゴチック，その他
　　色：黒，白，その他

(4) リアパネル

　　フロントパネルに準ずる。

(5) 銘板（原則として別図により指定）

　　取り付け：糊貼，螺子止め
　　ロゴ，マーク：指定有，無
　　内容：品名，形式，製造番号
　　製造年月日：西暦，元号
　　製作者名：または指定
　　貼付場所：外観図に指定リアパネル，フロントパネル

(6) 接地の処理

　　端子：筐体，信号端子共通，筐体フローテング，信号と別端子

第6章
開発，設計，製造実務

6.4.4 品質管理
[1] 設計関連
　品質，信頼性は開発と設計段階で決まるといっても過言ではない。しかし設計部門の陥りやすい傾向を，設計者自身や責任者がよく知っておく必要がある。その傾向には次のようなものがある。こうした姿勢では製品の品質が良かろうはずがない。

(1) 内容をよく検討しないで既存の設計図面を流用する。
(2) 自分の設計した製品のMTBF，MTTF等を計算しない。信頼性を左右する主要部品の総量，最新のfit数情報も知ろうとせず，漫然と惰性で部品を選択する。高信頼性設計は手間がかかり，コストアップになる。
(3) 問題があると指摘する調整，製造の改善意見に，屁理屈をこねて素直に耳を傾けようとしない。開発，設計，試作段階の性能が再現できないのは製造のレベルが低いから。設計書を製造へ引き継いだら，忙しいのに一々呼び出すな。QCは製造部門がやるべきだ。
(4) クレームが表面化したときだけ付け焼刃的な対策を取るが，喉元過ぎれば熱さを忘れてしまい，図面の修正まで面倒くさがる。
(5) 自分の失敗の経験を他人に教えようとせず，また同じような失敗を性懲りもなく繰り返す等々。

[2] 製造関連
　製造工程中には間々部品，動作不良が発生する。不良が発生したときは，設計の問題か，部品そのものの欠陥か原因が確定するまで絶対に廃棄してはならない。表6-7の事故部品管理シートを添付し，関係部門で処理する。
　設計の原因による組立調整の不便さ，危険性なども，面倒がらず設計に戻して修正をかけておくことが大切である。たとえばシールド板を外さなければ調整できない機構，あきピンを置かず±電源が隣り合わせになっていて，ショートし回路を破損する恐れが大きいコネクタ配置など。

[3] 検査関連
　すべての工程を通じて，検査を厳重に行えば品質が向上するという迷信が

表 6-7 事故部品管理シート

事故部品管理シート

発　　生＿＿＿＿＿＿年＿＿＿＿月＿＿＿＿日
工事番号＿＿＿＿＿＿＿品　名＿＿＿＿＿＿＿
ボードまたはモジュール番号　＿＿＿＿＿品名＿＿＿＿＿＿
発生工程＿＿＿＿＿＿＿担当者＿＿＿＿＿
回路図図番
部品表図番　＿＿＿＿＿＿
部　　番＿＿＿＿＿＿＿部品名＿＿＿＿＿＿＿

発生状況

確定または推定原因

他に及ぼした影響　　　　処理【　】要　　　【　】不要

対策と処理

対策完了　　＿＿＿＿＿年＿＿＿月＿＿＿日

担当者	品質管理	資材	設計	検印

ある。たしかに不良品は除かれるが，歩留まりは悪くなり原価率が上がる。しかし基本的には品質の向上にはつながらない。

抽象的な言い方であるが，検査部門の本来の目的は検査が不要な品質の達成である。たとえば検診をいかに強化しても，病気は撲滅できない。医療本来の理想は治療ではなく，医師が不要の状態を達成することにある。

検査部門は，まさにその役割をもっている。検査不合格のデータを分析し，各部門と協同して不良の根源を絶ち，結果的に検査工程を不要とすることが理想である。この点からいえば，検査部門には最も有能な人材を当て，充分な権限を与えるべきであろう。

(1) 受入検査

外注品の受入れ検査は，対象部品の量，発注先の出荷検査の質，信頼度，過去の実績などをできるだけ定量化，数値化して全数検査，抜取り検査，検査方法の基準を定めて実施する。

一般論ではあるが，わが国で製造される部品の性能は，定格の中心値にピークを持つ正規分布であることが多い。こうした部品で構成される最終製品の性能は，やはり定格中心に対し正規分布をもっている。

しかし，ばらつきの大きい中から選別によって仕様内とされた部品で構成された製品とは，総合品質で大差が生じることは明らかである。

厳格な規格（たとえばMIL）の部品の品質が優れている，なども一つの迷信ではある。民生機器百万台に問題となる部品の事故発生率と，一台のみに要求される部品の信頼性を比較考証してみるのも面白かろう。

(2) 外観検査

パネル，筐体の塗装色，メッキ，仕上げ等は仕様通りになっているか，傷又は甚だしい塗装，メッキむらなどがないか，彫刻文字，大きさ，字体に間違いはないか，銘板は規定のものが正しい場所に貼られているか，などの検査を行う。

この検査は受入時に行う場合のほか，一部が官能検査（定量的な規定が困難で，主として検査者の経験と感覚で判定をする検査）となる。外観検査と同時に，構造，寸法，重量の検査も行う。

(3) 構成品検査

構成品の数量，規格が仕様書上のそれと一致しているか，ケーブル類の長さはどうか，添付書類，付属品，予備品，消耗品の員数が揃っているかを確認する。

6.4.5 試　験

試験は性能を確認する作業で，重複することもあるが検査とは意味合いが異なる。

仕様書に基づく機器の各性能は，調整工程ですべて試験され，データも記録されているわけであるが，一般事項について確認の試験を行い，個別性能上の主要項目とともに提出試験成績表を作成する。

性能試験の合否判定基準は，社内試験では仕様に対し規定のマージンをとってあるのが普通である。これらの試験原始データは提出試験成績表上には記載せず，単に「合格」としておくことが多い。一般試験項目には，次のようなものがある。

[1] 電源関係

電源部に関連する試験には次のものがある。

(1) 消費電力，力率の実測

(2) 絶縁試験

絶縁抵抗試験器で電源一次側，二次側の絶縁抵抗を測定する。測定時の印加電圧が耐圧を超える回路はあらかじめ外しておく。

(3) 電圧変動試験

装置を動作状態に置き，電源一次電圧を変動させて保証範囲内で異常の有無を試験する。最大定格電圧で余裕をもつことは当然であるが，最低定格電圧以下になったとき，動作は保証できなくても回復不可能な異常を生じてはならない（たとえば数種のマージンの異なる安定化回路があり一次電源電圧の低下で内部回路印加電圧がアンバランスになり，素子を破損するなど）。

(4) 停電，瞬断試験

仕様上の規定を満たすか否かの試験を行う。この試験において，一次交流入力の電圧が高い位相でかつ高速で瞬断したとき，スパイク・ノイズにより誤動作を起こすことがある。この条件での試験と対策も必要事項の一つである。

(5) その他の試験

耐電源雑音，耐サージ（雷），静電耐圧試験等を指定に応じて実施する。電源に関するこれらの試験は往々にして対象装置の破壊，寿命の短縮，信頼性の低下等の好ましくない事態を引き起こす恐れがあるばかりか，測定機器，試験条件によってデータが大幅に異なるから，事前の充分な検討と注意が必要である。

2 環境試験

(1) 温度，湿度試験

温度試験は湿度試験を兼ねて恒温，恒湿槽内で行う。この試験での注意事項は次の通りである。

◆最大温度上昇

装置にとって熱的に最も苛酷な条件は，周囲温度と電源電圧が定格内最大値の場合である。筐体内が熱平衡に達したのち，各部分の温度が許容値以内であることをあらかじめ多点温度計，サーモカメレオン等で確認をしておく。勿論この条件でヒートランを続けても動作に異常があってはならない。

◆結露

湿度が管理できない恒温槽で，低温，高温のヒートサイクル試験を行うと，結露によって回路に絶縁不良を起こすことがある。

◆ヒートショック

急激な温度変化による物理的歪が機器に及ぼす影響を試験する。航空機，宇宙船，海洋関連の機器はこの試験が必要になることがある。

◆熱平衡

　機器によって異なるが，筐体内の各部が熱平衡に達するまでには，少なくとも2～30分以上の時間を要する．増幅器の動作や直流レベルのドリフト等が安定した後，正規のデータをとるべきである．この初期安定時間は，仕様書，試験成績表の重要記載事項の一つである．

　ヒートラン，ベーキングによる初期不良叩き出しの試験も，製造工程の品質管理の項目として定量化し確立する．

(2) **防水，防滴，防塵試験**

　密閉，エアパージ等，防水，防滴，防塵，防爆などの試験結果も試験成績表に記載する．これは製品保証の資料でもある．

(3) **振動試験**

　機載，舶載，車載など，規格に従った振動周期，加速度，方向，時間で破壊しないよう注意しながら試験を行う．

3 **障害輻射**

　有害輻射に対する規制が適用される機器についてはその試験を行い，規格内であることを証明すること．

　試験に際しては，
　・試験年月日
　・試験者氏名
　・試験場所
　・使用測定器と校正年月日
　・試験方法
　・温度
　・湿度
　・天候

等を正確に記録しておくことはいうまでもない．

第6章
開発, 設計, 製造実務

6.4.6 出荷, 据付調整, メンテナンス
1 出 荷

製造工程が終了すると, 受注製品では出荷, 開発製品ではユーザーへの納品を想定して関連作業を行う.

手直しを完了後, 所定の性能を再チェックし梱包, 出荷する.

ケーブル類の取外しと整理には特に注意が必要である. 荷札等で接続機器とコネクタを明確にし, ケーブル接続図との対応を再確認しておく. ケーブル類の混乱によるトラブルは意外に多い.

筐体内部のユニットを外して輸送する場合は, 再組立図を添付する.

輸送事故防止の補強機材は取外し方法を明記し, 再返送時に必要であれば付記しておく.

輸送時の機械的保護に対する梱包方法, 梱包材料は専門部門に委託するのが安全であるが, 回路基板の静電荷対策など特殊な配慮を要するものは, その旨指定するのを忘れないように. 梱包明細書の記載事項は

- 工事番号
- 総数と通し番号
- 機器(システム)名
- 内容物
- 荷姿
- 寸法
- 重量
- 取扱注意事項
- 荷積み, または到着優先順
- 行先
- 担当者氏名, 連絡先
- 輸送保険証書番号…等がある.

輸送保険は加入しておくべきであろう.

現地作業のための書類は別送するほうが確実である.

2 据付調整

現地への搬入, 据付調整は事前に次の事項を確認する.

(1) 搬入日時の確認，天候，交通状況等予定齟齬時の対策
(2) 搬入方法，搬入通路最狭寸法
(3) 保管，開梱，設置場所と床加重
(4) 電源，信号ケーブル，照明，接地，メカニズム系の取合等，関連工事の進捗状況
(5) 要求側受持の試験器具，工具，設備類の準備
(6) 生産ライン装置であれば作業計画
(7) 引渡し先担当者のスケジュール
(8) 作業中の宿泊施設…等

3 メンテナンス

引渡しが終了し稼動し始めた装置の動作を正常に保つためには，較正，再調整，注油，部品の定期交換などのメンテナンス作業が必要である。

製造側のメンテナンスの対象期間は1年程度の無償保証期間を含みその装置の法定償却（通常5年）までで，構成部品の耐用年数もその程度と考えるのは誤りである。

設計上の重大なミス，部品の潜在的な欠陥，めったに使わないルーチンのソフトウェアバグによる事故等は，無償保証期間を過ぎていても責任を負わなければならないことがある。

保守用品についていえば，購入した段階で部品製作時からすでにストックの時間が経過している。装置の製作開始から出荷まで少なくとも数か月の期間があり，それから検収が終わり装置が稼動を始めて5年を経過しても，陳腐化せず正常に動作していればさらに使用を継続するのが普通である。

したがってこれを保証するということは，代替可能の部品も含み保守用部品に関してはほぼ10年近くのストックを要するわけである。進歩の激しい部品，ことに半導体，ICなどの保存と入手にはかなりの問題がある。

また担当者が転勤や退職しても，メンテナンスの責任はこの期間厳然として存在するわけである。装置の製作関係者はこのことをよく理解して，人的，物的引継ぎの態勢を整備しておかねばならない。

メンテナンスマニュアルには，定期的な保守，点検，整備，判定作業の基準だけでなく，想定されるトラブル発生時処置，すなわちトラブルシューティングの方法，自己診断機能の説明，応急処置法などを取扱説明書とよく対

第6章
開発，設計，製造実務

応をさせながら，具体的にわかりやすく記載する。

装置の操作担当者には，メンテナンスに関するトレーニングを必ず行うべきである。

アフターサービス態勢についても，エンジニアのレベルと人数，常備されている予備品，消耗品，準消耗品の種類，責任者の名前と連絡先などを明確にしておく。

無償保証期間を過ぎてからのメンテナンスは別契約とするが，できれば納入時に契約しておくとよい。

参考文献

[1] "JISハンドブック(2005) 21 電子Ⅰ 試験 22 電子Ⅱ オプトエレクトロニクス 23 電子Ⅲ 部品, JIS X 5101 計測用インターフェースシステム (GP-IB)", 日本工業標準調査会審議, 日本規格協会発行
[2] "理科年表 机上版, 国立天文台編 (2003)", 丸善株式会社
[3] "最新半導体規格表シリーズ (2006)", CQ出版社
[4] : "新版 無線工学ハンドブック (1994)", 編纂委員会編, オーム社
[5] "Pulse, Digital and Switcing Waveforms MILLMAN and TAUB McCGRAW HILL", (初版1965)
[6] "総合電子部品ハンドブック (1986)", 日本電子機械工業会編, 電波新聞社
[7] "電子応用機器の開発 1 フォーマット, 2 主要受動部品の規格, 3 能動デバイスの動作と使い方 (1990)", 千葉幸正, 電波新聞社
[8] "センサと信号処理システム Ⅰ, Ⅱ (1985)", 日本機械学会, 朝倉書店
[9] "プラスチック光ファイバの応用技術 (1988)", 宮地杭一, 電気書院
[10] "マイクロコンピュータ・データ伝送と基礎と実際(1989)", 宮崎誠一, CQ出版社

毎年改訂されるか, メーカーのホームページに移されているデータブック類

[1] "TTL STD, LS, S, ALS/AS ロジックサーキット データブック", 日本テキサスインスツルメンツ(株), CQ出版社
[2] "DATA BOOK", ANALOG DEVICES
[3] "PRODUCT DATABOOK", BURR-BROWN
[4] "高性能プラスチック光ファイバ技術資料 スーパーエスカ ケーブル編", 三菱レイヨン(株) エスカ事業部
[5] "シャープ半導体データブック 光半導体編", シャープ(株)
[6] "LED総合カタログ", シャープ(株)
[7] "電子部品データブック オプト エレクトロニックデバイス", 沖電気工業(株)
[8] "オプトエレクトロニクスコンポーネント データブック", スタンレー電気(株)
[9] "MULTI TESTER 取扱説明書(SH-88TR)", 三和電気計器(株)
[10] "デジタル オシロスコープ ユーザマニュアル(TDS3000Bシリーズ)", テクトロニクス

略　語

A	AC	Alternating Current
	ACK	Acknowledgment
	A-D	Analog to Digital (Converter)
B	BCD	Binary Coded Decimal
	bit	binary digit
C	CMOS IC	Complementary Metal Oxide Semi-conductor IC
	CMR	Common ModeRejection Ratio
	CRT	Cathode Ray Tube
	CRT	Cathode Ray Tube
D	D·FF	Delayed Flip Flop
	DTE	Data Terminal Equipment
	D·RAM	Dynamic Random Access Memory
E	ECL	Emitter Coupled Logic
	EE·ROM	Electrically Erasable Read Only Memory
	EP·ROM	Erasable Programmable Read Only Memory
F	FF	Flip Flop
G	GP-IB	General Purpose Interface Bus
L	LASER	Light Amplification by Stimulated Emission of Radiation
	LD	Laser Diode
	LED	Light Emitting Diode
	LSB	Least Significant Bit
	LSI	Large Scale Integrated circuit
	LV TTL	low voltage Transistor Transistor Logic
M	MOS-FET	Metal Oxide Semi-conductor-Field Effect Transistor
	MOS IC	Metal Oxide Semi-conductor IC
	MP	Metalized Paper Condenser

	MPU	Micro Processor Unit
	MSB	Most Significant Bit
	MSI	Medium Small Scale Integrated circuit
N	NRZ	Non Return Zero
P	P·ROM	Programmable Read Only Memory
R	RAM	Random Access Memory
	ROM	Read Only Memory
	RS·FF	Set Reset Flip Flop
	RZ	Return Zero
S	SI	Systeme International d'Unites
	S·RAM	Static Random Access Memory
	SSI	Small Scale Integrated circuit
T	TTL IC	Transistor Transistor Logic IC
V	VCO	Voltage Controlled Oscillator
	VLSI	Very Large Scale Integrated circuit

索　引（アルファベット）

数字

0 Ω調整	322
0 デシベルの種類	306
一次巻線	50
10進→2進変換	143
10進数	141
10進法	140
10線10進信号	145
10の整数乗倍の接頭語	298
10のべき名東西	298
10の累乗	295
16進コード	145
16進法	142
二次巻線端子電圧	50
2進数	141
2進法	140
二次巻線	50
2進→10進変換	142
2値レベル論理	136
2値論理数系	155
3ステート形出力回路	179
4ビットコード	145
74ALS00の内部回路	168
74LS00の内部回路	167
74S00の内部回路	167

A

ACK	247
Acquisition Time	208
Active High	150
Active Low	150
A–D変換	74
A/D変換器	198
A/D変換のビット数	204
A/D変換の分解能	203

Alias	206
ALS	162
Analog to Digital Converter	198
AND回路	146
Aperture Time	208
APF	260
Astable Multi Vibrator	186
Asynchronous Counter	189
ATN	335

B

BCD	144
BCDコード	145
Binary Coded Decimal	144
binary digit	141
Bistable Multi Vibrator	186
bit	141
BNC	67
BUSY	247

C

Cathode Ray Tube	320
CMOS	177, 180
CMOS IC	162, 170
CMOS NANDゲート	171
CMOSインバータ	170
CMRR	116
CNR01	61
CNR01形プラグ	62
CNR01形レセプタクル	63
Complementary Metal Oxide Semi-conductor IC	162, 170
Controller	335
CRT	320

索 引

D

DAV ……………………………… 336
D-A変換 ………………………… 74
D/A変換器 ………………… 198, 219
D/A変換のグリッチ ……………… 220
dBm ……………………………… 306
dBs ……………………………… 307
dBv ……………………………… 307
dBμ ……………………………… 307
DCE ……………………………… 245
Decorder ………………………… 145
Delayed FF ……………………… 188
D・FF …………………………… 188
D・RAM ………………………… 194
Droop Rate ……………………… 211
DTE ……………………………… 245
Dynamic RAM …………………… 194

E

ECL ……………………………… 162
EE・ROM ……………………… 195
EI形コア ………………………… 46
Electrically Erasable Read Only
　Memory ……………………… 195
Emitter Coupled Logic ………… 162
Encorder ………………………… 145
EOI ……………………………… 335
EP・ROM ……………………… 195
Erasable Programmable Read Only
　Memory ……………………… 195
EVEN …………………………… 244
E系列標準数 ……………………… 7

F

Feed Through …………………… 211
FETトランジスタ ……………… 325

Flip Flop ………………………… 186

G

General Purpose Interface Bus
　………………………………… 331
GI ………………………………… 260
GP-IBコネクタのピン配列 ……… 337
GP-IB装備機器のシステム構成例
　………………………………… 333
GP-IBによる計測システムの例 … 338
GP-IBのコネクタと機器間の接続 … 332
GP-IBの動作タイミングと
　概略の説明 …………………… 336
GP-IBバス ……………………… 331

H

H CMOS IC …………………… 162
Hexa decimal Number ………… 142
H-PCF …………………………… 261

I

IC ………………………………… 2
IFC ……………………………… 335
Isolation Transformer ………… 253

J

JISZ 8103計測用語 …………… 316
JISの電子部品試験法 …………… 7
JK・FF ………………………… 189

L

Large Scale Integrated circuit … 162
Laser Diode …………………… 269
LD ………………………… 256, 269
Least Significant Bit …………… 141
LED ……………………… 183, 256, 273
LED点灯回路 …………………… 183

391

LEDの定電流駆動回路 …………… 278
LEDの発光スペクトル …………… 273
Light Amplification by Stimulated
　Emission of Radiation ………… 269
Light Emitting Diode …………… 273
Listener ………………………………… 334
low voltage TTL ……………………… 162
LSB …………………………………… 141
LSI …………………………………… 162
LV TTL ……………………………… 162

M

Make After Break接点 ……………… 52
Make Before Break接点 …………… 52
Medium Small Scale Integrated
　circuit ……………………………… 162
Metal Oxide Semi-conductor IC
　……………………………………… 170
MILの論理記号 ……………………… 149
Monostable Multi Vibrator ……… 186
MOS-FET ……………………… 94, 95
MOS-FETの構造 …………………… 95
MOS IC ……………………………… 170
Most Significant Bit ……………… 141
MPコンデンサ ……………………… 32
MSB ………………………………… 141
MSI …………………………………… 162
Multi Vibrator ……………………… 185

N

NAND ……………………………… 148
NAND, NORによるインバータ …… 153
NANDゲート ……………………… 151
NANDゲート7400 ………………… 164
NANDゲートのOR動作 …………… 152
NANDゲートの基本動作 ………… 166
NDAC ……………………………… 336

No Missing Code …………………… 211
Non Return Zero …………………… 138
NOR ………………………………… 148
NORゲート7402 …………………… 166
NORゲートのAND動作 …………… 152
NORゲートの入出力電圧状態 …… 152
NOT回路 …………………………… 148
npnトランジスタ …………………… 77
NRFD ……………………………… 336
NRZ ………………………………… 138
NRZ信号 …………………………… 138
N進カウンタ ……………………… 191

O

ODD ………………………………… 244
Open Collector …………………… 168
Operational Amplifier …………… 115
OR回路 ……………………………… 147

P

PCF ………………………………… 260
PCFケーブルの長さと減衰率 …… 264
PCF, 石英系ケーブルの端面処理 …… 268
PINフォト・ダイオード …………… 283
pnpトランジスタ …………………… 77
Programmable Read Only
　Memory ………………………… 195
P・ROM …………………………… 195
Propagation Delay ……………… 137

R

RA …………………………………… 23
RAM ………………………………… 193
Random Access Memory ………… 193
Read Only Memory ……………… 195
REN ………………………………… 335
Return Zero ……………………… 138

索 引

RG ……23	TP ……49
RJ ……23	Transistor Transistor Logic IC
RM ……23	……161
ROM ……195	TTL ……162, 175
RP ……23	TTL IC ……161
RQ ……23	TTLの雑音余裕度 ……163
RR ……23	

U

RS-232C ……241	
RS-232Cによる接続 ……245	U-コンデンサ ……34
RS-232Cの接続回路 ……242	

V

RS・FF ……186	
RT ……23	VCO ……214
RV ……23	Very Large Scale Integrated circuit
RZ ……138	……162
RZ信号 ……138	VLSI ……162
	Voltage Controlled Oscillator ……214

S

X

Settling Time ……211	
SI ……259, 294	X-コンデンサ ……34

Y

slewrate ……88	
Small Scale Integrated circuit ……162	
SN53ファミリ ……162	Y-コンデンサ ……34
SN74ファミリ ……163	

Z

S/N比 ……111	
S・RAM ……194	ZenerDiode ……228
SRQ ……335	
SSI ……162	
Static RAM ……194	
STROBE ……247	
Synchronous Counter ……191	

T

Talker ……334
Throughput Rate ……211
Thumb Wheel Switch ……55
TL ……47
Totem Pole ……168

393

索　引（日本語）

あ

アイソレーション・トランス ………… 253
アキシャルリード線端子 ……………… 40
アクイジション・タイム ……………… 208
アッテネータ …………………………… 308
アップダウン（リバーシブル）
　カウンタ …………………………… 214
圧粉 ……………………………………… 46
圧粉，フェライト系コアの種類 ……… 46
アナログ ………………………………… 74
アナログ・コンパレータ ……………… 201
アナログ・コンパレータ回路 ………… 202
アナログ信号 …………………………… 106
アナログ信号の加算 …………………… 123
アナログ信号の減算 …………………… 123
アナログ信号の光伝送 ………………… 289
アナログ信号の連続性 ………………… 106
アナログ・センサ ……………………… 290
アナログ・マルチプレクサ …………… 200
アナログ量 ……………………………… 73
アパーチャ・タイム …………………… 208
アベレージ ……………………………… 321
アルミニウム固体電解
　コンデンサ …………………… 38, 39
アルミニウム電解コンデンサ ………… 37
アルミニウムはく形乾式電解
　コンデンサ ………………………… 31
アルミニウムはく形非固体電解
　コンデンサ ………………………… 37
アルミニウム非固体電解コンデンサ
　……………………………………… 39
アンチエリアシングフィルタ ………… 208
安定化 …………………………………… 222
安定化電源の種類 ……………………… 223

い

位相特性 ………………………………… 48
位相反転回路 …………………………… 137
一次巻線 ………………………………… 48
一点アース ……………………………… 251
一般的な帰還回路 ……………………… 117
インタフェース管理バス（GP-IBの）
　……………………………………… 335
インタフェース・バス ………………… 241
インバータ ……………………… 137, 148
インピーダンス ………………………… 48
インピーダンス・マッチング ………… 65

え

エッジトリガJK・FF ………………… 189
エネルギー ……………………………… 328
エネルギーと電力 ……………………… 329
エミッタ接地線形増幅回路 …………… 79
エミッタ直接接地増幅回路 …………… 89
エミッタ直接接地パルス増幅器 ……… 88
エミッタ・フォロワ …………………… 91
エミッタ・フォロワ回路 ……………… 91
エリアス現象 …………………………… 206
エンコーダ ……………………………… 145
エンコード ……………………………… 145
演算増幅器 ……………………………… 115
堰層形半導体磁器コンデンサ ………… 37
円筒光源 ………………………………… 257
エンベロープ …………………………… 321

お

応答特性 ………………………………… 281
オクターブ ……………………………… 201
オシロスコープ ………………………… 320

索 引

オシロスコープによる波形測定
　　…………………………… 326, 327
オーディオ関係の周波数特性グラフ例
　　………………………………… 304
オフセット ……………………… 128
オフセット誤差 ………………… 211
オフセット調整と電源の
　バイパスコンデンサ ………… 128
オープン・コレクタ形出力回路 … 168
オープンループゲイン ………… 117
オープンループ利得 …………… 131
オペアンプ ……………………… 115
オペアンプに関連する用語の意味 … 125
オペアンプの記号 ……………… 115
オペアンプの絶対最大定格 …… 128
オペアンプの付加回路 ………… 116
オームの法則 …………………… 302
オールプラスチック・ケーブル … 260
温度係数 ………………………… 10
温度係数(抵抗器の) …………… 14
温度センサ ……………………… 314
温度特性 ………………………… 267
温度の影響 ……………………… 6
温度補償用コンデンサ ………… 33

か

開口数NA ……………………… 266
開発利点,特徴の定量化 ……… 349
開放利得 ………………………… 117
各種センサ ……………………… 312
隔離変圧器 ……………………… 253
加減算の等価回路 ……………… 125
仮想接地 ………………………… 122
仮想接地の考え方 ……………… 122
片方モーメンタリ ……………… 52
形名第1記号の数字の付け方 … 102

カットオフと飽和(トランジスタ回路の)
　………………………………… 83
カットオフと飽和時の出力波形 … 85
カップリングコンデンサ ……… 33
過電圧に対する保護 …………… 107
可変抵抗器 …………………… 11, 20
可変抵抗器の外形の大きさを表す記号
　………………………………… 23
可変抵抗器の形名と表示 ……… 22
可変抵抗器の記号 ……………… 21
可変抵抗器の形状を表す記号 … 24
可変抵抗器の種類を表す記号 … 23
可変(容量)コンデンサ …… 42, 43
可変容量ダイオード …………… 44
紙コンデンサ …………………… 36
カラーコード …………………… 18
カラーコードの色に対応する数値
　………………………………… 18
ガラスコンデンサ ……………… 38
貫通コンデンサ ………………… 35

き

基準電圧 ………………………… 228
基本ゲート ……………………… 164
基本測定器 ……………………… 316
基本単位 ………………………… 294
基本論理 ………………………… 146
キーミゾ ………………………… 52
逆方向耐圧 ……………………… 270
キャップ ………………………… 61
キャパシタ ……………………… 3
キャラクタ ……………………… 243
キャリ …………………………… 141
極性 ………………………… 48, 50
ギリシャ文字のアルファベット … 301
キルヒホッフの法則 …………… 120
金属化コンデンサ ……………… 35

395

金属はくコンデンサ………………… 35

く

空気コンデンサ………………… 36
空心コイル……………………… 45
屈曲による損失………………… 264
屈折率…………………………… 257
屈折率分布……………………… 259
組み合わせによるAND, ORゲート
　………………………………… 153
組立単位………………………… 294
クラッド………………………… 258
グリッチ………………………… 220
グレーテッド・インデックス形(GI)
　………………………………… 260
クロック信号…………………… 138

け

形状(抵抗器の)………………… 16
計数回路………………………… 189
契約……………………………… 353
ゲート形N進回路……………… 192
ケーブル端面での損失………… 265
ケーブル長と減衰率…………… 263
ケーブルによる信号伝送……… 238
ケミコン………………………… 30
減算回路………………………… 124
減衰器…………………………… 308

こ

コア……………………………… 258
コイル…………………………… 45
コイルL………………………… 3
コイルLの等価回路…………… 5
コイル, トランスの回路図記号… 46
コイルのリアクタンス特性…… 4
高域カットオフ………………… 131

高周波雑音……………………… 253
高周波同軸コネクタ…………… 64
工数管理………………………… 367
工数実績表……………………… 370
構造設計の要件………………… 377
高速形S………………………… 162
工程管理………………………… 367
効率……………………………… 50
交流電源用コンデンサ………… 30
交流用コンデンサ……………… 33
国際単位………………………… 294
コスト…………………………… 351
固定コンデンサの構造による分類… 35
固定コンデンサの使用周波数範囲… 30
固定コンデンサの静電容量範囲… 29
固定コンデンサの誘導体による分類
　………………………………… 36
固定コンデンサの用途による分類… 33
固定抵抗器……………………… 11
固定抵抗器の形名と表示……… 15
固定抵抗器の種類……………… 12
固定抵抗器の特性比較………… 13
コード化………………………… 145
コネクタ…………………… 51, 60
コネクタとピン配列(GP-IBの)… 337
コネクタのピン番号と信号名… 337
個別半導体デバイス…………… 100
コンダクタンス………………… 10
コンタクト(ピン)……………… 61
コンデンサ……………………… 28
コンデンサCの等価回路……… 5
コンデンサ・インプット回路… 227
コンデンサ結合回路のクランプ現象
　………………………………… 98
コンデンサの記号……………… 29
コンデンサの形状……………… 40
コンデンサの構造……………… 28

索 引

コンデンサの種類 ……………… 39
コンデンサのリアクタンス特性 ……… 4
コンデンサ容量の測定 …………… 325
コントローラ(GP-IBの) ………… 335
コンピュータの選択基準 ………… 344

さ

最高サンプルレート …………… 320
最小分解能 ……………………… 203
最大瞬間電圧変化 ……………… 243
サインビット …………………… 205
作業の流れ ……………………… 340
作業の流れとドキュメント ……… 341
サージ制限コンデンサ …………… 33
サージ電圧 ……………………… 271
雑音(抵抗器の) ………………… 14
雑音電圧 ………………………… 139
雑音と信号 ……………………… 249
雑音と対策 ……………………… 249
雑音防止用コンデンサ …………… 33
雑音防止用電源トランス ………… 253
差動入力回路 …………………… 116
差動入力シングルエンデッド出力演算
　増幅器の等価回路 …………… 125
サムヒール・スイッチ ……………… 55
三相 …………………………… 49
サンプル・ホールド ……………… 199
サンプル・ホールド回路 ………… 217
散乱損失 ……………………… 266

し

磁器コンデンサ ………………… 32, 36
磁器コンデンサ種類1 …………… 36, 39
磁器コンデンサ種類2 …………… 36, 39
磁器コンデンサ種類3 …………… 36, 39
軸ずれ ………………………… 266
指向特性 ……………………… 281

仕事量 ………………………… 328
事故部品管理シート …………… 379
指針形アナログテスタ …………… 317
システム構成の考え方 ………… 348
実行計画 ……………………… 367
ジッタ ………………………… 137
実用上用いられる単位と記号 …… 300
実用抵抗器の電流雑音 …………… 15
周囲温度－負荷軽減曲線(抵抗の) …… 13
集成マイカコンデンサ …………… 38
しゅう動端子 …………………… 21
周波数範囲 ……………………… 48
周波数偏差 ……………………… 48
受光素子 ……………………… 278
受注活動 ……………………… 347
受注活動の要点 ………………… 347
出荷 …………………………… 384
出力インピーダンス ……………… 81
受動素子 ………………………… 72
受動部品 ………………………… 2
受動部品のJIS規格 ……………… 6
種類(抵抗器の) ………………… 16
順電流－対相対光度 …………… 275
順電流－電圧特性 ……………… 270
使用温度範囲 …………………… 50
仕様書 ………………………… 360
小信号電流 ……………………… 58
状態表示記号 …………………… 150
ショットキ・ダイオード ………… 162
ジョンソンノイズ ………………… 14
シリコン・フォト・トランジスタの
　波長特性 …………………… 279
シリーズ・レギュレータ形直流電源
　……………………………… 223
シリーズレギュレータ形電源 …… 224
シールド・トランス ……………… 253
シングルエンデッド ……………… 115

397

シングル・ケーブル……………………239
シングル・フォト・トランジスタの
　応答時間……………………………281
シングルモード………………………256
シングルモード形……………………260
シングルモード・ステップ・インデックス
　………………………………………261
信号源インピーダンス………………108
信号処理のエネルギー効率……………73
信号対雑音比…………………………111
信号伝送用光ファイバ・ケーブル
　………………………………………258
信号波形(デジタル)…………………137
信号用コネクタ…………………………60
信号レベル…………………… 107, 136
信号レベルと雑音……………………250
真理値表……………………… 150, 156

す

垂下特性形……………………………232
水銀リードリレー………………………52
水銀リレー………………………………59
スイッチ…………………………………51
スイッチAND回路……………………147
スイッチOR回路………………………148
スイッチ回路………………… 146, 204
スイッチ・チャタリング防止回路
　………………………………………187
スイッチング形電源…………………223
スイッチング・レギュレータ形直流電源
　……………………………… 224, 235
スイッチングレギュレータ雑音……133
スイッチング・レギュレータ電源の
　スイッチ雑音………………………236
据付調整………………………………384
ステップ・インデックス形(SI)……259
ストレートバイナリ…………………205

ストローブ信号………………………139
図番表…………………………………374
図面管理………………………………372
図面管理規定…………………………373
スライド・スイッチ……………………54
スリューレート……………… 88, 243
スループット・レート………………211
スレシオード電圧……………………139

せ

制御回路………………………………230
整合………………………………………65
製造実務………………………………367
静電防止対策…………………………175
静電容量値と表示記号…………………43
精度……………………………………316
整流回路………………………………225
整流ダイオード………………………105
正論理…………………………………149
石英ガラスケーブル…………………261
積層コンデンサ…………………………35
積分直線性(直線性)誤差……………210
絶縁形コンデンサ………………………35
絶縁体……………………………………61
絶縁トランス…………………………253
設計……………………………………371
接栓………………………………………61
接栓座……………………………………61
接続ナット………………………………61
接点………………………………………56
接点の保護回路…………………………58
セトリング・タイム…………………211
ゼナー・ダイオード…………………228
ゼロクロス検出回路…………………202
線形増幅器………………………………79
センサ…………………………………309
全損失……………………………………50

索 引

全抵抗値許容差 ………………… 25
せん頭順電流－デューティ比 ……… 275
セントロニクス ………………… 246
全波整流回路 …………………… 225
全波整流回路とリップル波形 ……… 226
全反射 …………………………… 257

そ

双安定マルチ・バイブレータ ……… 186
総合工程表(兼個別工程,進捗度表)
　………………………………… 369
操作軸の形状を表す記号 ……… 25
増幅器の内部雑音 ……………… 113
測定原理 ………………………… 309
測定対象 ………………………… 309
素子直接接着形光ケーブル ……… 289
素子の熱損失 …………………… 233

た

第2記号の文字 ………………… 103
第3記号の文字 ………………… 104
第4記号の文字 ………………… 105
第5記号の文字 ………………… 105
帯域巾 …………………………… 114
帯域巾と雑音 …………………… 251
ダイオード ……………………… 323
ダイオードの逆特性に対する添え字
　………………………………… 105
ダイオードの良否判定 ………… 323
対数 ……………………………… 301
対数目盛 ………………………… 301
ダイナミックレンジ …………… 302
耐薬品性 ………………………… 267
多段増幅器の出力雑音 ………… 113
多段増幅器の入力換算雑音 …… 114
立ち上がり時間 ………………… 86
立ち上がり時間の改善 ………… 87

立ち下がり時間 ………………… 88
タップ …………………………… 50
タップ電圧 ……………………… 50
縦電流不平衡減衰量 …………… 48
単安定マルチ・バイブレータ ……… 186
単位表記上の注意と原則 ……… 299
単相 ……………………………… 49
単芯光ケーブルの基本構造 …… 261
炭素皮膜形抵抗器 ……………… 13
タンタル固体電解コンデンサ …… 38, 39
タンタル焼結体非固体電解コンデンサ
　………………………………… 38
タンタル電解コンデンサ ……… 31, 38
タンタルはく形非固体電解コンデンサ
　………………………………… 38
タンタル非固体電解コンデンサ …… 39
担当 ……………………………… 367
担当者一覧表 …………………… 368
短波長光 ………………………… 256

ち

逐次比較形A/D変換器 ………… 215
チップコンデンサ ……………… 35
チャタリング …………………… 52
中性点端子 ……………………… 50
中性点電圧不平衡度(δ) ……… 50
注文書,注文請書 ……………… 359
長波長光 ………………………… 256
調歩同期式 ……………………… 244
チョーク・インプット形 ……… 226
直線目盛のグラフ ……………… 302
直線目盛の限界 ………………… 302
直流結合と交流結合 …………… 114
直流抵抗 ………………………… 48
直流抵抗不平衡度 ……………… 48
直流用コンデンサ ……………… 33
直列出力 ………………………… 206

つ

追従比較形A/D変換器 …………… 214
ツイストペア・ケーブル …………… 240
ツェナー・ダイオード …………… 228
ツェナー・ダイオード電圧安定化回路
　…………………………………… 229
粒界層形半導体磁器コンデンサ …… 37

て

定格交流電流 …………………… 48
定格周波数 ……………………… 50
定格重量直流電流 ……………… 48
定格出力 ………………………… 48
定格出力電圧 …………………… 50
定格出力電流 …………………… 50
定格出力容量 …………………… 50
定格成端インピーダンス ………… 48
定格静電容量 …………………… 42
定格抵抗値 ……………………… 25
定格電圧を表す記号 …………… 42
定格電力(抵抗器の) …………… 16
定格電力と余裕度(抵抗器の) …… 11
定格入力電圧 …………………… 50
定格入力(出力)電圧 …………… 48
定格負荷 ………………………… 50
定格巻線出力容量 ……………… 50
抵抗R …………………………… 3
抵抗Rの等価回路 ……………… 4
抵抗器 …………………………… 10
抵抗器およびコンデンサの許容差 … 8
抵抗器の形状 …………………… 17
抵抗器の抵抗値およびコンデンサ容量
　の標準数列 …………………… 7
抵抗体 …………………………… 16
抵抗値と許容差の色帯表示 …… 19
抵抗値の測定 …………………… 322
抵抗変化特性 …………………… 22
定在波 …………………………… 65
低周波変成器 …………………… 47
低周波変成器の種類と記号 …… 47
低周波用変成器鉄心 …………… 45
定常,準定常現象 ……………… 325
定損失 …………………………… 48
ディップ・スイッチ ……………… 55
定電圧ダイオード ……………… 105
低電力形L ……………………… 162
低電力ショットキ形LS ………… 162
デカップリングコンデンサ ……… 33
デコーダ ………………………… 145
デコード ………………………… 145
デジタル ………………………… 74
デジタルIC ……………………… 161
デジタルICの種類 ……………… 161
デジタルICの使い方 …………… 172
デジタルオシロスコープ ……… 211
デジタル回路の雑音 …………… 251
デジタル信号 …………………… 136
デジタル信号の光伝送 ………… 290
デジタル・センサ ……………… 290
デジタルフォスファ …………… 321
デジタル・ポテンシオメータ …… 26
デジタルマルチメータ ………… 320
デジタル量 ……………………… 73
デシベル ………………………… 301
デシベル換算の増幅,電圧 …… 307
デシベルの定義 ………………… 304
デシマルコード ………………… 203
テスタの測定範囲と性能例 …… 319
データ回線終端装置 …………… 242
データ端末装置 ………………… 242
データ転送制御バス(GP-IBの) … 335
データバス(GP-IBの) ………… 335
デビエーションリスト …………… 375

索 引

デュアルスロープ形 A/D 変換器 …… 212
デューティ比 ……………………… 275
デルタ関数 ………………………… 251
電圧源 ……………………………… 108
電圧コンパレータ ………………… 217
電圧－周波数(V-F)変換形 A/D 変換器
　…………………………………… 214
電圧増幅率のデシベル表示 ……… 305
電圧偏差 ……………………………… 50
電圧変成器 …………………………… 48
電圧変動率 …………………………… 50
電解コンデンサ …………… 30, 37, 325
電気二重層コンデンサ ……………… 38
電源回路 …………………………… 221
電源回路の役割 …………………… 222
電源変圧器に関する用語の定義 …… 50
電源変圧器の相数および周波数の記号
　……………………………………… 49
電源変動除去比 …………………… 210
電子機器用電源変圧器 ……………… 49
電子装置のエネルギー …………… 221
電磁素子駆動回路 ………………… 183
電磁波の周波数 ……………………… 69
電磁波の波長 ………………………… 70
伝送帯域 …………………………… 261
伝送モード ………………………… 259
伝搬遅れ …………………………… 137
伝搬光の波長と減衰 ……………… 262
電流源 ……………………………… 109
電流制限形 ………………………… 232
電流増幅率 α ……………………… 78
電流増幅率のデシベル表示 ……… 305
電流, 電圧のデシベル換算表 …… 306
電力増幅率のデシベル(dB)表示 … 304
電力損失 ……………………………… 82
電力と信号エネルギー ……………… 72
電力用コネクタ ……………………… 60

と

等価ダイオード特性 ………………… 76
同期16進バイナリカウンタ ……… 191
同期形カウンタ …………………… 191
同期式カウンタ …………………… 191
同期式伝送 ………………………… 245
同期式伝送のデータフォーマット
　…………………………………… 245
同期性雑音 ………………………… 249
動作周波数 …………………………… 6
動作周波数(固定抵抗器の) ………… 13
動作のタイミング ………………… 335
同軸ケーブル ………………………… 66
同相雑音除去比 …………………… 116
同相(雑音)信号 …………………… 116
導電率 ………………………………… 10
トーカ(GP-IBの) ………………… 334
ドキュメント ……………………… 344
トグル・スイッチ ………………… 52
トーテム・ポール形出力回路 …… 168
ド・モルガンの定理 ……………… 159
トライ・ステート形出力回路 …… 169
トランジスタ ……………………… 324
トランジスタ出力回路 …………… 185
トランジスタ入力バッファ回路 … 184
トランジスタのダイオード特性
　…………………………………… 324
トランジスタの等価入力回路 ……… 80
取引基本契約書 …………………… 354
ドループ・レート ………………… 211
トロイダルコア ……………………… 46
トロイダル・コア ………………… 254

な

ナイキストの定理 ………………… 132

401

に

- 二次巻線 …………………………… 48
- 二重積分形 ………………………… 212
- 二正弦波の単純な加算 …………… 206
- 入力インピーダンス ……………… 79
- 入力換算雑音 ………………… 112, 113
- 入力切り替器 ……………………… 200
- 入力電圧対コレクタ電流 ………… 90
- 入力容量の中和 …………………… 96

ね

- ネジ形コア ………………………… 46
- ネジ結合 …………………………… 64
- ネジ方式 …………………………… 64

の

- ノイズカット・トランス ………… 253
- ノイズマージン …………………… 164
- 納期 ………………………………… 353
- 能動素子 …………………………… 72
- 能動部品 …………………………… 3
- ノーミッシング・コード ………… 211

は

- バイナリ …………………………… 186
- バイナリコード …………………… 203
- バイパスコンデンサ ……………… 33
- ハイパス・フィルタ ……………… 201
- バイポーラA/D変換 ……………… 205
- バイポーラ形（A/D変換器の） … 204
- バイポーラ・トランジスタ …… 75, 96
- 波形測定 …………………………… 327
- ハザード …………………………… 191
- バス・ドライバ …………………… 248
- 波長感度特性 ……………………… 279
- 発光現象 …………………………… 256
- 発光スペクトル …………………… 270
- 発光ダイオード ………… 183, 256, 273
- 発光波長 …………………………… 271
- 発射障害電波 ……………………… 252
- 発振開始電流 ……………………… 271
- バッファ …………………………… 148
- ハードクラッドPCF ……………… 261
- バヨネット結合 …………………… 64
- バヨネット方式 …………………… 64
- バラクタダイオード ……………… 44
- バリキャップ ……………………… 44
- バリコン …………………………… 43
- パリティビット …………………… 244
- パルス信号波形 …………………… 137
- パルス性高調波 …………………… 252
- パルス動作時の消費電力 ………… 99
- パルス波のスペクトラム ………… 252
- パルス光 …………………………… 285
- パレス用コンデンサ ……………… 33
- パワー最大の条件 ………………… 110
- パワースイッチ …………………… 51
- パワー・トランジスタの熱損失 … 233
- パワーリレー ……………………… 51
- 半固定磁器コンデンサ …………… 44
- パンチスルー ……………………… 324
- 半値巾 ……………………………… 137
- 反転増幅器 ………………………… 120
- 半導体アナログ・マルチプレクサ … 200
- 半導体磁器コンデンサ …………… 36
- 半導体スイッチ …………………… 27
- 半導体デバイスのJISによる形名 … 100
- 半導体デバイスの種別記号 ……… 104
- 半導体の良否判定 ………………… 323
- バンドエリミネート ……………… 201
- ハンドシェイク …………………… 248
- バンドパス・フィルタ …………… 201
- 半波整流回路 ……………………… 225

索引

ひ

非安定マルチ・バイブレータ	186
光ケーブル	258
光ケーブルの端面処理	267
光ケーブルの分類	259
光コネクタ	268
光コネクタ性能一覧表	292
光伝搬のメカニズム	258
光電流と暗電流の温度特性	280
光電流の温度特性	280
光ノイズ	288
光のスペクトル	256
光の伝搬モード	256
光ファイバケーブル	255
光ファイバによる信号伝送	255
光ファイバの波長減衰率	262
光リンク	287
ビーズコア	46
ビス付きコア	46
ヒステレシス電圧	139
ひずみゲージ	314
ひずみ減衰量	48
非絶縁形コンデンサ	35
非線形動作	5
非線形動作(トランジスタ回路の)	83
否定回路	148
比抵抗	10
非同期式カウンタ	189, 190
非同期式カウンタの波形	190
非同期式伝送	244
非同期性雑音	249
ヒート・シンク(放熱器)	231
非反転増幅回路	117, 118
微分直線性	209
微分非直線性誤差	210
ヒューズROM	195
表層形半導体磁器コンデンサ	37
品質管理	378

ふ

フォト・ダイオード	270, 283
フォト・ダイオードの出力	287
フォト・ダイオードの等価回路	285
フォト・トランジスタ	278
フォト・トランジスタ回路	282
フォト・トランジスタのスイッチ動作	281
ファンアウト	180
フィード・スルー	211
フィルタ	200
フィルタの種類	201
フェライト系コア	46
フェライト磁心	45
負帰還増幅回路	116
復号化	145
複合フィルムコンデンサ	36, 39
符号化	145
不整合減衰量	48
不整端面による散乱損	266
プッシュオン結合	64
プッシュオン方式	64
プッシュスイッチ	53
フの字特性形	232
プラグコネクタ	61
プラスチッククラッドファイバ	260
プラスチック・ケーブルの屈曲対損失特性	265
プラスチック・ケーブルの長さと減衰率	263
プラスチック・ケーブルの端面処理	268
プラスチックフィルムコンデンサ	36, 39

フラット・ケーブル	240	ポット型コア	46
プリアンプ	199	ポテンシオメータ	20
フーリエ級数	6	ポテンシオメータの記号	21
フリップ・フロップ	186	ボビンコア	46
フリップ・フロップ回路	148	ポリスチレンコンデンサ	32
プルアップ抵抗	182	ホールストレージ	78
ブール代数	155	ホールストレージの影響	88
ブール代数の諸定理	157	ボルテージ・フォロワ	117, 119
プレトリガ	321	ボーレート	243
フローチャート	375	ホワイトノイズ	112
ブロッキングコンデンサ	33		
プロトコル(伝送手順)	243	**ま**	
プローブの補正	326		
負論理	149	マイカコンデンサ	36, 39
分解能とアパーチャ・タイム	208	マイクロ・プロセッサ	239
分光感度特性	279	マイラコンデンサ	32
		巻線形抵抗器	13
へ		巻線間直接静電容量	48
		巻線の温度上昇	48, 50
平滑回路	226	巻線不平衡減衰量	48
平滑回路のリップル電流	254	マスクROM	195
並列形A/D変換器のエンコード	218	マルチ・バイブレータ	185
並列形A/D変換器	217	マルチモード	256
並列出力	206	マルチモード形	260
ベース電流増幅率β	78	マン・マシン・インタフェース	375
ペルチエ冷却素子	272		
変圧器	45	**み**	
変換速度	211		
変成器	45	見積	350
変調変成器	48	脈流	227
ほ		**む**	
膨張係数	14	無極性コンデンサ	35
飽和状態の等価回路	86	無線機器用可変コンデンサ	43
保護回路	232	無バイアスのトランジスタ回路	83
保護回路の特性	233	無負荷損失	50
補助単位	295	無負荷電圧	50
補正用トリマ・コンデンサ	326	無負荷電流	50

索引

め

鳴音減衰量 ……………………… 48
メタライズド複合フィルムコンデンサ
 ……………………………………… 39
メタライズドプラスチックフィルム
 コンデンサ ……………………… 39
メモリスコープ ……………………… 320
メモリデバイスの分類 ……………… 194
面光源 ………………………………… 257
メンテナンス ………………………… 384

も

モメンタリ …………………………… 52

ゆ

有極コンデンサの無極化回路 ……… 31
有極性コンデンサ …………………… 35
誘導負荷の対策 ……………………… 58
ユニポーラ形(A/D変換器の) …… 204

よ

要求側と製作側の立場 ……………… 347
容量負荷の対策 ……………………… 57
容量補正ブリッジ …………………… 97

ら

ライン・ドライバ …………………… 180
ラジアルリード線端子 ……………… 40
ラッチアップ ………………………… 180

り

リアルタイムデジタルオシロスコープ
 ……………………………………… 320
リスナ(GP-IBの) ………………… 334
リセット形 …………………………… 232
理想コンデンサ C …………………… 3
理想増幅器 …………………………… 112
リップルカウンタ …………………… 190
リードリレー ………………………… 58
両対数目盛のグラフ ………………… 303
両方モメンタリ ……………………… 52
リレー ………………………………… 51
リレー接点 …………………………… 57
臨界角 ………………………………… 257

れ

レギュレート ………………………… 222
レーザー・ダイオード …………… 256, 269
レーザー・ダイオードの構造 ……… 269
レジスタ ……………………………… 3
レセプタクルコネクタ ……………… 61
劣化防止 ……………………………… 271

ろ

漏話減衰量 …………………………… 48
ロータリー・スイッチ ……………… 54
ロータリー・スイッチの構造 ……… 54
ロードファクタ ……………………… 180
ローパス・フィルタ ………………… 201
論熱雑音 ……………………………… 14
論理記号 ……………………………… 149
論理素子 ……………………………… 149
論理レベルと雑音余裕度 …………… 163

わ

ワイヤードOR(またはAND) …… 178

［著者紹介］

千葉幸正（ちば たかまさ）

1932年	岡山県生まれ
1955年	電気通信大学卒業，同年日本楽器製造(株)（現ヤマハ）入社
1958年	日立電子(株)
1961年	タケダ理研工業(株)（現アドバンテスト）
1966年	名古屋工業大学計測工学科講師
1967年	川崎エレクトロニカ(株)設立
1980年	中小企業大学校講師
1983年	電波新聞社主催 電子工業視察団訪米団長
1986年	川崎エレクトロニカ(株)会長
1988年	グラフテック(株)システム開発部長，技術本部 研究部長
1990年	(株)オプテックス設立
1994年	東北大学大学院 後期課程入学，1997年修了 同大学工学博士

著書：「IC 機器の設計」,「IC 機器の設計演習」廣済堂産報出版
　　　「マイクロコンピュータ機器の設計」廣済堂産報出版
　　　「デジタル IC の使い方」秋葉出版
　　　「電子制御」,「電子制御の応用」（共著）中小企業大学校通信研修講座
　　　「電子応用機器の開発 フォーマット編」,「電子応用機器の開発 データ編」,
　　　「電子応用機器の開発 基礎技術編」電波新聞社

電子応用機器開発のすべて　　　ⓒ 千葉幸正 2007

2007年3月15日　第1版第1刷発行

　　　　著　者　千葉幸正
　　　　発行者　平山哲雄
　　　　発行所　株式会社 電波新聞社
　　　　〒141-8715　東京都品川区東五反田1-11-15
　　　　電話　03-3445-8201(販売部ダイヤルイン)
　　　　振替　東京00150-3-51961
　　　　URL http://www.dempa.com/

　　　　本文デザイン・DTP　㈱タイプアンドたいぽ
　　　　印刷所　奥村印刷株式会社
　　　　製本所　株式会社 堅省堂

Printed in Japan
ISBN978-4-88554-931-1

落丁・乱丁本はお取替えいたします
定価はカバーに表示してあります